D1524198

SCIENCES ET SYMBOLES

COLLOQUE DE TSUKUBA

SCIENCES

ET

SYMBOLES

LES VOIES DE LA CONNAISSANCE

PRÉSENTÉ PAR
Michel Cazenave

Albin Michel
France-Culture

Avertissement

LA coorganisation par France-Culture du colloque de Tsukuba sur « Les voies de la connaissance », à la demande de l'université de Tsukuba, avait été acceptée par M. Yves Jaigu, ancien directeur de cette chaîne. Elle s'est terminée sous l'autorité de M. Jean-Marie Borzeix, actuel directeur.

Pour tous les participants autres que Japonais, c'est-à-dire Occidentaux ou Orientaux vivant en France ou aux États-Unis, la préparation des travaux, la détermination des thèmes d'études, la distribution des journées ont été conçues et assurées par M. Michel Cazenave, écrivain et responsable de programmes à France-Culture.

Le Comité d'organisation japonais, dont le secrétaire général était M. Tadao Takemoto, professeur à l'université de Tsukuba, a sélectionné et invité les participants nippons, déterminé leurs thèmes d'intervention, et assuré toute l'infrastructure du colloque.

Sommaire

Avant-propos

Une pensée en mouvement

MICHEL CAZENAVE

L E XIXᵉ siècle semblait avoir bâti un horizon scientifique, épistémologique et, finalement, idéologique, cohérent et sans faille. La science, y croyait-on, si on avait assez de patience, finirait par nous livrer tous les secrets de l'univers — y compris, certainement, le secret du *pourquoi* de l'homme —, et elle nous introduisait à un mouvement indéfini de progrès qui allait nous livrer le bonheur pour demain ; ou, au moins, pour après-demain.

Devant cette belle construction, peut-être un peu trop belle, le XXᵉ siècle a été au contraire, et dans nombre de domaines du savoir, le théâtre de révolutions multiples, et d'une importance capitale.

Dans le domaine de la physique, tout d'abord, la théorie de la relativité générale, puis la découverte — ou l'invention ? disons : la construction — de la physique quantique ont totalement bouleversé notre vision du monde et de la réalité. La conception traditionnelle de la matière comme substance et élément stable y a pratiquement disparu, et des problèmes tout à fait inattendus comme celui du statut de la mesure en physique, celui d'une définition stricte de ce qu'on pourrait appeler l'objectivité, celui du rôle de l' « expérimentateur » en tant qu'il définit les questions à poser à la « nature » et la manière de les poser, ont surgi dans le champ de la réflexion, ont remis en cause bien des aspects des théories de la connaissance jusqu'alors couramment adoptées, et n'ont pas encore fini de susciter interrogations et débats quant aux conclusions à en tirer.

Parallèlement, dans la nouvelle discipline que représente l'astrophysique telle qu'elle s'est constituée durant les dernières décennies, se produisait la révolution cosmologique introduite par la notion du big-bang et la théorie de l'univers en expansion. Il est d'ailleurs remarquable à ce propos que, du point de vue théorique, la cosmologie et la physique des particules aient fini par se rejoindre — l'infiniment grand et l'infiniment petit, dirions-nous pour faire image — et qu'on ne puisse essayer de comprendre aujourd'hui l'univers dans son ensemble sans se tenir à la fois aux deux bouts de l'éventail de l'échelle des grandeurs. Cette image, comme toutes les autres, est bien entendu trompeuse, puisque le formalisme mis en jeu implique nécessairement cette réunion des deux domaines — mais il en ressort aussi, d'une part, et contrairement au point de vue classique de la physique qui ne voyait rien autrefois que *sub specie aeternitatis*, que l'évidence d'une *histoire* s'est imposée et que seule cette histoire peut rendre compte de la structure du cosmos comme nous l'étudions de nos jours ; et, d'autre part, qu'on ne peut espérer étendre nos connaissances d'une façon décisive sans arriver à s'appuyer sur les deux théories, encore irréconciliées pour l'instant, de la relativité générale et de la physique quantique. Dans ce champ aussi, de nouvelles interrogations se sont donc levées, dont la discussion actuelle sur le principe anthropique (autrement dit, sur le rapport entre l'existence d'observateurs et les conditions initiales nécessaires au cosmos pour que ces observateurs puissent effectivement exister et l'observer) représente sans aucun doute l'une des meilleures illustrations.

C'est là, très certainement, l'un des points forts de « la science », que de reposer des problèmes, de susciter des débats, de découvrir de nouveaux lieux inconnus de recherche et d'enquête au fur et à mesure qu'elle résout les énigmes qui lui étaient précédemment posées, en sorte qu'elle se présente de plus en plus de nos jours à la fois comme un *processus de construction* et comme une démarche sans cesse *ouverte* à son propre dépassement. Il n'en reste pas moins que, à travers ces branches du savoir, la vocation de la science à pouvoir *tout* dire du monde est plus ou moins remise en cause, et que l'interrogation sur la place de l'homme dans l'univers et des liens qu'il peut entretenir avec lui, question que l'on avait pu croire à un moment définitivement disparue, est de nouveau posée — dans une perspective toute nouvelle, il est vrai.

Par ailleurs, une révolution épistémologique est en train de se produire sous nos yeux, avec la nouvelle manière qui s'impose d'aborder l'étude des processus de l'invention scientifique, et de la façon dont se bâtit concrètement, au fil de son histoire, le corpus scientifique. La vision idéale, pour ne pas dire idéaliste, du développement de la science selon les procédures harmonieuses d'un auto-engendrement de nature purement rationnelle et hors de tout un domaine d'émotions, de passions, de pesanteurs à la fois subjectives, idéologiques, sociales ou économiques qui n'auraient rien à y voir, cède peu à peu la place à un examen beaucoup plus réaliste des véritables conditions dans lesquelles se déroule l'activité scientifique, et se produisent les percées théoriques les plus significatives. La grande enquête de Hadamard sur l'invention mathématique, l'affermissement d'une véritable histoire des sciences, la mise au point progressive d'une sociologie de la connaissance, les recherches sur la psychologie et l'imagination des scientifiques eux-mêmes ont particulièrement changé le décor et affiné nos perceptions sur ce qu'on peut vraiment appeler désormais l'*activité* scientifique.

Il ne faudrait pas, bien sûr, en tirer les conclusions d'un relativisme foncier, d'un scepticisme affirmé devant la « vérité » du discours scientifique, et l'idée que la science en elle-même est bien moins rationnelle qu'on ne l'avait cru jusqu'alors. Il est clair, en effet, que ces nouvelles recherches portent sur les *conditions d'émergence* des théories scientifiques, mais que — à moins d'exagération abusive ou d'incursion, à l'évidence, dans un domaine qui n'est pas le leur — leur objet n'est en aucun cas de se prononcer sur la *validité* de ces théories et sur leur *rationalité intrinsèque*. On doit être clair sur ce point : la science en tant que telle ne peut ni ne doit renoncer à la rationalité rigoureuse qui est sa justification même, mais il y a peut-être aussi, ou plutôt *en amont*, comme l'avance par exemple Victor Weisskopf, une sorte de « théorème de Gödel » de la science qui fait que le branle est souvent donné à celle-ci à partir de préoccupations qui lui sont extérieures.

Débat ouvert aujourd'hui, mais qu'il est sans doute important de poursuivre et d'approfondir.

Il est d'usage d'établir une distinction entre les sciences exactes et les sciences humaines en général. Non point que cette distinction ne recouvre en effet une différence de nature — ou d'objet — mais méfions-nous des pièges sémantiques : à poursuivre cette distinction jusqu'au bout, telle qu'elle est proposée dans les mots, on devrait finir par déclarer que les sciences exactes sont inhumaines, et que les sciences humaines sont inexactes.

Voilà pourquoi, au moins pour le moment, je préfère parler de sciences de la nature, d'un côté, et de sciences de l'homme de l'autre — sans me poser encore la question de savoir s'il y a une nature humaine accessible à la science.

Or, dans le domaine des sciences de l'homme, il faut bien constater que des révolutions capitales se sont tout aussi bien produites depuis le début de ce siècle, qui ont profondément bouleversé nos conceptions antérieures. Le premier de ces chocs a bien entendu consisté dans la remise en cause radicale d'une psychologie du conscient sous le poids de la découverte de nos profondeurs intérieures — à tel point qu'on peut se demander aujourd'hui, à la suite de Georges Canguilhem entre autres, si ce qu'on appelait dans le passé la « psychologie » ne représente pas en fin de compte une notion autocontradictoire dans sa prétention à connaître un sujet transcendantal au terme de l'enquête qu'y mènerait notre moi. De fait, la psychologie, comme on l'a comprise durant des siècles, était le répondant pour l'homme de ce qu'était la physique pour la nature, et on peut dire dans ce sens, sans qu'il y ait risque d'erreur, que la psychologie se voulait comme une physique de l'âme. La révolution kantienne, sur ce point, a tardé à porter ses fruits, et il a fallu l'apparition, d'une part, de la psychanalyse ou de la « psychologie des profondeurs » pour faire voler en éclats l'illusion ontologique du moi phénoménal, et, d'autre part, celle de la phénoménologie, telle que Husserl en a ouvert la voie, pour poser que la conscience n'était pas isolable, mais qu'elle était au contraire un pur transcendantal, une condition de la pensée, et qu'on ne pouvait étudier de pensée que dans le mouvement et la visée de celle-ci. Conséquences énormes dans notre façon d'appréhender en même temps que d'évaluer l'activité même de l'esprit humain, puisque c'est ainsi que l' « histoire des religions » s'est métamorphosée de nos jours en une véritable tentative de « sciences religieuses » qui ont remis à l'honneur, par-delà les anciens réductionnismes historiques, sociologiques ou psychologiques, l'authenticité intrinsèque de leur propre objet d'études, tout en le soumettant à une enquête générale d'un tout nouvel esprit qui vise à dégager une science des formes et des structures.

L'ensemble de ces mouvements, de ces remises en cause, de ces réévaluations, de ces métamorphoses de la pensée, de ces bouleversements introduits dans notre ancienne conception de la science et dans la définition de ses procédures aussi bien que de ses objets d'études, peut nous permettre aujourd'hui, en même temps qu'il nous y incite, dans une démarche qui se veut dès l'origine interdisciplinaire, de tenter de repenser la notion de réalité, et de réexaminer la façon dont nous pouvons poser les rapports que nous entretenons avec elle. Ce que l'on pourrait exprimer par : la réalité est-elle univoque ? Ou devons-nous considérer qu'elle se présente sous différents aspects ou à différents niveaux ? N'y a-t-il qu'une réalité, ou se présente-t-elle au contraire sous plusieurs *modes* d'apparition qui auraient, pour chacun, leur propre statut de réalité régionale ? Devons-nous lui affecter un statut ontologique immédiat, ou n'est-elle à penser que rapport à de l' « Être » qui la fonderait en principe sans se confondre avec elle — et alors, de quelle façon ? Corrélativement, pouvons-nous parler d'*une* connaissance qui surplomberait chacune de ses propres applications particulières, ou devons-nous parler de plusieurs types de connaissance, dont chacun correspondrait à une modalité singulière de cette réalité ? Y a-t-il, en un mot, plusieurs voies de connaissance — et s'il y en a plusieurs en effet, sont-elles complémentaires au sens traditionnel de ce mot, le sont-elles dans le sens que Niels Bohr lui donnait (et sur lequel il voulait fonder une nouvelle philosophie de la connaissance), ou sont-elles irréductibles autrement que dans l'intériorité de l'homme qui les met en œuvre et en scène ?

Ce questionnement semble l'un des plus profonds que l'on puisse envisager aujourd'hui. Il appelle certainement à un examen critique qui tienne compte à la fois des avancées les plus en pointe des sciences de la nature et de celles de l'homme, dans un respect mutuel des unes par les autres, et dans la volonté de comprendre la spécificité et les raisons de chaque discipline représentée, en sorte que l'interdisciplinarité de départ se transforme finalement en une transdisciplinarité affirmée — c'est-à-dire non pas la simple juxtaposition un peu stérile et vaine de points de vue différents, mais la recherche de lignes de forces qui traverseraient également, dans leur fonction interrogative, l'ensemble des champs d'étude et de réflexion.

C'est ce travail que se donnait pour but d'amorcer le colloque de Tsukuba tel qu'il a été réfléchi et préparé du côté de

France-Culture, de sorte à jeter, ne fût-ce que très modeste-
ment, les fondements d'une nouvelle approche et d'une nouvelle problématique quant au nouveau paradigme de compréhension du monde dont chacun pressent encore confusément
la venue. Dans cette perspective, toutefois, il allait de soi que
c'était bien un dialogue que l'on voulait ouvrir, de même
qu'une interrogation à la fois mutuelle et commune : on ne
cherchait pas tant des réponses que de bonnes questions à
poser, et les réponses de chacun se donnaient pour ce qu'elles
étaient, le fruit d'une recherche ou d'une méditation relatives
au domaine particulier qu'elles tentaient de couvrir. Il faut toujours se méfier des synthèses trop hâtives, et le problème ici
était plutôt de se demander, dans un double mouvement, si
une synthèse était d'abord possible — et, si elle devait se révéler telle, à quelles conditions précisément ? Une synthèse, en
effet, n'est pas forcément la réunification de champs divers,
elle peut être aussi la découverte d'un point à partir duquel on
assiste à la distribution de différents savoirs ; en bref, et
contrairement une nouvelle fois à ce que l'on avait longtemps
pensé, une synthèse authentique ne devrait-elle pas être un
jour une *synthèse disjonctive* ?

Je ne voudrais pas m'avancer plus le long de tels chemins, où
ce serait forcément ma pensée personnelle que je devrais expo-
ser. J'ai voulu simplement faire comprendre l'enjeu du volume
qui va suivre, des exposés qu'on y trouve et des discussions
souvent passionnées qui en prennent le relais. Ce serait le trahir
dans sa visée essentielle que de l'entendre sur un mode affir-
matif — quand il est tissé, on le verra, des tensions nécessaires
à toute pensée qui se cherche et s'interroge sur elle-même.

Liste des participants

PHYSIQUE ET ASTROPHYSIQUE

John BARROW *, *Université du Sussex, Grande-Bretagne.*
David BOHM *, *Université de Londres, Grande-Bretagne.*
Mitsuo ISHIKAWA, *International Christian University, Japon.*
Hubert REEVES, *CNRS, CEN Saclay, Canada/France.*

ÉPISTÉMOLOGIE, HISTOIRE ET PHILOSOPHIE DES SCIENCES

Gerald HOLTON, *Université de Harvard, États-Unis.*
Shuntaro ITO, *Université de Tokyo, Japon.*
Isabelle STENGERS, *Université libre de Bruxelles, Belgique.*

BIOLOGIE ET GÉNÉTIQUE

Kazuo MURAKAMI, *Université de Tsukuba, Japon.*
Francisco VARELA, *Max Planck Institut, Chili/RFA.*
Henri ATLAN, *Université de Jérusalem, Israël.*

* Empêchés de se rendre personnellement à Tsukuba. On trouvera ici le rapport préparé par John Barrow, et la discussion qui a suivi sa présentation par Hubert Reeves. David Bohm, d'autre part, avait été enregistré selon un procédé vidéo.

NEUROPHYSIOLOGIE ET NEUROPSYCHIATRIE

Serge BRION, *Université de Paris-Ouest, hôpital Sainte-Anne, France.*
Koichi OGINO, *Université de Keio, Japon.*
Michio OKAMOTO, *ancien recteur de l'Université de Kyoto, Japon.*
Tadanobu TSUNODA, *Université de médecine du Japon.*

PSYCHOSOMATIQUE

Yujiro IKEMI, *ancien président de la Conférence mondiale de médecine psychosomatique, Japon.*
Husashi ISHIKAWA, *Université de Tokyo, Japon.*

PSYCHOLOGIE ET PSYCHANALYSE

Satoko AKIYAMA, *Université Ochanomizu, Japon.*
Élie HUMBERT, *ancien président de la Société française de psychologie analytique, France.*
Michèle MONTRELAY, *psychanalyste, France.*
Susumu ODA, *Université de Tsukuba, Japon.*

PHILOSOPHIE ET SCIENCES RELIGIEUSES

Olivier CLÉMENT, *Institut orthodoxe et Institut catholique, France.*
Raja RAO, *Université du Texas à Austin, Inde/États-Unis.*
Daryush SHAYEGAN, *directeur du Centre d'études ismaéliennes de Paris, Iran/France.*
Jacques VIDAL, *Institut catholique, France.*
Yasuo YUASA, *Université de Tsukuba, Japon.*

MATHÉMATIQUES

Ivar EKELAND, *Université Paris-Dauphine, France.*
René THOM, *Médaille Fields, France.*

DIVERS

Yves JAIGU, *ancien directeur de France-Culture.*
Michel RANDOM, *écrivain.*

Introduction

Hubert Reeves

*Poser les bonnes questions**

HUBERT REEVES

Vous avez sans doute remarqué que ce colloque a deux titres — un titre français, qui est « Les voies de la connaissance » et un titre japonais, « Science, technique et domaine du spirituel ». C'est plutôt de ce second titre que je voudrais partir pour développer rapidement quelques thèmes de réflexion.

Ce qui retient mon attention, c'est précisément, aujourd'hui, que l'on doive rapprocher ces termes : science et technique, *et* domaine du spirituel ; il me semble que ce que nous allons essayer de faire durant cette rencontre, c'est de poursuivre une démarche, déjà commencée depuis un certain temps, qui consiste à tenter de jeter un pont entre ces deux horizons. La science et la spiritualité, je les vois comme deux pôles de l'activité de l'esprit de l'homme, deux pôles qui se sont malheureusement séparés au cours de notre histoire, et qui divisent aujourd'hui l'homme à l'intérieur de lui-même.

Pensons à n'importe quelle personne, de nos jours, qui rentre chez elle le soir, après une journée de travail. Cette personne, elle est immergée dans l'idéologie développée par la science moderne — laquelle est évidemment par ailleurs d'une très grande efficacité, d'une très grande puissance, et a permis les immenses développements que nous avons connus depuis

* Il ne s'agit bien évidemment pas ici d'un texte écrit à l'avance, mais de la sténographie de l'allocution de Hubert Reeves — à laquelle on a volontairement laissé, dans sa révision, l'allure et la liberté de l'improvisation parlée.

maintenant plusieurs siècles. Eh bien, cette personne, sa journée terminée, quand elle se retrouve devant elle-même, c'est
précisément à ce moment-là qu'elle ressent l'insuffisance de
cette idéologie, parce que celle-ci demeure muette sur ce qu'on
peut appeler les valeurs et le sens de la vie. D'où l'impression
de vide que peut ressentir cette personne, quand elle cherche
les raisons de son existence, quand elle cherche à comprendre
quel peut être son destin, quand elle se demande selon quelle
morale, et d'après quels principes éthiques elle peut conduire
sa vie. C'est ce vide fondamental, cette coupure installée, qui a
sans doute créé le besoin de ce qu'on pourrait appeler une nouvelle forme de spiritualité.

Ce besoin, qui réapparaît chez beaucoup de gens de nos
jours, naît donc du silence de la science qui semblait jusqu'ici,
d'une certaine façon, l'ignorer et le mépriser. Quand je parle de
la science, bien entendu, je dois préciser qu'il s'agit plutôt
d'une certaine conception de la science telle qu'elle se développe chez ceux qui sont imprégnés de ses théories et de ses
techniques, mais n'ont pas mené parallèlement ce qu'il faut
bien appeler une *réflexion sur la science*. Or, curieusement, c'est
la science elle-même qui, d'une certaine manière qu'il faudra
préciser, nous amène parfois aujourd'hui à nous poser des problèmes qui sont d'ordre métaphysique.

À partir du moment où l'on commence à faire de la cosmologie, par exemple, et j'aurai plus tard l'occasion de revenir sur ce
point, on se retrouve confronté à des questions métaphysiques
que, pendant tout le XIXe siècle et une partie du XXe, la science
avait souverainement ignorées, pour ne pas dire méprisées.
L'une de ces questions, par exemple, c'est celle de l'infini. Ou
bien, on voit et on décrit comment l'univers s'est peu à peu
organisé — mais cela a-t-il justement un sens pour l'univers de
s'organiser, et, s'il y en a un en effet, quel peut être ce sens ?
On pose toujours aussi à l'astrophysicien cette question : « Qu'y
avait-il avant le big-bang ? » Ce n'est pas une question à
laquelle la science peut répondre, mais vous voyez en même
temps que c'est une question qu'elle suscite. Par ailleurs, on
s'aperçoit tout de suite que, pour essayer d'y répondre, on est
obligé de faire un saut et d'entrer dans une réflexion de type
philosophique — parce que, si on veut poser rigoureusement
ce problème, on s'aperçoit qu'on ne doit pas tant se demander
ce qu'il y avait *avant* le big-bang dans le *temps*, ce qui n'aurait
pas de sens, mais ce qu'il peut éventuellement y avoir au-delà
de la réalité qui nous est physiquement perceptible. Qu'y a-t-il

au-delà du temps ? Et, bien entendu, que pourrait-il y avoir, ou y a-t-il quelque chose ou non au-delà de la vie de chacun d'entre nous ?

Cette démarche qui sera développée ici grâce à l'effort et à la contribution de tous les participants réunis, je pense personnellement qu'elle sera forcément très longue. Un besoin spirituel ne se définit pas en quelques mots, et il est bien évident qu'on ne doit pas s'attendre à dégager des solutions ici. En fait, et comme il en va essentiellement dans le domaine scientifique, l'important n'est certainement pas de vouloir à tout prix formuler des réponses, c'est beaucoup plus de savoir trouver les bonnes questions.

Si l'on scrute l'histoire des sciences, on se rend compte en effet qu'elles ont toujours progressé par le tri qu'on a su faire entre les bonnes questions et les mauvaises — et que, dès qu'on a été à même d'énoncer la bonne question par rapport à un problème, même si la réponse ensuite a mis du temps à venir, on était sur la bonne voie.

Il est important de ce point de vue qu'on ait déjà l'intuition, ou la sensation, qu'un problème est posé — parce qu'on ressent un manque et qu'on ressent du même coup la nécessité qui en découle, qu'il faut bien faire quelque chose.

Dans la même perspective, et d'après le programme de travaux et d'échanges qui a été préparé pour la tenue de ce colloque, on aura aussi sans doute de nombreuses discussions sur le thème des rapports de l'imagination et de la raison. De nouveau, en ce domaine, on constate qu'il a été prononcé une espèce de divorce, et qu'on a peu à peu présenté la pure rationalité comme une forme autosuffisante, dégagée de toute emprise de l'imagination à quoi elle n'aurait plus besoin d'accorder d'importance, alors qu'on prend conscience aujourd'hui, en étudiant les processus de l'invention scientifique, que les choses se déroulent tout à fait autrement : il y a d'abord l'imagination, et ensuite l'effort de rationalisation nécessaire.

Prenons garde à ce propos aux difficultés inhérentes au projet qui est le nôtre. Quand je parle d'imagination, j'implique évidemment une certaine réalité des images. Or, puisque nous sommes ici au Japon, il ne faut pas oublier que, si l'image représente quelque chose de finalement fondamental pour la pensée de l'Occident, il existe au contraire, si je la comprends bien, dans une certaine forme de spiritualité orientale, un désir ou une volonté de se vider des images.

Un autre problème sera sans doute encore celui de la définition des vocabulaires. Il faut faire très attention à ceci que les mêmes mots sont souvent utilisés dans des sens différents, selon le point de vue ou le contexte à partir duquel on parle. Chaque fois que l'on voudra formuler une chose clairement, il faudra donc, autant qu'il sera possible, que nous prenions soin d'indiquer quelle signification nous donnons aux termes clés que nous serons amenés à employer.

Voilà, trop rapidement évoqués, les points qui me paraissent essentiels au moment d'ouvrir nos travaux : cerner notre langage et l'épurer au maximum, chercher les bonnes questions, tenter de définir des niveaux de réalité, et repérer en tant que tels les différents discours qui y correspondraient.

Première partie

RAISON ET IMAGINATION

Daryush Shayegan
Gerald Holton
Michèle Montrelay
Yasuo Yuasa

Les quatre mouvements descendants et ascendants de l'Esprit

DARYUSH SHAYEGAN

QUELS sont les modes de connaissance qui sollicitent de nos jours l'homme moderne ? Peut-on dissocier la façon de connaître de la façon d'être ? Peut-on, en d'autres termes, écarter du schéma général des épistémologies modernes tous les anciens modes de connaissance qui n'entrent plus de nos jours dans les catégories courantes du savoir ? La réponse à cette question reste ambiguë, ambiguë car on ne sait à vrai dire de quoi l'on parle lorsqu'on traite un sujet aussi controversé que celui des modes de connaissance. Sans doute est-ce un lieu commun d'opposer le mythe à la raison, le rationnel à l'irrationnel, la connaissance représentative à la vision intuitive. Mais tous ces couples d'opposés, outre qu'ils ne disent rien de précis, masquent plus le problème qu'ils ne l'éclairent. Dans ces distinctions, s'immisce furtivement, qu'on le veuille ou non, un jugement de valeur qui déprécie selon les cas l'un ou l'autre couple d'opposés. Si l'on est rationaliste à tous crins, on dévalorise l'irrationnel et toute la panoplie d'idées occultes qui va avec lui ; si l'on est fanatiquement religieux, on liquide tous les acquis de la raison et de la modernité et on arrive à Dieu sait quelle vision mystificatrice du monde. La raison en est que l'opposition de ces idées contraires n'a de sens que si nous nous situons uniquement à un niveau d'être. L'irrationnel n'est péjoratif que par rapport à la tyrannie d'une connaissance rationnelle et exclusive, en lui-même il ne s'oppose pas à la raison mais dévoile un autre mode d'être qui dépasse de beaucoup le champ relativement restreint de la raison elle-même. De même, le suprarationnel ne se substitue pas

à notre entendement mais laisse la porte libre à d'autres possibilités de connaître. Les différents modes de connaissance mettent en œuvre différentes zones d'être et révèlent, si je puis
dire, différentes constellations d'idées, lesquelles impliquent,
par ailleurs, d'autres perceptions de temps, d'espace et de causalité. Le problème ne consiste donc pas à les réduire l'un à
l'autre, à les exclure du champ des possibles, mais à les reléguer
au niveau propre qui est le leur.

Or, le drame des civilisations vient du fait que l'équilibre
régissant le partage judicieux de nos facultés de connaître
(gnose, imagination créatrice, raison discursive) a été faussé par
le développement prodigieux des sciences humaines et naturelles. D'une part, la connaissance s'est identifiée au fur et à
mesure aux seules catégories de la raison, et celle-ci, mettant en
œuvre ses énormes ressources d'abstraction, a fini par éclipser
tout ce qui ne correspondait pas à son cadre approprié ; et,
d'autre part, les civilisations restant en marge de ce développement inouï se sont hâtées soit de rattraper leur retard historique, soit, n'y parvenant pas, de se tourner vers leurs atavismes
les plus anachroniques. D'où une double hypertrophie des
deux côtés : progrès, développement des sciences d'un côté,
imitation servile, apprentissage douloureux, rattrapage (Japon)
et finalement rejet et fanatisme (Iran) de l'autre.

Mais, entre ces deux excès, il y a une zone intermédiaire de
communication du type de celle qui nous réunit ici, où les
scientifiques, les philosophes, les psychologues, non satisfaits
des cloisons étanches qui délimitent les différents comparti-
ments de leur discipline, transgressent les limites tabous et
cherchent à créer, par-delà les lignes de démarcation classiques,
un champ de croisement d'idées et de dialogue interdisciplinaire. Car nous assistons, qu'on le veuille ou non, à un éclatement des dogmes, tant dans le domaine des sciences de la
nature où, par exemple, le rapport Esprit/Matière, la loi de
causalité deviennent de plus en plus problématiques, que dans
celui immuable des « canons culturels » qui s'effondrent les
uns après les autres sous l'effet dévastateur d'une modernité
agressive et dynamique. D'ailleurs, la révolution technologique
de cette fin du XXᵉ siècle favorise ce mouvement. La *démassification* qui la caractérise fait en sorte que le monde monolithi-
que industriel éclate et que nous voyons émerger une société
fragmentée par les médias, les modes de production, par la
décentralisation du pouvoir et la diversification du temps de
travail. Cependant, en dépit de ces changements qualitatifs que

nous subissons depuis quelques décennies, la résistance psychique des sciences humaines à l'égard des phénomènes qui les dépassent demeure toujours actuelle. Où peut-on ranger de nos jours, en effet, les expériences parapsychologiques que nous communique, par exemple, l'antique technique ascétique de l'Inde comme le *yoga* où le but suprême consiste à dompter sinon à brûler les *vṛtti* (vibrations) mentales, pour ne pas dire tout le subconscient de l'homme ? Où ranger aussi l'illumination *(satori)* du bouddhisme et comment intégrer dans ce contexte le langage fascinant des mythes cosmogoniques ou les grands récits visionnaires de la pensée iranienne ? Peut-on les assimiler à nos niveaux de connaissance rationnelle ? Ou doit-on les considérer comme les phantasmes d'un âge révolu, les dinosaures monstrueux de reliquats archaïques en voie de disparition ? La phénoménologie des religions nous apprend que ces « climats » d'être n'appartiennent pas seulement au passé de l'homme mais à la préhistoire de l'âme (car l'âme a son propre langage), à des régions qui ne sont pas en arrière de nous-mêmes, mais se situent dans des zones où arrière et avant se confondent dans la simultanéité d'une actualité temporelle. Par conséquent ils font configurer un monde, une constellation à part, qui ne contredit pas le monde des phénomènes sensibles, mais l'enveloppe dans une totalité qui nous échappe. Ces mondes ont chacun leur ordre de rationalité, leurs coordonnées : le passage de l'un à l'autre ne s'effectue pas comme un passage ordinaire, mais par une rupture de niveau qui est aussi la transmutation du sujet lui-même, comme si nous assistions là à une inversion totale des catégories courantes de l'entendement, comme si, en traversant ce pont, nous changions tout à coup de lunettes pour voir d'autres choses, entendre d'autres sons, sentir d'autres odeurs.

Pour illustrer ce phénomène, je me permettrai de me référer ici à un des grands chefs-d'œuvre de tous les temps, j'entends *L'Homme sans qualités* de Robert Musil. Dans un passage d'une remarquable perspicacité, Musil dévoile cette rupture qui est selon lui l'évanouissement de tout le tissu du réel qui nous entoure. Le héros du roman, Ulrich, expliquant l'expérience mystique à sa sœur, dit ceci : « D'ordinaire, un troupeau n'est à nos yeux que de la viande de bœuf qui paît. Ou un sujet pittoresque sur un bel *arrière-plan*[1]. Ou bien on n'y fait presque pas attention. Les troupeaux de vaches sur les sentiers de montagne font partie desdits sentiers, et l'on ne comprendrait ce qu'on éprouve à leur vue que s'il se trouvait à leur place une horloge régulatrice ou une maison de rapport. Généralement, on réfléchit s'il faut rester assis ou debout ; on se plaint des mouches qui bourdonnent autour du troupeau ; on s'assure qu'il n'y a pas un taureau au milieu, on se demande où le sentier conduit : innombrables petites intentions, petits soucis, petits calculs, petites perceptions qui forment comme le *papier sur lequel se peint l'image du troupeau*[1]. On ne pense pas au papier, on voit seulement le troupeau dessus (...).

— *Et soudain le papier se déchire !*[2] »

Que se passe-t-il donc quand cet arrière-espace de nos petits soucis, nos petits calculs, qui constitue la toile de fond de la réalité quotidienne, disparaît ou quand, comme le dit Musil, le *papier se déchire ?* Alors tous les critères à l'aide desquels nous évaluions ce paysage : paître, brouter, toutes les notions habituelles par lesquelles nous nous insérions dans le concret des choses : l'espace, la vue, la distance, toutes les petites perceptions qui tissaient la toile même de ce tableau s'évanouissent comme sous l'effet d'une baguette magique. Ce qui reste à la surface n'est plus, dit Musil, « qu'ondoiement d'émotions, montant et descendant, ou respirant et flamboyant, comme s'il remplissait tout le champ de la vision sans avoir aucun *contour précis*[3] ». Ce manque de contour précis signifie aussi que nous atteignons un statut d'être où l'espace se retire : c'est-à-dire qu'il se replie et qu'un autre « espace » qualitativement différent se déplie par là même. Cette *mise en suspens* des choses, Musil l'appelle le « second état » : c'est-à-dire un état « extraordinaire, capital, auquel l'homme est capable d'accéder et qui est plus ancien que toute religion[4] ». En mettant l'accent sur l'ancienneté, voire la primordialité de cet *état primitif,* Musil montre que tout le développement ultérieur des sciences et des connaissances humaines n'a pu se faire qu'au détriment de cet état premier ; c'est pourquoi d'ailleurs toutes les étapes de l'histoire sont pour lui l' « assèchement » de ce marais primitif. Et tandis que les mystiques reconnaissent ces états comme étant les plus originels de tous les états dits normaux de l'homme, l'Église, les institutions sociales, les communautés civilisées s'en sont toujours méfiés avec la « méfiance du bureaucrate pour l'entreprise privée[5] ». On a par conséquent cherché à lui trouver des succédanés, des *ersatz*, à le remplacer par les règles, les codes ; d'où la nécessité de la *morale* qui est en quelque sorte le rabaissement et la codification de cet état et, partant, son stade d'assèchement avancé. La civilisation bourgeoise prenant la relève de la civilisation religieuse lui trouvera un autre

succédané plus efficace : le second état deviendra les
« Lumières ». C'est donc à présent la raison triomphante qui
codifie les normes de tout comportement. Et, en dehors de la
poésie, conclut Musil, « on ne laisse l'ancien état qu'aux personnes incultes [6] », ou à la rigueur aux phantasmes délirants
d'obscurs marginaux. Musil ajoute en guise de conclusion :
« Mais je crois peut-être que les hommes, dans quelque temps,
seront les uns très intelligents, les autres des mystiques. Il se
peut que notre morale dès aujourd'hui se divise en ces deux
composantes. Je pourrais dire aussi : les mathématiques et la
mystique. L'amélioration pratique et l'aventure inconnue [7]. »
Ainsi arrivés au terme de cet « assèchement du marais »,
c'est-à-dire ayant atteint le terme de toutes les formes de rem-
placements historiques, nous arrivons à un stade où les acquis
incontournables de la science côtoient inévitablement une
« science infuse » beaucoup plus originelle, qui rebondit
d'autant plus ouvertement que tous les succédanés l'ayant
voulu remplacer se sont révélés caducs. L'absence de Dieu lui-
même devient le surgissement d'une nouvelle divinité. La
conjonction de l'homme de science et du mystique présuppose
d'emblée une conscience lucide, aiguë, de l'expérience vécue
antérieurement. Il faut que l'extase primitive nocturne ait été
intégrée dans la conscience diurne de l'éveil. Dans l'expérience
lunaire, dit Musil, le « Moi ne retient rien en lui-même, nulle
condensation de son avoir, à peine un souvenir ; le Soi même
exalté rayonne dans un oubli infini de soi-même [8] ». Cette
expérience originelle doit apparaître à la surface pour que la
compréhension se substitue à l'étonnement inépuisable. Car,
dit Musil : « Le Moi ne saisit jamais ses impressions ni ses
créations isolément, mais toujours dans un contexte, dans un
accord réel et imaginé, un rapport de ressemblance ou de dis-
semblance [9]. » Si ces rapports se défont et n'arrivent plus à correspondre à nos catégories habituelles de connaître, nous nous
retrouvons devant « une création indescriptible, inhumaine, la
création informe et condamnée [10] ! », autant dire devant un
chaos insondable.
La réintégration de cet état primitif, en l'occurrence d'étonnement, l'état nocturne et lunaire dans la perception claire du
jour est ce que Musil décrit comme étant la *mystique diurne*,
celle qui englobe autant le mystique que l'homme de science.
Par ailleurs, la science ne fut possible que parce que la dévalorisation de cet état premier au profit de la conscience *diurne* a
précisément rendu possible son émergence. « L'esprit humain

n'a obtenu de succès tangible que du jour où il s'est écarté du chemin de Dieu [11]. » Ici nous débouchons sur un paradoxe : la science n'a été possible que parce qu'il y a eu refus de Dieu ; mais la divinité revient à présent non sous forme de telle ou telle religion mais sous forme de la mystique en général. Alors comment réconcilier une science qui ne peut exister qu'en niant l'état mystique originel et une mystique qui revendique de plus en plus sa voix au chapitre et se présente comme un mode d'être autre que celui auquel nous sommes habitués ?

L'homme d'aujourd'hui, à l'encontre de l'homme d'autrefois, vit au point de tension de deux niveaux de connaissance : d'une science qui n'a pu naître qu'au prix du refus de Dieu et d'une mystique qui, refoulée trop longtemps, réapparaît dans notre conscience diurne et revendique ses droits dans nos comportements existentiels, dans l'espace lunaire et inconscient de nos rêves, et surtout dans le message ressuscité des grandes traditions mystico-religieuses, lesquelles, affleurant à la surface de nos connaissances, nous étonnent par leur logique polyvalente et par la rigueur de leurs paradoxes vertigineux.

L'homme d'aujourd'hui vit ainsi dans une *déchirure*. Installé dans la béance de ces deux modes d'être, il est sans cesse harcelé par deux discours qui non seulement se contredisent mais semblent même incompatibles. Pour illustrer en quelque sorte l'antithèse de ces deux discours qui rejoignent un peu ce que Musil disait de ces deux états, je prendrai deux contextes séparés qui ont chacun leur articulation, leur loi et leur pesanteur et constituent dans leur ensemble propre une constellation distincte. Prenons respectivement l'homme, la nature, la connaissance et l'histoire dans le contexte des sciences humaines modernes et dans l'optique des grandes structures de la mystique traditionnelle. Nous verrons comment les rapports entre ces quatre réalités changent du tout au tout selon que l'on passe d'une constellation à une autre.

1. *Les quatre mouvements descendants de l'Esprit.*

L'homme moderne, à l'encontre de l'homme religieux traditionnel, n'a pas de position stable dans le monde : il est sollicité de toutes parts par une poussière de *Weltanschauungen* souvent contradictoires qui lui posent plus de problèmes qu'elles n'en résolvent. Il vit par ailleurs au sein d'un champ immense de dévaluation des valeurs. Depuis l'avènement de la modernité, rien n'est plus ce qu'il a été : ni le monde ne lui offre le spectacle ensorcelant d'un jeu magique, ni la connaissance n'arrive à s'exhausser au niveau de la contemplation, ni sa fin n'est ce qu'elle a été, retour vers la Divinité, ni l'image qu'il s'était faite de lui-même, cette image hiératique qui s'incarnait dans le statut du sage ou, comme le disent les Hindous, du délivré-vivant *(jîvan-mukti)*. Dès lors, sa position est celle d'une béance entre deux ordres de réalités qui paraissent en tous points opposés l'un à l'autre : l'histoire et l'eschatologie, la connaissance objective et la vision contemplative, l'*homo faber* et l'*homo mysticus,* la nature mathématique réduite à l'objectivité des étants et le lotus magique s'épanouissant à l'aube des cosmogonies. L'homme moderne reste au point de convergence de quatre mouvements descendants dont l'ensemble a provoqué l'avènement de la modernité et favorisé la naissance des sciences de la nature.

a) Le premier mouvement allant *de la vision contemplative à la pensée scientifico-technique* a rendu possible l'objectivité incluse dans toute la méthode scientifique. En dévalorisant l'aspect gnostique et la teneur archétypique de toute connaissance assimilée à l'ordre irrationnel, et en les rabaissant au niveau du regard froid de l'observateur, la science a provoqué l'instrumentalisation de la raison.

b) Le deuxième mouvement allant *d'une nature magique* (formes substantielles) *aux concepts mathématiques* a rendu possible l'aplanissement des mondes, voire l'effondrement de la hiérarchie des univers. Cela a favorisé ce que Jung appelle si judicieusement le « retrait des projections », ou si l'on veut le « désenchantement » *(Entzauberung)* du monde. Que ce mouvement ait été dans le sens de la perte de l'*aura* originelle (W. Benjamin) ou du développement sans précédent du sensoriel au détriment d'autres facultés (M. McLuhan), la conséquence est la même. La nature n'est plus une fleur cosmique s'épanouissant à partir de sa propre éclosion : elle est écrite en lettres mathématiques. La connaissance équivaut à étudier les lois, la causalité sous-jacente aux phénomènes. L'homme visionnaire devient à présent l'homme visuel, tout comme à la magie de l'étonnement se substitue le regard se voulant impartial du scientifique.

c) Le troisième mouvement allant *des substances spirituelles aux pulsions primitives* situe l'homme non dans la dimension polaire d'un retour à l'Origine mais dans la perspective linéaire de l'évolution. La nature est tout autant historique que l'histoire est naturelle, dès lors l'origine de l'homme se confond avec celle des espèces. Les strates les plus archaïques de ses

« trois cerveaux » plongent dans les racines du règne reptilien. L'homme est le produit de la nature, et la différence qui l'oppose à l'animal n'est pas d'ordre de nature mais de degré. Les pulsions qui le constituent dans son être sont les tendances primitives de puissance, peu importe que celles-ci soient affirmation de volonté, ou tendances nutritives dans le sens large du mot.

d) Le quatrième mouvement allant *de l'eschatologie à l'histoire* pose le problème de la sécularisation de la Providence et fait de l'histoire une médiation entre le réel et l'idéal, entre l'homme et son *telos*. L'être n'est ainsi qu'un *processus* en plein devenir, tant au niveau de l'ontogenèse qu'au niveau subjectif de la phénoménologie de la conscience. Par ailleurs, la négation du contenu eschatologique du temps et sa réduction au mouvement évolutionniste rectiligne n'eût pu être mise en œuvre si la notion de *creatio ex nihilo* n'avait pas remplacé auparavant le concept grec de l'être immobile et substitué au cercle de la *physis* l'horizon du devenir historique.

Ainsi, l'homme moderne se trouve, qu'il le veuille ou non, à l'embouchure de ces quatre mouvements : instrumentalisation de la pensée, mathématisation du monde, naturalisation de l'homme et démythisation du temps. Il est conditionné par les catégories que lui imposent d'office ces lunettes épistémologiques, et c'est à travers ces lunettes qu'il voit le monde, réinterprète la nature, mesure la portée de l'histoire et s'évalue lui-même.

2. *Les quatre mouvements ascendants de l'Esprit.*

Face à ces quatre mouvements descendants de l'Esprit, les grandes traditions mystiques de l'humanité ont proposé d'autres solutions, d'autres catégories de voir et de savoir. La doctrine du *karma*[12] que postule le bouddhisme dépasse de beaucoup l'horizon des sciences humaines occidentales. Car elle embrasse non seulement cette tranche de vie qui est la nôtre, mais nous retourne, grâce au prolongement à rebours qu'elle met en branle, à l'état prénatal, voire aux états antérieurs d'un devenir qui se confond avec le commencement sans commencement du monde. Le bouddhisme professe l'*anattâ*, la non-substantialité des phénomènes. L'âme y est constituée par des séries composées de pensée, de sensation, de volition et d'éléments matériels, ces derniers étant les données sensorielles. Le flux continuel de ces séries d'existence, se suivant selon la loi de la causalité dépendante *(pratîtya samutpâda)*, n'a ni commencement ni fin. L'ensemble de ces flux alimente l'océan de transmigration *(saṃsâra)*, lequel a débuté depuis un temps sans commencement par la totalité indéfinie des antécédents et des actes moraux. Ces courants d'existence doivent consommer la maturation des fruits des actes sous certaines conditions. Lorsqu'un courant d'existence arrive à son terme, il lui reste encore un stock d'impressions résiduelles non épuisé qui passe à une autre existence où les semences karmiques mûrissent et acquièrent leur rétribution. En effet, il n'y a pas à proprement parler un sujet, pas plus qu'il n'y a un agent indépendant : il y a l'acte et son fruit et, entre les deux, l'automatisme infaillible de la causalité dépendante. Quand les conditions sont requises, quand, selon l'exemple bouddhique, la mèche, l'huile et l'étincelle sont réunies, la flamme est déjà là, et celle-ci continuera de brûler tant qu'il y aura assez d'huile *(karma)* pour entretenir son feu, autrement dit tant qu'il y aura assez de réserves susceptibles de tourner la roue des renaissances. C'est la soif d'être *(tṛṣna)* qui alimente l'action et celle-ci n'est que l'acte mental *(cetâna)*. C'est l'acte mental qui rassemble par sa force cohésive les éléments d'existence *(dharma)* en flux de moments instantanés dont la récurrence perpétuelle produit l'illusion de durée, donc de l'existence. Celle-ci n'était autre dans l'école des *sarvâstivâdin* que l'agrégat des cinq *skandas* : forme *(rûpa)*, sensation *(vadâna)*, pensée *(samjñâ)*, impression *(vâsanâ)* et conscience *(vijñâna)*, dont l'ensemble constitue le flux illusoire de notre personnalité psychomentale. De même que la *samâdhi* (la plus haute connaissance) se définit dans l'école de yoga comme « la suppression de toutes nos opérations psychomentales » *(sarvavṛttinirodha tvasamprajnâtah samâdhi)* [13], de même, pour le bouddhisme, l'extinction de la continuité des séries d'existence est symbolisée par la flamme d'une bougie qui s'éteint pour avoir épuisé son combustible (résidu karmique). La délivrance qui est le résultat concret de la connaissance la plus haute est en rapport direct avec la vision instantanéiste des phénomènes dont la non-substantialité constitue en propre l'être même de l'*arhat*, c'est-à-dire de celui qui a trouvé un gué *(tîrtha)* dans l'océan du *saṃsâra* et a atteint la rive sûre du fleuve des renaissances. Dans les écoles philosophiques du *Mahâyâna* comme celle des *Vijñânavâdin*, c'est l'agitation première de la « Pensée-Réceptacle » *(Alâya-vijñâna)* — réservoir de toutes les semences karmiques et sorte de mémoire originelle préalable à toute polarisation — qui perturbe l'océan de semences karmiques et fait en sorte qu'elles se polarisent en sujet-objet, en connaissables et supports de connaissables. C'est en vertu de l'actualisation de ces semences que le flux des renaissances *(saṃsâra)* vient agiter l'océan du non-être. Et c'est aussi en échappant à cette agitation perpétuelle — source de l'être et du devenir — que le sage bouddhiste ou le libéré hindou retrouve la sérénité suprême du non-agir ou l'état paradoxal de celui qui vit entre le temps et l'éternité, entre l'être et le non-être, entre la vie véritable et la mort dépassée. Sa situation est pareille au mystère même de la *mâyâ* à propos de laquelle la *Sarvasâra Upaniṣad* dit : « Elle n'est pas réelle, elle n'est pas irréelle, elle n'est pas réelle-irréelle » *(na satî nâsatî na sadasatî).* Et, au sujet de l'homme parvenu à ce stade de délivrance, une autre *Upaniṣad*[14] ajoute : « Il est comme un pot vide (suspendu) dans le ciel, vide à l'intérieur, vide à l'extérieur, ou comme un pot plein dans l'océan, plein au dedans et plein au dehors. »

Ainsi, l'expérience de l'homme, du monde, de la connaissance décrite par l'expérience bouddhique et védântique ne se laisse pas circonscrire dans les quatre mouvements descendants de l'Esprit tels que nous le vîmes se formuler dans la marche de l'histoire. Non seulement l'essence de l'homme ne se limite pas à ses pulsions, non seulement l'histoire s'évanouit comme une fantasmagorie magique, non seulement le monde devient une illusion cosmique ou une « Pensée-Réceptacle » immémoriale, mais aussi l'homme a pour tâche de détruire, de consommer la soif d'être, c'est-à-dire d'échapper aux conditions mêmes qui déterminent le temps, l'espace et l'histoire. Et c'est par les paradoxes fulgurants d'une logique polyvalente que se brisent en éclats les catégories de nos connaissances, celles mêmes qui valident les sciences humaines modernes. Cela ne veut point dire que celles-ci soient fausses, mais, comme le dirait sans doute un logicien *Jaïn,* qu'elles sont probablement vraies d'une certaine manière *(syât),* d'une certaine façon. Car ne faut-il pas ajouter l'adverbe *syât* (il se peut) à nos jugements afin d'éviter toute violence mentale, toute affirmation péremptoire et imprudente ?

Mais revenons-en à nos quatre mouvements descendants de la modernité. Peut-on leur opposer quatre mouvements contraires ? Sans doute les exemples ne manquent pas dans les traditions indiennes et extrême-orientales. On pourrait bien entendu opposer à la mathématisation de la pensée les deux mouvements de surimposition *(adhyâsa)* et dé-surimposition *(apâvada)* tels que les décrit un des plus grands penseurs de tous les temps, le maître Śankara (IXe siècle), le fondateur de l'école de *l'advaïtavedânta*. On pourrait opposer aussi à la désacralisation théorique de l'espace galiléen les espaces hiérarchisés des mythes cosmogoniques ; à l'historicisme si étroit, le jeu vertigineux des cycles cosmiques *(kalpas)* indiens ; et, à l'homme naturel, l'antique tradition des Hommes-Sages qui ont brisé l'œuf du cosmos.

Afin de mieux illustrer ces quatre mouvements contraires, je prendrai quelques exemples dans la pensée irano-islamique, car j'ai l'impression que les articulations ascendantes qu'ils mettent en évidence revalorisent avec plus de clarté les contreparties iraniennes de la marche verticale de l'Esprit. En effet, dans l'immense topographie visionnaire du monde iranien, on retrouve quatre articulations d'une même *Gestalt*, laquelle reste un mouvement vertical de retour vers l'Origine. Ces quatre articulations embrassent non seulement le devenir posthume de l'homme, mais également la nature, l'histoire et la connaissance. On peut comparer chacun de ces mouvements à une mélodie musicale dont la structure reste identique et reconnaissable lorsqu'on les transpose dans des registres différents [15]. C'est, en d'autres termes, un seul *élan* de retour modulé sur quatre registres différents, registres qu'on pourrait qualifier de modes prophétique, ontologique, narratif-symbolique et érotico-mystique. Ces quatre registres structurent quatre mouvements vers Dieu, mais, à l'encontre des quatre mouvements descendants de la modernité, ils s'amplifient en hauteur jusqu'à la dimension polaire de l'Être. Nous avons ainsi : 1) un mouvement d'ascension qui va de la prophétie *(nobowwat)* à la vérité ésotérique *(walâyat)* qui le fonde ; 2) un mouvement qui va de la métaphysique péripatéticienne des essences *(esâlat-e mâhiyyat)* à la philosophie de l'acte d'être qui est Présence et Témoignage *(esâlat-e wojûd)* ; 3) un mouvement qui va de la narration racontée au récit visionnaire où cette histoire devient un événement intérieur, vécu de l'âme ; et, 4) un mouvement d'ascension qui va de l'amour humain à l'amour divin où l'Amant et l'Aimé deviennent cosubstantiels. Donc quatre voyages mystiques par la foi, la pensée, l'imagination et l'affectivité. Ces quatre ascensions valorisent à chaque reprise ce que les quatre mouvements précédents avaient dévalorisé. Ils tendent précisément à parcourir à rebours le chemin inverse des descentes, revalorisant tour à tour la fonction méditative de la pensée, la vision théophanique de la Nature-Ange, l'individuation spirituelle de l'homme et la *hiérohistoire* de l'âme. Ainsi, face à la connaissance rationnelle, le mode ontologique oppose une connaissance présentielle *(ᶜilm-e hozûrî)*, connaissance qui, pareille au vidage qu'opère la technique du yoga, procède par élimination pour atteindre à l'immatérialité *(tajjarod)* de l'Être. Compte tenu du fait que plus la connaissance s'immatérialise, plus l'homme jouit de la plénitude de l'Être, plus il devient ce qu'il est en réalité, c'est-à-dire une essence spirituelle. Face à la mathématisation de l'univers, le mode narratif dévoile la vision théophanique de l'Ange qui sauve en quelque sorte le phénomène du monde et qui peut apparaître selon les registres tantôt comme l'Intelligence agente pour les philosophes, tantôt comme l'Imâm pour les croyants, tantôt comme l'Ange pour les poètes visionnaires, tantôt comme l'Aimé pour les fidèles d'Amour. Face aux pulsions qui déterminent l'anthropologie moderne, le mode érotico-mystique propose l'amour mystique qui transmue l'éros de l'amour humain en éros divin transfiguré : et, face enfin à l'historicisme, ces quatre modes dévoilent simultanément la hiérohistoire des événements éternels qui se situent entre la *pré-histoire* de l'Origine et la *post-histoire* du Retour à Dieu. Nous n'aurons pas ici l'occasion de développer ces quatre mouvements ascendants qui, dans la perspective de la pensée irano-islamique, sont *isomorphes*, donc interchangeables, et qui dégagent chacun dans leur contexte un type anthropologique (Sage), un Guide intérieur (Ange) et un mode de connaissance qui est toujours une individuation spirituelle grâce à laquelle l'homme rencontre son Ange personnel. C'est pourquoi on peut faire ces voyages par la pensée, par la foi, par l'imagination créatrice comme par l'amour ; aucune des voies n'a de priorité sur l'autre.

Ces quatre voies postulent ce que les penseurs iraniens appellent la *science de la Balance (ᶜilm al-mîzân)*[16] qui est le fait d'équilibrer la partie visible des choses par leur partie invisible. Le passage qu'opère le rétablissement de cet équilibre est un *retournement,* voire un revirement de l'extérieur à l'intérieur, de l'Apparent au Caché. Ce passage essentiel à l'encontre des quatre mouvements de la modernité n'est pas un développement, une différenciation progressive, mais une sorte de rupture épistémologique, voire une inversion totale des catégories de l'Être. Si nous nous référons à ce que disait Musil, nous pourrions dire qu'à ce niveau de passage les images peintes sur le tableau disparaissent dans un tourbillon d'ondoiements puisque le papier qui leur servait de support *se déchire.* Ce déchirement opère donc une inversion où le monde apparent se cachait et où apparaît le monde caché et intérieur. Cette *inversion* signifie aussi une transmutation du sujet lui-même. Celui-ci verra à présent le monde du dehors avec les yeux du dedans, c'est-à-dire avec les yeux de l'âme. Sa vision sera à l'abri d'une double négation, à une distance égale entre la tentation de l'anéantissement lunaire et de l'anthropomorphisme solaire. Il sera au juste milieu, dans la mesure où il évitera de faire pencher la balance d'un côté comme de l'autre. Que l'on me permette de reproduire cette merveilleuse citation du zen qui illustre si bien ce dont nous parlons : « Avant que quelqu'un étudie le zen, les montagnes sont pour lui des montagnes, les eaux des eaux. Lorsqu'il a pénétré dans la vérité du zen par l'enseignement que lui dispense un bon maître, alors les montagnes ne sont plus des montagnes et les eaux ne sont plus des eaux ; mais lorsqu'il a enfin atteint l'illumination et le lieu de repos *(satori)*, alors les montagnes sont de nouveau pour lui des montagnes et les eaux sont de nouveau des eaux. »

Que s'est-il passé entre ces deux regards, initial et final, qui paraissent pourtant identiques ? Il s'est passé la transformation du sujet lui-même qui a atteint l'illumination. Entre les deux, le paysage peint du monde s'est déchiré, c'est-à-dire que l'illusion de la *mâyâ* s'est évanouie. Et, lorsque les choses réapparaissent de nouveau, elles *sont* et *ne sont pas* à la fois : elles sont certes des montagnes et des eaux, mais, dans leur for intérieur, elles ne sont que des images en suspens flottant sur une vacuité essentielle *(sûnya)*. Et c'est avec l'œil de ce vide que l'homme voit émerger les choses du fond insondable du non-être. Un grand mystique iranien du XIIe siècle, Rûzbehân-e Shîrâzî, décrit ce même phénomène par l'idée d'amphibolie *(iltibâs)*[17]. L'amphibolie est le double sens caché dans l'ambiguïté même des choses ; elle présuppose une transfiguration qui est le point de jonction de ce double sens où les rapports s'inversent : l'amant perçoit à présent toutes choses avec le regard transfigurateur de l'amour : il voit la face humaine transfigurée par la face divine et c'est avec ce regard nouveau qu'il redécouvre la face humaine, de sorte que l'Amant, l'Aimé et le lien les réunissant deviennent homochromes *(hamrang)*. Il faut donc que cette vision soit à équidistance d'une double réduction : celle consistant à tout rabaisser au niveau de l'anthropomorphisme *(tashbîh)* comme aussi celle consistant à tout réduire à une abstraction monothéiste. Elle reste, en d'autres termes, à l'abri et de l'immanence et de la transcendance. C'est donc installé au cœur même de cette ambivalence que l'Amant devient le miroir de Dieu, c'est-à-dire celui qui possède le regard théophanique (Hâfez).

Mais parvenir à *śûnya*, à l'illumination du bouddhisme ou à la station de l'Amour divin, telle que la préconise la mystique de la Perse, n'est pas l'affaire de tout le monde puisque nous ne sommes pas hélas! tous des sages. Quelle est par conséquent l'attitude de l'homme moderne?

L'homme d'aujourd'hui vit, disions-nous plus haut, entre deux constellations dans ce conflit existentiel qui oppose les quatre mouvements ascendants de l'Esprit aux quatre mouvements qui le rabaissent, entre un processus de réduction et de dévalorisation et une tendance à l'amplification et à la revalorisation. D'où le penchant naturel chez l'homme à réduire — que ce soit dans un sens ou dans un autre — l'une à l'autre et réciproquement. La réduction de ces deux modes d'être crée un *champ immense de distorsion* où toutes les valeurs sont faussées et où les formes hybrides qui s'en dégagent provoquent de nos jours cette fausse conscience qui est une des caractéristiques dominantes des idéologies de notre temps. En réduisant toute la vérité aux limites que lui imposent les sciences humaines modernes, il reste imperméable aux grandes tentations de l'Esprit telles que les suggèrent le zen, le yoga ou la mystique de l'amour, mais, voulant renier l'énorme portée des sciences humaines et les acquis incontournables de la modernité, il devient un être anachronique et se complaît dans des phantasmes délirants, du type de celui que l'on voit dans certains pays islamiques où la religion, entrant dans le champ de combat des idéologies modernes, perd sa dimension polaire et s'idéologise fatalement. Il a donc le choix entre la voie royale de l'illumination bouddhique, la «conscience malheureuse» de l'intellectuel névrotique ou la naïveté militante de l'idéologue simpliste qui, se nourrissant d'utopies illusoires, remplace une illusion par une autre encore plus grande. Mais il peut également rester dans cette béance, vivre à *deux étages* et savoir que les modes de connaissance ne sont pas réductibles les uns aux autres et qu'il y a différentes façons d'être comme il y a différents modes de connaître. La distance qui sépare les modes d'être et de connaître n'est pas nécessairement quantitative, mais elle implique un saut qualitatif où l'être même du sujet se métamorphose. Si le monde des sciences humaines s'étend en deçà de cette métamorphose, celui de la mystique ne s'épanouit qu'au-delà de cette métamorphose, laquelle devient, si l'on veut, la condition *sine qua non* de sa raison d'être. La clef qui ouvre la porte de l'un est incapable d'ouvrir celle de l'autre car entre les deux l'homme aura changé de registre. D'où la nécessité d'avoir à sa disposition différentes méthodes de connaître. Si la critique de la raison sous toutes ses formes caractérise une méthode adéquate pour étudier les sciences humaines, celle-ci devient inopérante à partir d'un certain seuil ; car, là, ce n'est plus la critique qui nous vient en aide mais l'herméneutique, une herméneutique qui engage pour ainsi dire tout notre être et cela grâce à une rupture épistémologique. L'homme d'aujourd'hui, outre qu'il doit accepter avec détachement cette déchirure comme mode naturel d'existence, doit aussi avoir une tête de Janus, c'est-à-dire être armé de deux méthodes de connaissance : pouvoir changer de registre et savoir éviter la confusion des contextes qui ferait, par exemple, de l'historicisme une religion eschatologique et de celle-ci une antichambre de l'histoire. D'une part, il doit savoir déconstruire, démonter les idées, les situer dans le contexte qui est le leur, être muni comme le dit si bien P. Ricœur d'une « herméneutique réductrice » ; et, d'autre part, il doit avoir un regard ouvert à l'arrière-espace des choses, s'affranchir de certaines œillères, être pourvu d'une « herméneutique amplifiante » (Ricœur) qui l'engagerait par-delà le seuil de nos sciences humaines. Peut-être est-ce ainsi que l'homme d'aujourd'hui parviendra à faire de sa déchirure et de sa schizophrénie naturelle un *modus vivendi* et peut-être même qui sait, entamera-t-il de la sorte l'ébauche d'un nouveau dialogue entre les êtres de notre planète qui ne vivent pas tous, comme on le sait, dans le même monde historique, ni sur les mêmes longueurs d'onde.

NOTES

1. C'est nous qui soulignons.
2. Robert MUSIL, *L'Homme sans qualités (Der Mann ohne Eigenschaften)*, Paris, éd. du Seuil (coll. « Points »), tome II, p. 112.
3. *Ibid.*
4. *Ibid.*, p. 117.
5. *Ibid.*
6. *Ibid.*
7. *Ibid.*, p. 122.
8. *Ibid.*, p. 469.
9. *Ibid.*, p. 475.
10. *Ibid.*

11. *Ibid.*, p. 477.
12. Daryush SHAYEGAN, *Hindouisme et Soufisme*, éd. de La Différence, Paris, 1979, pp. 220-224.
13. *Vyâsabhâsya*, I, 2.
14. *Varâhopaniṣad*, IV, 18.
15. Daryush SHAYEGAN, *Henry Corbin : la topographie spirituelle du monde iranien*, à paraître.
16. Henry CORBIN, *Temple et Contemplation*, Flammarion, Paris, 1980, pp. 69-70.
17. *Le Jasmin des Fidèles d'amour*, chap. VI, Paris/Téhéran, Adrien-Maisonneuve (Bibl. iranienne, 8) ; cf. aussi Henry Corbin, *En Islam iranien*, Gallimard, Paris, 1978, vol. III, p. 100.

DISCUSSION

J. Vidal. — *À la richesse de l'exposé de Daryush Shayegan, j'aimerais ajouter une illustration qui relève spécifiquement de la logique du symbole. Par rapport aux mouvements ascendants et aux mouvements descendants qui nous ont été décrits, ne peut-on penser qu'une solution se présente dans une science de l'équilibre, à la faveur d'un des symboles cosmiques qui nous est des plus familiers. Je fais allusion ici au symbole de l'étoile, et particulièrement à la façon dont il apparaît dans la tradition juive sous le nom d'étoile de Jacob ou d'étoile de David. Si on tente de l'analyser, on s'aperçoit que cette étoile est formée de deux triangles qui se trouvent en état de conflit : le premier triangle pointe vers le bas, et il signifie l'œuvre de création ou l'œuvre de fondation. C'est ce que vous avez appelé l'homme qui se détourne apparemment des dieux, ou de Dieu, pour se charger de l'univers et de toute sa densité. Le second triangle, au contraire, est pointé vers le haut et correspond de très près à ce que vous dénommez des mouvements d'ascension. Ce triangle, en effet, il est de mise de le désigner comme figure de la révélation — ce qui nous donne à entendre, à la faveur d'une logique symbolique, que l'œuvre de création est reprise par renversement dans le pouvoir de la révélation. Le mouvement même d'inversion signifie de ce point de vue l'effort de transmutation du sujet, le rapport établi du visible à l'invisible et la transformation de ce qui pesait en bas vers ce qui est signifié d'en haut.*

Reste alors un troisième espace, qui est celui du milieu de l'étoile, l'espace commun aux deux triangles, dont on pourrait dire qu'il représente l'œuvre de libération, l'œuvre d'illumina-

tion, ou encore, dans un langage juif ou chrétien, l'œuvre du Salut. Qu'est-ce à dire précisément, sinon que s'opère là l'émergence d'une autre lumière qui participe en les dépassant du sens de chacun des deux triangles, et qui retourne à l'histoire en la transformant du même coup en une voie de la connaissance ?

O. CLÉMENT. — *Je me demande tout d'abord si notre siècle, surtout dans sa première moitié, n'a pas été en quelque sorte un immense laboratoire historique où les conceptions réductrices de l'homme se sont faites chair et sang et se sont terminées dans les États totalitaires, ou dans la notion de guerre totale entre différentes parties de l'humanité. On a pu y constater que, si on voulait le sauver, il fallait sans doute poser l'homme comme une réalité irréductible, et Soljenitsyne en est certainement le grand témoin. En d'autres termes, l'homme n'est pas seulement l'objet de sa propre connaissance, et peut-être, à la limite, n'a-t-il pas d'autre définition que d'être indéfinissable. On peut s'interroger de ce point de vue sur ce que signifie le visage de l'homme. Or, je crois que c'est véritablement cela qui reste. Soljenitsyne nous parle ainsi du visage de la pauvre Matriona qui n'était rien qu'une sotte que tout le monde exploitait — mais qui avait vécu selon la loi profonde d'une telle bonté du cœur que la beauté avait fini par monter à son visage et l'illuminer au moment de sa mort.*

La seconde remarque que je voudrais faire tient en ceci que je me demande si ces deux ordres de la connaissance que vous avez si bien définis ne peuvent pas, ne doivent pas se féconder mutuellement.

Sans doute a-t-il fallu, historiquement, passer du monde du mythe à celui du concept et de la scientificité, pour poser l'exigence de l'individu. Mais ne sommes-nous pas appelés maintenant à retrouver le monde du mythe autrement, c'est-à-dire comme une poétique de la communion — ainsi que vous nous l'avez très bien suggéré ? Je me demande à cet égard si la redécouverte de ce monde ne va pas exiger de la rationalité, dans un effet de retour, de faire montre de plus de finesse, de respect et d'ouverture.

Vous avez parlé enfin d'une transmutation de tout l'être, pour arriver à cette connaissance spirituelle. Mais ne peut-il y avoir aussi comme une science de l'ascèse, une science de la transmutation ? Vous savez sans doute que, dans l'Orient chrétien, on appelle l'ascèse l'art des arts et la science des sciences.

I. EKELAND. — *M. Shayegan a bien distingué, et je suis d'accord avec lui, deux modes de connaissance différents, mais j'aurais aimé qu'il nous parle du mode de transmission de ces connaissances.*

L'idée que je m'en fais personnellement, c'est que la connaissance scientifique peut être, à la rigueur, acquise par une démarche solitaire (et je pense par exemple à quelqu'un comme Ramanujan, ce mathématicien indien qui, avec un simple manuel, avait reconstitué quelque cinquante ans de mathématiques), alors que la connaissance mystique nécessite non seulement une expérience personnelle, mais aussi l'intervention d'un maître ou une révélation de Dieu.

Je voudrais savoir ce que M. Shayegan pense de cette manière de présenter les choses, et si ce schéma lui semble exact. Dans l'affirmative, cela pose un problème, parce que cela veut dire que la coexistence qu'il préconise est peut-être possible, mais qu'elle n'est pas forcément nécessaire.

Y. JAIGU. — *En intitulant ce colloque «Les voies de la connaissance», l'université de Tsukuba et France-Culture avaient en vue les différentes démarches de notre pensée à la découverte du réel. Ce qui nous entoure, ce que nous sommes, ce qui nous fonde, est l'objet de multiples approches, instinctives ou volontaires, intuitives ou rationnelles.*

Un des problèmes si souvent soulevés est celui de la valeur, en poids de réalité, de chacune de ces approches et de leur légitimité. En particulier, chacun le sait, c'est la question de la légitimité des approches qui n'ont pas pour guide la rationalité dans son sens le plus strict de déduction des concepts qui est toujours posée.

Bien entendu, «l'irruption de l'irrationnel», comme on dit, à titre de facteur d'explication qui viendrait se substituer au raisonnement rigoureux, doit être écartée. Mais il faut aussi s'entendre sur le concept d'irrationnel. Si on le définit comme tout ce qui n'est pas le produit de la déduction des concepts vérifiés par l'expérience sensible directe ou à travers des machines, il faut bien en déduire une série de conséquences.

D'abord si tout, sauf ce qui résulte de cet exercice de la raison, est irrationnel, cela implique que le rationnel ne recouvre pas la totalité du réel. Cette part du réel qui échapperait ainsi à la raison au sens strict, convient-il alors de la laisser en vacance, sans risquer de la voir se manifester incongrûment dans la vie sociale ou individuelle, sans risquer qu'elle nous surprenne dangereusement?

Enfin, si sa présence, inaccessible encore par la voie du concept, peut l'être (dans l'attente d'une rationalisation future et plus vaste) par d'autres méthodes contrôlables, que peuvent être ces méthodes ?

Elles s'apparentent à plusieurs logiques, dont celle d'une filiation des symboles telle qu'on la voit s'exercer dans toutes les cultures à travers les mythologies, ou telle qu'elle est vécue dans les expériences visionnaires qui mettent l'expérimentateur en présence d'un réel qui échappe à l'investigation de la procédure déductive, sans s'évader pour autant de l'examen de la conscience.

Or, de telles expériences sont codifiées. Elles ont leurs lois, leurs logiques et leurs raisons qui révèlent à l'évidence une structure intelligible.

Il y a donc, me semble-t-il, par rapport à une définition restrictive du rationnel, l'existence de deux « irrationnels » : un irrationnel qui manifeste un réel non conceptualisé et relève d'une logique différente de celle qui donne accès au réel découpé par la raison, et un « irrationnel irréel » qui, lui, est fantaisie, fantasme, délire sur rien, et donc évanouissement d'énergie sans création phénoménale.

C'est le premier « irrationnel » qui est signifié dans les mythes, dans les expériences spirituelles ou poétiques, et dont les visions et les arrangements de symboles sont vécus comme une technique de dévoilement aussi stricte, disciplinée et ascétique que le sont, dans leur ordre, les méthodes scientifiques expérimentales.

D'un côté comme de l'autre, la dure technique, la dure discipline : d'une part, celles de la retenue de l'esprit d'avant l'expérimentation physique et la logique sans faille du langage mathématique ; la même retenue, d'autre part, sous la forme d'une organisation de figures hiérarchisées qui se traduit par des apparitions d'images indicatrices de réalités non « imaginaires » mais expérimentées à des niveaux différents de ce qu'il faut bien appeler une réalité.

Voilà deux démarches contrôlées et disciplinées depuis des siècles, qui conduisent ceux qui les pratiquent à ouvrir une fenêtre sur le réel. La fenêtre de l'un n'est simplement pas ouverte du même côté que celle de l'autre.

Il se trouve par ailleurs que chacun de ces deux ordres de pensée se réfère à une communauté vivante où s'élabore un consensus. Pourtant, la logique visionnaire ne jouit pas du statut social dont bénéficie la communauté scientifique. Cela provient sans doute de ce que le travail sur l'unité de sa méthode et de sa démarche, à travers ses différences d'expressions culturelles, ne fait que commencer. D'une certaine façon, la science s'est dégagée des cultures, elle a affirmé une universalité univoque qui l'a définitivement affirmée dans son unité spécifique. L'unité et le consensus qui se dégageraient de la même façon dans l'autre région de la pensée sont encore restés, pour l'instant, plus incarnés dans les cultures qui les cachent, peut-être dans la mesure où tout symbole qui apparaît se singularise, alors même qu'il renvoie à des formes universelles.

L'intérêt de ce colloque sans aucun mystère, c'est bien de faire dialoguer pour un temps ces deux types d'approche du réel, objectif et subjectif, ces deux modes d'ascèse avec leurs codes et leurs logiques internes.

En évitant avant tout les quiproquos entre les vrais et les faux « irréels » en regard de la rationalité, c'est de tous côtés qu'il convient donc d'éviter les amalgames, comme c'est de tous côtés qu'il est juste de regarder par la fenêtre.

Parlant en praticien des médias, je voudrais simplement rappeler qu'à cet égard, c'est aussi leur rôle que de faire passer dans le public les pensées et les réflexions les plus modernes au moment de leur genèse autant qu'à celui de leurs résultats acquis, afin que le public participe, même de loin, à la vie et au mouvement, c'est-à-dire au processus de recherche de la pensée elle-même.

Ainsi voudrais-je, pour en arriver à ma question, demander à Daryush Shayegan s'il y a des critères communs aux expériences visionnaires et s'il peut y avoir une codification universelle des degrés de réalité auxquels renvoient les images perçues dans une expérience disciplinée ? Si oui, y a-t-il place pour une communauté future de l'expérience intérieure comme il y a aujourd'hui une communauté scientifique ?

M. MONTRELAY. — *Vous avez très fortement montré le caractère relatif de la connaissance scientifique, puis l'autre sorte de saisie, de nature toute différente, que l'homme peut avoir du monde, et qui se fonde sur la foi ou — pour reprendre le mot dont vous-même vous êtes servi — sur la faculté de contemplation. Enfin, vous avez mis l'accent sur la déchirure à laquelle il n'est pas possible, semble-t-il, à l'heure actuelle, d'échapper : il n'y a pas, avez-vous dit, de possible continuité entre la foi et la science, ni, de ce fait, entre leurs modes spécifiques de connaissance. Pensez-vous que cette fracture concerne — et peut-être définisse — le destin de l'Occident ? Ou bien que d'une autre manière l'Orient, aussi, doive l'assumer ? Qu'en est-il, en d'autres termes, de la manière dont des pays comme le Japon ou l'Inde vivent la science et ses exigences ? Je pose bien entendu cette question à nos amis orientaux.*

D. SHAYEGAN. — *Pour autant que j'aie bien compris, il y a eu en gros deux ordres de questions : M. Ekeland m'a posé un problème pédagogique, tandis que M. Jaigu évoquait la nécessité de distinguer soigneusement entre ce qu'il appelait les deux irrationnels.*

Pour répondre à M. Ekeland, je dirai que, oui, on peut dire que quand il s'agit de transmission spirituelle, il faut d'habitude un maître — encore que nous ayons des exemples, dans la tradition islamique en particulier, où certains mystiques ont été directement initiés, soit par le prophète Élie, soit par l'intervention de l'Esprit-Saint, soit par cette personne métaphysique que nous appelons l'Ange. Le phénomène du maître est donc indispensable, mais le maître n'est pas toujours un « maître de ce monde ».

Ce que j'ai tenté de dire à travers mon exposé, c'est qu'il existe aujourd'hui deux types possibles de connaissance, et que le problème est aussi, comme le posait M. Clément, de savoir s'ils peuvent se féconder mutuellement sans céder à des processus de réduction qui seraient les plus dangereux de tous. Dans ce que j'ai appelé l'idéologisation, on voit très bien par exemple comment les concepts religieux peuvent se mettre tout d'un coup à épouser des discours de nature politique extrémiste, et engendrer de ce fait des formes de pensée qui n'appartiennent plus réellement ni à l'ordre mystique ni à l'ordre scientifique. C'est alors une espèce de délire qui s'exprime, et on voit malheureusement de nos jours comme ces tentatives de réduction sont un peu partout présentes, d'un côté comme de l'autre.

S'il veut être rigoureux, l'homme moderne est donc appelé à vivre sur « deux étages », et je sais que cette situation n'est pas très confortable. Que voulez-vous ! nous vivons dans un monde éclaté, et dans un monde, de surcroît, qui s'est peut-être révélé comme participant de plusieurs niveaux différents de réalité. C'est ici que je rejoins M. Jaigu, mais, pour rendre les choses un peu plus claires et ne pas prêter à malentendu, je parlerai plutôt quant à moi de suprarationnel ou de transrationnel d'un côté, et d'irrationnel de l'autre pour ce qu'il appelait de l'imaginaire irréel.

L'existence de ce transrationnel est affirmée par toutes les grandes traditions religieuses — et sinon dans des termes, du moins selon des formes qui sont parfaitement repérables et qui renvoient toutes à l'expérience de la vision. *Ce qui est en jeu ici, à travers cette vision, que l'on se réfère à Swedenborg et à toutes les merveilles qu'il a « vues » dans le Ciel et l'Enfer, qu'on lise les commentaires de Shankara sur les* Upaniṣad *ou que l'on s'intéresse aux livres canoniques du bouddhisme Mahayana, c'est une imagination créatrice au plan métaphysique. Il est vrai que l'on passe d'un certain degré de l'image à l'absence de toute image — surtout en Extrême-Orient —, mais, pour arriver à la « non-image », il a d'abord fallu épuiser le monde des images existantes.*

M. Jaigu a raison. Dans ce que l'on confond d'habitude sous le nom d'irrationnel, il y a en fait deux ordres de réalité qui n'ont rien de commun. Il faut donc faire soigneusement la distinction entre l'image réelle et le fantasme ou le délire, ou l'icône et l'idole comme nous le disons dans notre propre terminologie — parce que, si l'icône est le miroir et l'épiphanie qui reflètent la lumière du monde, l'idole est au contraire ce qui obscurcit et emprisonne cette lumière, et coupe le lien essentiel avec notre au-delà. Nous retrouvons ici la distinction qu'établissait fermement Henry Corbin entre l'imaginaire et l'imaginal — ce dernier renvoyant à des images spirituelles, alors que l'imaginaire met en œuvre des images obsessionnelles ou délirantes dans le sens, par exemple, où l'entendait Descartes quand il parlait d'idées confuses, ou encore dans le sens où le prend la psychologie clinique.

Venons-en maintenant à ce que disait Mme Montrelay. Ce que j'ai tenté de faire comprendre, c'est qu'il y a deux mondes différents qui coexistent dans l'homme, qu'ils ne sont pas forcément opposés, mais qu'ils jouissent d'un statut métaphysique qui ne saurait être le même. En fin de compte, l'Occident est entré dans la modernité quand l' « homme visionnaire » est devenu ce qu'on pourrait appeler un « homme visuel ». Quand l'illumination a cédé devant les instruments d'optique... Je ne porte en ce moment aucun jugement de valeur. Je pense même qu'il était nécessaire qu'eût lieu cette césure, pour que la science puisse vraiment naître et qu'elle connaisse ce formidable développement que nous constatons tous. Je veux seulement souligner que nous sommes alors devant des mondes dont les structures sont différentes, et dont les temps, en particulier, ne peuvent être confondus. Quand le temps de l'histoire et de la science est d'abord linéaire, le père Vidal avait raison de montrer que le temps religieux est un temps du Salut. Tous les versets coraniques sont orientés vers le Dernier Jour, le jour du Retour à Dieu, puisque l'homme, de ce point de vue, est dans un lieu de passage, il est le fruit de la descente, et il doit remonter. Dans cette dimension-là, naturellement, vous sai-

sissez tout de suite qu'on ne peut concevoir le temps sur un mode linéaire. Il y a d'abord en effet une structure cyclique du temps, qui est une structure ontologique, il y a ensuite le temps diachronique que nous vivons sur cette terre, et puis il y a ce que Jung appelait les synchronicités qui déchirent ce temps diachronique, et on doit sans doute tenir tous ces termes en même temps, puisque nous sommes là, finalement, en tant qu'êtres vivants, à la fois dans le temps au sens trivial, et en dehors de ce temps.

Tout le problème est de savoir que nous avons ces deux dimensions, en gros celle de la science et celle de l'esprit et de l'âme, et de ne pas tenter de les réduire, à peine de les détruire l'une et l'autre. D'où la nécessité de ce que j'ai appelé la béance, qui maintient toujours ouverte cette distinction, et aussi cette autre nécessité, non pas de combler cette béance, mais, à partir d'elle, de chercher le point métaphysique à partir duquel on pourrait articuler ces deux mondes, chacun selon son mode.

Sur les processus de l'invention scientifique durant les percées « révolutionnaires »

GERALD HOLTON

I. SCIENCES S₁ ET SCIENCES S₂

L'invitation à participer à ce colloque commençait par l'affirmation que, dans notre siècle, les nouvelles découvertes des sciences physiques — théorie de la relativité, mécanique quantique, physique des particules élémentaires, cosmologie — ont complètement bouleversé et révolutionné le savoir à l'intérieur de la science (par exemple, pour la stabilité de la matière), notre pensée philosophique (par exemple, la définition de l'objectivité ou le rôle de l'expérimentateur), et même notre représentation du monde. De plus, cette invitation ajoutait qu'il ne s'agissait là que d'une partie de l'action sur la scène de théâtre où le XXᵉ siècle joue sa pièce de révolutions multiples. Il semble inévitable que ces événements doivent avoir affecté l'épistémologie en acte des scientifiques, et la « rationalité » même des processus de l'innovation scientifique aujourd'hui.

La problématique qui était ainsi décrite est hautement plausible, à la vue des profonds changements qui se sont produits dans le savoir et la pratique scientifiques. Les théories et les expérimentations, sur une échelle qu'on n'avait encore jamais atteinte, semblent se dépasser les unes les autres à une vitesse qui s'accélère sans cesse. Dans certaines branches de la science, on crée maintenant des objets qui n'avaient encore jamais existé, ou n'auraient encore jamais pu exister sur la terre. De nouvelles réalités sont mises en œuvre par des pionniers qui semblent déliés des anciennes contraintes. Des livres à grand tirage analysent les nouvelles « révolutions » scientifiques, et insistent sur les limites supposées de la méthode scientifique. Quelques-uns suggèrent même une inclination des sciences occidentales les plus nouvelles vers des notions issues des anciennes traditions mystiques de l'Orient.

L'attention accordée à cette évolution peut être renforcée par une crainte légitime de ce que le rôle de la rationalité va en diminuant de nos jours, aussi bien dans les affaires intérieures qu'internationales. On doit bien au moins aborder le point suivant. Le miracle grec à partir du VIᵉ siècle avant le Christ s'est affirmé dans un remplacement progressif de la pensée mytho-logique par une pensée rationnelle, et il a produit le premier ébranlement qui a donné naissance à la science occidentale. Pourtant, en l'espace d'un siècle, la passion a réaffirmé plus tard sa souveraineté sur la raison, et a introduit au long déclin qui a reçu le nom de « Retour de l'irrationnel ». Il y a là d'inquiétants parallèles avec notre situation présente, dans cette fin qui s'affirme de la seconde expérience du bon usage de la raison durant ce qu'on a appelé la Révolution scientifique du XVIIᵉ siècle et de l'époque des Lumières qui l'a suivie.

Il s'ensuit que la discussion même à propos de l'usage propre de la raison aujourd'hui fait appel à un large éventail de prota-gonistes, des philosophes les plus sérieux aux journalistes de masse. Il est toutefois frappant de constater que le tableau qu'ils peignent de la science est passablement différent de ce que l'on peut trouver quand on s'adresse à la communauté des scientifiques en activité. Ici, deux surprises nous attendent. D'abord, au moins chez les physiciens, et je m'en tiendrai aujourd'hui essentiellement à ce groupe, l'immense poussée en avant qui se produit dans leur discipline n'est ni détournée ni éclairée par des débats épistémologiques fondamentaux, ne fût-ce que du genre de ceux qui avaient mobilisé tant de pas-sions dans la première moitié de ce siècle (par exemple, sur le caractère fondamental de la discontinuité, sur l'indétermina-tion, sur la dualité de l'onde et de la particule, ou sur la causa-lité). Il n'y a plus qu'un très petit nombre d'individus, en grande partie sans audience, pour continuer à écrire sur de telles questions qui se trouvaient autrefois au centre de discus-sions passionnées entre les plus grands scientifiques. Et cela, malgré toutes les déficiences et les questions qui restent ouvertes à l'intérieur de la science, et comme s'il n'y avait pas d'enjeux majeurs à propos de paradoxe E.P.R. ou des contro-verses entre Einstein et Niels Bohr.

Seconde surprise : alors que certains scientifiques peuvent accorder comme une acceptation indifférente aux remarques sur la nature « révolutionnaire » des réalisations passées qui se sont intégrées dans le corpus établi, ainsi qu'il en va de la théorie de la relativité, ils désavouent pourtant le modèle révolutionnaire en faveur d'un modèle évolutif quand leur attention passe des anciens textes de science à leur propre travail ou à celui de leurs contemporains. C'est ainsi que Steven Weinberg écrit sur l'histoire de la physique depuis 1930 (*Daedalus*, automne 1977, pp. 17-18) : « L'élément essentiel du progrès a été de se rendre compte, encore et encore, qu'une révolution n'est pas nécessaire [1]. » En fait, dans cette autoévaluation, les scientifiques d'aujourd'hui suivent simplement la trace de leurs prédécesseurs, depuis Copernic jusqu'à notre siècle.

Ce n'est pas un point banal, mais bien un paradoxe à résoudre, que de constater que même les savants les plus créatifs se considèrent eux-mêmes comme des continuateurs et des conservateurs, tandis qu'à l'extérieur des laboratoires on a tendance à les voir comme des révolutionnaires dont les résultats dramatiques s'étendent bien au-delà du seul champ de la science. Un modèle simple nous aidera ici, et se révélera aussi utile plus tard. La découverte scientifique a deux sens très sensiblement différents, selon que l'on étudie ce que l'on peut appeler la « science privée » (S_1) ou la « science publique » (S_2). En S_1, nous nous occupons des pensées et des actes d'un individu ou d'un petit groupe de collaborateurs, tandis qu'ils se battent à la naissance d'une contribution nouvelle. En S_2, nous étudions l'effort fourni en commun pour arriver à un consensus par le biais d'interactions entre les membres d'un « Collège invisible », qui travaillent à de grandes distances les uns des autres et, parfois, ne se sont même jamais vus.

Malgré les interactions et les phénomènes évidents d'interdépendance entre ces deux niveaux, les critères de discussion sur le progrès ou la rationalité ne sont pas les mêmes pour eux. La remarque classique, qui fait ressortir cette différence, est cette assertion du philosophe Hans Reichenbach : « Le philosophe des sciences n'a pas beaucoup d'intérêt pour les processus de pensée qui conduisent aux découvertes scientifiques (et que d'autres philosophes ont disqualifiés comme versant dans le " psychologisme ")... ; il n'est pas intéressé par le contexte de la découverte, mais par celui de la justification. »

L'historien ou le sociologue des sciences n'est pas d'accord avec cette affirmation, et étudie à la fois le contrôle de la découverte (au niveau de S_1) et celui de la justification (au niveau de S_2). Mais il en voit les différences. Ainsi, même le travail génial et épuisant d'Einstein sur la théorie de la relativité générale ne fut pas considéré comme une proposition révolutionnaire jusqu'à ce qu'il fasse l'objet d'une déclaration consensuelle quelque peu dramatique de la part des plus grandes figures de la science aux assises en commun de la Royal Society et de la Royal Astronomical Society en novembre 1919 — c'est-à-dire au niveau de S_2. Tout au long du labeur privé d'Einstein, et pendant plusieurs années après la publication de ses papiers de 1915, son travail n'avait pas provoqué un intérêt notable. Plusieurs scientifiques, et surtout parmi eux De Sitter et Eddington, avaient dû apporter leur contribution à partir du cadre de leur S_1 personnel, avant que cette avancée majeure puisse être certifiée au niveau de S_2. A partir de là, les effets supposés sur la représentation contemporaine du monde pouvaient se propager. C'est un fait parlant à ce sujet que, quand l'archevêque de Canterbury demanda anxieusement à Einstein en juin 1921 de lui expliquer de première main quel était l'impact supposé dont on parlait de la théorie de la relativité sur la religion, il reçut cette réponse : « Aucun effet. La relativité est une théorie purement scientifique et n'a rien à voir avec la religion. »

En reconnaissant les différences de signification épistémologique d'une percée scientifique selon qu'on la considère de S_1 ou de S_2, nous pouvons maintenant nous attacher à la question de savoir quels sont les éléments principaux de l'épistémologie effectivement au travail au niveau S_1, en donnant des études de cas du processus de l'invention scientifique aujourd'hui.

II. LA FORMATION « CLASSIQUE »

On doit commencer ici en examinant de plus près un point auquel j'ai déjà fait allusion, à savoir qu'il s'est produit un déclin marqué, durant les dernières décennies, de l'acceptation par les scientifiques majeurs qu'il y ait interpénétration de l'épistémologie et du travail scientifique proprement dit. Bien que la réponse d'Einstein à l'archevêque essayât de garder un mur de séparation entre la science et la théologie, et bien qu'Einstein se fût élevé contre « l'adhésion à un système épistémologique », il était pourtant convaincu de l'interaction de la science et de la théorie de la connaissance. Il parlait pour nombre de ses contemporains quand il déclarait : « Une épistémologie sans contact avec la science devient un schéma vide. La science sans épistémologie — si tant est que cette situation soit tout simplement pensable — est primitive et confuse. » (Schilpp, pp. 683-684.) Il y avait là l'expression d'une vieille tradition parmi les savants, et on peut tout de suite penser ici aux études d'Alexandre Koyré sur les présupposés philosophiques dans la science moderne à ses débuts, aux leçons des controverses entre Newton et Leibniz, ou encore aux relations entre la *Naturphilosophie* et la science du XIXᵉ siècle. Personne ne s'attaquait alors aux grands problèmes de la science s'il n'avait une bonne culture philosophique. Einstein rappelait avec plaisir la profonde impression que les écrits de Mach avaient produite sur lui quand il était un jeune étudiant, et il avait fait la liste des autres auteurs que lui et ses amis étudiaient ensemble pour parfaire leur éducation : Platon, Spinoza, Hume, J. S. Mill, Ampère, Kirchhoff, Helmholtz, Hertz, Poincaré et Karl Pearson — pour ne pas parler de Sophocle et de Racine. Écrivant sur cette période, J. T. Herz prétendait que « l'homme de science allemand était un philosophe ». Mais ce n'était pas très différent dans les autres pays. C'est ainsi que le physicien-philosophe américain P. W. Bridgman rappelait que durant sa dernière année de *High school* au tournant de ce siècle, il lisait Mach, Pearson, Clifford et Stallo. Au même moment, le jeune Niels Bohr suivait un cours important de philosophie de Hoffding, et était profondément impressionné par Kierkegaard.

Que ce soit consciemment ou non, le jeune scientifique de cette époque se préparait à une interaction des questions philosophiques et scientifiques, et peut-être à une éventuelle candidature à la grande chaîne charismatique des savants-philosophes. J'appelle cette situation, la situation « classique ». Les effets en étaient très clairs dans la littérature scientifique des premières décennies du XXᵉ siècle, par exemple dans les débats sur la théorie scientifique de la connaissance entre Planck et Mach de 1909 à 1911, dans le *Physikalische Zeitschrift*; ou bien en étudiant l'imagerie explicitement reprise de Platon qui se développe dans l'essai de Minkowski sur l'espace et le temps ; dans les difficultés qu'ont rencontrées les Curie à gauchir leur positivisme pour accepter les idées de Rutherford sur la transmutation ; dans le débat suscité par l'insistance de Jean Perrin au sujet de la réalité moléculaire ; dans le combat d'Heisenberg contre les vestiges des impératifs kantiens à propos de l'*Anschauung* et de l'*Anschaulichkeit* en physique atomique (jusque dans les titres de certains de ses articles scientifiques durant les années 20), sans parler des discussions épistémologiques bien connues entre Heisenberg, Bohr, Born, Schrödinger, Einstein et de Broglie.

A différents degrés, ces savants se considéraient eux-mêmes à la fois comme des scientifiques et des hommes de culture qui avaient le devoir, ou peut-être (comme Erik Erikson le prétend) le désir psychologique de bâtir une description cohérente du monde, l'expression la plus ambitieuse de ce rêve consistant dans l'*Encyclopédie de la science unifiée* qu'on avait projetée en trente-six volumes, et qui avait été prévue dans les années 20 par Otto Neurath, Einstein, Philip Frank, Hans Hahn et Rudolf Carnap. Au minimum, dans les principaux pays occidentaux et avant jusqu'à peu près 1945, on aurait été très étonné si des physiciens sérieux ne s'étaient pas frottés, et n'avaient pas été intellectuellement formés par certains des « livres de la tribu », c'est-à-dire des essais écrits par des savants-philosophes du genre de ceux que le jeune Einstein avait lus, ou ceux que j'ai mentionnés plus haut, ou encore par Duhem, par Schlick, Russell, Eddington et Jeans pour n'en nommer que quelques-uns.

III. LA FORMATION COURANTE

Comme nous le savons très bien à partir de nos étudiants et de nos collègues plus jeunes, cette formation classique est morte. Les livres de réflexion des savants-philosophes ne sont plus lus, et à part quelques rares exceptions, c'est l'ensemble du genre qui a disparu, laissant la voie ouverte à des autobiographies dans le style de *La Double Hélice* de James Watson, à des manuels portant sur des sujets scientifiques délimités, ou à des textes partisans dans les pays marxistes. Quand on a demandé récemment à Sheldon Glashow ce que lui et ses camarades étudiants avaient lu en dehors du domaine de la science, il mentionna la science-fiction, Emmanuel Velikovski et L. Ron Hubbard. Ce n'est pas là une liste a-typique. Encore plus, comme l'étude récente *Springs of Scientific Creativity* le

fait bien ressortir (p. vi), les scientifiques d'aujourd'hui considèrent typiquement les essais de la philosophie des sciences
courante durant ces dernières années comme « quelque chose
de débilitant, et fuient le caractère vague et général de presque
toutes les choses qui ont été dites et écrites ».

Ces faits n'appellent pas une nostalgie qui serait ici inadéquate ou une réaction de snobisme, mais ils font surgir un
paradoxe important. Car malgré le déclin de l'allégeance explicite à la tradition scientifico-philosophique, la science est à
l'évidence de nos jours plus puissante, plus intéressante, plus
excitante qu'elle ne l'a jamais été, à la fois comme produit et
comme processus. Ses constructions intellectuelles contrôlent
les phénomènes mieux que jamais, et ses techniques sont plus
sophistiquées qu'on n'avait jamais pensé qu'il soit possible. Un
nombre relativement réduit de conceptions et de métaphores
fondamentales procure l'armature qui soutient des structures
apparemment complexes dans des spécialités largement différentes — quelque chose qui ressemble à la façon dont la tecto-
nique des plaques rend compte en même temps des caractéristiques principales des montagnes Rocheuses en Amérique du
Nord et des Andes dans le sud.

On pourrait s'attendre à partir de là à ce que les considérations communes sur les sciences et leurs assertions philosophiques sous-jacentes constituent de nos jours un aspect plus évident que jamais de l'activité scientifique. Mais c'est précisément ce qui ne se passe pas. De là, deux grandes questions :
comment cela est-il arrivé ? Et comment la science peut-elle si
bien marcher sans ce contrat conscient avec l'épistémologie qui
caractérisait son mode classique de fonctionnement ?

Pour la première question, on ne peut que l'évoquer ici,
d'autant qu'il n'est pas très clair de savoir quels ont été les facteurs les plus importants. On doit considérer que la science,
dans les dernières décennies, a plutôt été confortée par des facteurs sociologiques externes — d'une façon quelque peu ironique, le produit dérivé du traumatisme de la Seconde Guerre
mondiale — que par une introspection consciente de ce qui lui
était arrivé durant les années précédentes. Les nouveaux fac-
teurs, dans les processus de l'innovation scientifique, comprennent le nombre le plus élevé de savants et de sources de finan-
cement, le meilleur soutien d'étudiants brillants, la plus grande
puissance des sociétés professionnelles et de leurs journaux, la
plus grande liberté de voyager et de faire partie de la communauté internationale (ce dernier point est d'importance, et on

peut citer l'avantage que cela procura à Tomonaga, qui put se rendre à l'institut de Heisenberg dans les années 30, alors que beaucoup d'autres physiciens japonais demeuraient relativement isolés. L. Brown et al., p. 297).

Les résultats acquis par la collaboration de plus en plus étroite entre la science, la technique et l'ingénierie ont eu un effet de retour sur la science elle-même. Cela est vrai à l'évidence pour les expérimentateurs, dont les techniques d'appareillage, l'habileté à se servir des données, l'emploi de l'ordinateur et l'organisation du travail dans de grandes équipes ont été fortement façonnés par ce qu'ils ont appris et fait durant leur service dans les laboratoires de la Seconde Guerre mondiale, et plus tard par l'équipement déjà prêt que fournissait l'industrie. Un cas frappant est celui du lien direct entre la technologie militaire et la confirmation en 1959 de la prédiction de Gell-Mann et Nishiyma de la cascade zéro dans la physique des particules (Peter Galison, *Laboratory Life with Bubble Chambers*, sous presse, pp. 37-38, 57-58). L'immense chambre à bulles à hydrogène liquide dont on se servit pour l'expérience avait été construite et utilisée par l'excellente équipe de Luis Alvarez, équipe formée d'ingénieurs spécialisés en cryogénie structurale et en problèmes d'accélérateurs, et amenait à se servir de techniques développées dans les laboratoires militaires depuis le projet Manhattan jusqu'à l'expérience Enitewok sur la bombe à hydrogène (en fait, les compresseurs utilisés pour le test de Gell-Mann avaient été initialement fabriqués et utilisés durant l'expérience Enitewok en 1952). Ce ne furent pourtant pas seulement les expérimentateurs qui furent touchés par ces liens. C'est ainsi que Julian Springer (L. Brown, pp. 364-365) a rapporté son expérience de la guerre, où il travaillait sur les problèmes électromagnétiques posés par les micro-ondes et le guidage des ondes (comme le faisait aussi Tomonaga), et où il appliqua ensuite les leçons de méthodologie de ce nouveau travail à la description de l'amplitude effective des forces nucléaires, conduisant au concept de renormalisation.

Ce serait néanmoins aller trop loin que de penser que la disponibilité d'un puissant matériel et d'autres facteurs externes ont suffi à faire disparaître l'intérêt pour une façon explicite de philosopher. Il y a d'autres facteurs à prendre en considération pour comprendre comment on en est parvenu à comprendre cette activité comme « quelque chose de débilitant ». Un tel facteur pourrait bien tenir dans le sentiment nourri par les chercheurs, que ce soit juste ou non, que les réflexions des philosophes les plus récents, qui n'ont pas été eux-mêmes des pratiquants de l'activité scientifique, se révèlent comme essentiellement inutiles, et peuvent donc être négligées sans problème. L'existence de ce jugement très dur peut être illustrée par le témoignage de deux observateurs bien placés sur le sujet. Le premier est Hilary Putnam, lui-même philosophe des sciences à Harvard (« Philosophers and Human Understanding », dans A. F. Heath, *Scientific Explanation,* Oxford University Press, 1981). Ce dernier explique qu'en fin de compte, toutes les principales écoles de philosophie scienti-fique, malgré leurs promesses de départ et leur prise sur l'ima-gination des plus grands savants durant ce que j'ai appelé la période « classique », se sont révélées comme des échecs. Les premiers positivistes, à partir de Frege et de Mach, ont inspiré la vaine espérance que la méthode scientifique, y compris sa démarche inductive, « pourrait se révéler être un algorythme », une procédure mécanique de preuve qui permettrait des « reconstructions rationnelles ». Aujourd'hui, continue-t-il, on est largement d'accord sur le fait que ce soit impossible, car on doit toujours faire appel à des jugements qui s'appuient sur l'idée : « il est raisonnable de... ». (D'une façon ironique, il faut noter que cette libéralisation a permis à certaines formes d'anarchisme de faire entendre leurs vociférations ici ou là.) La compréhension scientifique n'est après tout qu'une compré-hension humaine, à cela près que les chercheurs peuvent rai-sonnablement espérer qu'ils se retrouveront d'accord à la fin sur les mêmes conceptions. En passant, nous pouvons remar-quer ici l'émergence à nouveau d'un modèle évolutionniste.

Le principe de vérification des positivistes logiques, selon lequel rien n'est rationnellement vérifiable sinon d'une façon critique, a servi en fait à libérer la pensée scientifique des contraintes d'une doctrine métaphysique explicite comme elle s'exprimait au XIXe siècle. Einstein a été encore une fois le pre-mier à se rendre compte des limites de cette pensée. Comme il l'écrivait à son ami Besso (13 mai 1917) : « Je ne m'insurge pas contre les théories de Mach. Mais vous savez ce que j'en pense. Ses principes ne peuvent rien faire naître de nouveau, ils ne peuvent servir qu'à faire disparaître la vermine. » En résumant les résultats de la philosophie des sciences quelque soixante ans plus tard, le jugement de Putnam est encore plus sévère : pour lui, à la fois le travail des positivistes logiques et celui des post-positivistes récents ont été réfutés, et sont même autocontra-dictoires. Cela ne veut pas dire que des considérations, une argumentation et une justification rationnelles ne sont pas pos-sibles. Mais la tentative de pouvoir les certifier par l'appel à des normes publiques est une illusion absolue. A cela, ceux qui étudient des cas historiques de la physique moderne ajoutent encore un point spécifique, à savoir que si l'exigence de « falsification » a pu avoir quelque mérite auparavant, quand la chaîne des hypothèses était moins longue, elle correspond difficilement à une pratique scientifique couronnée de succès aujourd'hui. C'est devenu au contraire un fait saillant de constater combien souvent une théorie est retardée ou abandonnée à cause d'expériences crédibles qui se sont révélées défectueuses. C'est de cette manière que les recherches de Schwinger sur une théorie électro-faible a été bloquée dans les années 50, et que l'acceptation des courants faibles a été longtemps retardée.

Finalement, la conclusion de Putnam consiste à dire qu'à cause de ses propres critères, une grande partie de la philosophie récente des sciences a représenté un programme de recherches en dégénérescence. Venant d'un autre horizon, la voix d'un scientifique en activité ne fait que renforcer celle du philosophe pratiquant. Henry Harris est Regus Professor de médecine à Oxford. Dans son article « Rationality and Science » (A. F. Heath, pp. 36-52), son analyse pleine de courtoisie n'en aboutit pas moins à des conclusions très sèches, parallèles à celles de Putnam. Il trouve par exemple que le travail de Karl Popper « non seulement sape la description classique de la méthode scientifique... (mais) elle sape aussi de fait sa propre position, de sorte qu'il ne reste plus rien qui permette d'affirmer qu'il existe une structure cohérente et logique dans la science ». La règle méthodologique pour savoir quelle hypothèse préférer (c'est-à-dire celle qui a le plus grand contenu empirique) représente « de ce point de vue, une notion attirante, mais ne se révèle d'aucune utilité pour l'activité même du scientifique » (en partie parce que le « contenu empirique » ne peut être connu à l'avance, mais ne se révèle que lorsque l'hypothèse a été explorée). La conception selon laquelle le travail des scientifiques remplace une hypothèse par une autre dans une série sans fin, qu'elle soit proportionnelle ou non, néglige ceci qu'ils « pourvoient à des faits », et des faits qui ne peuvent être changés (par exemple, qu'il y a une circulation du sang).

En outre, une discussion laborieuse sur ce que l'induction tirée d'une observation souvent répétée peut prévoir de l'avenir passe aussi à côté de la plaque, car un scientifique ne répète pas aveuglément l'expérience déjà faite par lui-même ou par d'autres, mais introduit au contraire délibérément certains changements pour disposer de plus d'informations. Harris dit simplement à ce propos que le savant « se débarrasse de ce problème », et il ajoute que ce qui apparaît comme une naïveté philosophique (comme l'accord intuitif à un réalisme rationnel) représente de fait une manière de faire fructueuse. Si les savants dans le passé écoutaient les philosophes, ce serait le contraire qui serait vrai de nos jours. La théorie d'une « logique » de la découverte scientifique ne résiste pas à un « examen détaillé de ce que les chercheurs font réellement ». Aucun *a priori* logique ne fait qu'une hypothèse a intrinsèquement plus de chances que ses rivales d'être la bonne. La meilleure stratégie, selon un modèle évolutionniste, est celle où la valeur des hypothèses n'est trouvée qu'*a posteriori*.

Harris, qui est un savant sophistiqué du point de vue de la philosophie, en termine par le jugement qu'on pourrait appeler du bon sens de laboratoire : « La rationalité est une aide, mais ce n'est pas une obligation pour faire des découvertes. » Le « scientifique rationnel », de ce fait, est un « empiriste impénitent qui ne se donne jamais des migraines en cherchant quelle est la logique de ce qu'il est en train de faire ». Il fait des erreurs, mais il trouve aussi de bons résultats. « Il ne nourrit pas de réserves sur la capacité de la procédure scientifique à vérifier ou à falsifier les propositions de la science », et il soumet ses publications au public en espérant que d'autres bâtiront à partir de ce qu'il y a de valable en elles.

Il semblerait en fin de compte qu'après presque un siècle de turbulences philosophiques, les scientifiques ne soient pas arrivés très loin de l'endroit où ils avaient déjà pris leur départ.

IV. QUELQUES DIMENSIONS DE L'IMAGINATION SCIENTIFIQUE AUJOURD'HUI

Ce qui émerge de tout ce que je viens de dire, ce sont certaines caractéristiques des styles d'imagination scientifique qui se sont imposés après la Seconde Guerre mondiale — styles qui sont immédiatement productifs de résultats superbes même s'ils ne semblent pas attirants pour certains d'entre nous qui avons été élevés dans la période précédente. (En cela, comme dans d'autres domaines, on peut trouver plus qu'une analogie avec ce qui se passe aussi bien en peinture, en musique ou en littérature.) Si les anciens modèles étaient des introspectifs comme Poincaré ou Bohr, les nouveaux savants que l'on prend comme exemples sont les successeurs, apparemment immunisés contre la philosophie, du jeune expérimentateur Rutherford qui ne ressentit aucune hésitation à proposer la conception presque alchimique de la transmutation, typique de son courant constant d'hypothèses et de ses explications métaphoriques simples, ou d'Enrico Fermi, qui était totalement agnostique, et dont on rapporte que Bohr déclara un jour à propos de son travail théorique couronné d'un immense succès qu'il avait emprunté une voie « trop élémentaire » et trop « bon marché ». Le credo épistémologique constamment répété par Einstein était aussi, après tout, un appel à se libérer des philosophies d'écoles, et à mettre en avant le rôle fécond de l' « invention libre », et même de la « spéculation sauvage ». La simple affirmation de Bridgman selon laquelle « la méthode scientifique consiste à faire tout ce que l'on peut, aucun point d'appui n'étant interdit », signalait déjà l'espèce de confiance en soi, de scepticisme envers la méthodologie, et d'impatience devant les autorités qui avaient précédé, qui sont devenus caractéristiques des débats qui se développent dans la science moderne.

Le succès de cette manière de faire peut avoir même influencé le processus de sélection par lequel on se choisit de jeunes collaborateurs. Le docteur Singer, directeur du Laboratoire de Biochimie à l'Institut national du Cancer à l'intérieur de l'Institut national pour la Santé des États-Unis, expliquait récemment quelles étaient les caractéristiques que l'on souhaitait dans son laboratoire pour de jeunes chercheurs. Elle insistait beaucoup sur « le degré jusque auquel ils provoquaient leurs collègues plus âgés », à l'intérieur des limites du discours savant, et elle mettait en avant la nécessité de préserver de telles « inclinations génératrices de troubles afin de conserver leurs forces de motivation », comme on peut en trouver dans l'expression de l'ambition, de l'agressivité et même dans un état de belligérance. Elle croit que c'est la tâche de l'organisation sociale de la science, pour reprendre la phrase de J. Bronowski, que « de transformer ces énergies brutes dans une enquête disciplinée menée par la communauté prise comme un ensemble ».

Eric Ashby, il y a quinze ans, affirmait la même chose. Pour préparer quelqu'un à participer à un programme de recherche, il faut d'abord le familiariser avec « l'orthodoxie », mais

ensuite lui instiller le principe d'un « dissentiment constructif :
c'est cette rigueur dans le dissentiment qui a sauvé la connaissance... de garder une nature autoritaire et statique ». Le dissentiment, donc, se confondant avec une irrévérence affirmée :
on reconnaît là les traits du jeune Francis Crick ou du jeune
Richard Feynman.

Poussé en lui-même par une confiance qui ne doit rien à
l'épistémologie, le scientifique d'aujourd'hui, dès le début de sa
carrière, bénéficie d'un climat psychologique favorable pour
prendre publiquement des risques pour des idées qui, à mon
avis, ne seraient pas arrivées à passer à travers le filtre des présuppositions explicites dans la première moitié de ce siècle. Ce
nouveau style « débraillé » culmine dans la terminologie qui
est avancée pour désigner de nouveaux concepts scientifiques
(forçant parfois la *Physical Review* à rejeter des néologismes ris-
qués — ce qui n'arrivait pas à Max Planck, lorsqu'il éditait les
Annalen der Physik). En outre, dans certains domaines de la
recherche, de vieilles conditions *sine qua non*, comme la possibilité de reproduire à volonté les nouveaux phénomènes, sont
devenues techniquement impossibles, comme lorsque la
recherche implique de grandes équipes, et un appareillage cher
et complexe qui n'existe qu'en un seul endroit dans la forme
requise. L'exemple même de cette situation est l'exhibition et la
publication d'un événement unique produit dans une chambre
à bulles, comme dans la preuve de l'existence d'oméga —, ou
l'événement « en or » largement en dessous du nécessaire pour
une analyse statistique, tel qu'il a été cherché dans des cham-
bres à bulles pour démontrer la décomposition de K + (P.
Gabson, *Reviews of Modern Physics,* v. 55, 1983, pp. 487-491,
505-506). Il y a là un fossé avec la répugnance de J. C. Street,
qui n'avait obtenu qu'une seule image du muon en 1937 et qui
se refusa à proclamer sa découverte à cause du caractère unique de son résultat.

Mais si cette confiance qui s'assure en dehors de l'épistémologie en venait à régner seule, qu'est-ce qui interdirait que le
processus dégénère dans de la pure fantaisie et du roman ? Si
c'était là le cœur d'une stratégie de la recherche, cela jouerait
dans beaucoup de cas comme une force centrifuge et amène-
rait bientôt à dépasser les frontières de la bonne science.
Qu'est-ce qui prémunit la physique de devenir une cousine de
l'astrologie ou d'une médecine de charlatan ? Nous devons
admettre que quelque sorte d'épistémologie efficace est quand
même là au travail, même si elle est souterraine ou en partie

inconsciente. Il doit bien y avoir aussi une tendance centripète qui fait sentir ses effets. Et c'est cela, précisément, que nous allons bientôt trouver. Mais nous devons d'abord préparer le terrain et noter une autre des caractéristiques du style moderne, qui est elle-même fortement centrifuge et qui a quelque relation avec le premier point : une heuristique quasiment improvisée (dans le sens que Whewell donne au mot heuristique : servant à découvrir) qui ressemble même quelquefois à du saut à la perche par-dessus les obstacles. C'est ainsi que Sheldon Glashow, quand il avait vingt-neuf ans, écrivit simplement dans son article sur les « Particle Symmetries of Weak Interactions » (*Nuclear Physics*, 1961), sur lequel devait être fondé son Prix Nobel : « La masse des particules intermédiaires chargées doit être supérieure à (zéro), mais comme la masse du photon est nulle, c'est là à l'évidence que réside l' obstacle principal pour tenter de chercher une quelconque analogie entre d'hypothétiques (bosons) vectoriels et les photons. C'est un obstacle dont nous ne devons pas tenir compte. »

Le physicien moderne ne pense même pas à ses prédécesseurs qui, après avoir lu Mach ou Duhem, avaient toujours fait très attention à éviter les théories qui contenaient des inobservables ; il néglige également les plus récentes philosophies des sciences qui invoquent avec sérieux des critères de démarcation et qui s'en servent pour déclarer que la physique des particules élémentaires représente un « programme de recherche décadent ». Aucune de ces propositions spéculatives et décourageantes n'est acceptée aussi longtemps qu'on pense qu'on a une « bonne raison » de chercher — non point d'ailleurs dans le sens de Popper où une « bonne hypothèse » est une hypothèse déjà corroborée, ou même dans le sens de Carnap, pour qui une « bonne raison » était équivalente à une grande probabilité. Aujourd'hui, une « bonne raison » relève plutôt du fait de prendre des risques, de se demander « et si ? » dans une heuristique de l'improvisation qui permet d'avancer des thèses pour lesquelles il n'y a pas de test possible avant une décennie ou plus. C'est ainsi que G. N. Yang et R. Mills ont exposé en pionniers la théorie du champ de jauge dans un article de 1954, malgré la prédiction inhérente à cette théorie, selon laquelle il y aurait des particules chargées sans masse. Glashow écrit quant à lui dans les *Physical Review Letters* (avec H. Georgi, janvier 1974) : « Nous avançons une série d'hypothèses et de spéculations qui amènent inévitablement à la conclusion que SU (5) est le groupe de jauge de l'univers — et que toutes les forces inhérentes aux particules élémentaires (forces nucléaire, faible et électromagnétique) sont des manifestations différentes de la même interaction fondamentale qui implique une seule force de liaison... Nos hypothèses peuvent être fausses, ou nos spéculations erronées, mais l'unicité et la simplicité de notre schéma sont des raisons suffisantes pour le prendre au sérieux. » « Une raison suffisante » — cela court-circuite tout simplement les débats acrimonieux sur les garanties de la rationalité et sur les critères de démarcations appoliniens qui proviendraient d'une chute dionysiaque dans l'irrationalité.

Les ancêtres philosophiques les plus proches de ce principe de « raison suffisante » sont, je crois, David Hume et Charles S. Peirce. Hume distinguait entre ce qui est rationnel et ce qui est raisonnable, et permettait d'admettre des critères selon ce qui est raisonnable, même quand la base du jugement d'origine était en fin de compte uniquement intuitive. Peirce, le mathématicien-philosophe américain du XIXe siècle et le père du « pragmatisme », pensait au sujet d'un travail créatif dans des termes proches de ceux de Galilée quand celui-ci parlait de la « lumière naturelle » de la raison, et de l'attitude de Kepler qui était prêt à laisser ses présuppositions interagir avec le matériau empirique qu'il étudiait. La logique de la découverte chez Peirce ne s'affirme pas à partir de livres, comme celle de Descartes ou de Bacon, mais c'est une logique empirique. Son processus d'induction est renforcé par sa manière de proposer tranquillement des hypothèses tournées vers le futur, qui sont ensuite scrutées et peuvent être corrigées par l'expérimentation et la rigueur de la pensée — non seulement, d'ailleurs, de la part de celui qui les a avancées, mais par la communauté d'ensemble des scientifiques qui est engagée dans un processus autocorrecteur du discours public. La garantie de n'importe quelle innovation scientifique réside ici dans le futur et le processus de recherche lui-même. Peirce écrivait : « Le mieux que l'on puisse faire, c'est de fournir une hypothèse qui ne soit pas dénuée de toute vraisemblance, dans la pente générale de la pensée scientifique, et capable d'être vérifiée ou réfutée par des observateurs futurs. » Les concepts dont on use dans le discours scientifique étaient pour lui ceux que l'on appellerait plus tard des concepts opérationnels : « La signification d'un concept... réside dans la façon dont il peut modifier d'une manière concevable une action délibérée, et en cela seulement. »

Pour résumer les changements du modèle classique de pensée à celui qui est aujourd'hui dominant, les scientifiques sont maintenant beaucoup plus conscients du système général de recherche à l'intérieur duquel ils travaillent, réfléchissent et conduisent des expériences. Leur premier devoir n'est plus de produire comme un bloc achevé de savoir personnel qui viendrait s'ajouter à la construction du temple final de la science, mais il participe beaucoup plus d'un travail mené dans une grande communauté pour reconstruire constamment le savoir, où aucune proposition n'a la garantie de durer très longtemps avant d'être modifiée ou abandonnée, et où la plus grande chance de chacun consiste à fournir un matériau assez utile et plausible pour le prochain étage de l'édifice.

Cette « méthodologie-en-action-et-tournée-vers-le-futur » a été brillamment décrite au long d'une métaphore de Hilary Putnam (Heath, p. 118) [2]. Celui-ci modifie la description de la science par Otto Neurath, où elle est présentée comme une entreprise pour construire un bateau, alors même que le bateau flotte sur l'océan grand ouvert : « Mon image n'est pas celle d'un seul bateau, mais d'une *flotte* de bateaux. Les occupants de chaque bateau essaient de reconstruire leur propre navire sans trop le modifier à n'importe quel moment, en sorte que le bateau ne coule pas, comme dans la parabole de Neurath. De plus, ces gens se passent des provisions et des outils d'un navire à l'autre et se lancent des conseils et des encouragements (ou essaient parfois de se décourager les uns les autres). Finalement, certaines personnes décident quelquefois qu'elles n'aiment pas le bateau sur lequel elles sont embarquées, et s'en vont ensemble sur un autre navire. Il arrive parfois qu'un bateau coule ou soit abandonné. Tout cela est un peu chaotique. Nous ne sommes pas prisonniers de cellules individuelles de nature solipsiste (ou nous ne le désirons pas), mais nous sommes invités à nous engager dans un dialogue véritablement humain, qui combine le sens de la collectivité avec la responsabilité individuelle. »

Cet abaissement des barrières épistémologiques explicites nous aide à comprendre certains des effets sociologiques qui affectent la science contemporaine. Un plus grand nombre de praticiens se sent invité à participer ; beaucoup plus de chercheurs même encore sans grands diplômes peuvent prendre part à la recherche sur des problèmes limites, et être les co-auteurs de publications. La taille des équipes croît régulièrement, avec un maximum qui se situe à présent autour de cent cinquante, mais qui amène sans aucun doute à un niveau plus élevé. De la même façon, le nombre d'équipes en compétition, et qui se renforcent ainsi mutuellement, est lui aussi en expansion, d'autant qu'on s'attaque hardiment à beaucoup plus de problèmes difficiles et que les bénéfices de la collaboration à trouver des solutions se démontrent d'eux-mêmes dans la pratique. L'absence d'un consensus épistémologique de la « tribu » présente aussi l'avantage d'une collaboration internationale plus large, puisque les différences entre les styles nationaux ont disparu. (Même Duhem aurait aujourd'hui beaucoup de mal à en trouver des vestiges.) D'une manière correspondante, la persistance de différences entre écoles de pensée d'une même nation est devenue très rare, et il y a comme une tendance entropique à se ranger au plus petit dénominateur commun à ce sujet. Le besoin de comprendre à la fois les aspects théoriques et expérimentaux d'un problème est bien plus évident qu'il ne l'était dans le passé. Les barrières entre les disciplines sont devenues perméables. Sur ce dernier point, l'intrusion si utile de la technologie et de l'ingénierie dans la physique expérimentale a déjà été mentionnée. Mais ce cas devient de plus en plus général, et le nombre et l'échelle des recherches interdisciplinaires augmentent sans cesse. (C'est ainsi qu'il est devenu difficile pour les jeunes chercheurs de comprendre comment Otto Hahn et Fritz Strassman, se désignant eux-mêmes comme des chimistes nucléaires, ont pu passer en 1938 à côté de l'interprétation par la fission des résultats pourtant clairs qu'ils avaient sous les yeux.)

V. L'ÉPISTÉMOLOGIE SOUTERRAINE

Comme nous l'avons noté, si on les abandonnait à elles-mêmes, les tendances centrifuges pourraient finir par détruire la science. Mais elles ne représentent qu'une partie du dispositif d'ensemble. Aussitôt que nous y incluons le côté inconscient et souterrain, nous trouvons aussi à l'œuvre une tendance centripète. La déclaration d'Einstein sur les liens nécessaires entre la science et l'épistémologie s'y révèle en fin de compte correcte. En bref, les grands risques que l'on prend, les sauts que l'on opère en toute liberté durant le processus de l'invention scientifique sont en fait encore reliés par une adhésion inconsciente mais très forte à des conceptions depuis longtemps établies, et qui durent encore de nos jours. En outre, les controverses qui agitent les scientifiques, que ce soit individuellement ou en groupe, portent toujours au fond sur les mêmes questions de savoir auxquelles de ces anciennes conceptions il faut faire allégeance. Ce sont ces liens qui permettent de reconnaître dans la science contemporaine la suite de la science qui l'a précédée, et ce sont eux qui établiront la connexion du présent avec les futurs champs de connaissance, malgré tous les changements apparents.

Ces éléments permanents dont je parle ressemblent à ces vieilles mélodies pour lesquelles chaque génération écrit un nouveau livret. Ce sont les *concepts thématiques* (comme l'évolution, la dégénérescence ou les états stationnaires); les *thémata méthodologiques* (par exemple, d'exprimer les régularités en termes de constantes ou d'extrêmes); et les *hypothèses thématiques* (comme la postulation de Millikan sur la discrétion de la charge électrique, ou sa fausse hypothèse, défendue pendant dix ans, de la continuité de l'énergie lumineuse). Il s'agit là des trois éléments thématiques de base que j'ai déjà longuement discutés dans mes travaux et mes livres, et dont j'ai pu faire ressortir dans des études de cas qu'ils déterminent les décisions individuelles durant la phase d'invention, ou pendant les disputes entre théories rivales. Ainsi, l'allégeance *a priori* soit à la conception atomistique soit à celle du continu en tant que base d'explication des phénomènes a balisé depuis le début même de la science moderne la façon dont les scientifiques se sont servis des deux autres éléments principaux de leurs discours, à savoir le rôle de l'expérience et le renfort analytique de la logique et des mathématiques. C'est Max Planck, par exemple, qui prédit très tôt avec beaucoup de confiance que les théories soutenues par différentes écoles sur la finitude des atomes ou sur une matière infinie, « conduiraient à une bataille entre ces hypothèses, dans laquelle l'une des deux serait obligée de périr ». Il ajoutait que malgré « le grand succès de la théorie atomique (celle-ci) devrait être finalement abandonnée en faveur de la conception de la matière continue ».

Planck était d'accord en cela avec Einstein, qui se servit bien sûr d'une façon magnifique de l'hypothèse des atomes et des quanta, mais qui n'en pensait pas moins que l'ultime explication de base viendrait en physique de la notion de continu.

Parmi les autres thémata qu'une étude de la construction théorique d'Einstein révèle, on trouve ceux-ci : la primauté d'une explication de nature formelle sur une explication de type matérialiste ; l'unité, ou l'unification à l'échelle cosmologique (l'applicabilité toujours égale des lois de la nature à travers le domaine total de l'expérience) ; les principes logiques d'économie et de nécessité ; la symétrie ; la simplicité ; la causalité ; la complétude des théories et, bien sûr, la constance et l'invariance. Un attachement viscéral à ces thémata explique dans des cas spécifiques pourquoi Einstein a toujours poursuivi son travail dans une direction donnée, même quand les tests expérimentaux étaient difficiles à réaliser, ou impossibles, ou quand leurs résultats étaient apparemment contraires à ses théories.

Une analyse des écrits des physiciens contemporains fait ressortir nombre de ces concepts thématiques, plus quelques autres bien établis aujourd'hui comme le théma méthodologique de l'usage de métaphores, ou celui de l'établissement de hiérarchies conceptuelles, et ne montrerait que peu de différences avec les thémata d'Einstein, la différence la plus notable résidant dans la présupposition d'un probabilisme fondamental, ce qui est l'antithémata de la causalité classique. La stabilité de l'entreprise scientifique, malgré ses profonds changements (à l'allure révolutionnaire) durant les trois derniers siècles, est largement due à l'antiquité des thémata régnants ainsi qu'à celle des choix opérés entre les couples théma-antithéma ; au nombre relativement peu élevé des thémata ; et au besoin finalement très rare d'introduire un nouveau concept thématique (la complémentarité et la chiralité représentant les dernières entrées majeures dans la physique de ce siècle).

Il suffit ici de mentionner la conception thématique peut-être la plus ancienne et la plus persistante qui est encore à l'œuvre dans les motivations et les présuppositions organisatrices de l'invention scientifique jusqu'à aujourd'hui. Il s'agit bien entendu de la volonté qui existe au moins depuis Thalès — depuis lors repérée comme le « sophisme ionien » — d'unifier la totalité des représentations scientifiques du monde en un seul ensemble de lois qui rendrait compte de la totalité de l'expérience accessible à nos sens. Un aspect de cette tentative réside dans l'espoir, toujours nouveau dans le détail mais toujours le même dans son essence, de bâtir une unification des forces de la nature. Oersted le cherchait avant de faire ses expériences, Faraday l'appelait « un rêve », qu'il espérait réaliser ; Einstein a consacré plus de temps à ce rêve qu'à toute autre chose ; Julian Schwinger l'appelait une « grande illusion » ; et dans sa version courante, c'est l'orientation générale des recherches aujourd'hui de bâtir des versions des théories de jauge de Yang-Mills qui nous rendraient capables de rendre compte de chaque particule, de chaque force, grâce à un seul principe. Ce fut précisément dans la poursuite de l'unification des phénomènes électromagnétiques et de ceux associés aux interactions faibles que Glashow, au début des années 60, déclara qu'il ne tiendrait pas compte du paradoxe apparent auquel il était confronté. Ce fut au service de la conception selon laquelle « toutes les forces qui affectent les particules élé-mentaires... sont différentes manifestations de la même interaction fondamentale », ajoutée à la croyance thématique dans l'unicité et la simplicité du schéma proposé, que Glashow et Georgi écrivaient en 1974 qu'il existait une « raison suffi-sante » pour prendre ce schéma au sérieux, des années avant qu'on pût y appliquer aucun test, et malgré le fait qu'ils confessaient eux-mêmes qu'ils étaient obligés dans ce but d'introduire des « idées exorbitantes » dans leur théorie.

Tout cela illustre mon point principal, à savoir que le style actuel, apparemment dépourvu de tout souci épistémologique, est encore au service d'une quête ancienne qui s'est transmise de génération en génération : la poursuite de quelques thémata de base (et de là, de présuppositions à la fois invérifiables et infalsifiables), qui aident à guider la recherche de l'ordre. L'appareillage tout entier d'une incommensurabilité des états successifs de la science, de critères de démarcation, de la logi-que de la justification, n'a jamais été capable d'en finir avec le vieux versant thématique et persistant de l'imagination scienti-fique qui est au cœur même du processus et l'enclenche du dedans. Cela semble faire peu de différence dans la pratique que le même appareillage ait maintenant autant de difficultés à se débarrasser de la nouvelle pente de ce même processus à se diriger vers l'extérieur et à ne plus essayer de se centrer. Ces deux éléments très différents s'équilibrent l'un l'autre, et leur tension permet à l'imagination d'avoir les coudées franches.

Pour en revenir au débat sur les « révolutions » avec lequel nous avions commencé cet article, on peut dire que la conti-nuité dans l'allégeance des scientifiques à quelques thémata bien établis et persistants, même à travers des changements chaotiques de conceptions analytiques ou de nature phénomé-nale de détail, rappelle à l'individu engagé en S_1 sa continuité avec ses prédécesseurs historiques situés en S_2 et l'assure de celle-ci.

Malgré toutes les différences de surface, le théoricien des particules élémentaires peut être (a été) surpris à déclarer : « Nous
nous trouvons maintenant dans une position analogue à celle
d'Oersted, d'Ampère et de Faraday. » Il peut se situer lui-
même sur une trajectoire évidente (même s'il agit apparemment comme un iconoclaste). C'est dans cet esprit qu'Einstein
a constamment maintenu que la théorie de la relativité n'était
qu'une « modification » de la théorie déjà existante de l'espace
et du temps, et qu'elle ne « différait pas radicalement » de ce
qui avait été construit en leur temps par Galilée, Newton et
Maxwell.

Regarder le travail de quelqu'un comme vraiment révolutionnaire obligerait à ce que la découverte du scientifique en
question amène à ce que l'ensemble des présupposés thématiques sur lesquels lui et ses contemporains s'étaient jusqu'alors
reposés se révèlent devoir être remplacés par leurs antithémata.
Cela rendrait en effet la nouvelle théorie incommensurable à
l'ancienne. Mais il est extrêmement peu vraisemblable que cela
arrive. La pente principale a toujours consisté jusqu'ici et continuera sans aucun doute à consister à l'avenir dans la persistance et la lente évolution des idées essentielles. Cela ne veut
pas dire que tous les scientifiques ont le même ensemble de
croyances thématiques, ou ne peuvent différer radicalement
sur certains débats de fond. Mais l'éventail total d'engagements
thématiques respectifs démontre un chevauchement considérable et une grande base d'accord. Même un changement aussi
important que celui qui fait passer de l'œuvre de Maxwell à
celle d'Einstein ne demande pas à l'individu ou à la communauté scientifique une conversion, un changement de Gestalt,
ou l'introduction d'une discontinuité dramatique dans la totalité des croyances, mais plutôt une éventuelle accommodation
d'un petit nombre de composants à l'intérieur de l'ensemble
autrement largement invariable des thémata courants.

VI. CONCLUSION

Cette analyse des dimensions courantes de l'invention scientifique pourrait faire surgir la question : où est donc passée
chez les scientifiques l'énergie qu'ils appliquaient autrefois à

philosopher d'une façon explicite? Peut-être n'est-ce là qu'un
faux problème. Mais s'il existe une tendance naturelle à de
telles introspections conscientes, il pourrait se faire qu'il y ait
eu simplement un déplacement des intérêts et des questions
personnelles en S_1 vers des problèmes philosophiques au niveau
de S_2, ce déplacement étant la conséquence d'une communauté
scientifique internationale beaucoup plus large. (Ce déplacement serait parallèle à celui de même nature qui a affecté le
problème de la valeur des hypothèses.) La recherche individuelle et anxieuse d'une garantie de la rationalité a été rempla-
cée par des discussions à l'intérieur de la communauté tout
entière autour d'une autre branche de la philosophie — nom-
mément, l'éthique. (Dans un certain sens, les savants en reviennent là aux soucis de Socrate et aux discussions du XVIIe siècle
sur le parallélisme des idées en ce qui concernait les progrès
scientifique et spirituel.) Il me semble frappant que les associations professionnelles de scientifiques (American Physical
Society, American Chemical Society, etc.) se soient de plus en
plus impliquées dans des activités communes sur des questions
de valeurs éthiques et humaines comme l'accession à la science
de groupes sociaux jusque-là désavantagés ; le droit des savants
de s'opposer à des pratiques immorales ; les droits humains de
leurs collègues dans les systèmes totalitaires ; la réclamation
désespérée d'un contrôle des armements et d'un partage des
richesses scientifiques avec les pays du tiers monde.

Les savants découvrent en ce moment, d'une façon encore
inimaginable il y a quelques décennies, qu'il existe une mora-
lité que la science exige d'elle-même — même si de telles préoccupations sont encore seulement exprimées par une petite
fraction de l'ensemble de la communauté. De fait, alors
qu'environ le tiers des chercheurs et des ingénieurs dans le
monde travaillent directement ou indirectement pour des projets militaires, et alors que la course aux armements continue
sans frein, il est possible que le transfert d'attention des problèmes épistémologiques aux questions d'éthique se révèle trop
faible et trop tardif. Quand nous assistons à cette rencontre de
mauvais augure entre la science et l'histoire, et au règne gran-
dissant de l'irrationnel dans les affaires mondiales, les débats
des anciens temps pour préciser la rationalité scientifique semblent curieusement dépassés. Le processus de l'invention scientifique n'est pas en danger. L'humanité, elle, l'est.

Traduction de Michel Laffitte.

NOTES

1. Un point de vue similaire est exprimé à propos du développement de la physique des particules, jusqu'à une contribution de Yukawa, dans le livre dirigé par L. M. Brown et L. Hoddeson : *The Birth of Particle Physics,* Cambridge University Press, 1983, pp. 286-292 et 294-303.

2. Le travail du philosophe Stephen Toulmin (par exemple *Human Understanding*) montre aussi une grande sensibilité à ce que comporte de factuel la pratique scientifique.

DISCUSSION

I. Stengers. — *Pour résumer ma première réaction à l'écoute de votre exposé, l'idée, ou la constatation, s'est imposée à moi que la physique d'avant-guerre se centrait autour d'individus spéculatifs, de «personnalités pensantes» qui discutaient entre elles, alors que, pour être un peu brutale, je dirai que les physiciens chassent désormais en meute.*

Dans la mesure où vous avez finalement insisté sur la continuité de la créativité scientifique, d'une part, grâce à ces thémata dont vous avez parlé, et, d'autre part, par le biais de cette dynamique collective qui remplace aujourd'hui la réflexion personnelle, je voudrais tout de même savoir si, au-delà de cette continuité, ou derrière, ou à côté d'elle, il ne s'est pas opéré un certain nombre de changements. Cette continuité, en d'autres termes, est-ce qu'elle est totale, ou simplement partielle ? Et s'il y a aussi une discontinuité, où peut-on la repérer ?

Vous avez fait ressortir que les physiciens actuels étaient capables de surmonter des incohérences, et pour ce faire, de se livrer à des acrobaties intellectuelles qui auraient été interdites aux physiciens spéculatifs d'il y a quarante ans. Mais n'y a-t-il pas en même temps un certain type de fécondité qu'il est peut-être plus difficile de produire dans la physique actuelle ? La créativité de cette dernière n'est-elle pas beaucoup plus brutalement canalisée que par le passé ? On a beaucoup dit en effet que, depuis la fin de la Seconde Guerre mondiale, la physique de pointe était sujette à des effets de mode ou d'emballement, et qu'elle se caractériserait d'autre part par un mépris extraordinairement brutal pour certaines positions qui ne sont pas à proprement parler hétérodoxes, mais disons plutôt risquées par rapport à ce que pense la majorité de la meute. En d'autres termes, peut-on encore associer, comme il était traditionnel de le faire, le concept de science à l'exercice d'un certain esprit critique, ou bien nous trouvons-nous aujourd'hui devant le phénomène d'une foi qui déplace les montagnes ? S'il en allait ainsi, on devrait bien juger cette foi telle qu'en elle-même, et cela même si elle demeure évidemment toujours liée à des contraintes d'observation et de vérification absolument nécessaires.

Une seconde question concerne l'objet de notre rencontre, et se rapporte à la très profonde pertinence de votre exposé par rapport à ce colloque. Je m'explique sur-le-champ. Vous avez dit que les physiciens qui, à l'heure actuelle, tentent de penser, de conceptualiser ce qu'ils font, se trouvent extrêmement rares et isolés. Le type même du physicien très exigeant de ce point de vue, mais isolé dans cette exacte mesure, c'est celui dont nous verrons une vidéo après-demain — je veux parler de David Bohm.

Alors, par rapport à cette préoccupation que vous avez exprimée, et par rapport à notre rencontre, comment comprendre notre colloque puisque, pour ce qui est de la physique, il se réfère par définition à des gens qui sont désormais isolés dans leur milieu ? Pour nous, aujourd'hui et ici, la figure de Bohm est exemplaire parce que c'est un physicien qui pense. Ailleurs, on aurait au contraire plutôt tendance à le mépriser, justement parce qu'il perdrait son temps à penser au lieu de travailler avec les autres. Quand je dis « mépriser », évidemment, je suis brutale, mais je crois très bien savoir ce que je dis.

Y aurait-il par conséquent, au cœur même de cette rencontre, un malentendu fondamental à partir duquel les questions que nous allons nous poser s'adresseraient à un type de science archaïque et prendraient comme interlocuteurs les derniers vestiges de cette science — ou bien peut-on penser, et je rejoins là mes premières réflexions, que la physique théorique a viré d'un extrême à un autre, et que l'on devrait aujourd'hui rechercher un nouvel équilibre entre la pratique de la recherche et l'exercice de la réflexion ?

À ce propos, il me semble que, dans le prolongement de ce que vous avez dit, monsieur Holton, il convient de se demander, d'une façon très matérielle et très concrète, quelle est l'éducation du scientifique d'aujourd'hui ? À l'évidence, le scientifique aujourd'hui est avant tout capable de compétition dans un domaine homogène. Quant à la culture sur son propre savoir, ce n'est pas qu'il n'en ait pas besoin, c'est que, en général, il en a été privé! Y a-t-il là une fatalité devant laquelle il faudrait s'incliner? Ou bien faut-il construire une conception critique devant ce qu'est devenue la physique de nos jours? Je crois dans tous les cas que ce colloque se révélerait dénué de sens si on ne maintenait pas cette exigence d'esprit critique devant la «physique de meute» actuelle, tout en reconnaissant par ailleurs qu'il s'agit d'une aventure tout à fait exceptionnelle.

G. HOLTON. — *Si on ne considère que les grandes équipes de physiciens, celles qui regroupent cent cinquante chercheurs ou plus, on ne se rend pas compte non plus qu'une grande partie des activités scientifiques est encore réalisée par des individus, ou par de petits groupes de deux ou trois chercheurs. David Bohm, en ce sens, est quelqu'un de remarquable, et je me réjouis d'en voir après-demain la vidéo. En fait, il ne me semble pas que nous devions être pessimistes, et la flexibilité qui marque les jeunes physiciens les rend beaucoup plus ouverts que leurs aînés devant les phénomènes de rupture qui se manifestent dans leur discipline.*

H. REEVES. — *Je voudrais prendre le rôle de l'avocat du diable pour défendre un peu paradoxalement les phénomènes d'acculturation et l'ignorance de l'épistémologie qui sont aujourd'hui dominants. Pour bien me faire comprendre, je vais m'appuyer sur des cas pratiques, c'est-à-dire procéder à une comparaison entre Oppenheimer et Einstein à la fin de sa vie d'une part, avec Fermi et Feynman dont on a déjà parlé, d'autre part.*

On a toujours considéré Oppenheimer comme l'un des savants les plus intelligents de notre siècle. Pourtant, on est étonné de voir comme il a finalement laissé peu de choses dans le domaine de la physique. De la même façon, Einstein, après des débuts fulgurants, ne laisse pas non plus grand-chose après le tournant des années trente. Si on s'intéresse au contraire à Feynman ou à Fermi, qui sont d'abord des gens excessivement pratiques, qui se trouvent assez étrangers aux soucis de la philosophie des sciences ou de l'épistémologie et qui travaillent, disons, au niveau du bricolage, eh bien, on s'aperçoit très vite qu'ils ont énormément enrichi le patrimoine de la science.

En fait, on a souvent dit d'Oppenheimer qu'il avait fini par être paralysé par l'étendue de sa culture. Il avait une conception très noble de ce que devait être la réalité, et c'est au nom de cette conception qu'il s'est très longtemps opposé aux diagrammes de Feynman, parce que, pour lui, ce n'était justement que du brico-

lage, et qu'il pensait que la réalité était à un autre niveau. Fermi était en revanche quelqu'un qui travaillait en mettant sur pied des modèles tellement simples que, à l'occasion, on avait l'impression que ça frisait presque le ridicule. Ce qu'on appelle la « renormalisation », par exemple, qui consiste à éviter des valeurs infinies en introduisant un autre infini que l'on fait disparaître avant la fin de l'opération, c'est un peu un tour de passe-passe, mais il se trouve que c'est extraordinairement pratique et que, en fin de compte, ça marche.

À partir de là, je crois pouvoir dire qu'il n'y a pas de recette de la réalité, que celle-ci nous échappe de partout, et qu'on la trouve quelquefois à un tournant où on ne l'attendait pas du tout. En fait, je suis en gros d'accord avec ce que nous a exposé le professeur Holton, mais je voulais simplement faire ressortir ceci que, au moment de la recherche ou de l'invention, la réalité est parfois tellement étrange qu'il vaut peut-être mieux ne pas nourrir d'idées préconçues, et qu'il vaut la peine en tout cas de mettre de côté sa philosophie ou ses présupposés épistémologiques afin de pouvoir s'ouvrir à l'imprévu du monde.

Nous voici arrivés là où je voulais en venir, c'est-à-dire au bon usage de la philosophie en science. Bien entendu, je suis sûr que, si Fermi s'y était intéressé, il n'en serait pas moins demeuré un excellent scientifique, comme je pense qu'Oppenheimer, malgré la profondeur de sa culture, aurait pu se révéler plus efficace et productif. Entre ces deux extrêmes, nous avons le cas d'Einstein qui joue le rôle de charnière, et qui nous montre comment on peut profiter ou non d'une pensée philosophique. Le grand thème d'Einstein tout au long de sa vie, ç'a été que la réalité était intelligible — à ceci près que ce mot revêtait un sens très particulier pour lui, recouvrant à la fois les notions de localité et de déterminisme complet. De ce point de vue, le noyau théorique de la mécanique quantique ne pouvait pas lui convenir, parce que, la « causalité statistique », l'indéterminisme de fond de la nouvelle physique quant aux événements singuliers, c'était quelque chose qui l'irritait profondément et qu'il ne pouvait pas accepter. C'est pourquoi il a passé toute la seconde partie de sa vie dans cette querelle avec Niels Bohr, à essayer de revenir en arrière, de rétablir un déterminisme strict : le Dieu d'Einstein ne pouvait pas « jouer aux dés ». Nous sommes confrontés là à une conception du monde à la fois très vaste et très haute, qui joue d'abord un rôle positif chez Einstein puisqu'elle l'aide à établir la théorie de la relativité (c'est-à-dire à remettre en cause des notions qui semblaient évidentes à tout le monde, particulièrement la façon dont

*le temps est perçu par plusieurs observateurs), et qui se révèle
ensuite assez largement négative lorsqu'il s'attaque à la physique
quantique et qu'il cherche contre elle à retrouver le cadre d'un
déterminisme absolu — ce dont presque tout le monde admet
aujourd'hui que c'est une tâche probablement impossible, et de
toute façon inutile.*

G. HOLTON. — *La plupart de mes élèves seraient d'accord
avec vous et se rangeraient sans doute plutôt du côté de Feynman
que de celui d'Oppenheimer. L'avenir nous montrera quelle est la
bonne attitude. Pour l'instant, je suis incapable de dire, et je n'ai
pas envie de le faire, si la vie d'Oppenheimer aura représenté ou
non un échec. Il est certain qu'Oppenheimer en personne penchait
à la considérer comme un échec, mais nous devons nous souvenir
que Newton avait le même sentiment pour lui-même... Ce qui
frappe en effet, c'est que de tels esprits n'évaluent pas leur œuvre
en regardant derrière eux pour prendre conscience de tout ce
qu'ils ont accompli, mais qu'ils le font au contraire en regardant
loin devant eux, par rapport à tout ce qui reste à découvrir. D'où
une impression de vanité devant la tâche qui demeure. Il n'en
reste pas moins que, si on pense par exemple à certaines des considérations d'Oppenheimer qui ont amené par la suite à la conception des trous noirs, on dira peut-être un jour que certains des
travaux d'Oppenheimer étaient d'une importance capitale.*

M. ISHIKAWA. — *Je me demande si les philosophes peuvent
travailler aujourd'hui avec les scientifiques, ou si les scientifiques
sont capables d'approfondir sans une aide extérieure le domaine
de l'épistémologie. Il y a là un dilemme, et aujourd'hui, alors que
nous avons déjà discuté en une seule matinée de spiritualité et de
science, cette question me semble rester très ouverte. Peut-être
s'agit-il d'un problème qui demeurera longtemps sans réponse.
Pourtant, si on veut le résoudre, je me demande aussi s'il ne faudrait pas envisager de transformer assez profondément les systèmes contemporains d'éducation et de recherche.*

G. HOLTON. — *Pour ce qui est de la connaissance philosophique effective des scientifiques, je ne crois pas qu'il faille se faire
d'illusions. Pour ce qui est de l'enseignement, c'est un tout autre
problème. Vous savez, Faraday n'a jamais fréquenté l'université,
et ça ne l'a pas empêché de produire un travail remarquable.
Einstein, lui, est bien allé à l'université pour devenir professeur
de physique — mais il n'en est même pas arrivé à l'équation de*

Maxwell durant sa formation, et ça ne l'a pas empêché de devenir Einstein ! En réalité, je ne pense pas que ces cas se reproduiraient de nos jours. Les scientifiques doivent être maintenant très vite immergés dans leur monde s'ils veulent participer à l'évolution générale de la science.

Quant à leur rapport avec une réflexion de type philosophique, je constate avec émerveillement qu'un changement est en cours, et que si les scientifiques, en dehors de leurs heures de recherche, n'en reviennent peut-être pas à ce qu'on appelle traditionnellement la philosophie, ils s'adonnent à des activités qui sont d'une haute teneur éthique et humaine.

S. ITO. — *Si j'ai bien suivi l'exposé du professeur Holton, on peut se poser la question de savoir pourquoi l'homme en général, et les scientifiques en particulier, ont perdu leur intérêt pour toute philosophie. Que se cache-t-il réellement derrière cet état de fait ? Il me semble qu'on ne trouvera pas de réponse si on ne fait pas entrer ceci en ligne de compte, à savoir qu'en quelques décennies, la science a radicalement changé de visage. Il ne s'agit peut-être plus d'une véritable aventure de la pensée, et Einstein et Heisenberg sont morts. En tant qu'individu, aucun scientifique ne peut plus avoir une vue complète du mouvement des connaissances, ni même souvent de ce qui se passe dans son propre domaine. D'où l'impossibilité qui surgit à vouloir, et à pouvoir interpréter le monde comme on le faisait autrefois. Je crains fort qu'il ne s'agisse là par ailleurs d'un mouvement de décadence qui commencerait, paradoxalement, à marquer notre science. Comme l'ont fait clairement ressortir le professeur Holton et Mlle Stengers, la science relève désormais d'un dynamisme collectif, les scientifiques n'y peuvent rien et l'intérêt pour l'épistémologie et la philosophie disparaît sans qu'on puisse l'empêcher. Le professeur Holton, pourtant, a aussi relevé que, quoi qu'il en soit, ce qu'il appelait les* thémata *continuaient à agir, et c'est peut-être là, pour demain, que réside notre espoir.*

S. ODA. — *L'accusation la plus grave que l'on puisse porter contre la science, c'est que le vieil espoir qu'elle avait nourri s'est évanoui, cet espoir qui voulait qu'une raison triomphante entraînât avec elle une réassurance de l'éthique. Or, cela n'a pas été le cas, bien au contraire. Nous avons découvert qu'il y avait des perversions de la raison, et nous devons chercher aujourd'hui de nouvelles manières de relier l'éthique et la raison. Ne devrait-ce pas être l'un des buts déterminants de ce colloque de Tsukuba ?*

H. ATLAN. — *Les grands débats philosophiques qui s'élèvent autour de la science caractérisent en général ce que Holton appelle des états de dépression. C'est un peu ce que nous vivons en ce moment en biologie, et c'est probablement que nous en sommes dans cette discipline à un moment qui correspond à celui de la physique au début de ce siècle.*

Cet état de dépression, je pense néanmoins que nous commençons à en sortir, et ceci grâce au même biais qu'avait emprunté la physique, c'est-à-dire les succès de la technologie. L'essor des biotechnologies permet en effet, au travers des travaux tout à fait remarquables qui sont effectués sur des systèmes vivants artificiels, d'éviter d'avoir à se poser ces questions philosophiques tout en continuant à assurer des réussites incomparables. Or, qu'est-ce qui se passe dans cette utilisation des biotechnologies? Sinon qu'on s'appuie précisément sur des artefacts, c'est-à-dire qu'on crée des « univers » biologiques artificiels comme les physiciens le font avec la matière : autrement dit, la nature que nous étudions est une nature déjà préparée en laboratoire, et l'on peut ainsi d'autant plus facilement résoudre les problèmes que, ces problèmes, nous les avons fabriqués nous-mêmes. Nous pouvons aussi dès ce moment ignorer les problèmes philosophiques que nous nous posions auparavant quant à ce qui était la «vraie» nature, si j'ose dire, c'est-à-dire la nature naturelle, la nature non préparée. Je ne crois donc pas — et je suis en désaccord sur ce point avec mon ami Varela — que la biologie sortira définitivement de son état de dépression en faisant appel à des modes de pensée traditionnels et mystiques, à des modes de pensée qui ne se trouveraient pas en continuité avec la tradition et la méthode strictement scientifiques.

Cela dit, on retrouve tout de même, bien entendu, la nécessité de reposer les problèmes philosophiques, mais ceux-ci reviennent «par la bande», et seulement en bout de course. Ils reviennent aussi, il faut le dire, par le biais de cette question cruciale, mais extra-scientifique, de la responsabilité morale et sociale de la science et des savants. Sur ce point, la science en général, et la biologie en particulier, se révèlent finalement muettes — contrairement d'ailleurs à ce que certains de nos grands ancêtres avaient pu croire. Je pense particulièrement à Jacques Monod qui a dû être le dernier à nourrir l'idée que la biologie pouvait fournir des clés qui permettent de trouver la solution de certains problèmes éthiques.

Je ne sais pas si les organisateurs de ce colloque ont fait exprès de faire se suivre ce matin les exposés de MM. Shayegan et Hol-

ton, mais il m'a semblé que le résultat était tout à fait remarquable dans la mesure où il faisait ressortir combien est important le point de vue à partir duquel on décide de réfléchir et de parler. Lorsque M. Shayegan, en effet, a essayé de bâtir une comparaison entre les deux modes de connaissance scientifique et mystique, il a construit son développement à partir du point de vue qui était précisément celui de la tradition mystique. Lorsque M. Holton, en revanche, parlait des relations possibles entre la connaissance scientifique et la métaphysique, eh bien! évidemment, il a conduit son discours à partir de l'autre point de vue, qui était celui de la science. Or, ce qui me frappe dans cet exercice, c'est qu'on voit bien comment les conclusions s'inversent d'un texte à l'autre à partir du choix initial qui a été effectué.

Dans l'opposition qu'il a établie entre connaissance ascendante et connaissance descendante, M. Shayegan nous a montré, avec une grande cohérence et tout à fait légitimement par rapport à son point de départ, que la connaissance scientifique était de type descendant alors que la connaissance ascendante, c'était la connaissance mystique. En écoutant M. Holton, au contraire, il était facile de voir comment cette conception pouvait très exactement se renverser, avec la même cohérence et une légitimité tout aussi forte, dans la mesure où l'aventure scientifique y apparaissait sans défaut comme la construction d'une connaissance ascendante, tandis que le mode de connaissance traditionnel et mystique (et c'est ainsi que je le vois d'ailleurs personnellement) se donnerait comme une connaissance descendante à partir d'une révélation ou d'une illumination de départ. Ce mode de connaissance, comme le premier, peut être affecté d'une rationalité extrêmement rigoureuse, parfaite, mais il s'oppose point par point, sur le plan de la méthode, à celui de la connaissance scientifique, puisqu'on y part d'un donné par principe extrinsèque, même si les conséquences qui en sont ensuite éventuellement déduites le sont souvent, encore une fois, d'une manière rigoureusement rationnelle.

Le double statut, flottant et fragmentaire de l'inconscient

MICHÈLE MONTRELAY

I. LES DEUX SORTES DE PASSÉ

1. Inventer/retrouver.

Il se trouve qu'en français, le verbe inventer, qui désigne l'action de créer un objet qui auparavant n'existait pas — on parle ainsi de l'invention de l'imprimerie, d'une œuvre d'art, de l'électricité —, exprimait, à l'origine, le fait de trouver un objet perdu, ou bien caché dans le passé. Les langages juridique et religieux se servent toujours de ce sens premier. On parle de l'invention d'un trésor. Une fête liturgique chrétienne commémore l'Invention de la Sainte-Croix, c'est-à-dire la découverte de la croix du Christ, perdue puis retrouvée après plus de trois cents ans. Les deux sens du mot expriment donc un certain antagonisme. Dans le sens archaïque du terme, l'objet qu'on découvre est déjà là. Il appartient à un passé qui surgit en même temps que lui. Dans le sens actuel, l'objet nouveau s'élance du présent vers l'avenir, qu'il précède, annonce en même temps. Il est possible pourtant, dans bien des cas, de prendre le mot dans sa double acception. La particule qu'on découvre est aussi vieille que le monde. Elle était, avant nous, déjà là. Et, cependant, elle est nouvelle, en tant que réalité que le physicien vient d'inventer. Il en va de même pour tout objet scientifiquement découvert.

Ce double usage du mot invention peut-il s'étendre aux disciplines qui ont l'esprit de l'homme pour objet, philosophie, psychologie, psychanalyse ? Cela ne va pas toujours de soi. On admettra qu'Aristote et Kant ont inventé les catégories, mais on jugera inconvenant d'employer le même mot à propos de l'inconscient. Celui-ci n'est sûrement pas un produit de l'imagination, protesteront les psychanalystes, mais une réalité psychique qui a toujours déterminé la conduite et les désirs humains. Freud l'a découvert un jour (ou bien Jung, s'il est question de l'inconscient collectif). L'analyste n'invente l'inconscient que dans le sens ancien du terme. Il s'efforce de le retrouver au plus profond, là où il est caché. Ne faut-il pas, cependant, que, dans cette investigation, le thérapeute fasse preuve d'un minimum d'imagination ? Si, parfois même il en faut beaucoup, l'analyste ne le niera pas. Mais, au lieu de prendre en compte théoriquement cette implication personnelle, il n'en parle qu'en passant, comme d'une scorie dont il convient de se débarrasser au plus tôt. Une telle façon de faire se fonde implicitement sur la conviction, toujours vivace, selon laquelle le praticien sérieux doit s'effacer le plus possible au profit de son patient. Les psychanalystes ne sont pas les seuls à satisfaire à cette exigence d'« objectivité », dont pourtant les sciences exactes démontrent l'impossibilité. Mais il se trouve que, dans leur discipline, cette fixation entraîne des conséquences qui vont à l'encontre, exactement, des buts qui ont été fixés.

La psychanalyse, en effet, se propose non pas de supprimer l'inconscient mais de le rendre à la vie en l'insérant dans le présent. En l'abordant comme objet qui, coupé de sa conscience et de celle de son patient, possède une existence en soi, permanente et toute-puissante, le thérapeute ne fait que toujours plus le maintenir dans un isolement qui le sclérose, le rend douloureux, inapte à la transformation. L'inconscient que le psychanalyste aborde « objectivement » est donc bien loin d'être sans existence. Il possède l'un des statuts qu'il est susceptible de prendre, le plus rigide et le plus intraitable : celui que Freud découvrit d'abord, comme réservoir où tournoient, retenus prisonniers, des fragments de notre passé. Si l'inconscient se définit comme l'ensemble de ces fragments, qui programment en direct, c'est-à-dire sans que nous les pensions, un certain nombre de nos actes, de nos souffrances ou pensées, s'il évoque, tout aussi bien, le programme d'une machine qui se répéterait sans fin, et dont on a perdu le code, alors on peut se le représenter sous la forme d'un objet coupé de l'ensemble de la personne. La cure se concevra comme aventure de la conscience, qui, en se risquant à pénétrer à l'intérieur de cette enclave, tentera d'y prélever des fragments pour les déchiffrer. Ainsi comprise, la cure analytique est bien invention dans le sens premier : travail de fouille, d'archéologie, comme Freud se plaisait à le rappeler. On déblaye les couches des années, on tente de traverser les strates des générations, jusqu'à ce que le vestige traumatique, simple trace d'un souvenir, d'un événement, se découvre, enfin saisissable par la mémoire et la pensée.

Inventer de cette manière, c'est donc fonder l'espoir de guérison sur la remémoration. C'est considérer le refoulé comme objet de fouille, débris susceptible de passer du plus profond de la mémoire à la surface de nos pensées. Telle fut d'abord l'hypothèse de Freud, qui, au bout de quelques années, reconnut qu'il s'était trompé.

2. Inventer/créer.

« Vingt-cinq années de travail intensif », écrit-il dans *Au-delà du principe de plaisir*, « ont eu pour conséquence d'assigner à la psychanalyse des buts tout autres que ceux du début. Au début, toute l'ambition du médecin analyste devait se borner à mettre à jour ce qui était caché dans l'inconscient... Plus on avançait dans cette voie, plus on se rendait compte de l'impossibilité d'atteindre pleinement ce but qu'on poursuivait, et qui consistait à amener à la conscience l'inconscient. Le malade ne peut pas se souvenir de tout ce qui est refoulé. Le plus souvent, c'est l'essentiel même qui lui échappe... Il est obligé... de revivre dans le présent les événements refoulés, et non de s'en souvenir... Quand on a pu pousser le traitement jusqu'à ce point, on peut dire que la névrose antérieure fait place à une nouvelle névrose, la névrose de transfert [1]. »

À travers ce constat d'échec, des hypothèses nouvelles sur la mémoire sont avancées. D'abord Freud précise qu'il existe plusieurs sortes de passé. Celui qui nous est familier est le passé qui, même si on l'oublie, demeure accessible à la mémoire. J'ai oublié un nom, un visage, peut-être ne me les rappellerai-je jamais, mais il n'y a pas d'obstacle de principe à ce que quelqu'un, ou bien une rencontre, les fasse surgir à mon esprit. À côté de ce passé représenté ou représentable, un autre existe qui, impensable, n'en a pas moins de réalité, puisque surgis de notre enfance, ou bien d'existences antérieures (je veux dire celles de nos ancêtres), des fragments de ce passé continuent de nous informer. Comme s'ils avaient besoin de nous, de notre vie pour se conserver. Ils nous pensent, ils nous animent tandis que nous leur servons de chair, de support. Pour le distinguer du passé qui, même refoulé, peut se remémorer, j'appellerai *passé réel* celui qui ne peut se transformer en souvenir représenté. « Les couches supérieures de la conscience » ne peuvent, dit Freud, lui donner accès. À quoi tient cette impossibilité ? Il y a, bien sûr, le refus du moi qui repousse l'intrusion de forces susceptibles de faire sauter ses constructions. Mais l'analyse de Freud, ici, plus que d'un refus, parle d'impossibilité : « ça » ne peut pas se représenter. On pressent la mise en jeu d'une inadéquation qui joue en deçà d'un désir ou d'une volonté. La question se pose : entre la pensée consciente et le souvenir réel, n'y aurait-il pas une différence aussi radicale que celle qui sépare les éléments ? Pas plus qu'on ne peut dissoudre une étoile dans un verre d'eau ou bien qu'on n'élève un poisson à l'intérieur d'une bulle d'air, on ne saurait faire revivre le passé réel dans l'espace de la représentation. Pour revenir au présent, ce passé aurait besoin de trouver son propre milieu que Freud appelle le transfert. D'où la seconde hypothèse, à laquelle nous conduisent ses propos : le transfert ne désignerait pas seulement la relation de l'analysant à l'analyste, mais un milieu psychique particulier. D'ordinaire, on caractérise le transfert comme relation affective : l'analyste devient, au cours de la cure, objet d'amour et de haine, qui, en retour, suscitent de sa part des réactions pulsionnelles profondes appelées « contre-transfert ». La pratique vérifie chaque jour la force de ces émotions. Mais le milieu transférentiel ne peut pas se définir simplement comme la scène de ces mouvements affectifs. Il présente une structure dont maintenant je vais vous parler.

J'espère suggérer :

— d'une part, que ce milieu possède des propriétés qui obligent à le distinguer des états de conscience ordinaires,

— d'autre part, qu'une psychanalyse ne se conçoit pas seulement comme retour en arrière, donc invention-recherche du passé. Elle est aussi invention-création d'un tel milieu, indispensable à la transformation du passé réel en présent.

II. LA DISTRIBUTION FLOTTANTE

1. Statut poétique des mots.

Une psychanalyse s'effectue avec des mots et des images qui entretiennent une relation réciproque et circulaire. Je laisserai ici, à regret, la fonction de l'image dont beaucoup d'analystes freudiens parlent sur un mode trop caricatural. J'espère que nous pourrons l'aborder au cours de l'une de nos discussions. Et je mettrai en premier lieu l'accent sur la fonction des mots telle que Freud l'avait définie en 1890 :

« Les mots, écrit-il, sont l'outil essentiel du travail psychique. Un profane trouvera sans doute qu'il est difficile de comprendre comment des troubles pathologiques de l'âme et du corps peuvent être éliminés par de simples mots. Il aura l'impression qu'on lui demande de croire à la magie. Et il n'aura d'ailleurs pas tout à fait tort, car les mots ne sont rien d'autre que magie décolorée. Mais il nous faudra faire un détour... afin d'expliquer comment la science entreprend de restaurer les mots pour leur rendre une partie de leur pouvoir magique premier [2]. »

Ce texte n'affirme pas seulement que le mot est l'outil essentiel de la cure. Il dit aussi que l'usage quotidien que nous en faisons le « décolore », l'affadit, l'ampute de son « pouvoir magique » d'antan. La psychanalyse doit le « restaurer », c'est-à-dire lui rendre la force qu'il a possédée « au début ». Il s'agit donc, dans une cure, de rendre au mot la puissance d'évocation qu'il possédait « tôt » *(früh)* dans l'histoire, « tôt » dans la vie, de l'écouter à la manière des enfants et des hommes des premiers âges. Cette sorte d'écoute primitive fait entendre le mot tout entier. On ne s'en sert plus seulement pour signifier les choses, et communiquer avec autrui. Mais on s'arrête à ce qu'il est, à son origine, son histoire, son rythme, ses sonorités, aux vecteurs logiques, grammaticaux par lesquels il est orienté. On pense aux lettres qui le composent, à ses formes, et, sur ce point, j'imagine que vous, collègues japonais, qui avez l'immense privilège d'écrire par idéogrammes, vous pouvez dans chaque mot trouver l'occasion d'intuitions, de rêveries, de voyages de la pensée plus lointains et divers que ceux où nous entraîne notre alphabet.

En fait, « rendre aux mots leur magie » signifie leur restituer le maximum de leurs valeurs, et, par là même, en faire autant de signes qui peuplent et développent un espace d'ordre poétique. Oui, le « pouvoir » dont parle Freud relève bien de la poésie.

Mais si le psychanalyste se doit d'écouter un rêve en poète, d'autres règles lui sont assignées, à des fins non pas esthétiques, mais, cela va de soi, thérapeutiques. Les mots qui seront l'objet de sa méditation « poétique » ne sont pas choisis par lui. Ce sont ceux de l'analysant. Cependant, parmi eux — ils sont innombrables —, faut-il en privilégier certains ? Pas toujours. Ils forment des nuages, des flux, des masses souvent à prendre comme tels. Mais Freud a parlé aussi de certains critères de choix. La dynamique d'une séance, la structure d'un rêve, la répétition d'un phonème, d'un son qui insistent à travers plusieurs mots, enfin la censure d'un mot peuvent inciter l'analyste à polariser son attention. Au cours d'un travail récent [3], j'ai évoqué l'exemple d'un rêve où l'analysant s'essayait à tirer au fusil, en vain. Dans le récit qu'il en fit d'abord, il n'y avait aucune allusion à la cible qu'il devait toucher. Mais, simultanément, d'autres mots, tels que « sensible », « indicible », « possible », ne cessaient de suggérer que cette cible était bien là, présente et absente à la fois. Absente en tant que mot prononcé expressément. Présente phonétiquement. C'est donc sur ce mot latent que je choisis de porter mon attention et d'inciter le rêveur à associer sur-le-champ.

2. Les deux règles.

Au principe de ce travail dit par Freud d'« association », il y a deux règles. La première concerne l'analysant. Elle consiste à lui déclarer : « Dites tout ce qui vous vient à l'esprit, même si cela vous semble stupide, même si vous l'avez déjà dit. » La seconde s'adresse à l'analyste qui, de son côté, se doit de pratiquer l'attention flottante, c'est-à-dire de ne pas se tenir au sens strict et utilitaire des mots qui lui sont adressés. Tout en écoutant attentivement, il se devra de laisser aller simultanément ses pensées, son intuition, sa sensibilité. Ce travail de l'imagination permettra de faire surgir à son esprit les propriétés logiques et poétiques des mots, et de leur rendre une partie des valeurs qu'ils avaient perdues. Ces deux règles sont contraignantes. Le temps passant, ni l'analysant ni l'analyste n'ont très envie de s'y plier. Il faut vaincre la pesanteur produite par le ressassement des mêmes histoires, des mêmes mots. Il faut s'expliquer la raison de telle angoisse, de tel sentiment de vide, d'ennui, d'exaspération, alors qu'on n'en a pas envie. Il faut souvent faire silence, s'abstenir de répondre à des questions qui pourtant nous tiennent à cœur. La règle d'attention flottante exige qu'on se laisse entraîner au plus profond de soi, sans se laisser prendre tout à fait dans les états que l'on traverse. C'est à l'autre que nous pensons, et cependant c'est en nous formulant quels effets ses paroles, sa voix produisent sur nos états affectifs et mentaux que, mystérieusement, nous viennent les mots exacts qui nous renseignent sur tel point essentiel de l'histoire du patient, sur tel nom ou tel événement de la vie d'un de ses ancêtres, etc. Le statut du psychanalyste évoque celui d'un instrument musical, dont l'inconscient de l'analysant se servirait pour faire entendre sa propre chanson. La mélodie ne peut se moduler si l'analyste refuse de mettre au travail son imagination. Tout se passe comme s'il « inventait », avec elle, le passé de l'analysant. Il le recrée dans le présent, au fil de ses pensées, de ses intuitions qui le traversent fugitivement, sans qu'il cherche à les confirmer sur-le-champ. Freud, déjà, avait bien vu le caractère multiforme, passager, spontané, extraordinairement rapide des activités mentales dont l'analyste est le témoin, lorsqu'il pratique l'attention flottante. D'où lui viennent toutes ces pensées ? Son intellect ne les conduit pas dans telle ou telle direction qu'il aurait préalablement choisie. Non, elles jaillissent d'un silence, d'une sorte de vide intérieur qu'il faut faire, séance après séance. Et pourquoi, sans qu'il en dise rien, certaines d'entre elles reviennent-elles, le lendemain ou un peu plus tard, sous la forme d'un rêve, d'un lapsus de l'analysant ? Comment se transmet l'information ? On ne le sait pas exactement. Le rêve parle du passé, il exprime un désir ancien, mais ce surgissement n'a lieu que lorsque le psychanalyste a précédé le passé dans le présent de sa propre pensée, dont il n'a même pas cherché, d'ailleurs, à communiquer le contenu à son patient.

La question de l'objectivité exigible du psychanalyste se pose donc à ce propos tout particulièrement. Il est possible de m'objecter qu'en associant sur un mode « flottant », en mettant ainsi au travail sa propre imagination, l'analyste introduit une confusion. Considérons l'ensemble des associations produites, au cours de plusieurs séances, à propos de tel ou tel mot, par l'analyste et l'analysant. Comment savoir ce qui appartient à l'une ou l'autre personne ? Cela devient indécidable. Dans l'espace auquel les deux règles (association « libre », attention

flottante) servent de coordonnées, ce n'est pas à nous de décider où se place la séparation entre analyste et analysant. Ce
n'est pas que le transfert doive favoriser la fusion des deux personnes concernées. Non, nos efforts tendent, au contraire, à
accompagner l'analysant dans un travail d'élaboration et de différenciation du « soi », en tant qu'il est irréductible à aucun
autre. Mais là est le paradoxe : c'est en renonçant aux frontières
que la logique trace entre nous-mêmes et autrui, que nous
construisons le milieu où, d'elle-même, le temps venu, la différenciation se produit.

3. La « non-séparabilité ».

Réfléchissons un instant encore à cette règle qui est au fondement de la cure : « Dites tout ce qui vous vient à l'esprit. »
Pouvons-nous sérieusement penser que ce « tout dire », d'ailleurs voué partiellement à l'échec, a pour unique fonction
d'apporter à l'analyste un maximum de connaissances sur la
sexualité, les symptômes, la biographie de son patient ? Personnellement, je ne le pense pas. Et je mettrai l'accent sur le fait
que ce « tout dire » va permettre d'inventer une nouvelle sorte
de lieu qui sera tel que deux consciences, et deux inconscients,
participeront, au même instant, d'une seule et même information, par exemple celle que le mot « cible » véhicule un certain
temps. Le dispositif psychanalytique est donc conçu de telle
sorte qu'il engendre une sorte de champ où s'observe un phénomène qui évoque celui que l'on nomme en physique la
« non-séparabilité ». Chacun sait que des systèmes physiques
existent, où une information s'applique simultanément à deux
(ou plusieurs) points de l'espace donné, par exemple une paire
de protons. Un certain isomorphisme existe entre ces sortes de
champs physiques et celui, psychique, de type associatif, tel
que la cure le déploie, lorsque analyste et analysant travaillent
sur un rêve par exemple. Isomorphisme tout relatif, naturellement, à bien des égards. Ainsi, lorsque le physicien constate la
non-séparabilité, il s'en étonne, voire la réfute comme le fit
Einstein. Le psychanalyste, au contraire, produit délibérément
la non-séparabilité. Il en fait la condition du milieu qu'il veut
créer, puisqu'il dit à son patient : « Faites que, le temps d'une
séance, le maximum d'informations nous soit commun, à vous
et à moi. » Cette indécidabilité quant à l'appartenance des pen-

sées ne se constate pas après coup. Elle est condition de départ, expérimentalement mise en place par les deux règles.

Rendre aux mots leur magie d'antan, leur pouvoir premier d'enchantement ne suppose donc pas seulement qu'on s'attache aux valeurs linguistiques, culturelles, poétiques du langage que nous entendons. Pour que cette restauration s'accomplisse, il faut donc qu'un espace se déploie où joue une certaine forme de non-séparabilité. Je l'appelle milieu flottant, non seulement parce que son invention dépend du flottement des associations de l'analyste et de l'analysant, mais parce que, dans cette étendue, la distribution des «objets mentaux» — mots, images, représentations — qui s'y trouvent placés échappe aux lois qui, d'habitude, régissent notre espace-temps. À qui appartient cette pensée, à l'analyste ou à l'analysant? Au passé ou au présent? À la conscience ou à l'inconscient? Pouvait-on, délibérément, produire son surgissement? Non, mais à certaines conditions [4], l'analyste pouvait le prévoir en termes de probabilités.

Il est également remarquable que la sorte d'espace psychique que les deux règles déploient ne peut pas être pensée comme un espace cartésien. À l'inverse de celui-ci, il n'est pas composé de points extérieurs les uns aux autres. Tout en étant séparé, chaque point de cette étendue (mot, lettre, phonème, son) en comprend une infinité d'autres. Par exemple, le mot «sensible» contient phonétiquement en français: cible, sang, six, sens, etc. Inversement, le mot «cible», d'abord caché, replié, à l'intérieur de «sensible», d'«impossible», d'«indicible», une fois qu'il se trouvera déplié par l'analyste et l'analysant, fera surgir dans les associations d'autres mots (par exemple «irascible»). Il sera ici ou là, et là encore: un point doué d'ubiquité dans l'espace et dans le temps, qui se multiplie, se développe, tout en restant simultanément un point unique parmi d'autres.

Il serait intéressant d'étudier quelles relations la distribution flottante entretient avec l'ordre impliqué, tel que le définit David Bohm. On ne peut, c'est évident, caractériser sa structure en fonction des catégories qui fixent l'ordre «explicite», tel que l'auteur le définit. Écouter un mot, une phrase, une séance, lorsqu'on est analyste, c'est les prendre chacun comme autant d'unités distinctes, dans lesquelles sont repliés, d'une façon chaque fois spécifique, une multitude de lieux et de temps. C'est donc faire référence à une sorte de réalité psychique représentable en termes d'ordre «impliqué». Tout en supposant que cette sorte de réalité possède certaines propriétés énergétiques et de transmission dont le patient a été coupé, et qu'il faut lui rendre pour l'amener dans le chemin de sa guérison[5].

4. L'interprétation.

Pas plus que la dualité analyste-analysant, la dualité conscience-inconscient ne possède un statut ordinaire, à l'intérieur du milieu flottant. Dans une analyse de rêve, où le rêveur et l'analyste associent parfois des années à propos de quelques mots, comment dissociera-t-on l'activité de la conscience qui mobilise l'attention, cherche, imagine, éclaire, sépare par le jugement, du « matériel » (métaphores, images) qui, surgi de l'inconscient, est l'objet constant de notre travail ? Naturellement, entre conscience et inconscient, qui sont des instances irréductibles, les conflits et les tensions ne cessent jamais. L'élaboration du milieu flottant n'apaise pas la violence et l'antagonisme des pulsions. Mais elle instaure un espace *de plus* où la conscience, régulièrement (séance après séance), va au-devant de l'inconscient qui, lui-même, se propose à elle comme programme d'interprétation. Qu'entendre par ce mot, depuis le constat d'échec de Freud ?

Parce qu'il est vain, dans une cure, de vouloir tout comprendre, à tout prix, puisque le passé réel ne peut se mémoriser avec l'intellect, puisque les interprétations qui expliquent les « raisons » de la souffrance par déterminisme (vous souffrez *parce que* votre père possédait ce trait de caractère, cette sorte de sexualité — ou bien, *parce que* tel événement, dans votre enfance, ne s'est pas produit) se révèlent inefficaces, alors comment le psychanalyste peut-il, aujourd'hui encore, parler d'interprétation ?

C'est que, tout comme l'« invention », ce mot possède des sens divers. Il signifie : rendre clair ce qui est obscur, donner une signification à ce qui n'en avait pas ; mais aussi : interpréter une œuvre dans le sens dramatique ou musical. L'interprétation psychanalytique devrait s'entendre, le plus souvent, dans ce dernier sens.

Prenons l'exemple du musicien de jazz qui improvise sur un air de blues, ou celui du musicien indien qui développe un *raga*. Un thème leur est proposé, qui appartient à la tradition, et par là même au passé. Le public attend du musicien qu'à partir de l'air ancien il module, rythme un présent d'autant

plus émouvant qu'il le sait unique et passager. Il entend apprécier l'art avec lequel une forme donnée se développe en figures
toujours plus dynamiques et différenciées. L'analyste et l'analysant ont à s'employer à une sorte assez semblable de travail.
L'inconscient propose des programmes : les rêves qui viennent
du passé. Interpréter, c'est décider de les « jouer » au présent. À
cette fin, on « analyse » le rêve comme on l'a vu précédemment. On s'applique à dérouler le plus grand nombre possible
d'implications que le rêve tient repliées. On les porte à un certain degré de complexité, d'ampleur, de nouveauté qui varie
selon l'humeur, les résistances, l'inspiration des interprètes. À
partir du programme initial, une mélodie ainsi se crée, qui tient
sa puissance d'évocation à la fois de la mémoire dont elle se
sert, mais aussi de l'invention tant logique que poétique dont
sont capables, en cet instant, l'analyste et l'analysant.

Ainsi conçue, l'interprétation s'entend comme réactivation
d'un programme symbolique passé, ou mémoire, qui se
conserve non seulement depuis la naissance, mais de génération en génération. Les événements de l'enfance, la vie des
parents, des ancêtres, leurs noms, la structure des lignées, tant
d'autres faits encore se transmettent à travers le temps, en pro-
grammant non seulement notre personnalité, mais nos symptômes et notre corps. On ne peut supprimer ces mémoires, ni
non plus les expliquer en termes intelligibles et clairs. Par
contre, on peut, dans le présent, les réactiver, sous la forme de
structures plus dynamiques et organisées. Ce plus d'information semble bien introduire, dans un passé répétitif et contrai-
gnant, notre marge de liberté.

Je résumerai ces réflexions en formulant trois hypothèses :

1. À l'intérieur du champ flottant, le passé réel revient et se
transforme comme « information-organisation », non comme
« information-connaissance ». (Je me sers ici de la distinction
que O.C. de Beauregard introduit entre deux types d'information.)

2. Ce n'est donc pas l'intellect, mais la quantité de travail,
grâce auquel un sujet « interprète » sa mémoire inconsciente,
qui rend possible la transformation du passé réel en présent.

3. D'autant plus intense est le travail qui articule, met en
mouvement une mémoire-information donnée, d'autant plus
semble s'exercer sa puissance de transmission.

Ainsi, dans le temps d'une cure, l'élaboration progressive du
milieu flottant entraîne un rapport de plus en plus profond et
spontané du patient avec son propre passé[6].

5. Milieu flottant, transmission, travail.

L'élaboration de champs flottants s'effectue, dans une psychanalyse, sur ce mode privilégié, exemplaire. Mais elle n'est pas l'apanage de la cure. Elle va de pair avec l'invention de ses formes les plus géniales comme les plus modestes. Il n'y a donc pas un, mais une multitude de ces milieux où l'information se trouve portée à un degré plus ou moins grand d'activité. Par exemple, le travail humain (à condition qu'il contribue à préserver notre dignité) ne part jamais de rien. Il produit du nouveau à partir de la réactivation de systèmes déjà donnés, et qu'il faut améliorer. Cela est vrai dans tous les registres : artistique et poétique, technique, juridique et financier, théorique. Dans tous les cas, des traditions, des dispositifs, des appareils, des corpus de savoir nous précèdent, qu'il s'agira de porter à un niveau plus élevé d'information. Les structures qui sont informées ne sont plus des rêves ou des lapsus. Elles n'appartiennent plus à notre patrimoine individuel. Et, cependant, leur mise en travail rend possible l'invention de milieux à travers lesquels s'effectue une transmission d'inconscient à inconscient. Je ne parle pas ici de la communication de connaissances qui s'effectue explicitement, clairement, dans un milieu professionnel, mais de la circulation d'affects, de valeurs, de repères identificatoires, qui circulent non seulement entre ceux qui travaillent ensemble — c'est-à-dire horizontalement — mais aussi verticalement, entre présent, passé, avenir. Chaque sujet, par l'intermédiaire du milieu flottant qu'il élabore, communique à travers le temps, avec les lignées familiales. Le travail lui assigne une place dans un réseau ancestral qui, réciproquement, le porte et lui fournit de l'énergie. On comprend, dès lors, qu'un homme bien inséré dans son milieu professionnel puisse mourir d'en être éloigné. Ce n'est pas seulement un métier, une source de revenus qui lui sont ôtés, mais aussi la réserve de forces ancestrales où s'enracine sa vie. En somme, ce milieu flottant social n'est rien d'autre qu'une partie, la plus essentielle à mon avis, de l'inconscient masculin. Dès que l'on s'attache à comprendre la sexualité masculine, il apparaît que l'inconscient se déploie, pour l'homme, en extérieur, en tant que milieu flottant qui l'insère dans la société, mais aussi le temps...

III. LA DISTRIBUTION FRAGMENTAIRE

L'inconscient n'est pas seulement mémoire qui se réactive à l'état flottant. Il s'expulse à l'état de « fragments ».

1. Le saut.

Certains rêves mettent en scène une ouverture soudaine. (Ainsi, dans le rêve célèbre de l'homme aux loups, une fenêtre s'ouvre « d'elle-même » brusquement[7].) Un objet apparaît aussitôt, souvent anodin en apparence, mais qui se trouve chargé d'une présence et d'une intensité impressionnantes pour le rêveur. (Dans le même rêve, le loup aperçu, perché sur l'arbre comme forme multipliée, produit un sentiment de réalité si fort qu'il réveille en sursaut.) Certains de ces rêves donnent à voir non seulement une ouverture, puis l'apparition d'un objet, mais aussi son expulsion. Un de mes patients rêve d'un vieillard qui, saisi de hoquets, rejette de sa bouche un flot de lait, ainsi qu'un objet « plus dur » qui lui évoque un râtelier. Un autre voit déboucher à toute vitesse d'un tunnel une voiture qui bondit, fait un « saut » en vol plané, puis retombe et plonge dans l'eau. Autant de rêves de sauts, autant de mises en scène. Mais ils possèdent tous en commun de figurer l'expulsion d'un objet hors du corps ou de tout autre contenant. Quelque chose est rejeté au-dehors, avec force, et cette éjection semble ébranler assez profondément l'assise narcissique du rêveur pour qu'il se réveille sous le coup d'un sentiment de malaise, parfois même de catastrophe, qui peut durer plus ou moins longtemps.

2. Localisation et mise à plat de l'inconscient.

Revenons au travail dit de « libre association ». Les jours, les semaines, le temps passant, il ne se révèle pas libre du tout. Le premier ouvrage de Freud, *Les Études sur l'hystérie,* rend déjà compte des contraintes qui s'exercent sur le discours du patient. « Il est très rare qu'un seul lien (associatif) nous fasse pénétrer jusqu'au bout de ce que nous cherchons », écrit Freud[8] (qui, à l'époque, croit encore aux vertus de la remémoration). Le médecin « abandonne alors ce lien pour se saisir d'un autre ». Il effectue un va-et-vient entre des morceaux de mémoire. « On abandonne les fils conducteurs pour les reprendre ensuite, on en observe le parcours jusqu'au point de jonction, et l'on revient constamment en arrière... » Non seulement les chaînes associatives s'interrompent régulièrement, mais certains phonèmes, mots ou expressions qui insistent dans le discours, à l'insu de l'analysant, ponctuent ces interruptions. On peut donc représenter le discours associatif sous forme de trajectoires a_1, a_2, a_3... a_n qui butent régulièrement sur un point limite S_1, S_2, S_3... S_n. (S désigne ce point limite qu'en France, on peut désigner, à la suite de Lacan, comme « signifiant » : c'est-à-dire, en référence à la linguistique, comme tout élément de discours susceptible d'être saisi dans sa matérialité, indépendamment des significations qu'il véhicule.)

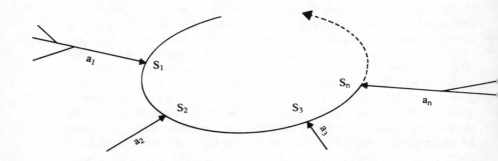

Ces points limites font partie du passé réel. Comme on l'a vu, ils se distribuent sur un mode flottant. L'ordre « explicite » ne leur convient pas. Ils résistent à former des fils logiques linéairement orientés, comme à occuper dans l'espace et dans le temps une place une fois pour toutes localisée.

Or la cure, en même temps qu'elle déploie un champ flottant, met en jeu, inévitablement, une telle localisation. Si l'analysant s'intéresse peu aux insistances, aux répétitions selon lesquelles se rythment ses propos, l'analyste, lui, les entend, et prend donc, progressivement, le statut d'un contenant, dans lequel tombent les signifiants S_1, S_2, etc. Sa personne, que l'analysant retrouve régulièrement dans le même lieu, au même moment, s'appréhende par conséquent comme dépositaire de ces fragments, auxquels elle donne consistance et corps.

Par ailleurs, en collectionnant, une à une, les pièces d'un puzzle qui, considérées isolément, restent sans signification, l'analyste réunit des morceaux qui, assemblés, peuvent prendre sens. Non seulement, par conséquent, sa présence localise dans l'espace et dans le temps des éléments de passé inconscient qu'elle sépare du champ flottant, mais ceux-ci peuvent devenir, un jour ou l'autre, objets de savoir. Ces pans de mémoire où les codes, les ressorts secrets de la sexualité parentale restent voilés, voilà que le thérapeute est sur le point de les comprendre au sens propre de ce mot : c'est-à-dire de les prendre ensemble pour les placer d'un seul coup, directement, sous son regard. Que l'analyste se présente ainsi comme « supposé savoir » (pour reprendre l'expression de Lacan), sa présence s'éprouve comme menaçante, soudainement. Pour justifier son angoisse, le patient trouve des raisons qui expliquent le « transfert négatif ».

Mais le temps passe encore. On observe alors, régulièrement, le fait suivant : un rêve de *saut* se produit, au moment où la collection d'un certain nombre de signifiants (S_1, S_2...S_n) s'est trouvée étalée, ou « mise à plat ».

3. Le fragment.

Le nom qui désigne l'objet expulsé, sous l'apparence d'un simple mot, est une condensation. Il est fait d'un amalgame de débris verbaux ou de mots. Dans le râtelier, par exemple, un animal, « le rat », un patronyme, d'autres noms et signifiants familiaux sont ensemble compressés et emboutis. Tout se passe comme si des éléments de l'histoire personnelle et familiale, maintenus flottants dans la mémoire, s'étaient brusquement agglutinés pour former un seul fragment composite, dont le rêve met en scène l'expulsion. C'est donc au moment où l'information inconsciente se dispose et se localise de telle sorte qu'un observateur, l'analyste, va poser sur elle le « regard » de sa conscience que le fragment est poussé « dehors ». Ici encore, d'autres circonstances que celles déterminées par le protocole analytique peuvent entraîner cette éjection. Une série d'événements qui se produisent dans la vie quotidienne du jeune « homme aux loups » le mettent en situation d'avoir en main toutes les cartes dont la constellation définit l'érotisme paternel. À l'instant où ces figures érotiques, qui ont présidé à sa naissance, se disposent trop précisément pour lui, elles se figent, se condensent, coagulent sous la forme de l'animal onirique, vu « au-dehors », plaqué sur la neige, appelé « loup »[9].

Je rappellerai — trop vite — que les plus hardis expérimentateurs de l'âme, les mystiques de tous les temps, de tous les lieux, ont fait état de l'existence de « mouvements » psychiques nombreux, parmi lesquels figure le saut. Celui-ci n'est plus vécu seulement en rêve, mais directement, sur la scène de l'âme. Ainsi, Thérèse d'Avila s'interroge en ces termes : « Ce qui est vrai, c'est qu'à la vitesse d'une balle sortie d'une arquebuse à laquelle on a mis le feu, il se produit intérieurement une envolée (je ne sais quel autre nom lui donner), dont le mouvement est si clair, bien que sans bruit, qu'on ne peut l'attribuer à l'imagination ; et voilà l'âme tout hors d'elle-même, autant qu'elle ne peut le comprendre (...) [10]. »

Résumons-nous :

1. Il semble donc bien qu'il existe deux statuts de la mémoire inconsciente, liés à deux sortes de distributions de l'information. J'appelle l'une, la distribution flottante. L'autre, la distribution fragmentaire.

2. La distribution fragmentaire se produit lorsqu'un observateur localise dans le temps et l'espace l'information ancestrale. Le regard de cet observateur détermine l'expulsion de cette information, sous forme de condensations, ou fragments.

3. Ce qu'on appelle en psychanalyse le refoulement est susceptible, par conséquent, de se concevoir comme passage de la distribution flottante à la distribution fragmentaire. Tout rêve de saut, autrement dit, est mise en scène du refoulement.

4. Ce passage, ou saut, entraîne une déstabilisation provisoire. En coagulant brusquement, les signifiants libèrent une certaine quantité d'énergie qui dérange, désorganise. Ainsi, l'énergie pulsionnelle, contrairement aux premières hypothèses de Freud, n'est pas seulement soumise aux lois de l'homéostase. Elle n'est pas flux continu, mais expulsion discontinue, pulsation.

5. Aussi difficiles à vivre soient-ils, les temps qui suivent les rêves de saut sont des temps de mutations. Pour venir à bout d'une inhibition, d'une dépression, d'un blocage, c'est de l'énergie produite à des fins de refoulement que, paradoxale-

ment, l'analyste se sert. Le refoulement n'est donc pas cette sorte de couvercle qu'on imagine le plus souvent en train de peser sur nos désirs. Il n'y a pas à s'en affranchir. Certes, il est rupture de sens, mais sans brisure, le rythme, la vie existe-raient-ils ?

6. Quant à l'isomorphisme existant entre le processus de collapse, en physique, et celui de saut, il est assez manifeste pour que je ne m'y attarde pas plus. Qu'en penser ? Je resterai sur cette question.

NOTES

1. S. FREUD, *Essais de psychanalyse*, « Au-delà du principe de plaisir », chapitre III.
2. S. FREUD, *Seelenbehandlung*, G.W. t. V., p. 289. Le « détour » auquel Freud fait allusion consiste à s'interroger sur l'hypnose.
3. M. MONTRELAY, *Pli et dépliement (Sur l'interprétation du rêve)*, Confrontations, Journées franco-américaines 1983, traduit en anglais, à paraître *in Psychoanalytic Inquiry*, The Analytic Press, Hillsdale, New-Jersey.
4. M. MONTRELAY, *Pli et dépliement*, op. cit.
5. David BOHM, *Wholeness and the Implicate Order*, Routledge & Kegan Paul, Londres.
6. M. MONTRELAY, *Lieux et Génies (Sur la transmission de pensée)*, Confrontations, octobre 1983, éd. Aubier.
7. S. FREUD, *Cinq psychanalyses*, « L'homme aux loups », p. 342, P.U.F.
8. S. FREUD, *Études sur l'hystérie*, chapitre IV, « Psychothérapie de l'hystérie », p. 239, P.U.F.
9. S. FREUD, *Cinq psychanalyses*, op. cit.
10. Thérèse d'AVILA, *Le Château intérieur*, p. 978, Œuvres complètes, éd. Desclée de Brouwer.

DISCUSSION

É. HUMBERT. — *Nous étions tellement emportés selon le cours de votre pensée que nous attendions qu'elle continue encore, et qu'elle continue à nous apporter le plaisir que nous en retirions.*

Ce plaisir, je le définirai d'une façon très particulière, puisque, étant psychanalyste moi-même, je peux apprécier l'étonnante clarté avec laquelle vous avez réussi à mettre en scène notre discipline de travail, et surtout à décrire le phénomène dont elle est le lieu et qui peut tout spécialement nous intéresser dans ce colloque — à savoir ce gain d'information qui représente notre seule marge de liberté. En fin de compte, comment l'esprit vient-il par la relation de transfert et ce, précisément, si on schématise un peu, entre deux sujets ? C'est ici que peut-être le dualisme du sujet et de l'objet se trouve bouleversé, et c'est sans aucun doute là l'un des apports les plus caractéristiques de la psychanalyse.

Par ailleurs, vous avez introduit ces idées de saut, de rupture, de changement de niveau, qui peuvent constituer une contribution intéressante à ces tentatives de comparaisons, qu'elles se fassent dans les rapprochements ou au contraire dans l'établissement de différences dans d'autres cas, que nous sommes en train de mener entre la science et la technologie d'un côté, et l'univers spirituel de l'autre. Mais je ne voudrais pas m'étendre plus longtemps, et je cède la parole au professeur Ogino.

K. OGINO. — *Devant ces deux notions de l'inconscient qui nous ont été présentées, il me semble que, par définition, lorsqu'on passe par refoulement de l'inconscient flottant à un état fragmentaire, on y perd pour une part ce qu'on appelle le sens de la vie.*

L'une des grandes tâches de la psychanalyse est de chercher à retrouver le contact avec l'inconscient flottant quand il s'est manifesté, et s'est du même coup en quelque sorte dérobé dans un état fragmentaire. Alors, ce que j'aimerais savoir, c'est quel est le facteur de refoulement, et aussi comment on a accès à cette information ancestrale — que nous nommons plutôt un « esprit familial » au Japon — alors qu'elle est à l'évidence à l'extérieur de nous-mêmes ?

M. MONTRELAY. — *Vous me demandez, il me semble, quel est le facteur déterminant du refoulement. Freud l'a clairement exprimé : c'est la conscience. L'inconscient, lui, ne tend pas à se cacher. Il est. Dans le contexte que j'ai développé, ceci se trouve confirmé, puisque le fait que l'information qui demeure à l'état flottant coagule, s'expulse par paquets, dépend d'une signification, d'un « regard ». Si la conscience « coagule », donc refoule, on comprend bien que, pour rester en contact avec l'inconscient à l'état flottant, une ascèse est nécessaire, dans la pratique spirituelle ou mystique notamment, pour inventer une autre sorte de « regard » que celui de la conscience.*

M. RANDOM. — *L'intervention de Michèle Montrelay a suscité en moi deux interrogations auxquelles elle a déjà pour partie répondu par les allusions qu'elle a faites à l'ordre impliqué de Bohm et à ce qui se passe en physique quantique au moment du collapse. Je voudrais pourtant aller plus loin, et me demander si ce qui vient de nous être décrit ne renvoie pas à ce que Rupert Sheldrake appelle des champs morphogénétiques, c'est-à-dire des champs de causation par la forme. L'inconscient ancestral ne pourrait-il être conçu de cette façon, d'autant plus que ces champs morphogénétiques se trouvent dans un état d'implication tel que Bohm le définit, et qu'ils n'apparaissent, ne se manifestent qu'en « se précipitant » dans notre monde habituel. N'y a-t-il pas là, de nouveau, une analogie éclairante ?*

Je voudrais m'attarder, d'autre part, à cette notion de permanence, et très précisément à la permanence de ce que j'appellerais, plutôt que l'inconscient, un champ de conscience. Autrement dit, si je pose la conscience comme englobante, comme étant à la fois personnelle et impersonnelle, intérieure et extérieure, le champ de conscience ne se perd jamais, il subsiste sans cesse à travers l'espace et le temps, ce qui fait que des événements que nous ne connaissons pas peuvent très normalement jouer un rôle dans le déroulement de notre vie. Or, je retrouve ici aussi une analogie avec ce que dit la physique quantique, quand elle parle de la non-séparabilité d'un système — cette notion impliquée par le para-doxe d'Einstein, Podolsky et Rosen, contre lequel on sait bien que ces auteurs se dressaient, mais qui a été vérifiée par des expé-riences toutes récentes.

Est-ce bien dans ce domaine d'analogies, madame Montrelay, que vous situez votre pensée ?

M. MONTRELAY. — *Naturellement, c'est à dessein que j'ai choisi de parler à Tsukuba de cette partie de mes travaux qui pré-sente des isomorphismes avec la physique quantique. Il me sem-blait qu'elle serait susceptible d'intéresser, ne serait-ce qu'en rai-son des concepts ou modèles que j'ai utilisés, un auditoire de non-spécialistes. Aborder des questions techniques, ou directement cliniques de psychanalyse, n'avait pas sa place ici. Mais cette proximité des modèles que j'ai utilisés avec ceux dont se sert la physique, présente, j'en suis bien consciente, également des dan-gers. Et d'abord celui de donner à supposer que j'assimile, pure-ment et simplement, ce qui se passe au niveau de la matière et à celui de l'inconscient. Dois-je exprimer fermement que là n'est nullement mon propos ? Mettre l'accent sur un isomorphisme, ce n'est pas affirmer une identité, bien au contraire. De plus, le tra-vail que je présente n'a pas la prétention de montrer une « vérité » qui serait définitive sur l'inconscient et ses mécanismes. Au fur et à mesure que le temps avance, nous nous servons, dans toutes les disciplines, de modèles différents. C'est ainsi que nous changeons notre rapport à ce réel, qui, lui, nous demeure inconnu, et que nous lui arrachons des bribes qui deviennent, non la réalité défi-nitive, mais des réalités, à la fois concrètes et relatives. Dans le champ de la psychanalyse, les modèles de Freud s'inspiraient de la physique du moment. Lacan, tout en s'inspirant, je le pense, de la physique quantique, a préféré, pour des raisons que je n'abor-derai pas ici, ne pas citer ses références, et se tourner du côté des mathématiciens. Il ne faisait pas de mathématiques, mais là encore il constatait des isomorphismes théoriques. Inversement, les sciences exactes se sont inspirées au début du siècle de concepts philosophiques. Il y a là, entre ces champs de recherche qui sont respectivement les nôtres, une sorte de circulation, de fécondation réciproque. Mais nos objets demeurent différents, il nous faut les garder tels, sinon les sciences, et toute recherche, sont condamnées à disparaître. Bien sûr, à partir des isomorphismes, rien n'empêche le philosophe, ou le religieux de conclure à une unité du monde. Mais je ne suis pas philosophe. Je ne vous parle pas*

*ici à Tsukuba en tant que telle. Je vous parle de mon métier, et de
ma façon de m'orienter dans cette forêt qu'est l'inconscient !*

Y. JAIGU. — *Sans vouloir décider qui, de l'esprit scientifique
ou mystique, de la pensée rationnelle ou symbolique, joue le rôle
du surmoi pour l'autre, pensez-vous que ce que nous tentons de
faire ici, c'est d'activer un champ flottant ?*

M. MONTRELAY. — *D'abord le terme «flottant», que j'ai
choisi pour les raisons que j'ai expliquées dans mon exposé, ne me
satisfait pas complètement, car il peut donner l'impression qu'un
espace qui porte ce nom délimite un contenu qui reste en suspension passivement. Or c'est l'inverse qui a lieu. « Ça », c'est-à-dire
la mémoire inconsciente, «flotte» toujours* activement. *Ça se
déplace, ça entre en collision, ça se divise, ça explose, ça coagule,
etc. Le champ flottant est dynamique. Il impose à ce que nous
sommes ses mouvements propres, sans que le surmoi ait un autre
rôle que de se raidir, souvent bêtement, contre ses mouvements.*

*Je serais d'accord avec votre façon de dire les choses. Nous
sommes ici, non pas pour créer un champ flottant (il nous précède, il était déjà là), mais pour le porter, du fait de l'activité des
personnes ici réunies, à un plus haut degré d'activité, par là
même d'efficacité.*

*Ce matin, le professeur Holton soulignait la permanence de
thémata, qui assurent à la recherche, apparemment anarchique,
cohérence et continuité. En me servant de mon vocabulaire, je
dirai qu'il mettait l'accent sur l'existence de champs flottants.
Dans l'ensemble des champs qui définissent un état de la
recherche, à une époque donnée, on observe, après coup, que malgré l'incohérence apparente, une circulation et une constance des
préoccupations existaient dans l'ensemble des disciplines. Kuhn a
d'ailleurs bien montré ce fait. Ce qui m'intéresse ici, c'est la
manière dont la circulation s'établit : les gens ne se disent pas
leurs enjeux, ou leurs problèmes ; il n'y a pas de message explicite,
non, c'est le travail de chacun qui crée ce champ dynamique, et
inconscient, où s'effectue une transmission de pensée.*

H. REEVES. — *Les analogies sont intéressantes, mais elles sont
aussi parfois dangereuses ! Pour me servir d'une image, faisons
bien attention, si nous accrochons deux bateaux ensemble, que si
l'un des bateaux sombre, l'autre risque de couler avec lui...*

*Je pense en particulier à ce que vous avez avancé sur l'action
de la conscience en psychanalyse, et à celle qu'on lui prête dans*

l'acte de mesure en physique quantique. Il y a en effet une inter-
prétation — mais ce n'est qu'une interprétation parmi d'autres
de la mécanique quantique — qui veut que la mesure se fasse au
moment où la conscience de l'observateur la réalise. Un certain
nombre de bons auteurs l'ont soutenue, Von Neumann par exem-
ple, et c'est l'interprétation aujourd'hui de quelqu'un comme
Wigner. Or, Wigner est certainement un très grand physicien,
c'est quelqu'un d'éloquent et qui jouit d'une grande audience,
mais il faut quand même bien dire que la majorité des physiciens
contemporains n'est pas d'accord avec ce point de vue, et n'est
pas prête à souscrire à l'assertion qui voudrait que ce soit la
conscience de l'observateur qui joue un rôle fondamental au
moment de la mesure. En fait, il s'agit encore là d'un débat très
ouvert, et il n'existe aujourd'hui aucune unanimité parmi les
scientifiques quant à ce qui se produit réellement au moment de
la mesure. Il faut d'ailleurs avouer que si c'est l'un des actes fon-
dateurs de la physique, il se révèle aussi en fin de compte comme
le plus mystérieux de tous...

Si je vous mets ainsi en garde, c'est que, même si la thèse domi-
nante en physique n'est plus celle, apparemment, de l'interven-
tion de la conscience de l'observateur, je pense que tout ce que
vous avez dit sur cette réduction de l'inconscient flottant à des
états fragmentaires n'en garde pas moins la même valeur.

M. MONTRELAY. — *En effet, une minorité de physiciens pen-*
sent que l'observateur produit le collapse du fait de son regard, de
sa conscience. Pour les autres, c'est l'expérimentation, l'appareil-
lage qui induisent ce fait. La réponse à ce problème m'intéresse,
naturellement, mais elle ne concerne pas ce dont j'ai parlé
aujourd'hui. Je ne suis pas physicienne, mais psychanalyste. En
tant que telle, je puis dire que j'observe dans l'inconscient des pro-
cessus de saut. Et que c'est toujours l'injonction d'un savoir au
deuxième degré, par conséquent d'une « conscience », qui produit
ce passage brusque du flottant au fragmentaire. Dans ces proces-
sus, des paramètres d'ordre inconscient, exclusivement, intervien-
nent. Par exemple les sauts n'ont lieu que dans la mesure où les
noms de la famille sont « ébranlés », déstabilisés par le jeu des
associations.

R. THOM. — *À propos du collapse, ne peut-on envisager*
encore d'autres analogies ? D'abord, peut-être, une analogie biolo-
gique. On peut guérir par exemple une septicémie en la focalisant
sur un abcès de fixation. Ce qui me semblerait pourtant le plus

proche, ce serait ce que, dans la théorie de Greimas sur les structures narratives, on appelle la conversion. En fait, on pourrait envisager ce phénomène de fragmentation comme la cession par l'inconscient d'un objet de valeur qu'il livrerait à la conscience. Je voudrais peut-être évoquer ici un dernier exemple : c'est celui de l'eucharistie, qui est un exemple frappant de conversion.

M. MONTRELAY. — *Merci de ces évocations aussi inattendues que suggestives. Croyez que je prendrai le temps de les méditer ! Au passage, vous avez soulevé la question de la métaphore. Quand on l'observe dans l'inconscient, est-ce le saut, ou bien sa mise en scène onirique, qui constitue des métaphores ? Dans le déroulement d'une cure, on voit que le saut modifie le corps, la pulsion, les actes de l'analysant. Il est donc une action réelle. D'autre part les écrits des mystiques, aussi bien orientaux qu'occidentaux, font état de tous ces mouvements qui se produisent dans le champ flottant, avec les plus grandes précisions. On nous les décrit sous la forme de glissements, trajectoires, déclics, bonds, ressorts, et sauts. Tout ceci se produisant à la vitesse de l'éclair, dans une « autre » sorte d'espace, et « transportant » l'âme, dans tous les sens que l'on peut donner au mot. De toute évidence, ces mouvements, ou « émotions » au sens propre, ne sont pas de simples produits de l'imagination. Ils ont une réalité. Relèvent-ils de la métaphore ? Cela dépend du sens qu'on donne au mot. On peut se demander aussi pourquoi le rêve met en scène de tels mouvements psychiques. Seul Corbin à ma connaissance s'est vraiment posé la question.*

H. ATLAN. — *On comprend bien ce que vous voulez dire, c'est même tout à fait éclairant pour ce qui est du psychisme, mais il me semble pourtant qu'il y a dans votre discours un danger certain — à la tentation duquel nous voyons d'ailleurs que beaucoup d'entre nous ne résistent pas : c'est cette notion d'un enrichissement continuel de la quantité d'information. En effet, si on admet cette proposition, la conséquence en est que l'interprétation va inclure un nombre de plus en plus grand d'éléments informatifs, éléments qui vont provenir selon vous à la fois de l'inconscient et de la conscience, aussi bien de l'analysant que du psychanalyste, et des ancêtres de l'un et de l'autre. Sur ce point, par ailleurs, où faudrait-il arrêter cette poursuite ancestrale ?*

À la limite, l'interprétation la plus riche pour son contenu d'informations sera de ce fait celle qui inclura les totalités conjointes du sujet et de l'analyste.

Or, tout ceci va se traduire d'une façon très concrète. Pour prendre l'exemple d'un prisonnier, on voit bien, à un certain niveau, comment l'ancêtre qui avait été lui-même en prison semble avoir une signification quand on observe et qu'on interprète la répétition du sentiment carcéral. Pourtant, à un autre niveau d'interprétation que le vôtre, on pourrait imaginer, soit qu'il s'agisse simplement là d'une coïncidence qui n'aurait pas de sens particulier, soit que ce sens soit dilué dans un ensemble beaucoup plus vaste de relations significatives, en sorte que l'espace de l'interprétation et du transfert pourrait devenir infini. C'est-à-dire que tout y serait possible.

En fait, je sais bien que ce n'est pas le cas, mais j'aimerais vous entendre sur ce point.

Un second danger me paraît résider dans l'usage de ce que vous appelez des isomorphismes, *puisqu'on vient de dire dans la discussion que ce procédé pouvait non seulement s'étendre à l'ensemble des ancêtres, mais aussi à la totalité de l'univers.*

Enfin, si on constate des analogies avec la réalité physique d'ordre quantique, il me semble personnellement que la bonne règle serait de mettre beaucoup plus l'accent sur les différences que sur les similitudes. Ce sont en effet les différences qui sont les plus intéressantes, puisque ce sont elles qui font apparaître la différence des règles selon les disciplines, et les différences qui s'imposent d'une réalité à une autre.

Il faut donc admettre cette idée qu'il existe plusieurs types de réalité, et que ces réalités sont fabriquées, pour chacune d'elles, selon des règles qui les construisent différemment. Autrement, on tombe d'un excès dans l'autre.

M. MONTRELAY. — *Je suis bien d'accord avec vous. Puisque vous me posez la question des différences qui séparent nos disciplines, je vous répondrai en ce sens. En ce qui concerne la physique et la psychanalyse, la différence... saute aux yeux ! Un collapse se produit dans un champ de particules : eh bien, pour ce que l'on en sait, la matière se transforme, mais elle ne possède ni chair, ni système nerveux, ni conscience, qui lui permettent une perception du fait. Au contraire, lorsqu'un saut se produit dans l'inconscient, il en résulte ou bien une angoisse, ou bien une jouissance. Le principe à partir duquel Freud a construit son propre champ, c'est le principe de plaisir. Il en résulte que les processus que l'analyste étudie ont des effets appelés « érotiques » au sens large du mot. Aucun physicien ne s'est encore, que je sache, préoccupé de la sexualité des photons. Dans le domaine qui est le vôtre, la biologie, ce principe de plaisir intervient-il? Apparemment non, mais l'avenir peut montrer qu'après tout la frontière n'est pas si simple à établir.*

Venons-en au concept d'information. Ai-je raison, pour rendre compte des processus dont j'ai parlé, de me servir de ce concept? C'est là une question de fond, que je ne puis résoudre rapidement. Quelques mots seulement: le terme m'a semblé intéressant parce qu'il permet un passage entre le sens qu'on lui donne couramment (celui d'une connaissance), et celui qu'Aristote lui donnait: informer, c'est donner forme à un matériau, un corps, une œuvre, etc. Il se trouve qu'au niveau inconscient les deux acceptions ont un intérêt. L'inconscient se constitue, d'un côté, de représentations, de l'autre, d'une mémoire qui n'est pas représentable, mais qui donne forme à notre vie, notre personnalité, nos symptômes. C'est en raison, je le répète, de ce sens double, que le mot « information » m'a semblé convenir. Il possède l'inconvénient d'être un peu trop commode, et par là même, de masquer d'autres problèmes de fond.

Vous me posez une autre question essentielle. Existe-t-il des limites qui puissent être mises à la mémoire ancestrale? Dans le cas de la psychose, celles-ci restent trop floues, trop fragiles, et de ce fait le sujet tente de créer, toujours sans succès véritable, des limites à ce « trop de sens » ancestral qui l'envahit. Dans la normale, ou la névrose, ou la perversion, ou la phobie, les limites existent, différentes selon ces cas. Mais toujours le corps et ses « objets » participent de cette limitation. Par exemple, dans la mesure où il est ce matériau charnel que la mémoire inconsciente informe silencieusement, le corps opacifie celle-ci. Les fantasmes sexuels consistent à organiser des scénarios qui transforment en jouissance les messages ancestraux, les « brûlant » en quelque sorte, avant qu'ils ne se signifient. Mais périodiquement, tout est à recommencer. Le temps inconscient est cyclique. Il faudrait ici parler de la fonction paternelle, donc « phallique », à partir de laquelle ces fantasmes se construisent. Il me semble que les psychanalystes sur ce point parlent trop peu. De vastes champs de recherche s'offrent à eux, qu'il leur faudra défricher.

Enfin vous posez, vous aussi, la question de l'importation des concepts d'une discipline à une autre, et de sa légitimité. L'emprunt d'un mot, je le sais bien, peut prêter à confusion. Mais quelque mot que nous choisissions, finalement, serons-nous maîtres de lui? Le lecteur, les idéologies en feront ce qu'ils voudront. On peut jusqu'à un certain point limiter les dégâts, c'est vrai. Mais je ne crois pas que l'on puisse s'opposer complètement à

*cette sorte de migration du vocabulaire qui a lieu d'une discipline
à l'autre. Elle présente des inconvénients, mais elle est aussi
féconde. Dans son livre* L'Invention scientifique, *Gerald Holton
rapporte l'intérêt de Niels Bohr pour Kierkegaard, et sa manière
de voir les choses, sur un mode discontinu, par sauts. Nul doute,
selon lui, que la notion de saut quantique ait été, au moins en
partie, inspirée par ses lectures (cf. ce livre, p. 118 et suivantes).
Cette anecdote m'a amusée, dans la mesure où il y a longtemps,
j'avais été captivée par le tableau sur lequel s'ouvre le* Journal *du
séducteur. On y voit la jeune fille faire un saut pour descendre
de voiture. Quel rapport, m'étais-je demandé, entre ce flash sur le
saut et ces lacets diaboliques du désir qui forment la trame du
récit ? À partir de cette lecture, j'ai été sensibilisée — je ne sais
pourquoi d'ailleurs — à cette figure du saut. Elle a fait son chemin jusqu'à ce que je l'utilise pour parler du refoulement. Qu'on
n'en déduise pas pour autant que je m'identifie à Bohr ! Je voulais simplement mettre l'accent sur le fait qu'un homme de
science, aussi bien qu'un clinicien, peut s'inspirer d'un concept
qui a été forgé dans un autre champ, ici celui de la philosophie,
de la littérature aussi bien.*

S. BRION. — *J'ai été très intéressé par cette notion de mémoire
ancestrale, et je voudrais avoir quelques éclaircissements à ce
sujet. Si j'ai bien compris ce que vous disiez, ce que vous entendez par l'inconscient ancestral, c'est finalement l'équivalent, dans
le passé ancestral de nos sujets, de ce que nous reconnaissons dans
leur inconscient individuel — ou plutôt, de ce que nous connaissons des éléments inconscients dans l'histoire individuelle de nos
patients. Si on admet ce point de vue, les éléments ancestraux
dont vous parlez seraient des « non-dits » dans l'histoire ancestrale. Le problème que je pose est alors le suivant : d'une part, en
a-t-on la preuve ? Et d'autre part, comment peut-on l'expliquer ?*

M. MONTRELAY. — *Comment justifier théoriquement l'existence d'une mémoire ancestrale ? Je constate empiriquement son
existence, et je suis loin d'être la seule, je crois, même si on lui
donne d'autres noms.*

S. BRION. — *Le problème, c'est celui de la proportion réelle de
ces cas.*

M. MONTRELAY. — *Dans toutes les cures approfondies, on
touche à cette mémoire. La question n'est pas tant de savoir si elle*

existe que de trouver comment la gérer, lui poser des limites, autrement dit la sexualiser.

Y. JAIGU. — *Il me semble important de revenir, au point où nous en sommes, sur cette nature de l'image dont j'ai déjà parlé ce matin, à la hiérarchie qu'on peut trouver entre les différentes images par rapport à leur contenu, par rapport à leur référence à une réalité autre qu'elle-même, et par rapport enfin à ce que vous avez dit du rêve, qui produit des images au ras de la matière psychique dans une première mise en scène de cette matière inconsciente.*

*Bien entendu, nous en arrivons là à la notion de l'*imaginal *d'Henry Corbin, qu'il a bien distingué, Daryush Shayegan nous l'a rappelé, d'un pur imaginaire.*

Cet imaginal selon Corbin, je l'ai compris quant à moi de la façon suivante : c'est le lieu des apparitions, mais de ces apparitions singulières qui ont comme référence le Deus absconditus, *c'est-à-dire l'Être créateur totalement transcendant et inconnaissable en lui-même. Il y a donc dans l'imaginal la possibilité d'une coproduction entre l'âme de la personne qui en est le lieu privilégié et le* Deus absconditus — *coproduction qui se présente sous la forme d'un messager. Or, qu'est-ce que ce messager, si ce n'est l'apparition qui symbolise la rencontre entre cette personne particulière et ce Dieu inconnu ? Cette apparition, cependant, ne se produit jamais que sous une forme singulière, non universalisable aux autres, et elle typifie d'emblée cette relation ultra-personnelle qui s'établit de l'homme à son Dieu. Dans ce lieu sans lieu physique que pointe l'imaginal, on s'aperçoit dès lors que l'image est pourtant chargée d'une réalité spécifique qui tient à la fois de l'image elle-même et de l'âme de celui auquel elle apparaît.*

Qu'est-ce que cette réalité ? Comment se définit de ce point de vue la réalité de cette image, d'une part, par rapport à la réalité extérieure au sujet, et, d'autre part, par rapport à la réalité de l'image intérieure que nous présente le rêve ?

M. MONTRELAY. — *Je l'ai dit tout à l'heure, il y a certains problèmes sur lesquels, à ce que je sais, Corbin est le seul à avoir vraiment réfléchi. Je n'ai donc pas de réponse toute prête à vous proposer, et je préférerais méditer sur les idées que vous avez développées.*

Science contemporaine et modèle oriental des rapports du corps et de l'esprit [1]

YASUO YUASA

1. Introduction.

Le but principal de ce symposium est la discussion de l'influence possible que divers problèmes, dans le domaine spirituel, pourraient avoir sur la science. Celle-ci, jusqu'à présent, a généralement été considérée comme n'ayant pas de relations, ou comme étant incompatible avec ceux-là. Par exemple, les expériences dans le domaine des arts et de la religion. Ou, au contraire, nous pouvons discuter pour savoir, si oui ou non, les problèmes du domaine spirituel peuvent avoir une relation quelconque avec la science. Dans l'un ou l'autre cas, le thème de notre symposium est de tenter un dialogue entre les différentes traditions culturelles de l'Orient et de l'Occident qui concernent ces problèmes.

Dans le passé, je me suis consacré à une recherche impliquant la religion orientale du point de vue de la psychologie des profondeurs. Depuis Jung, qui a travaillé dans ce domaine, un grand intérêt s'est manifesté vis-à-vis de la théorie orientale de l' esprit et du corps (et, spécifiquement, un intérêt pour les méthodes que l'on trouve dans le yoga, le taoïsme, le zen et le bouddhisme tantrique). Certains psychothérapeutes ont tenté divers essais pour incorporer les techniques de « formation de l'esprit-corps » qui ont été transmises dans les traditions de ces religions, tout en les adaptant d'une manière moderne à des buts réels et cliniques. De même, il existe un mouvement qui tend à réexaminer la signification des méthodes traditionnelles des cultures orientales du point de vue théorique de la médecine psychosomatique. À partir de ma perspective, il semble que se cachent dans ces tentatives des problèmes philosophiques qui dépassent le domaine de la simple psychologie et de la médecine conçues comme des sciences empiriques.

Il est inutile de dire qu'une théorie de l'«esprit-corps» suggère une investigation théorique des relations entre l'esprit et le corps. Cependant, quand nous considérons cette question philosophiquement, nous pouvons détecter un plus vaste problème méthodologique que celui qui peut être observé à partir de la perspective limitée du domaine de la psychologie et de la science médicale. Ce qui est responsable de la délimitation fondamentale de la philosophie moderne et de la science empirique c'est le mode de pensée dualiste impliquant, à la fois, l'esprit et le corps, qui fut établi par Descartes. Le cartésianisme a non seulement séparé l'esprit du corps, mais de la science empirique, et en a fait des domaines sans aucun rapport entre eux. Cela est dû au fait qu'un accent central en philosophie a été placé dans le champ spécifique de l'épistémologie, qui questionne la structure et les formes de la conscience en tant que sujet épistémologique (savoir et apprendre), saisissant l'essence de l'esprit comme étant la *conscience*. Par conséquent, on en est venu à considérer la tâche de la philosophie comme une tâche de clarification des présuppositions intellectuelles impliquées dans la cognition (par exemple Kant). Par contraste, la tâche de la science empirique a été considérée comme étant de clarifier le mécanisme des phénomènes physiques, tout en les séparant de la conscience (ou esprit). Il est évident, aujourd'hui, que nous sommes intellectuellement situés dans la banqueroute du rationalisme cartésien. En dépit de cela, cependant, nous sommes incapables de trouver une direction définie pour nous échapper du mode de pensée dont est responsable ce dualisme.

En général, la question de savoir comment saisir la relation entre l'esprit et la matière nous conduit, subjectivement, à une réflexion sur le *mode du savoir* alors qu'objectivement, elle nous fournit un paradigme fondamental nous permettant de comprendre dans leur intégralité *les diverses dimensions de l'expérience humaine* par rapport à la *matière*, à la *vie* et à l'*esprit*. Bref, derrière les théories de l'«esprit-corps», se cache une *question concernant l'authentique nature humaine* qui constitue un point de départ pour l'épistémologie et la cosmologie (ontologie). L'Orient et l'Occident ont nourri des traditions radicalement différentes dans leurs modes de pensée sur ce point. Prenez, par exemple, l'expression « unité de l'esprit et du corps » *(shinshin ichinyo)* qui est souvent utilisée dans le bouddhisme zen. Pour nous, Japonais, cette expression est une expression idiomatique bien connue et est, généralement, censée signifier l'état d'unité inséparable qui *a été réalisé* à travers la fonction intégrée de l'esprit et du corps. Le fait de saisir la fonction de l'esprit et du corps de cette façon, dans une relation d'inséparable unité, indique un mode traditionnel de pensée qui est radicalement différent du mode dualiste de pensée. Depuis Descartes, la philosophie et la science empirique de l'Occident ont adopté au contraire ce dualisme. Derrière la perspective de l'unité inséparable, se trouve la tradition de la philosophie et de la *techné* scientifique orientales avec leur longue histoire. Cela étant posé, j'aimerais chercher un nouveau paradigme qui nous permettra de comprendre et d'intégrer les diverses dimensions de l'expérience humaine tout en clarifiant, à partir d'une perspective moderne, les caractéristiques du monde oriental de pensée qui forment l'arrière-plan de l'expression japonaise mentionnée ci-dessus.

Pour commencer, la phrase « unité de l'esprit et du corps » ne signifie pas que l'esprit et le corps se trouvent dans une relation inséparable dans notre vie de tous les jours. C'est une phrase qui qualifie un *état de conscience modifié, plus élevé,* généralement appelé *satori,* et qui est *réalisé* par un entraînement de l' « esprit-corps [2] ». Autrement dit, la phrase signifie que, si nous réalisons cet état de conscience modifié, nous réaliserons une *nouvelle cognition* par rapport à l'inséparable unité de notre esprit et de notre corps, qui est tout à fait différente de notre expérience quotidienne. Par conséquent, afin d'atteindre cette plus haute cognition, il nous est d'abord demandé de nous approprier une nouvelle expérience à l'intérieur de nous-mêmes, c'est-à-dire un état de conscience plus élevé, modifié, grâce à un processus spécifique d'entraînement. Dans la tradition de la philosophie orientale, à l'encontre de la tradition philosophique grecque dans laquelle la *theoria* prend le pas sur la *praxis,* l'*expérience pratique* (en japonais *taiken*) précède toujours une investigation théorique. Le savoir n'y provient donc pas d'une investigation théorique de faits et d'états connus dans notre expérience de tous les jours. La tradition orientale entreprend plutôt son investigation théorique à partir d'un *nouveau genre d'expérience* tout à fait différent, une sorte d'expérience qui est *réalisée* comme le résultat d'une formation technique définie.

2. La position fondamentale de la science objectiviste et son problème.

2.1. *Dualisme et dichotomie.*

Lorsqu'on examine le dualisme cartésien à partir d'une vaste perspective scolastique, on se demande quelle influence il a exercée sur le savoir scientifique empirique et sur la technologie appliquée qui en est dérivée. Si le dualisme a une validité théorique, et s'il a une utilité pratique à l'intérieur d'un certain domaine limité, nous ne pouvons pas le rejeter sans raison. Nous devons plutôt clarifier le sens et l'influence qu'utilisent les modes dualistes de pensée, et puis, allant plus loin, rechercher une direction qui nous permettra de dépasser leurs limitations et leurs restrictions.

Il nous est nécessaire, ici, de distinguer entre le dualisme et la dichotomie. Le terme « dualisme » pourrait être compris, pour le moment, comme désignant un *fait expérientiel,* selon lequel, dans l'expérience humaine, il y a deux ordres d'être — esprit et matière. Puisque chacun de ces ordres possède une nature différente, le terme « dualisme » n'indique pas nécessairement une relation théorique entre eux. Dans le monde de notre expérience quotidienne, nous reconnaissons, sans y réfléchir consciemment, la distinction entre l'esprit et la matière. Les arguments philosophiques autant que scientifiques concernant la relation de l'esprit et du corps commencent, à l'origine, avec de telles distinctions de bon sens qui opèrent dans le champ de notre expérience quotidienne. Si nous appelons cette distinction un « dualisme de sens commun », il se trouve que nous parlons généralement de l'esprit et de la matière en accord avec, ou à la lumière de ce dualisme provisoire. (Le terme « provisoire » est employé ici pour indiquer que l'on n'a pas encore, en principe, réfléchi sur la relation théorique entre l'esprit et la matière.) Par contraste, le terme de dichotomie opère une distinction de principe entre l'esprit et la matière. C'est une *méthode épistémologique* active d'investigation des états de la matière ou des états d'esprit, qui ignore l'influence ou l'effet que l'un peut produire sur l'autre.

Le dualisme de Descartes débute avec le dualisme provisoire caractéristique de l'expérience quotidienne, mais il en dérive une dichotomie qui élève la distinction de bon sens entre l'esprit et la matière au niveau d'un principe. Le mode oriental de pensée commence de même avec un dualisme provisoire. Cependant, il affirme que la connaissance d'une véritable relation entre l'esprit et la matière ne devient théoriquement possible que si l'on réalise un état modifié, plus élevé de conscience à travers une formation appropriée. Autrement dit, cela dénote que la distinction entre l'esprit et la matière, que nous présupposons généralement dans le domaine de notre expérience quotidienne, n'est pas un savoir définissant une relation réelle entre eux.

Aujourd'hui, nous nous trouvons dans la situation de rechercher un nouveau paradigme pour cette relation de l'esprit et du corps. À ce sujet, il est opportun que nous reconnaissions les nouveaux mouvements des médecines holistique et psychosomatique qui sous-entendent une recherche en psychologie des profondeurs (surtout, dans le *bio-feed-back*). Ces mouvements scientifiques empiriques ont tendance à pencher vers un *nouveau dualisme présupposant la corrélativité de l'esprit et du corps,* au lieu du dualisme cartésien qui les séparait. Il est encourageant pour nous, qui avons été élevés dans la tradition culturelle orientale, que la médecine orientale et les anciennes méthodes de méditation aient été réévaluées en même temps que les mouvements ci-dessus. Ici, nous pouvons ressentir un mouvement potentiel qui exigera une réflexion approfondie sur les attitudes occidentales, inchangées depuis Descartes, que ce soit en philosophie ou dans la science empirique.

Dans ce contexte, mon but principal est de tenter d'examiner les présuppositions méthodologiques d'un nouveau dualisme qui reconnaisse une *corrélativité* de l'esprit et du corps, tout en examinant sa relation aux modes de pensée orientaux. J'examinerai, en outre, les résultats problématiques qui pourront se présenter à l'avenir.

2.2. *Les présuppositions de la science objectiviste.*

D'abord, en guise de préparation, nous devons examiner les questions suivantes : à partir de quelle perspective et avec quelles présuppositions le dualisme cartésien essaie-t-il de voir le monde ? Autrement dit, nous devons, d'abord, tracer la perspective à partir de laquelle la dichotomie de l'esprit et du corps saisit les diverses dimensions de l'expérience humaine, pour, ensuite, clarifier le paradigme théorique selon lequel il les systématise.

L'histoire nous apprend que la science moderne empirique est sortie des révolutions en physique et en astronomie. Par

conséquent, l'approche objectiviste de la recherche, qui a
affirmé son succès à partir de la science physique, en est venue
à exercer son influence considérable dans les domaines des
sciences de la vie et des sciences humaines et sociales. Ce qui
est indiqué, ici, comme « objectiviste », est une attitude qui, en
éliminant les restrictions imposées par les conditions psychologiques (ou épistémologiques) d'un sujet, clarifie le mécanisme
causal de phénomènes qui sont considérés comme existant
extérieurement en tant qu'objets, et indépendamment de toute
fonction subjective. Husserl nomme ce genre d'attitude
« objectivisme physicaliste ». Dans le cas de la science médicale,
la prégnance de l'objectivisme fut établie par Pasteur à travers
le développement de la bactériologie et par Virchow à travers
celui de la pathologie cellulaire. La bactériologie prouve que la
cause d'une maladie infectieuse se trouve dans l'intrusion de
virus ou de microbes externes à l'intérieur d'un organisme biologique. En découvrant une méthode pour détruire la cause
d'une maladie par des médicaments chimiques, elle établissait
le fondement de la science médicale moderne. Fondée sur des
théories qui identifient les causes pathologiques des maladies et
qui, posant que tous les états pathologiques signifient des
modifications dans le système cellulaire, la pathologie cellulaire
a développé des techniques spécifiques en vue d'enlever par
opération le système cellulaire en cause. De cette façon, le système de diagnostic et de traitement dans la science médicale
moderne fut fondé sur les deux piliers de la médication chimique et de l'opération chirurgicale. Ce genre de pensée et de
méthode présuppose à l'évidence un point de vue objectiviste
qui ne tient pas compte des conditions psychologiques du
patient. En ce sens, on peut parler de la médecine occidentale
comme d'une « médecine orientée vers l'organe ».

Accompagnant les présuppositions de l'objectivisme, on
trouve aussi l'idée que ce qui est le plus fondamental de tous
les phénomènes que peuvent ressentir les êtres humains, c'est
le phénomène physique. Considérons un simple exemple. Si
quelqu'un se jette du haut d'un bâtiment, son corps tombe en
accord avec la loi de la gravité ; les lois de la physique imposent
ainsi leur empire sur toute expérience humaine. Nous pouvons
diviser en gros les diverses dimensions de cette expérience en
trois catégories : 1) les phénomènes physiques en tant qu'objets
de la physique ; 2) les phénomènes de la vie en tant qu'objets
de la science médicale et 3) les phénomènes psychologiques
propres à l'homme en tant qu'objets des sciences humaines et

du comportement. Selon la pensée objectiviste, quand une analyse est effectuée à un micro-niveau, tous les phénomènes sont fondés sur des phénomènes physiques, découverts au niveau atomique (ou à des niveaux encore plus réduits). Nous sommes donc amenés à penser que le mécanisme des phénomènes vitaux ne peut être établi qu'en vertu du fait qu'il est soutenu par celui des phénomènes physiques, qui existe à son fondement. C'est ainsi que la bio-chimie ou la biologie moléculaire essaient de clarifier le mécanisme des phénomènes vitaux découverts au niveau moléculaire. Les découvertes de ces disciplines indiquent qu'un mécanisme causal qui maîtrise les phénomènes physiques se cache à la base des phénomènes vitaux. Nous ne pouvons pas douter que, même si le mécanisme des phénomènes vitaux est plus complexe que celui des phénomènes physiques, puisque le premier appartient à une dimension plus élevée que celle de ces derniers, le mécanisme causal qui sous-tend les phénomènes physiques fonctionne aussi à la base des phénomènes vitaux et exerce ses restrictions sur eux. Lorsque nous poursuivons plus loin cette ligne de pensée, nous sommes amenés à conclure que les phénomènes psychologiques doivent être à leur tour expliqués en accord avec un mécanisme fondamental qui gouverne à la fois les phénomènes physiques et les phénomènes vitaux. Depuis Pavlov, la théorie du réflexe conditionné s'est effectivement affirmée sur cette base de recherche. Dans cette approche, les fonctions psychologiques de l'homme et des animaux sont, en principe, réduites au mécanisme des activités nerveuses d'un organisme biologique (principalement le cerveau). Le monisme physicaliste, qui élimine le caractère unique des fonctions de l'esprit en affirmant que l'esprit est le cerveau, passe donc à travers toutes les dimensions des phénomènes physiques, ainsi que des phénomènes vitaux, jusques et y compris la dimension des phénomènes psychologiques. De cette façon, la vision universelle, qui est basée sur le mode de pensée de l'objectivisme, se trouve complète.

Le mouvement de la science objectiviste, telle qu'elle a été présentée, peut être traduit par le diagramme page suivante.

Tous les domaines de la science empirique peuvent être déterminés topographiquement le long de la flèche ascendante A → B → C → D sur la gauche. Par exemple, toutes les disciplines s'intéressant à la structure d'un organisme biologique au niveau moléculaire peuvent être repérées en B, région frontière entre les phénomènes physiques et les phénomènes vitaux. La

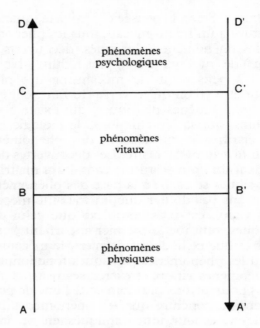

Diagramme 1 : la direction de la recherche
dans la science empirique.

théorie du réflexe conditionné peut être considérée comme se situant en C, région frontière entre les phénomènes vitaux et les phénomènes psychologiques. En outre, la science du comportement et la science sociale, visant à une science objective, peuvent être classées dans la région au-dessus de C.

Nous pouvons considérer que les mathématiques et la logique, qui procèdent par raisonnement déductif sans vérification empirique, peuvent être mises dans cet esprit à la pointe supérieure de la flèche D. Ce qui indique que la source fondamentale et générative du développement de la science moderne objective se trouve dans la rationalité en tant que capacité à penser d'une façon logique et discursive.

La présupposition qui soutient la science objectiviste en son tout est sa vision de *l'évolution de l'univers et de la vie*. D'après cette vision, l'univers a commencé à exister en tant que corps actif d'une énergie physique dénuée de vie, c'est-à-dire le big-bang (A dans le diagramme), et la vie s'est graduellement formée à partir de la matière qui, à la longue, devint humanité.

Nous devons reconnaître que la ligne fondamentale de pensée qui est impliquée dans la science objectiviste possède une certaine validité et une certaine utilité. Cependant, la question demeure : cette sorte de paradigme objectiviste est-il dans la science empirique la condition absolue de la recherche ? Nous soupçonnons qu'un nouveau paradigme, différent de celui de l'objectivisme, pourrait être possible pour cette science empirique.

2.3. *De la dichotomie à un nouveau dualisme.*

La méthode que nous avons observée dans l'analyse précédente se fonde sur une dichotomie première qui sépare l'esprit de la matière. En outre, en se modelant d'après la méthodologie de la physique, elle se met en position d'expliquer non seulement les phénomènes vitaux mais aussi les phénomènes psychologiques. Du point de vue épistémologique, cette méthode est basée sur l'observation et la vérification de faits expérimentaux (des faits qui peuvent être reconnus objectivement au moyen de la perception sensorielle), et elle réduit les caractéristiques de la fonction psychologique à sa fonction physiologique de base. C'est pourquoi nous sommes amenés à conclure que, lorsque l'objectivisme est observé à la lumière d'une ontologie, il se révèle comme un monisme de la matière tandis que, pour sa méthode épistémologique, il prend le point de vue du *réductionnisme.*

Il semblerait à présent que diverses tentatives modernes de surmonter le paradigme cartésien soient en passe de prendre une position qui s'oppose au monisme de la matière en tant que vision universelle (ainsi qu'au réductionnisme comme méthode épistémologique). Pour s'exprimer autrement, et contrairement à ce que dit l'objectivisme, la fonction psychologique ne peut pas être considérée comme sans rapport intrinsèque et exhaustif avec des phénomènes physiques ou des phénomènes vitaux, puisqu'elle possède des caractéristiques qui ne peuvent être pleinement expliquées par de simples réductions. En fait, même si nous expliquons la fonction de l'esprit en la réduisant à des activités nerveuses, cette simplification est inadéquate pour expliquer comment un mécanisme *transforme* des activités nerveuses en phénomènes psychiques. Si nous adoptons cette façon de penser, nous ne devons pas croire pour autant que les phénomènes vitaux ou physiques soient coupés des fonctions psychologiques. Au contraire, nous devons chercher concrètement un mécanisme solide de corrélativité entre l'esprit et le corps, basé sur des *observations cliniques et réelles,* tout en prenant note de leurs relations d'influence mutuelle.

Le caractère unique des fonctions d'ordre psychologique fut d'abord reconnu dans les domaines de la psychologie des profondeurs et de la psychiatrie. Pour autant que nous acceptions le point de vue de la médecine organiciste et objectiviste, nous apprenons très vite que la recherche à propos de la psychonévrose est une étape initiale, puisqu'une anormalité dans la fonction physiologique du corps ne peut être localisée en rapport avec elle, et que la recherche dans la psychose endogène ne détecte pas de cause pathologique en termes physiologiques. Cependant, quand nous acceptons l'idée qu'il y a des caractéristiques uniques dans la fonction psychologique et qu'elles ne peuvent être réduites à des méthodes objectivistes, nous devons, ou nous devrions reconnaître une nouvelle forme de dualisme. Après Selyé, la médecine psychosomatique s'est développée en intégrant synthétiquement la psychologie des profondeurs à la théorie du réflexe conditionné et à la théorie du stress. Ainsi, à l'intérieur de la présupposition méthodologique de la médecine psychosomatique, nous pouvons construire une vue dualiste qui reconnaît, dans le sens indiqué ci-dessus, une corrélativité mutuelle entre l'esprit et le corps.

3. Une possibilité et une direction pour une science subjectiviste empirique.

3.1. *Le point de vue méthodologique de la psychologie des profondeurs.*

Les états d'esprit, inutile de le dire, appartiennent à une expérience interne qu'un individu reconnaît directement. Le contenu d'une expérience individuelle ne peut donc pas être pleinement connu par un tiers qui l'observerait de l'extérieur. Par exemple, les rêves et les hallucinations d'un patient ne peuvent pas être ressentis directement par qui que ce soit d'autre que le sujet, ni de la même manière que deux individus perçoivent *conjointement* un objet physique quelconque. Un psychothérapeute ne peut connaître ce type d'expérience qu'*indirectement* et ne peut comprendre le contenu de l'expérience de son patient qu'en se fiant à un indice que le patient dévoile dans son discours ou par d'autres modes de communication. En raison de la nature de la fonction de l'esprit, son opération ne peut pas être traitée comme un phénomène objectif constituant l'objet possible du savoir. Contrairement aux objets physiques, le contenu de l'esprit ne peut pas être exploré sans l'utilisation d'une intervention intermédiaire. C'est-à-dire que l'on doit approcher l'esprit *comme si* son contenu consistait en des phénomènes existant objectivement dans le monde extérieur. Bref, la fonction psychologique de l'esprit est un phénomène qui résiste à une objectivation externe complète, sur laquelle insistait le *cogito* de Descartes. Peu importe la façon dont nous concevons la relation entre l'esprit et le corps, nous ne pouvons, pour une théorie de l'« esprit-corps », qu'adopter une méthode dans laquelle nous pouvons objectiver d'une façon quelconque les caractéristiques de l'esprit, tout en traitant de la fonction de l'esprit qui, de par sa nature même, ne peut pas être objectivée.

Pour l'instant, nous pouvons penser à une nouvelle forme de dualisme qui reconnaîtrait une relation d'influence mutuelle entre l'esprit et le corps, comme à celle qui *va à l'encontre de* l'approche de la science moderne objectiviste. En psychologie, les méthodologies ont, traditionnellement, été divisées entre le point de vue introspectif (depuis James) et celui de la science du comportement (depuis Watson). L'approche scientifique du comportement adopte les méthodes utilisées en sciences naturelles, elle observe et analyse le comportement humain à partir d'une perspective dans laquelle le comportement est considéré comme la réponse à un stimulus dans l'environnement extérieur.

Par contraste, la psychologie des profondeurs reconnaît introspectivement les phénomènes psychologiques qu'elle décrit. Il peut être affirmé à ce sujet que la psychologie des profondeurs commence par une description phénoménologique de la fonction psychologique. (Le terme « phénoménologique » est utilisé ici pour reconnaître *tels qu'ils sont* les états d'expérience interne qui sont reconnus subjectivement : comme des *faits*, sans présuppositions de jugement et sans inférences définies. Dans ce sens, par exemple, les contenus des rêves et des hallucinations sont des *faits phénoménologiques*.) La psychologie des profondeurs ne se limite pourtant pas simplement à la description phénoménologique. Elle assume aussi que quelque chose se cache dans la profondeur de la *psyché* d'un patient, causant soit un état de conscience instable, soit un comportement anormal. La psychologie des profondeurs passe là de la description phénoménologique à la poursuite d'une relation causale empirique et scientifique. Mais, quelles sont donc les caractéristiques méthodologiques de cette psychologie ?

En fait, elle affirme que le monde de la *psyché* a une structure duelle formée du conscient et de l'inconscient. En parlant du « conscient », la psychologie des profondeurs se réfère à la région de surface de la *psyché* qui peut être connue à la fois directement et introspectivement. Sous le conscient, se trouve l'inconscient, région que, dans des circonstances normales, nous sommes incapables d'explorer directement. À ce sujet, Freud pensait qu'une relation causale existait entre l'inconscient et le conscient et il utilisa la physique comme modèle pour penser cette relation. Il posa qu'un état pathologique qui survient au niveau conscient est causé par un complexe, formé d'un *trauma* psychique passé et qui se cache à l'intérieur de l'inconscient. Il posa donc en postulat que la relation entre le conscient et l'inconscient consiste en une relation univoque de cause à effet du même ordre que la simple relation physique causale. Au contraire, Jung affirme que la méthode d'analyse et de diagnostic en psychothérapie ressemble à la méthode utilisée dans l'*étude de l'histoire*[3]. Puisque les rêves d'un patient et ses états pathologiques sont étroitement apparentés aux conditions de l'histoire de sa vie et à son environnement culturel, l'analyste doit adopter la même attitude, pensait Jung, que celle adoptée pour l'étude d'un événement historique individuel. Si nous suivons cette pente de raisonnement, la psychologie des profondeurs *doit adopter la méthode des sciences humaines et de la philologie* au lieu de se modeler sur les modèles de la physique. P. Ricœur, G. Durand et d'autres affirment que la méthode de la psychologie des profondeurs est une sorte d'herméneutique[4]. Telle qu'elle fut développée à l'origine, la méthode herméneutique est unique dans les sciences humaines. L'herméneutique distingue et clarifie différentes significations qui sont latentes dans les expressions des traditions religieuses (comme la Bible). Pour utiliser la terminologie de Dilthey, les rêves d'un patient représentent symboliquement l' « expérience » *(Erlebnis)* qui a eu lieu soit dans le passé de l'histoire de sa vie, soit dans son monde intérieur. Le devoir de l'analyste est d'interpréter et de « comprendre » *(Verstehen)* le sens de ces « représentations » *(Ausdrücke)*. Dans son essence, le travail est le même que d'interpréter et de clarifier les différentes significations des expériences internes *exprimées dans les traditions religieuses et dans les œuvres d'art.* Dans cette perspective, nous pourrions considérer que les rêves ou les hallucinations d'un patient sont un texte à interpréter en vertu des significations symboliques qui s'y trouvent.

À partir de cette position, une relation causale singularisée par l'analyse est aussi complexe et variée qu'elle peut l'être dans le domaine de l'histoire. Nous ne pouvons pas trouver de correspondance univoque entre la cause et l'effet, ainsi que c'est généralement admis dans la physique. Il est rare au contraire de découvrir une telle relation dans une région de phénomènes à laquelle participe l'esprit. Par exemple, dans une maladie résultant d'un stress psychologique, le même stress peut causer différents états pathologiques selon les circonstances. Par contre, différents stress, psychologiques ou physiques, ou les deux à la fois, peuvent causer le même état pathologique.

Lorsque la psychologie des profondeurs est considérée à la lumière du diagramme que nous avons proposé, on peut dire alors qu'elle se meut dans une direction opposée à la science objectiviste. Il est exigé au début de la psychologie qu'elle adopte la perspective de ce qu'on pourrait appeler une *médecine sociale*. Autrement dit, la psychothérapie doit observer les phénomènes de maladie en termes des relations que ces phénomènes peuvent avoir dans l'environnement social qui fournit un cadre défini à notre expérience journalière. La cause d'une maladie, ou les facteurs qui lui donnent naissance, sont apparentés aux conditions sociales et, par conséquent, aux stimuli psychologiques qui en sont générés. La conscience reçoit constamment de tels stimuli, et elle forme un complexe en produisant des impulsions émotionnelles dans la région inconsciente. Observée à l'intérieur de la tradition de la médecine organique, en revanche, la maladie n'est pas associée à ces diverses conditions. Elle est diagnostiquée et on lui donne un nom qui reflète seulement la condition physiologique du corps. En un certain sens, l'individu est traité comme un *système clos*. Par contraste, lorsqu'on considère l'état pathologique d'une maladie à partir du point de vue de la « médecine sociale », cet état pathologique ne peut pas être dissocié de ses conditions collectives et de son environnement. L'individu est traité comme un *système ouvert*. Selon cette théorie, des états pathologiques comme la « maladie du manager » ou la « maladie de l'examen » sont possibles et, loin d'être non scientifiques, ces désignations sont basées sur une connaissance exacte des causes pathologiques. L'identification de maladies comme l'hypertension ou les ulcères gastriques ne fait que renvoyer d'une façon phénoménale à une condition physique anormale et n'indique pas la cause réelle[5].

L'approche adoptée en médecine sociale, cependant, fait d'abord attention aux phénomènes psychologiques que nous ressentons directement dans le champ de notre expérience quotidienne. Ce procédé sert de tremplin pour l'examen d'autres dimensions de l'expérience humaine (le point D' dans le diagramme p. 120). En utilisant cette approche, nous prenons une position qui est directement contraire à l'attitude objectiviste qui essaie de comprendre d'une manière réductive les diverses dimensions de l'expérience humaine — et uniquement en termes de phénomènes physiques. En prenant la psychologie des profondeurs comme point de départ, nous prenons une direction qui est contraire à cette approche. Notre investigation va de *la surface vers le fond* en passant par les diverses dimensions de l'expérience humaine. Nous devons donc d'abord noter les caractéristiques des phénomènes psychologiques que l'on trouve au niveau supérieur de l'expérience humaine. Après avoir considéré ces caractéristiques, nous pouvons procéder à l'examen du (des) type(s) d'influence qu'elles ont sur : 1) les phénomènes vitaux (constituant une condition restrictive plus profonde, c'est-à-dire les conditions psychologiques du corps), et 2) les phénomènes physiques. En gardant cela à l'esprit, nous devons nous demander comment les phénomènes psychologiques sont apparentés à la vie et aux phénomènes physiques. Selon les termes de notre diagramme, cette approche suggérerait alors *la possibilité d'un nouveau type de recherche* à l'intérieur du domaine de la science empirique, possibilité représentée par la flèche descendante D' → C' → B' → A'. C'est cette nouvelle direction que nous voudrions explorer, qui a surgi à l'intérieur de la science moderne empirique, et que nous aimerions appeler « subjectivisme ». Ici, nous employons ce terme pour signifier une attitude d'examen empirique de phénomènes objectivement observables, et qui, en même temps, *prend en considération l'effet que ces phénomènes ont sur la fonction psychologique du sujet.*

Le développement d'une nouvelle science empirique basée sur le subjectivisme ne nie pas le point de vue de la science objectiviste. Méthodologiquement, le subjectivisme ne peut pas exister seul, et il est en partie dépendant de la méthode épistémologique de la science conventionnelle. Malgré tout, il est engagé dans la recherche d'un nouveau paradigme qui surmonterait les limitations et les restrictions de l'objectivisme,

tout en conservant une position complémentaire et coopérative
vis-à-vis des méthodes et des résultats de la science concernée.
Pour cette raison, la médecine psychosomatique ne nie pas le
point de vue objectiviste qui affirme que le mécanisme des
phénomènes vitaux forme une condition de base restrictive aux
phénomènes psychologiques : il est clair qu'une anormalité
physiologique dans le corps d'un patient influence sont état
psychologique. Mais, en même temps, la médecine psychosomatique adopte la position réciproque, c'est-à-dire qu'il y a des
cas où se produit une instabilité psychologique *en tant que*
cause dans l'esprit du patient, et où cette instabilité peut
déboucher sur une condition physiologiquement anormale.
Bref, notre recherche d'une nouvelle science basée sur le « subjectivisme » affirme que la relation entre les deux niveaux de
l'expérience, les phénomènes vitaux et les phénomènes psychologiques, n'est pas une relation unilatérale de restriction volon-
taire ou imposée ; mais une relation de causalité mutuelle.
Cette nouvelle science est donc éclectique du fait qu'elle
adopte, à la fois, les approches objectiviste et subjectiviste des
phénomènes. En utilisant une fois encore notre diagramme,
nous pouvons dire que la médecine psychosomatique est située
sur la ligne horizontale qui relie C et C'.

3.2. *Une vue universelle du dualisme corrélatif.*

Pour le moment, ce que nous avons appelé « subjectivisme »
propose un nouveau dualisme qui reconnaît une relation corrélative mutuelle entre l'esprit et le corps, différent du dualisme
cartésien qui les sépare. Actuellement, la revendication de cette
corrélativité a été exprimée, non seulement par des spécialistes
en médecine psychosomatique, mais aussi par des neurophy-
siologistes comme W. Penfield et J.C. Eccles [6]. Nous pouvons,
brièvement, résumer leur argumentation comme suit : il n'y a
pas de relation qui implique une correspondance directe entre
l'esprit et le cerveau relevant d'un monisme. Quoique l'esprit
fonctionne *en même temps que le cerveau,* il est maintenu que
l'esprit, en lui-même, est une « substance » qui existe *au-delà*
du cerveau et qui montre des caractéristiques distinctes.
Il est à noter que cette ligne de pensée est issue de l'intérieur
même de la science empirique moderne, mais aussi que l'idée
d'un dualisme corrélatif n'est pas nouvelle en philosophie. Par
exemple, la pensée de Bergson et celle de Jung peuvent être
considérées comme anticipant cette notion de dualisme corréla-

tif. Bergson affirme que la relation entre la conscience et l'esprit ressemble aux vêtements et au cintre [7]. Cette métaphore bien connue suggère que, bien que l'esprit et la matière soient reliés dans le cerveau, « de droit », ce sont des substances indépendantes. Selon Jung, l'homme est un être qui est tourné à la fois vers le vaste monde externe et vers un monde interne aussi vaste [8]. Le monde externe est le monde de la matière et il a comme fondement les phénomènes physiques. Le monde interne est le monde de l'esprit, ou, pour utiliser sa terminologie, c'est le monde de la *psyché*, l'inconscient collectif. Métaphoriquement, nous dirions que la conscience de soi est située au point de tangence entre ces deux sphères immenses et de dimension infinie.

Jung se détache aux avant-postes de ceux qui, quoique imbus de la présupposition de la science moderne empirique, comprirent la valeur des modes traditionnels de pensée orientale. Jung mentionne souvent que les modes classiques de la pensée occidentale sont extravertis, alors que ceux de l'Orient sont introvertis [9]. Ce qu'il veut dire par « extraverti » est que l'intérêt de la conscience est toujours dirigé vers le monde extérieur, alors que l'introverti s'intéresse d'abord au monde intérieur de l'esprit, c'est-à-dire à la région de l'inconscient.

Méthodologiquement, nous rencontrons ici une difficulté. L'ordre des choses dans le monde extérieur peut être connu grâce à un jugement fondé sur la perception sensorielle. L'apodéicticité cartésienne de la conscience de soi est l'état psychologique d'un sujet lorsque la conscience de soi existe pour un objet trouvé dans le monde qui nous entoure. Dans ce sens, l'ordre des choses est toujours donné *explicitement pour la conscience*. Par contraste, l'état du monde interne de l'esprit est soustrait du champ de notre expérience quotidienne. Dans des circonstances ordinaires, la conscience ne peut pas connaître les fonctions de l'esprit qui sont actives dans la région inconsciente. Dans ce sens, *pour la conscience de soi*, l'ordre du monde intérieur de l'esprit est *implicite*. La science objectiviste empirique, en outre, a été établie en négligeant *cet ordre implicite*. Par contraste, la recherche dans la science empirique basée sur le subjectivisme doit d'abord faire son affaire de la clarification de *la relation corrélative entre ces ordres implicite et explicite*.

4. Surmonter le dualisme de l'esprit et du corps.

Ce que nous avons appelé « science subjectiviste empirique » s'occupe à examiner, empiriquement, le mécanisme des phénomènes objectivement observables tout en prenant en considération la relation de ces phénomènes avec les fonctions psychologiques d'un sujet. Tandis qu'elle reconnaît les méthodes cognitives et les réalisations de la science objectiviste empirique, elle tente, simultanément, d'aller au-delà de ses limitations. Si nous posons, expérimentalement, qu'une telle approche est possible, alors notre travail consistera à examiner les grandes zones de problèmes. Comme on peut le présumer d'après notre diagramme, le premier domaine de problèmes est représenté par la région intermédiaire entre les données psychologiques et les phénomènes vitaux (point C' du diagramme). Le deuxième domaine implique les différentes questions associées à la région intermédiaire entre les phénomènes vitaux et les phénomènes physiques (point B').

Le premier domaine entraînera l'examen clinique et théorique des théories orientales de l'esprit et du corps à partir de la perspective de la psychologie des profondeurs et de la médecine psychosomatique. De mon point de vue, la recherche en médecine orientale, surtout l'acupuncture, appartient, fondamentalement, à cette région. En outre, le deuxième domaine de problèmes (B'), dans lequel les phénomènes physiques et vitaux sont contigus, nous mènera à divers résultats en relation avec la parapsychologie. La question qui sera posée dans ce dernier contexte est de savoir si, oui ou non, l'influence des fonctions psychologiques, dans ce champ de l'expérience quotidienne, va jusqu'au niveau des phénomènes physiques.

Ces domaines de recherche, lorsqu'ils sont considérés à partir du point de vue conventionnel de la science objectiviste, ne peuvent guère être intégrés dans le paradigme théorique de ce que l'on appelle « l'objectivisme physicaliste ». En raison de cette incompatibilité de paradigme, les problèmes posés constituent des domaines de recherche qui ont été qualifiés d' « hérétiques ». Cependant, si nous reconnaissons le point de vue de ce que nous avons appelé une « science subjectiviste empirique », nous serons à même d'examiner le sens théorique de ces questions sans entrer en conflit avec le point de vue de la science objectiviste en place.

4.1. *Un quasi-corps au-delà de la dichotomie esprit-corps.*
La recherche contemporaine en médecine psychosomatique
prétend examiner cliniquement la corrélativité de l'esprit et du
corps tout en reconnaissant, comme point de départ, un dualisme provisoire. Par contraste, comme nous l'avons vu dès le
début, la tradition de la pensée orientale affirme que cette dualité disparaît lorsque nous atteignons, au moyen de la méditation corporelle, un état de conscience modifié plus élevé. Nous
pouvons ainsi connaître leur inséparable unicité, et nous
sommes amenés à nous demander quel(s) sens peut avoir la
manière orientale traditionnelle de penser quand elle est considérée à partir d'une perspective moderne.

À la lumière de l'expérience clinique impliquée dans la
médecine orientale traditionnelle et dans le yoga, il a été longtemps postulé qu'un système réticulaire couvrant la surface de
la peau existe d'une manière qui dépasse la dichotomie esprit/
corps, comme une sorte de système d'énergie circulatoire. Ce à
quoi je me réfère, ici, c'est ce qu'on appelle le « système méridien » (en japonais *keikaru*), qui forme le fondement de la
théorie du corps en acupuncture. Comme je pense que ce système méridien n'est pas familier à l'érudit occidental, je vais
brièvement en expliquer les points essentiels.

Ce système méridien peut être visualisé comme un système
indivisible de veines dans lesquelles circule une sorte d'énergie
vitale appelée *ki* (chinois *qi* ou *ch'i*). C'est un système réticulaire consistant en douze méridiens principaux *(jùni keikaru)*
qui traversent verticalement le corps, en huit méridiens intermédiaires *(kikei hachimyaku)* et en une quantité de petites
pistes subsidiaires. Chacun de ces douze méridiens principaux
a sa propre relation spécifique avec les organes internes.

Le long de ces méridiens principaux se trouve un certain
nombre de ce qu'on appelle les « points-acu » *(tsubo),* et ces
points fournissent le centre du traitement médical. L'acupunc-
teur choisit les points efficaces par rapport à un symptôme spécifique et y introduit ses aiguilles. Un groupe de points terminaux de ces douze méridiens est situé au bout des doigts, et
l'autre à la pointe des orteils (c'est-à-dire *seiketsu*, ce qui signifie « l'ouverture d'un puits »), et, à ces points terminaux du *ki,*
l'énergie vitale d'une personne doit se mêler au *ki* du monde
extérieur.

Il faut signaler, cependant, que ce système réticulaire ne
peut être détecté anatomiquement. Autrement dit, le système
méridien peut être considéré comme une sorte de système de

« quasi-corps » qui ne peut pas être perçu au moyen des organes des sens. L'existence de ce système, à toutes fins pratiques, ne peut être déduite qu'indirectement au moyen d'un *effet curatif* stimulé par l'insertion des aiguilles. En outre, dans les termes de nos connaissances actuelles en physiologie, cet effet curatif montre des caractéristiques curieuses qui défient toute explication. Par exemple, le méridien appelé « méridien estomac-pied » part de la surface du visage, court le long de la partie frontale du torse et descend jusqu'au pied en passant par le côté de la jambe. Le long de ce méridien, il existe un point-acu curatif appelé *sanli* (en chinois *tau-san-li*) qui est situé à environ dix centimètres sous la rotule, sur le côté du tibia. Il a été démontré, par l'utilisation de photographies aux rayons X que, lorsque l'aiguille est insérée dans ce point, il y a une réponse dans l'estomac. Cependant, à la lumière de notre savoir actuel en anatomie et en physiologie, il n'existe pas de relation physiologique fonctionnelle entre l'estomac et la surface située sous la rotule. Comme cette réponse ne peut pas être expliquée à l'intérieur du paradigme de la science médicale conventionnelle, une majorité de docteurs en médecine ont soit nié soit ignoré ce système de médecine orientale.

Au cours des dernières années, cependant, l'existence et la fonction du système méridien ont été vérifiées au moyen d'un processus électro-physiologique qui mesure la résistance électrique de la peau. À cet égard, la recherche faite par Motoyama Hiroshi mérite qu'on lui porte un intérêt spécial. Motoyama examina la façon dont l'électro-potentiel est transmis à diverses parties du corps lorsque de faibles stimuli électriques sont appliqués à certains endroits de la peau. La recherche de Motoyama a démontré que ces chemins coïncident avec le système méridien traditionnel de l'acupuncture [10]. À en juger par la distribution dermoanatomique des points mesurés, il est clair que les voies à travers lesquelles l'électro-potentiel est transmis ne peuvent pas être celles qui servent d'intermédiaire entre les nerfs sympathiques et spinaux. En plus, la vitesse de transmission de l'électro-réponse est considérablement plus lente que la vitesse de transmission à travers le système nerveux. (Selon la mesure de Motoyama, la vitesse de transmission de la réponse dans le système méridien est, dans la plupart des cas, de moins de 40 cm/s., contrastant, ainsi, avec la vitesse de transmission de 0,5 à 100 m/s. qui se produit dans le système nerveux. Même dans un cas extrême, la vitesse de transmission de la réponse dans le système méridien ne s'élève pas à plus de 4 m/s.)

Motoyama a ainsi démontré que la surface du corps à travers laquelle voyagent les méridiens est située, précisément, dans le tissu connectif à l'intérieur de la peau véritable. Bref, bien que le système méridien *ne puisse pas être perçu* anatomiquement *à travers les cinq sens,* nous pouvons démontrer son existence et sa fonction *indirectement* au moyen d'une mesure électro-physiologique qui est utilisée en science empirique.

De la même manière, la théorie du corps, selon le yoga, affirme qu'un réseau invisible de veines, appelé *nādi,* passe à travers le corps et est, approximativement, analogue au système méridien. D'après la recherche de Motoyama, le système méridien et le système *nādi* sont parallèles.

On dit que les méridiens sont les voies de passage à travers lesquelles s'écoule le *ki,* de même qu'on dit que les *nādis* sont les chemins qu'emprunte le *prāna.* Le *ki* ou le *prāna* sont analogues au concept de *pneuma* qui apparaît dans l'histoire de la philosophie occidentale avant les temps modernes. Nous pourrions, expérimentalement, considérer le *ki* ou le *prāna* comme une sorte d'énergie vitale qui existe dans une dimension différente des divers genres d'énergies observables en physique ou en physiologie. Selon la médecine orientale, la cause de la maladie est un déséquilibre dans le courant du *ki* ou du *prāna* à l'intérieur du corps. L'expérience de Motoyama a déjà confirmé qu'une anormalité dans le fonctionnement des divers organes internes a une proche affinité avec les anormalités constatées dans le courant du *ki* à travers le système méridien. À cet égard, les méridiens (ou *nādis*) ont un effet sur *la (les) fonction(s) physiologique(s)* du corps. C'est un fait accepté que, comme dans le cas du détecteur de mensonges, un changement dans l'électro-réponse de la peau nourrit une relation étroite avec un changement correspondant dans les fonctions émotives, de même qu'un changement de l'électro-réponse dans les méridiens est en rapport étroit avec un changement dans les fonctions émotives. Nagahama Yoshio a examiné un patient qui pouvait sentir la vibration à l'intérieur de son corps lorsqu'une aiguille était insérée dans l'un de ses points-acu et il a inclus un récit de ce patient dans le livre *Harikyo no Igaku (Acupuncture et Moxibustion* [11]). Selon le rapport de Nagahama, les passages par lesquels circule la vibration d'une aiguille-acu coïncident remarquablement bien avec le système méridien qui a été transmis depuis les temps anciens. De nombreux cas de ce type ont été relevés durant ces dernières années. En Chine contemporaine, par exemple, un individu ayant cette capacité

est noté comme étant « une personne sensible au méridien [12] ».
Bien qu'une personne ordinaire ne puisse pas sentir le courant
du *ki* lorsqu'une aiguille est insérée, ceux qui ont une tendance
génétique vers une telle sensibilité, ou ceux qui souffrent d'un
symptôme unique, peuvent sentir ce courant : cela suggère que
la fonction du *ki* a une relation quelconque avec la *région
inconsciente* qui ne peut pas être perçue par l'esprit conscient
dans des circonstances normales [13].

Bref, la théorie de la médecine orientale, à travers les notions
de méridiens ou de *nādis,* suppose un *troisième système qui
relie, à la fois, les fonctions physiologiques et les fonctions psychologiques,* c'est-à-dire *à la fois l'esprit et le corps.*

4.2. *Théories du corps : Bergson et Merleau-Ponty.*

Pour ceux qui sont accoutumés à la vue conventionnelle de
la dichotomie de l'esprit et du corps, il est peut-être difficile de
comprendre la théorie implicite à la médecine orientale qui
pose en principe l'existence d'un quasi-corps, à mi-chemin de
l'esprit et de la matière. Cependant, à mon point de vue, l'existence d'un tel système fut, jusqu'à un certain point, anticipée
par les philosophes français Bergson et Merleau-Ponty. Bien
que leurs théories aient été négligées dans la psychologie médicale courante de l'Occident, parce qu'on croyait qu'elles
n'avaient pas de relation avec la science empirique, nous pensons au contraire qu'il est possible de leur fournir une *raison
positive* fondée sur la théorie adoptée par la médecine orientale.

Avant d'agir dans notre expérience quotidienne, nous commençons par recevoir de l'information venant du monde extérieur à travers nos organes sensoriels, puis nous jugeons cette
information dans le cerveau et, finalement, nous envoyons une
commande à nos organes moteurs. La partie du système nerveux responsable de la perception et de la mobilité est située
dans le cortex cérébral (c'est-à-dire dans le néo-cortex). Nous
pouvons donc estimer qu'un circuit est établi entre le monde
externe et le corps. Le système nerveux sensoriel forme de la
sorte un circuit centripète tandis que les nerfs moteurs forment
un circuit centrifuge. Bergson appelle ce mécanisme les *appareils sensori-moteurs* [14] et Merleau-Ponty le nomme un circuit
sensori-moteur [15].

La raison pour laquelle Bergson et Merleau-Ponty tentèrent
d'examiner la relation de l'esprit et du corps à la lumière d'un
tel mécanisme se trouve dans leur compréhension du point qui
suit. La science objectiviste et empirique adopte la méthode de

diviser un tout dans ses parties pour tenter d'expliquer ensuite
la fonction cognitive du cerveau sans prendre en compte la
fonction spécifique des organes moteurs. Autrement dit, elle
essaie d'expliquer la fonction cognitive du cerveau à travers la
fonction des organes sensoriels qui reçoivent des *stimuli* du
monde externe et à travers la façon de penser et de juger dans
le cortex cérébral. De ce point de vue, la cognition perceptive
est entendue d'une telle manière que la partie du cerveau qui
contrôle le processus intellectuel juge l'information venant du
monde extérieur *via* les organes sensoriels, c'est-à-dire que les
images sont perçues comme le résultat de *stimuli* sensoriels.
Cependant, le cortex cérébral n'est pas seulement le centre des
fonctions de perception et de pensée, il est aussi le centre où
s'origine la fonction des nerfs moteurs. Cela suggère que le
corps était, à l'origine, un *appareil pour l'action* créé de façon à
s'adapter au monde extérieur. Bergson fut donc amené à penser que le cerveau doit, d'abord, être considéré comme un
organe pour l'action et après, seulement, comme un organe de
cognition.

Dans ce cas, le problème crucial est de savoir comment saisir
la fonction de l'esprit. Bergson utilise comme clé essentielle la
mémoire qui se souvient. Il distingue à ce sujet deux types de
mémoire : *le souvenir appris* et *le souvenir spontané.* Nous ne
nous occuperons pour le moment que du premier. Lorsque
nous conversons ou lorsque nous lisons des livres dans notre
langue maternelle, nous recevons diverses informations à travers nos organes sensoriels. Généralement nous comprenons
tout de suite le contenu d'une conversation ou la signification
d'une phrase parce que *cette signification* (ou cette idée) est
représentée par des mots et des lettres que nous avons appris
depuis l'enfance, qui sont mémorisés quelque part et qui sont
automatiquement rappelés en réponse aux *stimuli* perçus
(information). Bergson appelle ce processus *une reconnaissance
automatique dans l'instantané.* À partir de ce point de vue, la
cognition perceptuelle peut être caractérisée comme une association automatique entre l'image perceptuelle qui, venant de
l'extérieur, pénètre dans le corps à travers les organes sensoriels
et l'idée intérieure mémorisée. La cognition perceptuelle se
présente de ce fait comme une compréhension du sens des
choses qui existent dans le monde externe, à travers l'unification de *l'image-souvenir* et de *l'image-perception.*

Lorsque nous traitons de la théorie de Bergson sur la cognition perceptuelle, nous devons tout d'abord bien savoir qu'il ne

restreint pas la fonction de l'esprit à la « conscience ». Au temps où il écrivait, la psychologie des profondeurs n'était pas pleinement développée et il n'avait donc pas accès au terme d' « inconscient ». Pourtant, la capacité de la mémoire à se souvenir suggère qu'une image qui demeure normalement inconsciente ou latente peut soudain faire surface au niveau de la conscience. Nous pouvons en conclure que Bergson s'intéressait déjà au mécanisme en question à partir de la perspective de la psychologie des profondeurs qui allait venir plus tard.

Nous allons maintenant nous intéresser à la relation entre la cognition perceptuelle et l'action. Dans la recherche de cette relation, Bergson examine un certain nombre de cas cliniques en psychiatrie. À parler largement, ces cas impliquaient l'amnésie. Parmi ceux-ci, par exemple, se trouvaient des cas d'apraxie (amnésie de la mobilité), d'aphasie (amnésie du langage et des mots) et d'agnosie, c'est-à-dire une surdité *psychologique* qui se traduit par une agnosie acoustique et une cécité mentale par agnosie optique. Bien que des anormalités apparaissent fréquemment dans ces cas dans une partie du cerveau, il n'existe pas d'anormalités physiologiques correspondantes dans les organes distaux tels que les organes moteurs et les organes sensoriels. Chez un patient apraxique, on ne peut détecter aucune anormalité dans les muscles volontaires des jambes et, de même, chez un patient aphasique, il n'existe aucune anormalité dans les organes vocaux. Observant ces cas, Bergson en conclut que la dichotomie entre l'esprit et le corps traditionnellement acceptée en psychophysiologie était incapable de justifier d'une manière adéquate le mécanisme de leur relation. Cela attire de nouveau notre attention sur la relation qui existe entre la perception et la mémoire. Le souvenir appris se réfère spécifiquement en effet au souvenir que l'on a de la manière de bouger ses mains et ses pieds, ou au souvenir de mots et de lettres. Ces souvenirs sont acquis dès l'enfance par la formation et l'instruction. Il existe ainsi, à la base de la conscience, un système de souvenirs appris qui se joint automatiquement et d'une façon instantanée aux images perceptuelles qui pénètrent en nous par les organes sensoriels. Or, tous les cas d'amnésie mentionnés précédemment indiquent un désordre dans le système des souvenirs appris, qui se traduit par un échec à établir le rapport entre le souvenir et l'information reçue, ce qui fait que cette information n'est pas rendue significative.

Quelle est donc la relation entre la cognition perceptuelle et *l'action*? Si nous considérons les parties comme des éléments qui reflètent un tout, plutôt que d'adopter la méthode traditionnelle qui divise le tout dans ses parties, le cerveau doit être considéré par rapport au circuit sensori-moteur comme un organe dirigé vers l'action et l'adaptation au monde extérieur avant d'être considéré comme un organe de cognition. Dans une perspective psychologique, le souvenir appris est dès lors toujours dirigé en puissance vers les « besoins de la vie », afin de s'adapter au monde extérieur. Cela veut dire que les fonctions de l'esprit et du corps sont constamment prêtes pour *une action potentiellement adaptative*. Bergson postula l'existence d'un système invisible qu'il appela le *schème moteur*, situé à la base de la fonction physiologique. Ce système, déclara-t-il, organise un stock d'images mémorisées, cependant qu'il prépare le corps à se diriger vers le monde extérieur [16].

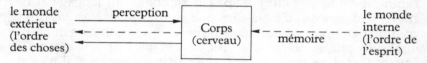

Diagramme 2 : le schème moteur de Bergson

D'après le savoir courant de la physio-psychologie, le corps commence par recevoir *passivement* l'information du monde extérieur à travers les nerfs sensoriels (le circuit centripète), puis il se relie *activement* à ce monde par le biais des nerfs moteurs (le circuit centrifuge). Bergson argumente à l'encontre que, à la base de ce mécanisme physiologique de circuits sensori-moteurs, se cache un schème moteur invisible qui relie toujours *par avance* le corps au monde extérieur (ligne en pointillés du diagramme). Ce schème moteur est un mécanisme de médiation qui relie la perception à la mémoire, c'est-à-dire les images du monde extérieur à celles du monde intérieur. Bergson affirme qu' « à la base de la recognition, il y aurait, ainsi, *un phénomène d'ordre moteur*[17] ». Autrement dit, le système du schème moteur, qui saisit *par avance* la possibilité de mettre en route une action compatible avec la vie, est toujours activé *in potentia* et prépare toujours *par avance* le corps à relier une image-souvenir à l'image perceptuelle passivement reçue à travers les organes sensoriels. Il dit aussi que nous n'allons pas de la perception à l'idée mais de l'idée à la perception, et que le processus essentiel de la recognition n'est pas centripète mais centrifuge [18].

Merleau-Ponty a développé la théorie de Bergson dans des

termes plus concrets. Il a fixé son attention sur le cas bien connu de Schneider, dans lequel le patient souffrait d'une sorte de cécité mentale parce que, bien que sa capacité visuelle ne fût pas diminuée en elle-même, il avait subi des dommages au lobe occipital (et spécifiquement dans le champ visuel). Chaque fois que Schneider voyait un objet, il ne pouvait pas l'identifier. Par exemple, quand on lui demandait où était son nez, il ne pouvait pas le montrer. Il ne pouvait pas non plus reconnaître une figure dessinée en pointillé, qui ne lui apparaissait que comme un ensemble de points placés au hasard. Pourtant, ce patient était capable d'une recognition perceptuelle normale lorsqu'il prenait une initiative à l'intérieur de sa propre action. Quand on lui permettait de saisir son nez, et quand on lui permettait de tracer la ligne en pointillé, il pouvait reconnaître la figure. Bref, Schneider était capable de recognition perceptuelle quand l'acte de perception était accompagné d'une *action* corporelle appropriée, mais incapable de recognition sans elle. À cet égard, comme l'observait Bergson, le cerveau était bien un organe d'action avant d'être un organe de cognition.

Afin d'expliquer le cas Schneider, Merleau-Ponty postula qu'un système invisible, qu'il appelait le *schème corporel*, existe à la base du circuit sensori-moteur tel qu'on peut l'identifier physiologiquement [19]. Ce « schème corporel » ressemble au « schème moteur » de Bergson en ce qu'il est un système fonctionnel potentiellement prêt à l'action dirigée vers le monde extérieur avant même d'en recevoir de l'information à travers les organes sensoriels. Merleau-Ponty affirme qu'un second corps potentiel, qu'il appelle le *corps habituel,* existe à la base du corps physiologique en tant que circuit sensori-moteur (pour utiliser cette terminologie : *le corps actuel*) et que c'est à l'intérieur de ce « corps habituel » que le « schème corporel » est opératoire. Nous pouvons alors suggérer que le « schème corporel » de Merleau-Ponty est un système d'*actes potentiels intentionnels* qui est déjà prêt à fonctionner lorsque le corps se relie au monde extérieur. Il appelle ce système opérationnel *l'arc intentionnel* existentiel [20]. Comme Schneider était diminué au niveau de ce corps habituel invisible, Merleau-Ponty en conclut que sa recognition perceptuelle était diminuée, bien qu'il ne montrât aucune anormalité dans son organe sensoriel au niveau physiologique.

Un aspect intéressant de ces deux théories est que les deux philosophes concevaient un troisième système comme médiateur entre les fonctions psychologique et physiologique. Tous deux voyaient ce troisième système au terminus de la relation entre le psychologique et le physiologique, mais affirmaient qu'il n'est ni l'un ni l'autre. Merleau-Ponty appelle son « schème corporel » *le troisième terme entre le psychique et le psychologique, entre le pour-soi et l'en-soi*[21]. Selon Bergson, lorsque la relation de l'esprit et de la matière est conçue sous le chef de leur dichotomie traditionnelle, elle est un peu comme deux pistes qui se coupent mais dont la fonction mutuelle défie toute explication — alors que, aussitôt que nous postulons un système de schème moteur, cette relation en vient à ressembler à deux pistes doucement incurvées qui deviennent, pourrait-on dire, contiguës l'une à l'autre. De même, selon Merleau-Ponty, si nous ne reconnaissons pas la priorité de l'acte potentiel intentionnel intermédiaire (qui est, à la fois, psychologique et physiologique) dans la recognition perceptuelle, nous ne pouvons pas expliquer des choses aussi ordinaires que la capacité que nous avons de saisir la forme spécifique d'une figure quelle qu'elle soit. Lorsque cette activité se produit, le « corps habituel » commence à opérer à la base de la conscience et de l'image perceptuelle du corps, respectivement « ce qui voit » *(le voyant)*, et « ce qui est vu » *(le visible)*. En outre, ce corps habituel dans sa propre potentialité rend possible de saisir le « voyant » et le « visible » comme une unité inséparable. Le corps est à l'origine aussi bien le « voyant » que le « visible », le sujet que l'objet, l'esprit que la matière.

4.3. *Intégration de la fonction animale et de la fonction végétative.*

Tant que nous acceptons le paradigme théorique de la dichotomie de l'esprit et de la matière qui est assumé par la science empirique, les théories de Bergson et de Merleau-Ponty ne peuvent pas être comprises à l'intérieur de celle-ci et demeurent pour l'instant des spéculations philosophiques. Cependant, ni Bergson ni Merleau-Ponty ne considéraient que leurs théories ne cherchaient que des buts philosophiques. Commentant son concept du schème corporel gravé dans le corps habituel, Merleau-Ponty disait que « la notion du schème corporel est ambiguë, comme le sont toutes les notions qui sont apparues à des tournants du progrès scientifique[22] ». Autrement dit, le fait de surmonter la dichotomie de l'esprit et du corps n'est pas seulement un effort philosophique, il doit devenir un résultat scientifique. Merleau-Ponty affirme par là que, même si le concept d'un corps habituel de médiation n'est pas vérifiable, c'est un concept, néanmoins, qui prépare un *tournant de la science.* Si un concept comme celui-là est pleinement développé, il doit donner naissance à une nouvelle perspective qui ne peut qu'aider à provoquer une *réforme des méthodes.*

La théorie du corps qu'épouse la médecine orientale se raccorde autant aux théories de Bergson qu'à celles de Merleau-Ponty dans leurs hypothèses fondamentales. La théorie orientale du corps affirme en effet qu'un système de « quasi-corps », qui possède un caractère intermédiaire des fonctions tant psychologiques que physiologiques, est à la base de ces dernières. Bien que, dans des circonstances normales, ce système ne puisse pas être reconnu par la conscience et la perception, ceux qui possèdent un héritage génétique spécifique, ou qui souffrent de symptômes particuliers, peuvent percevoir sa fonction consciemment (ou psychologiquement). En outre, comme nous l'avons vu dans l'expérience de Motoyama, l'énergie du *ki* qui s'écoule dans ce système inconscient de quasi-corps (le système méridien) peut être mesuré et analysé indirectement, et pourtant d'une façon quantitative, en utilisant des moyens de mesure dont on se sert dans la science objectiviste. Cette énergie du *ki* va dans la même direction que les hypothèses de Bergson et de Merleau-Ponty, pour autant qu'on pense qu'elle s'entremêle avec le monde extérieur au moyen des aiguilles que l'on pose au bout des doigts et des orteils.

Cela ne signifie pourtant pas que la théorie du corps adoptée par la médecine orientale coïncide en tous points avec celles de Bergson et de Merleau-Ponty. L'une des principales différences tient à ce que tant Bergson que Merleau-Ponty n'ont pensé le mécanisme du corps que dans les termes d'un circuit sensori-moteur qui a son centre dans le cortex cérébral (dans le néocortex), cependant qu'ils ignoraient les fonctions des divers organes intérieurs contrôlés par les nerfs autonomes et la fonction émotive, qui est étroitement liée à ces nerfs. Il est bien compréhensible que Bergson et Merleau-Ponty n'aient pas exploré ces derniers points, puisque les opérations du diencéphale et du système limbique du *cerebrum* situé sous le cortex étaient encore très mal connues au moment où ils vivaient. Cependant, quand nous examinons la fonction corporelle dans une vue globale, nous ne pouvons pas ignorer la *fonction végétative* (les fonctions des divers organes intérieurs qui sont contrôlés par les nerfs autonomes), ou la fonction animale (les fonctions du système sensori-moteur). Comme l'a démontré la médecine psychosomatique contemporaine, la fonction des nerfs autonomes est étroitement reliée à la fonction émotive et, sous son aspect psychologique, elle entretient aussi une étroite relation avec les mécanismes profonds de la psychologie. Comme Merleau-Ponty adhérait fortement à l'orientation méthodologique de la phénoménologie de Husserl, il a largement ignoré l'inconscient alors que Bergson semble y avoir réfléchi. Ce dernier prétend en effet qu'une couche de *mémoire spontanée* existe à la base des souvenirs appris [23]. Le souvenir appris peut être caractérisé comme un système de souvenirs habituels organisés en direction « des besoins de la vie », et qui sont, pour ainsi dire, sans dates spécifiques. Nous pouvons considérer le souvenir appris de Bergson comme correspondant approximativement à ce que Freud appelait le « subconscient ». Par contraste, le « souvenir spontané » de Bergson, puisqu'il n'a aucun rapport avec ce qu'on appelle « les besoins de la vie », est normalement installé dans les profondeurs de l'inconscient. En outre, le souvenir spontané est coloré par les émotions et il ne peut être rappelé que *par une reconnaissance attentive* qui demande un effort conscient. Nous pouvons donc considérer ce souvenir spontané comme correspondant approximativement à l'inconscient de Freud dans le sens étroit du terme. Selon Bergson, l'esprit possède son propre monde intérieur, un stock d'images mémorisées qui consistent dans les deux couches du souvenir appris et du souvenir spontané. Il est évident que la théorie de Bergson concrétise quelque chose de fondamentalement en accord avec l'attitude qui est celle de la psychologie des profondeurs. Il ne s'occupe pas néanmoins de la relation entre les émotions et les fonctions physiologiques qui les accompagnent dans le souvenir spontané. Pour parler en général, la fonction physiologique du corps peut être divisée en deux parties : (1) *la fonction animale* qui est contrôlée par les nerfs sensoriels et les nerfs moteurs, et (2) la *fonction végétative* à laquelle correspondent les divers organes internes. Le centre des nerfs sensoriels et moteurs est localisé dans le cortex cérébral, celui des nerfs autonomes se trouve dans l'hypothalamus qui est situé dans le diencéphale. Lorsqu'on examine cette distinction dans une perspective psychologique, on peut considérer la fonction animale comme une attitude de la *conscience* qui forme la couche superficielle de la fonction de l'esprit. Par contraste, les organes internes qui sont contrôlés par les nerfs autonomes et qui opèrent automatiquement dans des circonstances normales sont indépendants de la volonté. Le pouls du cœur, par exemple, ou les fonctions digestives de l'estomac et des intestins sont exécutés indépendamment de la conscience. L'information concernant les activités des organes internes est transmise au système nerveux central à travers le circuit centripète. Ce circuit, cependant, ne voyage que jusqu'au tronc du cerveau et n'atteint pas le cortex cérébral. D'un point de vue psychologique, les activités des organes internes ne peuvent donc pas être amenées à une conscience claire, comme le peuvent les activités des organes sensoriels et moteurs. Nous pouvons, par exemple, distinguer clairement les mouvements de nos doigts, alors que nous ne sommes que vaguement conscients de l'activité de nos poumons, de notre cœur ou de notre estomac. Bref, la plupart du temps, nous sommes inconscients de ce qui se déroule dans nos organes internes. Ces fonctions végétatives ont pourtant un effet direct sur des désirs instinctifs comme l'appétit et le sexe, et, psychologiquement, elles sont étroitement reliées à la fonction émotive. Le centre de cette dernière se trouve dans le système limbique du cerveau et dans le diencéphale. En outre, l'activité de la fonction émotive n'atteint le cortex cérébral, par le biais du système limbique, que d'une façon diffuse. Ce que nous avons observé jusqu'ici peut être résumé dans le diagramme suivant :

	centre	nerfs périphériques	aspect psychologique
fonction animale	cortex cérébral	système moteur sensoriel	conscience
fonction végétative	tronc du cerveau	système nerveux autonome	inconscient

Diagramme 3 : la fonction animale et la fonction végétative

La principale recherche dans la médecine psychosomatique moderne consiste dans l'examen de la relation qui existe entre la fonction végétative et la fonction émotive. Lorsque l'instabilité émotionnelle (ou le *stress* psychologique) augmente, cette instabilité influence le fonctionnement des nerfs autonomes, et cela produit à son tour une anormalité dans l'un des organes internes contrôlés par les nerfs autonomes. Dans les circonstances normales, ce mécanisme fonctionne en dessous du niveau conscient, et ne peut être amené à la conscience. D'un point de vue psychologique, la pression émotionnelle se développe d'une façon endogène en tant que *complexe inconscient,*

qui crée finalement souvent un déséquilibre du système nerveux autonome. La maladie psychosomatique est alors produite de la façon suivante : considéré d'un point de vue physio-
psychologique, ce processus suggère qu'une conjonction est
établie dans le temps, à travers un réflexe conditionné, entre la
fonction animale (le conscient) et la fonction végétative
(l'inconscient) au moyen des stimuli sensoriels externes (psychologiques) qui pénètrent le cortex. Considéré à partir de la
psychologie des profondeurs, le contrôle de la fonction végétative est généralement réalisé inconsciemment. Un changement
anormal peut toutefois se produire dans l'activité de l'inconscient à la suite d'un puissant empiétement de la fonction
consciente. Quand ce processus se développe jusqu'au point où
il entre dans le champ de conscience, il crée un état de maladie
ou de névrose psychosomatique, ce que nous pouvons aussi
considérer comme un « état modifié de conscience ». Cependant, à la lumière de l'axiologie d'un esprit et d'un corps en
bonne santé, il représente un état de conscience négativement
modifié ou *pathologiquement* modifié. Nous pourrions même
l'appeler un niveau inférieur de conscience modifiée.

Diverses psychothérapies sont employées pour soulager ces
états de conscience pathologiquement modifiés, et si des psychothérapeutes se sont intéressés de ce point de vue aux
méthodes orientales traditionnelles, c'est parce qu'ils ont
reconnu que ces méthodes étaient efficaces. Ces méthodes
orientales ne s'intéressent pas seulement, néanmoins, à créer
un effet thérapeutique. A l'origine, c'étaient des techniques
pour l'entraînement de l'esprit-corps qui allaient au-delà de
l'esprit et du corps spécifiés d'une personne ordinaire, et qui
aspiraient à ce qu'on peut appeler un « état de conscience positivement modifié, et *plus élevé* » ou « un état modifié de
conscience *créatrice* ». Le bio-feed-back, une technique qui a
récemment été tout à fait reconnue dans le domaine de la
médecine psychosomatique, tend à contrôler les ondes cérébrales, le pouls du cœur, le flot du sang et le courant électrique
de la peau, en transformant l'information qui concerne ces
phénomènes en information sensorielle facilement perceptible,
comme des lumières et des sons[24]. Lorsqu'une personne
s'entraîne continûment, par la méditation, à fixer sa
conscience, elle acquiert la capacité de contrôler jusqu'à un certain point ces fonctions autonomes végétatives, qui ne peuvent,
autrement, être contrôlées par la volonté. Parmi quelques yogis
accomplis, nous en trouvons qui sont capables de maîtriser le

battement de leur cœur et d'autres fonctions autonomes. Ces succès nous encouragent à poser un regard neuf sur la signification de ces méthodes de formation pour la médecine psychosomatique. En termes de physiologie, la capacité de maîtriser les fonctions autonomes peut être interprétée comme établissant une conjonction bénéfique ou temporellement positive entre la fonction animale et la fonction végétative au moyen d'un réflexe conditionné.

Quand on examine un état de conscience modifié et supérieur du point de vue de la psychologie des profondeurs, les activités du processus inconscient semblent devoir s'intégrer dans la conscience et sont, par là même, amenées à la conscience de soi-même. Comme l'a démontré Freud, la puissance des désirs instinctifs se cache dans l'inconscient. Pour utiliser une terminologie bouddhiste, ces désirs instinctifs sont *klésa* (le désir de la chair). La formation méditative qui est caractéristique des méthodes orientales de culture peut, pour l'instant, être comprise dans ces termes comme un projet pour atteindre un état modifié et créatif de conscience, en sublimant et en purifiant l'énergie psychique des émotions instinctives. Si nous empruntons la terminologie de Jung, la dimension du Soi — qui peut être considéré comme un centre plus élevé, quoique caché, de la personnalité — est tapie dans la profondeur de la région inconsciente. Le Soi de Jung est, pour ainsi dire, un centre potentiel plus élevé, dont émergent différentes fonctions psychiques quand elles sont activées dans la région inconsciente. Un état modifié et plus élevé de conscience signifie alors un processus d' « individuation » dans lequel l'ego reçoit la puissance qui jaillit de la région inconsciente la plus profonde et se conjoint au Soi. Quand on approche de cette manière le *satori* ou le *samadhi,* nous pouvons conclure que cet état — qui est atteint par une méditation soutenue, une révélation ou d'autres expériences mystiques qui comprennent l'inspiration créatrice telle qu'elle accompagne la production d'œuvres d'art — est un exemple d'un état de conscience modifié et supérieur.

4.4. *Une transformation épistémologique de la dualité à la non-dualité.*

Lorsque nous adoptons les développements à venir, la théorie du corps, que j'ai discutée jusqu'ici en termes de médecine orientale, deviendra plus claire et plus concrète. Ce que nous appelons le « système insconscient du quasi-corps » (le système méridien) est un système de niveau plus élevé dans lequel les fonctions physiologiques et psychologiques sont inséparablement intégrées. En même temps, ce « système inconscient du quasi-corps » peut être considéré comme un système supérieur dans lequel les fonctions animales et végétatives sont intégrées de même. Cette intégration est due au fait que les méridiens courent verticalement à travers le corps et sont distribués jusqu'au bout des doigts et des orteils. Par contraste, les nerfs sont distribués dans le tronc du corps en s'étendant presque horizontalement à partir de la colonne vertébrale. Cela suggère que le système inconscient du quasi-corps est un système supérieur non séparable qui intègre à la fois les fonctions animales et végétatives. Dans les méthodes orientales qui attribuent de l'importance à la méditation, l'existence du système du quasi-corps est présupposée dans le sens que je viens d'indiquer. Si nous interprétons la pratique de la méditation à la lumière de la dichotomie traditionnelle du corps et de l'esprit, la méditation signifie psychologiquement qu'on intègre la fonction inconsciente au moyen de l'entraînement de sa propre conscience. C'est une tentative d'atteindre un état de conscience modifié supérieur. Par ailleurs, quand l'exercice de méditation est interprété physiologiquement, il suggère une intégration des fonctions animale et végétative grâce à un mécanisme de réflexe conditionné. Selon la pensée traditionnelle orientale, la méditation est une discipline, dont le but est la maîtrise du *ki* (ou *praña*) qui s'écoule à travers le système non séparable et inconscient du quasi-corps. Si un troisième système d'un ordre supérieur et non séparé existe dans le sens précédemment défini, nous serons à même de considérer la dichotomie de l'esprit et du corps comme un paradigme provisoire en vue de comprendre l'expérience humaine, et de postuler un paradigme plus élevé et non duel.

Il est important d'un point de vue épistémologique que l'expérience de transformation de la conscience au moyen de la méditation soit comprise comme *un processus* pour découvrir et connaître *une dimension supérieure d'expérience potentielle* qui dépasse la bifurcation dualiste en vigueur dans notre expérience quotidienne. Comme je l'ai dit dès le début, le paradigme de la théorie de l'esprit et du corps dans la tradition philosophique de l'Orient est radicalement différente de celui de l'Occident. Dans la tradition orientale, l'« unité du corps-esprit » a toujours été considérée comme le but de la formation pratique. Le terme d' « unité du corps-esprit » n'est pas une proposition théorique qui indiquerait simplement que le corps et l'esprit se retrouvent dans une relation inséparable. Avant toute étude théorique de la méditation, la tradition orientale exige en effet que nous fassions d'abord l'expérience d'un état de conscience modifié à la suite d'un entraînement pratique. Autrement dit, nous devons d'abord reconnaître, bien que *provisoirement*, la distinction entre l'esprit et le corps que le sens commun nous dicte dans le champ de l'expérience quotidienne. Bref, la dichotomie de l'esprit et de la matière a une validité restreinte ou limitée en tant que *paradigme provisoire* de la cognition, et c'est là que se trouve l'utilité de la science objectiviste empirique. Ce paradigme dualiste perd toutefois sa validité dans un état de conscience modifié, comme la distinction entre le sujet et l'objet perd probablement aussi sa signification. Ce que nous avons alors rapidement décrit, c'est *le mode de transformation épistémologique* de l'expérience de la dualité dans celle de la non-dualité qui accompagne la pratique de la méditation.

Afin de rendre cette transformation épistémologique plus compréhensible en termes concrets, il est nécessaire de donner une brève explication des méthodes orientales de formation[25]. Quand nous pensons à la méditation, nous avons souvent tendance à la considérer comme un état dans lequel le corps est réduit à une complète immobilité comme il en va dans le zen. Cependant, contrastant avec le zen, il existe aussi une méthode qui permet un mouvement constant au corps. Un livre bien connu sur les méthodes de l'ancien bouddhisme Tendai, appelé *Maka-Shi-Kan (le Grand Samatha Vipasyaña)*, divise les méthodes de méditation en deux catégories : (1) le Samadhi, réalisé en restant constamment assis *(joza zanmai)*, et (2) le Samadhi réalisé par une marche continue *(jogyo zanmai)*. La méthode de formation appelée *gotai tochi rei* (littéralement : se jeter par terre avec les cinq parties du corps) a été transmise par exemple à la secte Tendai sur le mont Hiei, et on y répète trois mille fois par jour, pendant plusieurs jours, le mouvement de s'incliner devant le Bouddha en utilisant à la fois les mains et les genoux, tout en touchant le sol avec la tête. De même, une méthode bien connue, le *kaihogyo*, consiste à marcher dans les montagnes tous les jours pendant mille jours. Autre exemple : un paysan chasse ses pensées floues et concentre son attention sur le Bouddha et les *kamis* par un mouvement continuel du corps. Dans cette pratique, la répétition continuelle d'un mouvement spécifique est utilisée pour atteindre à un état de conscience modifié, en concentrant la conscience sur une image intérieure spécifique (dans le cas présent, une image visuelle du Bouddha ou des *kamis*). La tradition de ces méthodes d'origine bouddhiste a fortement influencé dans l'histoire culturelle japonaise les beaux arts et les arts martiaux. L'idée de *maîtriser la fonction de l'esprit par l'entraînement constant du mouvement corporel* circule à travers les arts traditionnels du *Nô* et de la *cérémonie du thé*, ainsi qu'à travers la tradition des arts martiaux comme le *judo* et l'*aïkido*.

Lorsque nous considérons la transformation de la conscience qui est réalisée à travers cette espèce de mouvement corporel, ou ce que nous appelons la « méditation dans l'action », la signification d'une transformation épistémologique de la dualité en non-dualité peut être facilement démontrée. Pour le moment, nous pouvons concevoir le corps comme une sorte d'objet qui existe dans le continuum de l'ordre des choses dans le monde extérieur. Autrement dit, nous pouvons affirmer que le corps en tant qu'objet est incorporé dans le système du monde objectif. Par contraste, l'esprit ou la conscience se repèrent à leur fonction subjective. Puisque, d'après le sens commun, l'esprit et le corps se trouvent en relation tant que l'homme vit dans ce monde, le concept d'un homme qui a un corps est ambigu, puisqu'il est à la fois un *sujet* et un *objet*. Pour utiliser la terminologie de Merleau-Ponty, l'homme est « ce qui voit » et « ce qui est vu ». Cette ambiguïté signifie que *l'esprit et le corps sont provisoirement ressentis d'une façon dualiste dans une situation quotidienne et normale*.

Considérons maintenant des cas d'entraînement à la méditation qui impliquent l'exercice des organes moteurs, comme d'apprendre à jouer d'un instrument de musique ou à faire des mouvements athlétiques. Au début, quand on nous dit de bouger nos mains et nos pieds, d'utiliser un outil, de prendre une position particulière, nous avons de la difficulté à faire très exactement ce que l'on nous demande. Le mouvement de notre corps ne peut pas toujours être exécuté comme nous le désirons. Autrement dit, le corps a un « *poids* » qui résiste à la commande du sujet. Si on continue pourtant à s'entraîner pendant longtemps, les mouvements de l'esprit et du corps en viennent peu à peu à se coordonner. Lorsque l'on maîtrise sa technique, les mouvements de l'esprit et ceux du corps en arrivent à coïncider inconsciemment. Lorsque l'on atteint enfin le niveau d'un exécutant accompli, on peut librement maîtriser le corps en tant qu'objet comme on le désire. Dans cet exemple, le corps perd son « poids » et agit en accord avec les mouvements de l'esprit comme sujet. En en revenant à l'ambiguïté du « sujet-objet », l'entraînement des organes moteurs signifie un *processus dans lequel un sujet comme esprit subjectivise* le corps-objet en plaçant ce dernier sous le contrôle du premier. En même temps, lorsqu'on déplace la perspective, ce processus peut aussi signifier *l'objectivation du sujet comme esprit.* Supposons, par exemple, que nous sommes en train d'observer le jeu d'un acteur dramatique accompli, ou la performance d'un athlète. Dans leurs conduites respectives, le travail de l'esprit pénètre chaque partie du corps total, et les mouvements subtils de l'esprit intérieur sont extérieurement exprimés dans les mouvements corporels. À un tel moment, le corps *en tant que chose* approche *des limites d'un état idéal.* Les mouvements du corps comme objet apparaissent à tout moment comme un idéal d'action corporelle en *une succession ininterrompue.* Cet état idéal éveille chez le spectateur un certain sentiment esthétique. La beauté qui se trouve dans un objet ne pourrait-elle pas être conçue comme une claire réalisation de l'esprit qui s'est totalement uni avec cet objet ? Nous pourrions dire qu'un objet, c'est-à-dire *le corps, avec son potentiel d'origine, est, dans un tel exemple, amené à la vie dans sa plénitude.* L'objet est devenu un esprit *in toto* ; l'esprit est devenu un objet *in toto.* C'est-à-dire que le sujet comme esprit est complètement objectivé et est exprimé dans le corps-objet. En Orient, pour décrire cet état, nous utilisons les concepts et les techniques de l' « unité de l'esprit-corps ».

D'après la philosophie des sports occidentaux modernes, néanmoins, l'entraînement des organes moteurs n'est jamais considéré que comme une mise en valeur qui n'a aucun rapport quel qu'il soit avec la fonction de l'esprit — puisqu'on présuppose un dualisme de l'esprit et du corps. La tradition japonaise des Beaux-arts et des arts martiaux a soutenu au contraire qu'un certain but éthique, religieux ou même esthétique en vue de perfectionner l'esprit doit accompagner le développement de toute technique corporelle. L'exercice corporel est donc considéré comme une formation méditative à travers laquelle on peut atteindre ce but. Comme je l'ai observé plus haut, Jung a écrit que l'attitude traditionnelle occidentale est extravertie, alors que celle de l'Orient est introvertie. L'attitude extravertie est celle dans laquelle l'intérêt de la conscience est toujours dirigé vers le monde extérieur, c'est-à-dire vers le monde des choses, alors que l'attitude introvertie est celle dans laquelle il est toujours dirigé vers le monde intérieur, c'est-à-dire le monde de l'esprit ou celui de l'inconscient. Pour autant que les voies *(dō)* du goût et des arts martiaux japonais représentent un moyen de formation de ses organes moteurs, l'artiste peut être considéré comme quelqu'un qui contrôle la capacité de son corps à dérouler une action qui l'apparente au monde extérieur. Le but ultime des techniques corporelles réside cependant dans la maîtrise de l'esprit intérieur. En d'autres termes, le but originel des arts martiaux japonais se trouve dans la recherche, à travers un entraînement actif à la méditation, d'un état de conscience modifié supérieur qui dépasse la dualité quotidienne. Cette sorte d'état de conscience modifié est caractérisée en Orient comme « sans esprit » *(mushin)*. Le terme « sans esprit » signifie ici une absence d'effort conscient dans l'action, ou, alternativement, le fait de pouvoir atteindre inconsciemment un but. Par exemple, « sans esprit » peut être comparé à la tige immobile d'une toupie, autour de laquelle tourne le corps de celle-ci. Dans l'état d' « une unité du corps-esprit », le sujet comme esprit est ressenti comme n'étant plus séparé du corps-objet, mais étant complètement devenu l'objet lui-même. Dans cet état, la conscience disparaît en tant que sujet qui existe en vertu de son opposition à l'objet.

« Rester continuellement assis en méditation » (une méditation dans laquelle le corps est rendu immobile) a un but identique, qui est d'atteindre l'état du « sans esprit ». Dans cette forme de méditation, la conscience est retournée directement vers la région inconsciente ou vers l'ordre implicite. À l'étape initiale de cette technique de méditation, nous éprouvons diverses pensées vagues (des images constamment rappelées) qui émergent de la région inconsciente, et une compétition entre le sujet et l'objet est ressentie dans l'ordre intérieur de l'esprit. L'entraînement à la méditation consiste dès lors *à ressentir une extinction de cette relation de compétition.* On nomme généralement cet état *samadhi* ou *satori.* La conscience comme sujet disparaît en tant que ce qui s'oppose à un objet. Lorsque nous atteignons cet état de *samadhi* ou de *satori,* nous dépassons peut-être la dimension freudienne de l'inconscient. Que ce soit dans la méditation par l'action ou la méditation dans l'immobilité, nous atteignons là à une dimension non séparable et supérieure de l'expérience non duelle où se révèle l'énergie du *ki dans le quasi-corps inconscient, unique et supérieur.*

5. L'avenir de la science empirique subjectiviste.

On aura compris que ce que nous appelons « science empirique subjectiviste » se propose d'examiner empiriquement le mécanisme des phénomènes qui sont subjectivement observables, et qu'elle prend en considération l'effet que ces phénomènes produisent sur les fonctions psychologiques d'un sujet. Dans les termes de notre premier diagramme, les recherches de la médecine psychosomatique et de la médecine orientale convergeaient sur la région contiguë (C') des phénomènes psychologiques et des phénomènes vitaux. Si nous continuons cette investigation, la question se présente de savoir si, oui ou non, la fonction psychologique a le même effet sur les phénomènes physiques, encore plus éloigné (figurativement) que les phénomènes vitaux. La flèche descendante, dans notre diagramme, indiquait cette possibilité théorique, possibilité qui donne naissance au nouveau problème de la relation que les fonctions psychologiques peuvent nourrir avec la région contiguë (B') des phénomènes vitaux et des phénomènes physiques.

5.1. *Une question concernant le caractère scientifique empirique de la parapsychologie.*

Depuis le principe d'incertitude de Heisenberg, différentes controverses ont eu lieu à propos du problème de l'observation et de la relation mutuellement restrictive qui pourrait exister entre la fonction cognitive d'un sujet et les phénomènes physiques qui sont objectivement observables. Toutefois, ce problème n'a pas été traité sur la base d'une relation directe entre les fonctions psychologiques et les phénomènes physiques. Le principe d'incertitude de Heisenberg signale beaucoup plus la contradiction qui est créée entre l'appareil d'observation, que l'on peut décrire par les lois de la physique classique, et les phénomènes microphysiques, qui y échappent largement. Dans ce cas, l'appareil d'observation est lui-même un phénomène physique, et l'être humain en tant qu'organisme vivant (ou sujet de fonctions psycho-physiologiques) ne participe donc pas à cette incertitude.

Aussi, si nous voulons aborder la question que nous nous sommes posée, il semble plus approprié de regarder du côté de la parapsychologie, puisqu'elle prétend traiter directement de l'influence qu'auraient les fonctions psychologiques sur les phénomènes physiques.

Rhine a traité de deux phénomènes parapsychologiques : la perception extrasensorielle et la psycho-kinèse[26]. La perception extrasensorielle inclut les phénomènes de clairvoyance, de télépathie et de précognition, et Rhine soutient que la connaissance est possible dans chacun de ces cas sans la dépendance du sujet par rapport à ses organes sensoriels. De même, la psycho-kinèse est un phénomène où les fonctions psychologiques produisent des effets physiques sans moyens physiques intermédiaires. Généralement, nous avons, d'un côté, des rapports par des sujets d'expériences psychologiques et, de l'autre, des rapports de résultats physiques observables. L'affirmation de la parapsychologie consiste alors en ceci que nous pourrions découvrir une relation causale définie en examinant la probabilité de l'*output* des effets physiques comme un *input* des fonctions psychologiques.

Dans le passé, cette affirmation de la parapsychologie a été l'objet de nombre de critiques. L'objection la plus élémentaire consiste en ce que les phénomènes parapsychologiques n'existent tout simplement pas. Quand elle est considérée d'un point de vue méthodologique, cette critique n'est pas décisive, puisqu'elle n'atteint pas au niveau d'une critique théorique des résultats de la recherche concernée, et qu'elle ne conduit en fin de compte qu'à une pure bataille verbale. Plus sérieusement, si l'on veut se livrer à une approche rigoureuse de la parapsychologie, celle-ci soulève d'abord la difficulté suivante : la recherche de Rhine n'a montré que la probabilité d'une relation de cause à effet entre l'*input* des fonctions psychologiques et l'*output* des effets physiques. Cependant, *la façon dont l'*input *et l'*output *sont reliés* demeure une boîte noire inconnue. En d'autres termes, Rhine a simplement insisté sur *le fait* qu'il y a de tels phénomènes, mais il n'a pas réussi à traiter de la génération de ces phénomènes. Dans cette perspective méthodologique, c'est là que se trouve la bonne raison pour laquelle la qualification de la parapsychologie est mise en question en tant que science empirique.

Nous devons signaler qu'à l'heure actuelle, les chercheurs en parapsychologie n'ont établi aucune méthode de recherche qui soit communément reconnue. Si nous acceptons l'idée que ce que nous appelons une « science empirique subjectiviste » représente une tentative réalisable, il est alors possible de penser que les fonctions psychologiques sont capables d'influencer, même à un niveau réduit, les phénomènes physiques par le biais des phénomènes vitaux qui sont situés à leur base. Nous n'avons pas de raison théorique pour rejeter cette possibilité. Cela suggérerait que, contrairement à la science objectiviste empirique jusqu'alors acceptée, le nouveau type de science auquel nous pensons, serait destiné à embrasser de multiples disciplines. Du point de vue objectiviste, il est possible en effet de diviser les diverses dimensions de l'expérience humaine en phénomènes physiques, vitaux et mentaux. De cette manière, les phénomènes sont observés comme des *objets* : une division du travail en recherche est aussi par conséquent possible. De plus, puisque le subjectivisme commence toujours par prendre en considération la fonction psychologique d'un sujet, les approches tant psychologiques que médicales peuvent coexister, pour autant qu'elles s'occupent, comme la médecine psychosomatique, des phénomènes vitaux. En outre, lorsqu'on traite des phénomènes physiques comme en parapsychologie, l'approche scientifique et physique doit aussi être ajoutée. À cet égard, le terme de « parapsychologie » n'est pas approprié, puisque cette multi-discipline touche, dans ses moyens de recherche, non seulement aux fonctions psychologiques, mais aussi aux fonctions physiologiques et physiques du corps. Autrement dit, il semblerait que la recherche en parapsychologie, si elle veut s'affirmer, doit avoir les caractéristiques d'une science qui traiterait de la région frontière de l'expérience humaine. Ou alors, la recherche en parapsychologie, basée sur la coopération avec des sciences de différentes natures, s'occupera des limitations de la connaissance scientifique. Dans un cas comme dans l'autre, afin de surmonter la difficulté à laquelle est confrontée la recherche contemporaine en parapsychologie, il semble qu'il n'y ait pas d'autre alternative que d'approcher le sujet à partir de deux directions.

Notre première tâche est d'examiner d'un point de vue théorique un effet physique comme l'*output* de phénomènes parapsychologiques, et de créer dans ce but un modèle capable d'assurer la possibilité de ces événements sans nier les résultats et les méthodes de la science objectiviste traditionnelle. Si nous acceptons par exemple l'hypothèse postulée par Pribram, selon laquelle le cerveau peut fonctionner d'une façon holographique envers le monde extérieur, il devient possible d'expliquer les phénomènes de la perception extra-sensorielle[27]. Selon la théorie holographique, l'information qui concerne le tout est incluse dans chacune de ses parties. Même si nous devons

encore en attendre une vérification, ce genre de modèle théorique pourrait se révéler très utile pour expliquer certains des
phénomènes parapsychologiques. Cependant, cette approche
n'est pas capable à elle seule d'étudier positivement le mécanisme de génération des phénomènes parapsychologiques. Afin
de comprendre ces derniers, il serait nécessaire de clarifier la
relation entre la fonction psychologique comme *input* et les
phénomènes vitaux, puisque la fonction psychologique est
basée sur les limitations fondamentales du corps. Nous pourrions alors progresser vers une meilleure compréhension de ce
mécanisme si nous pouvions clarifier la façon dont la fonction
physiologique d'un expérimentateur doué de la capacité psi
diffère de celle d'une personne ordinaire. Bien que Rhine
reconnaisse que la capacité responsable des phénomènes de
perception extra-sensorielle (ce que l'on appelle la capacité
paranormale) appartient à la fonction inconsciente, il soutenait
qu'on ne pouvait savoir comment cette capacité était reliée aux
fonctions physiologiques. Une nouvelle perspective s'est dégagée à ce sujet à la suite des développements en médecine psychosomatique. La fonction instinctive inconsciente est en effet
très proche de la fonction végétative maîtrisée par les nerfs
autonomes. Par conséquent, en étudiant des échantillons fonctionnels du système nerveux autonome des personnes qui ont
des capacités paranormales, il devrait être possible d'examiner
concrètement le mécanisme de génération des phénomènes
parapsychologiques. Dans la recherche de Motoyama, par
exemple, les sujets qui étaient considérés comme doués d'une
capacité paranormale montrèrent une réponse prédominante
du nerf para-sympathique à des stimuli électriques.

Cette réponse para-sympathique se trouve en net contraste
avec celle des personnes ordinaires qui montrent une réponse
prédominante du nerf sympathique[28]. En outre, Motoyama a
repéré le fait que la capacité paranormale peut être développée
grâce à l'entraînement par le yoga. D'après ses découvertes, un
phénomène psycho-kinétique tend à se produire lorsqu'il y a
une anormalité dans le méridien apparenté au cœur. D'autre
part, c'est la perception extra-sensorielle qui tend à se produire
lorsqu'il y a une anormalité dans le méridien apparenté à l'estomac et au foie, tandis que l'ensemble des phénomènes paranor-
maux ont tendance à survenir lorsque la personne se trouve
dans un état de névrose dépressive. Si le mécanisme qui agit en
conjonction avec ce genre de phénomènes devait être expérimentalement vérifié, la recherche en parapsychologie serait

alors reliée, non seulement à la médecine psychosomatique, mais aussi à la recherche en médecine orientale.

5.2. *Une région intermédiaire entre la science et l'expérience mystique.*

Si nous reconnaissons l'existence et la fonction des phénomènes parapsychologiques, quelle vue pouvons-nous en tirer sur le monde ? Nous avons commencé notre enquête en questionnant la dichotomie cartésienne qui sépare l'esprit de la matière. Au lieu de cette dichotomie traditionnelle, nous avons adopté un nouveau dualisme qui reconnaît la corrélativité de l'esprit et du corps. En outre, nous avons conclu que, en utilisant la théorie du corps dont on se sert en médecine orientale, nous pouvons trouver, en dessous de la distinction entre la fonction psychologique et la fonction physiologique, un troisième système que nous avons appelé un « quasi-corps non séparable et inconscient » — et qui sert de médiateur entre les deux autres fonctions. Alors que Descartes limitait l'« esprit » à la conscience, nous incluons l'inconscient dans notre notion de l'esprit, comme un vaste monde intérieur qui relève d'un ordre implicite. En fait, nous faisons face au monde extérieur de l'ordre explicite (le monde des phénomènes) à travers une petite fenêtre que nous appelons la conscience. Lorsque nous admettons la présence d'un système de « quasi-corps inconscient » comme il est postulé par la médecine traditionnelle orientale, il ne peut plus y avoir de distinction clairement reconnaissable entre l'esprit et la matière. Ou plutôt, comme l'a fait remarquer Bergson, l'esprit et la matière sont situés d'une telle façon qu'ils nourrissent une relation de perméabilité mutuelle. La méditation orientale aspire à une « unité du corps-esprit » qui représente la réalisation d'un état de conscience modifié supérieur. Son but est donc d'atteindre à une plus haute dimension d'expérience potentielle, dans laquelle l'esprit et la matière se retrouvent inséparables. Cet état de conscience modifié *(satori)* peut être considéré comme une sorte d'expérience extatique qui, à l'Ouest, serait probablement vue comme « mystique ». Dans la plupart des cas, l'Orient a saisi cette expérience dans les termes d'une relation d'inséparabilité entre l'esprit et le corps. Le terme « unité du corps-esprit » fut utilisé par Eisai, le maître zen bien connu de l'ordre Rinzai, pour caractériser l'expérience du *satori*. Dōgen, le fondateur japonais de l'ordre sōtō du zen, caractérise l'expérience du *satori* comme le *« rejet du corps et de l'esprit » (shinjin totsuraku)*[29]. De même, Myōé, qui a laissé de nombreux récits de ses expériences mystiques, caractérise l'état de conscience modifié supérieur qui accompagne divers états de vision comme étant le « corps-esprit solidifié » *(shinjin gyonen)*[30]. « Rejeter le corps et l'esprit » signifie que la distinction entre le corps et l'esprit disparaît, le « corps-esprit solidifié », que le corps et l'esprit sont consolidés en un seul. Si la médecine orientale a raison quand elle postule, dans sa théorie du corps, un système invisible de « quasi-corps inséparable et inconscient » qui sert d'intermédiaire entre l'esprit et le corps, entre les fonctions psychologiques et physiologiques où circule l'énergie du *ki* (ou *prāña*), alors les expressions « rejeter le corps et l'esprit » et « corps-esprit solidifié » signifient ressentir et connaître, dans une pleine conscience de soi, une dimension supérieure et inséparable de l'expérience potentielle.

Nous nous tenons ici au seuil de l'expérience mystique et religieuse (point A′ dans le diagramme 1). Quand on considère ces questions, il y a peu de choses que la recherche d'aujourd'hui dans la science objectiviste empirique puisse illuminer. Du point de vue traditionnel oriental, au contraire, de nombreux niveaux du *ki* ont été identifiés, qui vont des états proches de la dimension physique jusqu'à des états qui sont beaucoup plus purs. Cela implique que ce que nous avons appelé « un état de conscience modifié supérieur » part d'un état relativement peu profond pour parvenir à un état très profond. Tout ce que nous pouvons affirmer aujourd'hui, c'est qu'une région intermédiaire entre la position de la science objectiviste empirique et le domaine de l'expérience mystique se développe peu à peu d'une manière érudite sous les effets de la coopération entre chercheurs en médecine psychosomatique, en médecine orientale et en parapsychologie, ou par les efforts combinés de ce que nous avons appelé une « science empirique subjectiviste »[31].

5.3. *L' « autre côté » de l'inconscience individuelle.*

D'un point de vue philosophique, l'observation précédente soulève le problème de savoir comment nous pouvons saisir la relation fondamentale entre la psyché et la matière. Notre intérêt se déplace là, par conséquent, du domaine de la science à celui de la philosophie. Jusqu'à présent, nous avons discuté de la conscience comme d'une petite fenêtre qui donne sur l'ordre du monde extérieur (le monde des choses), et derrière laquelle se cache le vaste monde de l'esprit, représenté par l'inconscient.

Selon Bergson et Freud, cependant, l'esprit est simplement composé d'une accumulation d'images et de souvenirs dans un individu, et ne peut pas transcender les limitations de ce dernier. Autrement dit, l'*ordre implicite* appartient simplement à *un seul individu*, alors que l'*ordre explicite* appartient à l'univers que perçoivent communément « mon » ego et l'ego d'autres personnes.

Si je prends le point de vue de la conscience cartésienne, mon état d'esprit tel que je le ressens ici et maintenant m'est immédiatement clair. Par contraste, je ne peux pas connaître l'état d'esprit d'une autre personne avec la même efficacité. Dans l'expérience quotidienne, nous ne pouvons connaître l'état d'esprit d'une autre personne que très imparfaitement, en écoutant ses paroles. Autrement dit, nous ne pouvons connaître son état d'esprit que par un moyen *indirect* et par le truchement de son corps. Nous tombons de ce fait dans un dilemme théorique. Si l'essence de la fonction du corps est réduite à des phénomènes physiques, comme il est présupposé dans la science objectiviste empirique, nous sommes obligés de remettre l'existence des autres esprits en question. Car, en dépit du fait qu'il n'existe qu'un moyen indirect de connaître l'existence des autres esprits, nous sommes amenés à penser que l'essence du corps est quelque chose qui n'a aucune relation avec l'esprit. Pour exprimer cela en termes philosophiques, nous dirons que tant que nous prenons la conscience de soi comme point de départ il nous est impossible de prouver la conscience d'une autre personne.

L'hypothèse de Jung sur l'inconscient collectif est significative à ce sujet. Selon Jung, en effet, l'inconscient collectif est une dimension transpersonnelle qui va au-delà de l'inconscient individuel de Freud. Autrement dit, l'inconscient collectif transcende les limitations du dualisme individuel de l'esprit et du corps. Il s'agit alors de savoir si l'hypothèse d'un tel inconscient peut être vérifiable en utilisant une méthode empirique. Jung a tenté de résoudre cette question en faisant appel à un héritage génétique où il reconnaissait des modèles d'images archétypales. Il proposait que, bien qu'une expérience intérieure individuelle ne fût pas héritée, les *formes* de l'expérience elle-même le fussent (ou, pour utiliser la terminologie de Kant, les catégories transcendantales *a priori* sont données par nature avant toute connaissance empirique). Cependant, à la lumière des connaissances actuelles en génétique, il semble difficile d'accepter une telle proposition. C'est la raison pour laquelle de nombreuses critiques ont été adressées à la théorie de l'inconscient collectif. Des années plus tard, Jung tenta de résoudre autrement ce problème en formulant son hypothèse de la *synchronicité*[32]. Le diagramme 4 est une représentation graphique de cette théorie.

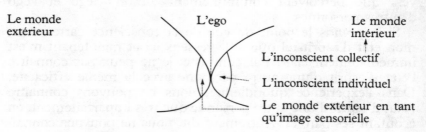

Diagramme 4 : le monde extérieur et le monde intérieur

    La conscience de soi prend connaissance ici du monde extérieur au moyen des organes sensoriels du corps. Le monde extérieur m'apparaît, et est ressenti par moi dans une telle perspective que mon ego y est au centre. Nous savons cependant qu'il y a « d'autres côtés » dans nos images perçues. Nous savons par exemple qu'un bâtiment vu par-devant a certainement un arrière, et l'existence de cet « autre côté » peut être vérifiée en marchant tout autour. Pour l'ego situé au point spatio-temporel de l'ici et du maintenant, la sphère infinie du monde extérieur en tant qu'ordre explicite ne peut être ressentie autrement que comme une image en perspective, avec une limitation définie. Mais, au-delà de cette image en perspective, se trouve un vaste « derrière », qui transcende les finitudes individuelles des fonctions sensorielles. Jung pensait de la même façon que nous pouvons postuler l' « autre côté » de notre expérience individuelle des images à l'intérieur de la sphère infinie de notre monde intérieur conçu comme un ordre implicite.

    Pour Freud, l'inconscient était la totalité des souvenirs antérieurs accumulés par un individu et, par conséquent, il appela cet inconscient un « inconscient individuel ». Il déclarait que les images qui apparaissent dans cet inconscient ne peuvent être expérimentées que d'une façon restreinte, en raison de l'étayage instinctif du corps (c'est-à-dire du désir sexuel), de la même manière que les images empiriques du monde phénoménal sont soumises à une limitation physique (c'est-à-dire une limite imposée par les organes sensoriels). De l' « autre côté » de ces états psychiques, néanmoins, il existe probablement une dimension transpersonnelle inconsciente, qui dépasse ces limitations du corps et de l'esprit individuels. Autrement dit, cette région de l'inconscient est *transpersonnelle,* et elle compose le domaine d'une *psyché* potentielle qui peut être ressentie *conjointement* par « mon » ego et par celui des autres. C'est ainsi, il me semble, que l'on peut caractériser l'inconscient collectif de Jung, en le considérant comme une structure *a priori* qui est donnée à l'individu dès sa naissance et qui pose sa limite à la *psyché* individuelle. Le point important, ici, est que, en dépit de la validité des explications de la génétique, un système de modèles transpersonnels (archétypes) qui délimitent *a priori* l'inconscient personnel, se trouve à la racine de la façon dont certaines images apparaissent dans l'expérience de l'inconscient personnel. Bien que cette hypothèse soit tout à fait concevable sans avoir recours à la substantiation génétique, elle est, à l'heure actuelle, difficile à démontrer par une preuve scientifique empirique. Par contraste, nous pouvons penser une région psychique transpersonnelle à partir d'*une perspective spatiale.* Inutile de dire, cependant, qu'il n'y a pas d'espace *per se* dans le monde de la *psyché.* Si nous pouvons toutefois concevoir une situation dans la *psyché* semblable à ce qui advient dans le monde spatial extérieur, alors, dans notre délinéation de l'« autre côté » de l'inconscient personnel, nous pouvons poser en principe une dimension transpersonnelle de l'inconscient, qui peut être ressentie conjointement par de multiples individus. Si nous poursuivons cette hypothèse, alors les deux sphères représentant les mondes intérieur et extérieur, comme il est indiqué dans le 4e diagramme, se replieront l'une sur l'autre et se chevaucheront là où l'ego apparaît en tant que frontière commune. Deux domaines différents d'expérience — représentés par les deux sphères de l'esprit et de la matière, par l'ordre implicite et explicite — se pénètrent dès lors grâce à une région intermédiaire entre l'esprit et la matière. Selon cette hypothèse, les nombreux points portés sur le diagramme représentent un certain nombre d'egos différents, et on voit que les deux mondes sont tangentiels l'un à l'autre à chacun de ces points. La recherche en parapsychologie soutient ce genre de vue du monde. Les phénomènes de clairvoyance et de télépathie prouvent par exemple que deux individus ou plus peuvent *simultanément* avoir la même expérience d'une image qui a *le même contenu de signification* — même si cette expérience se passe dans deux points (ou plus) séparés dans l'espace. Naturellement, cette expérience paranormale transcende les capacités et les limitations d'un esprit et d'un corps individuels, c'est-à-dire la seule capacité des sens. Dans ce cas, *la signification psychologique est ressentie selon le mode de la coïncidence* par les individus qui la vivent, et elle est transmise à travers l'inconscient personnel de chacun par la dimension spatiale transpersonnelle et inconsciente dont j'ai déjà parlé. Du fait que cette signification apparaît *simultanément* chez plusieurs individus, Jung a appelé ce phénomène la *synchronicité*. Le phénomène de synchronicité n'obéit d'après lui ni aux principes de causes ni à la dichotomie de l'esprit et du corps, qui sont présupposés par la science objectiviste empirique. Alors qu'il peut sembler contestable que le principe de causalité se trouve ainsi mis hors course, il est certain au contraire, dans une telle perspective, que la dichotomie traditionnelle qui pose les phénomènes physiques et psychologiques comme mutuellement exclusifs doit être abandonnée.

En réfléchissant de cette manière, nous pouvons peut-être surmonter cet étrange problème qui a causé la perplexité des philosophes. Pour autant que nous considérons le monde extérieur comme le seul ordre explicite, nos esprits (la conscience) ne sont à peu près rien d'autre que des « nomades sans fenêtres » que sépare la matière. En outre, aussi longtemps que nous adhérons sans réserve au modèle cartésien de la conscience de soi et au standard de la science empirique objectiviste, je dois considérer mon esprit comme n'appartenant qu'à moi seul et en déduire par conséquent que l'existence d'autres esprits ne peut être prouvée ni théoriquement ni empiriquement. Si nous acceptons au contraire l'idée que le monde intérieur existe en tant que champ commun qui appartient à la fois à « moi » et aux autres, et qu'il est à la source du monde extérieur en tant qu'ordre explicite, nous pouvons légitimement penser que nos différents esprits proviennent d'une origine commune, qu'ils sont dotés d'une profondeur insondable et qu'ils transcendent les individus. Ils sont alors extraits de cette dimension la plus intérieure qui a été universellement reconnue par toutes les religions du monde.

5.4. *Science et religion*
Nous avons examiné différentes possibilités selon le canon d'une science subjectiviste empirique qui saurait dépasser la dichotomie cartésienne. Toutes ces possibilités ont en commun

une attitude introvertie qui est tout à fait consonante à la méditation orientale. Or, quand nous adoptons cette attitude, nous en arrivons généralement au domaine de l'expérience mystique ou religieuse, par le biais de l'unité du « corps-esprit ». Bien que la méditation orientale ne soit pas reliée directement en soi à une quelconque religion institutionnalisée, c'est un fondement pratique et empirique qu'on retrouve à la source des traditions de nombreuses religions en Orient.

Nous sommes confrontés sur ce point au problème de savoir comment interpréter une relation possible entre science et religion. Ce qui me semble évident, c'est que nous ne pouvons pas simplifier cette relation pour l'amener à une situation de « ou bien... ou bien... » comme cela a été opéré dans l'histoire occidentale. Il est impossible à la religion de nier la science, mais il serait aussi impossible à la science d'éliminer le monde de l'expérience religieuse. Cela signifie-t-il que les futurs progrès de la science incorporeront nécessairement dans leur domaine d'étude celui de l'expérience religieuse et mystique? Nombreux sont ceux qui, croyant à la double consolidation de la science et de la religion (y compris les spiritualistes), adoptent cette perspective. Il me paraît cependant que cette position résulte d'un jugement un peu hâtif et largement influencé par les attitudes épistémologiques de la science empirique traditionnelle. De mon point de vue, le développement d'une science empirique subjectiviste formera une région intermédiaire, qui unira sans violence la science et la religion. Peut-être des générations futures seront-elles les témoins de l'émergence d'une relation douce, bilatérale et toute faite de coopération entre la science et la religion — à travers leurs propres transformations.

Traduction de Suzanne Capek.

NOTES

1. Les traducteurs en anglais remercient le professeur Clifford Ronald Ames, de l'Université d'Hawaii, à Manoa, qui a soigneusement relu cette traduction et a fait de nombreuses et excellentes suggestions.
2. En médecine psychosomatique l'expression « états modifiés de conscience » est abrégée en A.S.C. Quand nous parlons d'un état de conscience modifié et supérieur *[ishiki no takai henyo jōtai]*, nous nous réfé-

rons d'abord à un état de conscience positivement transformé par des techniques psycho-spirituelles, et, particulièrement, par l'expérience de la méditation orientale.

3. Carl G. JUNG, *CW,* vol. 16, pp. VII-VIII.

4. Paul RICŒUR, *Freud & Philosophy : An Essay on Interpretation* (New Haven : Yale University Press, 1969). Voir aussi G. Durand, *L'Imagination symbolique* (Paris : Presses Universitaires de France, 1964).

5. Hisayuki OMODAKA, *Igaku Gai Ron [An Outline of Medicine]* (Tokyo : Seishin Shobo, 1960), p. 103 sq.

6. Wilder PENFIELD, *The Mystery of the Mind : A Critical Study of Consciousness and the Human Brain* (Princeton : Princeton University Press, 1975). Voir aussi J. C. ECCLES, *Facing Reality : Philosophical Adventures by a Brain Scientist* (Berlin : Springel Verlag, 1970).

7. Henri BERGSON, *Matière et Mémoire* (Paris : Presses Universitaires de France, 1896), p. 4.

8. Carl G. JUNG, *Freud and Jung : Contrast, CW,* vol. 4, par. 777.

9. Carl G. JUNG, *Psychological Commentary on « the Tibetan Book of the Great Liberation », CW,* vol. 11, par. 770. Traduction française dans *Psychologie et Orientalisme,* Albin Michel, 1985.

10. Hiroshi MOTOYAMA, *Keiraku — Zoki Sokutei Nitsuite [Measuring Meridians and the Function of the Internal Organs]* (Tokyo : Shukyo Shinrigaku Kenkyujo, 1974). Voir aussi *Keiraku no Honshitsu to Ki no Nagare [The Essence of Meridians and the Flow of Ki]* (Tokyo : Shukyo Shinrigaku Kenkyujo, 1980).

11. Yoshio NAGAHAMA et Masao MARUYAMA, *Keiraku no Kenkyu [The Study of Meridians]* (Tokyo : Kyorin Shoin, 1950). Voir aussi Yoshio NAGAHAMA, *Harikyu no Igaku [Acupuncture Medicine and Moxibustion]* (Osaka : Sogensha, 1956), p. 159 sq.

12. *Ching-lo-min-kan-jên [meridian sensitive person]* (Pékin : Jênmin Weishêng Ch'upanshê, 1979).

13. Toshiaki MARUYAMA, *« Chugoku Dentō Igaku no Shintaikan » [The Theory of the Body in Traditional Chinese Medicine],* in *Riso,* septembre 1983. Voir aussi *« Kodai Chugoku niokeru Shinshinkan no Ichisokumen : Naikei Igaku no Baai » [An Aspect of The Body-Mind Theory in Ancient China],* in *Rinri Gaku* (Tsukuba : Tsukuba Daigaku Rinri Genron Kenkyukai, 1983).

14. Henri BERGSON, *Matière et Mémoire,* p. 169.

15. Maurice MERLEAU-PONTY, *Phénoménologie de la Perception* (Paris : Gallimard, 1945), p. 102.

16. Henri BERGSON, *ibid.,* p. 121 sq.

17. Henri BERGSON, *ibid.,* p. 101.

18. Henri BERGSON, *ibid.,* pp. 145-146.

19. Maurice MERLEAU-PONTY, *Phénoménologie de la Perception,* p. 114.

20. Maurice MERLEAU-PONTY, *ibid.,* p. 158.

21. Maurice MERLEAU-PONTY, *ibid.,* p. 142, note.

22. Maurice MERLEAU-PONTY, *ibid.,* p. 114.

23. Henri BERGSON, *Matière et Mémoire,* p. 88.

24. Barbara BROWN, *New Mind, New Body : Bio-Feed-Back, New Direction For the Mind* (New York : Harper & Row, 1974). Voir aussi *Super Mind : The Ultimate Energy* (New York : Harper & Row, 1980).

25. Yasuo YUASA, *Shintai : Toyōteki Shinshin Ron no Kokoromi [Body : Toward an Eastern Mind-body Theory]* (Tokyo : Sobunsha, 1977).

26. J. B. RHINE & J. G. PRATT, *Parapsychology : Frontier Science of the Mind* (Springfield : Charles S. Thomas, 1957).

27. K. WILBER (sous la direction de), *Le paradigme holographique* (Québec : Le jour, 1984).

28. Hiroshi MOTOYAMA, *Shūkyo to Chō-Shinrigaku [Religion and Parapsychology]* (Tokyo : Shukyo Shinrigaku Kenkyujo, 1969). Voir aussi *Shūkyo to Igaku : Psi Enerugii no Seirigaku [Religion and Medical Science : The Physiology of Psi Energy]* (Tokyo : Shukyo Shinrigaku Kenkyojo, 1975).

29. DOGEN, « *Genjō Koan* », in *Shōbō Genzō*.

30. MYŌÉ, *Myōé Shonin Muki*.

31. Yasuo YUASA, « *Shinshin Kankei Ron to Shugyo no Mondai* » *[The Issues in Mind-Body Relation and Cultivation]*, in *Shiso*, août 1982, pp. 30-49.

32. Carl G. JUNG et W. PAULI, *The Interpretation of Nature and the Psyche* (New York : Bollingen Foundation, 1955).

DISCUSSION

Y. IKEMI. — *Voici longtemps que j'étudie la psychosomatique, et que j'exerce les disciplines médicales qui s'y rattachent. Je voudrais dire de ce point de vue que, fondamentalement, la médecine psychosomatique est en effet fondée sur les notions qu'a développées le professeur Yuasa. Pourtant, nous nous référons plus particulièrement en Orient à ce que nous appelons le* ki *ou le* chi, *qui désigne l'énergie qui réside dans notre corps et qui régit nos états à la fois physiques et mentaux. Il y a là un principe d'unité sousjacent, et, pour ce qui concerne la relation du corps et de l'esprit, on voit bien de ce fait comment l'Orient en développe une approche différente de celle de l'Occident.*

En fait, nous ne nous intéressons souvent à la psychosomatique que lorsqu'elle se manifeste sous la forme de troubles. Ceux-ci sont généralement d'une nature fortement émotionnelle, comme au lieu de passage entre le corps et l'esprit. On sait aujourd'hui que le centre de contrôle s'en trouve dans l'hypothalamus et que c'est cette structure cérébrale qui régit les systèmes chargés de défendre le corps contre les agressions auxquelles il est soumis sous la forme de stress. Il n'en reste pas moins qu'il faut se demander pourquoi l'hypothalamus ne remplit pas toujours sa fonction, ou pourquoi il la remplit comme il le fait, et s'il n'y a pas là une interaction du corps et du psychisme par le biais du ki, *d'un* ki *dévié de son but et qui aurait en partie perdu de sa qualité homéostatique.*

S. ITO. — *Le docteur Yuasa a parlé de l'unicité du corps et de l'esprit comme d'un état de* satori *que peuvent atteindre certaines personnes. Je signale cependant que Dogen, un ancien prêtre*

*bouddhiste qui est aussi, sans conteste, l'un des plus grands philo-
sophes que le Japon ait connus, déclarait pour sa part que c'est en
réalité une expérience à portée de notre main, et que l'état ainsi
désigné est le fondement même de toute personne quelle qu'elle
soit, fût-ce dans sa vie quotidienne.*

*Ce qu'il faut remarquer, c'est que l'Occident, que ce soit en
français ou en anglais, ne dispose que d'un seul mot pour parler
du corps, alors que le japonais en utilise deux, selon qu'il parle du
corps en tant qu'objet matériel ou en tant que corps vivant. Une
remarque supplémentaire : lorsque nous traduisons vos textes,
nous sommes généralement amenés à traduire le mot corps par
notre terme de corps-objet. Il semble que ce soit là le résultat de la
conception cartésienne, et je me demande, dans cette perspective,
comment on parvient à combiner un corps-machine avec l'esprit.
D'ailleurs, c'était déjà un mystère pour Descartes, et c'en est toujours un pour nous quand nous restons dans le fil de cette façon
de voir les choses.*

*À l'origine de l'appréhension du corps qui est celle de l'Orient,
il y a au contraire la conscience très forte d'une unité primordiale
entre le corps et l'esprit. Dans cette vue, bien entendu, le problème
de leur relation s'évanouit, puisque ce n'est plus une question à
résoudre, mais une donnée immédiate.*

*Pour reprendre ce que vient de dire le professeur Ikemi, je dirai
aussi que l'hypothalamus, de même que le système immunitaire
hormonal, est le lieu privilégié de tout ce qui relève en nous de
l'émotion. C'est à travers son support que l'unité du corps et de
l'esprit pourrait se canaliser, et on pourrait éventuellement dire
que la dichotomie des deux termes peut être dépassée grâce à un
double entraînement du corps et de l'esprit qui viendraient
converger par leurs effets en ce point. En réalité, je ne suis pas très
convaincu par cette façon de raisonner, et je pense plutôt qu'il
faut procéder à l'inverse. Dans le zen, par exemple, les états auxquels on finit par parvenir, on ne devrait pas les appeler comme
on le fait d'habitude des états modifiés de conscience, mais au
contraire des états originels, des états primaires de conscience. Ce
que je veux dire, c'est qu'il s'agit là d'un retour à une constitution
d'origine que notre expérience existentielle a plus ou moins
brouillée. Le maître Deshimaru, qui avait travaillé à Paris avec
le docteur Paul Chauchard sur les processus mis en jeu par la
pratique du zen, se servait pour sa part de l'expression d'état normal de l'esprit pour désigner le moment où l'on recouvrait sa propre unité, et il voulait signifier par là qu'il ne s'agissait pas du
couronnement d'une recherche, d'un effort pour atteindre à un*

état particulier, mais beaucoup plus simplement de la redécou-
verte en nous de ce qui nous fonde comme personne.

S. BRION. — *Le concept de* ki *m'intrigue, et j'aimerais que*
M. Yuasa me fournisse quelques explications quant à la manifes-
tation de cette énergie. Il nous a clairement indiqué en effet que sa
distribution se faisait en suivant un réseau — mais que ce n'est
ni le réseau veineux ni le réseau artériel, et que cela ne correspond
pas non plus au système nerveux végétatif. Pourtant, il nous a
aussi déclaré que l'on pouvait relever des différences de potentiel
électrique, ce qui donne à penser que, non seulement une activité
électrique signerait ainsi le ki, *mais que cette activité se propage*
et qu'il y a passage de l'énergie entre différents points du réseau.
Alors, est-ce qu'on a aujourd'hui une idée de ce que pourrait être
le substratum de cette circulation ?

Y. YUASA. — *Ce que nous avons mesuré ne me semble qu'une*
conséquence seconde. Un potentiel électrique, quand il est relevé,
indique qu'il y a quelque chose, il ne nous dit pas ce que cette
chose est. Il apparaît en tout état de cause que le phénomène indi-
qué ne provient pas du système nerveux, et j'inclinerais à penser
que le ki *se distribue selon un modèle psychosomatique au sens*
premier de ce mot, c'est-à-dire dans un plan de réalité antérieur à
la division entre psyché *et* soma. *Ce qui expliquerait pourquoi il*
se manifeste tout autant par des modifications ou des transforma-
tions de nos humeurs, de nos sentiments, etc., que par des traces
repérables dans la vie de notre corps.

H. ATLAN. — *Cette notion de* ki, *bien qu'obscure en elle-*
même, me paraît très éclairante, dans la mesure où elle me fait
toucher du doigt l'extraordinaire importance des mots dont nous
nous servons. Cette importance est déjà là de toute façon quand
nous parlons une même langue, mais elle éclate au grand jour
quand on essaie de traduire un concept à partir d'une langue
dans une autre, et surtout quand ces deux langues reflètent des
cultures aussi différentes que les nôtres. Je suis tenté en effet de
poser la question qu'il ne faut pas poser : qu'est-ce que le ki *?*
Je dis que c'est la question qu'il ne faut pas poser parce que je
vois bien que nos collègues japonais, eux, le savent parfaitement,
et qu'ils le savent à l'intérieur des références de leur culture.
Pour nous, évidemment, c'est plus difficile à savoir, et cela a
l'air de ressembler à ce que l'on appelle souvent l'énergie vitale.
J'aimerais que l'on précise ce point parce que l'énergie vitale,

aujourd'hui, apparaît comme la négation des principaux apports de la biologie moderne. Si ce n'est pas de cela qu'il s'agit, à nouveau, qu'est-ce que c'est ? L'existence de phénomènes électriques dont on nous dit qu'on parvient à les mesurer est importante de ce point de vue, parce que cela laisse entendre qu'il existe un substrat qui se révèle détectable, et qui peut donc trouver un ancrage dans le discours qui est celui de la science occidentale. Ce phénomène ne suffit pourtant pas, même s'il peut aider à une traduction, parce que, tel qu'il nous est présenté, il se limite à un signal que nous ne savons pas interpréter ; autrement dit, nous ne savons pas relier cette différence de potentiel électrique à tout ce que nous connaissons par ailleurs dans le domaine de la physiologie.

Il y a là certainement l'existence d'une signification, mais cette signification peut-elle être sauvée quand on passe d'un discours traditionnel sur le ki *à un éventuel discours scientifique ? Au fond, la vraie question qui se pose, c'est de savoir si une telle traduction est possible sans que s'installent des malentendus.*

Ce que je crois pour ma part, c'est qu'avant d'affirmer la possibilité de cette traduction, il faut d'abord en faire la preuve. Il y a là probablement un programme de recherches passionnant, qui consisterait à examiner s'il y a possibilité ou non de tenter ce passage. Pour terminer, il faudrait faire aussi très attention à ce que la preuve en question ne soit pas une preuve d'ordre médical — parce que ce serait trop facile.

Bien entendu, je n'ai rien contre la médecine, loin de là, vous le pensez bien ! mais un succès thérapeutique, ou même un ensemble de succès de cette nature ne peuvent représenter la preuve d'aucune théorisation ! Il y a beaucoup trop de paramètres en jeu dans ce domaine, précisément parce qu'on retombe sur la discussion que nous avons déjà eue à propos d'un espace qui se révèle trop riche en informations.

M. MONTRELAY. — *La façon dont vous avez parlé du* ki *présente certaines ressemblances avec celle dont nous nous servons à propos de personnes psychotiques ou* border-line. *À la place du mot* ki, *c'est celui de «désir», voire d'«inconscient» que nous employons. Nous disons que ce patient ne possède pas de «désir» propre, c'est le «désir» de l'autre qui l'habite. Est-ce à dire qu'il existe un rapport entre le* ki *et ce que nous-mêmes appelons le désir inconscient ? Sans doute. Mais ils ne sont pas les mêmes. Nous avons une façon différente de penser ces deux entités dans leur rapport avec le corps. En ce qui concerne le désir inconscient,*

*nous le situons avec Freud comme l'entrelacement du langage
avec le corps, la question de leur nouage, ou refoulement pri-
maire, étant constatée empiriquement, mais finalement toujours
aussi mystérieuse à théoriser. Vous, Orientaux, possédez non seulement une connaissance, mais une pratique de ce que vous appelez le* ki, *ou bien le «souffle». Vous développez celui-ci à la fois
psychiquement et corporellement. Pourrions-nous dire, nous Occidentaux, que nous «pratiquons» avec le corps et l'esprit le refoulement, que nous apprenons dans une analyse à développer celui-
ci ? On imagine la levée de boucliers qu'une telle déclaration pro-
voquerait. C'est que beaucoup de psychanalystes, et a fortiori le
grand public, imaginent le refoulement comme une opération non
pas structurante du sujet, mais réductrice. Le refoulement n'est
pas cela. Il implique la mise en jeu d'un «vide», comme Lacan
l'a bien vu. Et ce «vide» présente avec le «souffle» d'indéniables
affinités. Tout ceci appellerait des réflexions plus approfondies.*

S. ODA. — *Pour répondre à M. Atlan, je lui dirai que le* ki,
*tous les Japonais ici présents savent très bien ce que c'est, et qu'il
est très significatif que nos amis occidentaux aient de la difficulté
à le concevoir dès le moment qu'ils essaient de le savoir à travers
une grille d'analyse scientifique. En s'appuyant sur son expérience de psychanalyste, Mme Montrelay, par exemple, nous a
montré qu'elle s'en approchait au contraire de très près. Qu'est-ce
que cela veut dire ? Nous savons tous ici que la méthode scientifique est limitée par nature, dans la mesure même où elle pose
d'emblée ses propres limites pour pouvoir se définir, et où elle pose
du même coup le genre d'objets d'études qu'il lui est possible
d'atteindre. Le problème, dès ce moment, devient alors de savoir
si on peut piéger le* ki *par la méthode scientifique, et si celui-ci
représente un objet d'études en ce sens. Il me semble bien difficile
de l'affirmer, et je dirais plutôt pour ma part que, si la méthode
scientifique — sans que cela la remette en cause par ailleurs —
manque le* ki *dans sa visée, eh bien, cela veut simplement dire
qu'il vaudrait mieux adopter une autre démarche, et qu'au lieu
de procéder par un mouvement analytique, il serait sans doute
plus indiqué de suivre les méthodes d'une approche synthétique.*

S. ITO. — *Je suis tout à fait d'accord avec ce que vient de dire
le professeur Oda, et je voudrais aller plus loin en faisant remarquer que la science occidentale a posé dès le départ qu'il y avait
un fossé entre l'individu pensant et les choses qui l'entourent, de
même qu'entre la conscience et la vie en tant que telle. Il y a là*

*une proposition de type dualistique qui est apparemment consti-
tutive de votre façon de penser. Nous procédons quant à nous
tout à fait autrement, nous partons au contraire du point central
d'unité, et il est bien évident dans cette perspective, que, selon les
protocoles que vous réclamez, nous ne pouvons sans doute pas
faire la preuve de l'existence du* ki. *Mais, cela signifie-t-il que le*
ki *n'existe pas, ou cela veut-il dire qu'il est d'une autre nature, et
que ce sont, devant lui, vos protocoles qui se révèlent inadaptés à
le saisir ? Ce qui est de toute façon important pour moi à ce propos, et peut-être y a-t-il là encore une différence entre nous, c'est
d'abord, essentiellement, ce que vise notre connaissance, et pas tellement la méthode selon laquelle nous pouvons obtenir cette
connaissance.*

É. HUMBERT. — *Pour conclure ce débat, je dirai que cet après-
midi, à travers les exposés qui nous ont été donnés et les discussions assez passionnées qui les ont suivis, nous avons vu se
déployer deux problématiques centrales. La première est celle que
Mme Montrelay a déroulée devant nous, qui faisait ressortir
comment la connaissance et le surgissement de l'esprit pouvaient
provenir du rapport qu'établissent deux sujets, et comment cette
connaissance était plus précisément le résultat d'un jeu alternatif
entre inconscients flottant et fragmentaire, où le travail de la
conscience se révélait essentiel par les effets de réduction qu'il produit, en induisant par là même la possibilité de connaissance.*
La seconde problématique est bien entendu celle du ki, *et nous
avons tous remarqué comment, pour se poser en s'y opposant, elle
a fait référence à un dualisme que peut-être aucun de nous ne
porte réellement au fond de lui, et que, par un processus dialectique, elle a utilisé ce dualisme pour mieux nous introduire à une
conception de l'unité, pour nous introduire aussi à ce qui peut se
révéler comme un paradigme nouveau, à savoir cette dimension
comme a* priori *dans l'homme qui gouvernerait à la fois la
matière et l'esprit.*

Deuxième partie

LA PLACE DE L'HOMME DANS L'UNIVERS

Raja Rao
John D. Barrow
Hubert Reeves

Regardez, l'univers brûle!

RAJA RAO

I

L'HOMME est-il le centre de l'univers ou la vérité le centre de l'homme? — Voilà la seule vraie question. Ou bien se peut-il que coïncident la vérité de l'univers et la vérité de l'homme, l'une l'autre s'éclipsant, pour ainsi dire, et nous menant, selon une verticale, à affirmer la non-dualité suprême? La non-dualité est aussi la non-causalité. Gaudapada, le grand philosophe védantin (IVe siècle après J.-C.), dit que le rapport de cause à effet revient à démontrer que le père est le fils du fils ou que le fils est le père du père et, donc, qu'il n'y a ni père ni fils. Partout où se trouve un rapport de causalité — ceci étant ainsi, cela est tel — il ne fait que répondre aux catégories biologiques et morales selon lesquelles nous vivons. Il donne un sens à l'existence quotidienne de l'homme (tout langage, rappelez-vous, naît de cette catégorie de cause et d'effet). Il agit. Mais est-ce à dire que ce soit vrai? — C'est là le premier questionnement épistémologique. L'homme est-il un instrument prédicable, comme n'importe quel autre mécanisme, ou bien est-il intrinsèquement différent? Et en quoi consiste sa différence? La Connaissance, la profonde compréhension *(prajñā)* fait sa différence, ainsi que le montrèrent les premiers bouddhistes. Niels Bohr dit: «Aucun phénomène même le plus simple n'est un phénomène à moins qu'il ne soit perçu (observé) comme tel.» Si, toutefois, vous abandonnez cet univers de cause et d'effet, vous pouvez égale-

ment abandonner votre moi biologique. Et, là, vous allez droit
à un univers alogique qui est liberté, liberté au-delà des contin-
gences — encore que vous découvririez soudain que vous étiez
déjà là (on peut comparer cela au fait de sauter de la prose à la
poésie, bien que le langage dont vous vous serviez soit le
même).

Qui est là ? Personne. Le « Je », le « je » du je, Connaissance
elle-même, qui est le connaisseur (ainsi que le développe le
Vedānta) et l'objet se confondant avec moi, deviennent « je ». Si
vous poussez le raisonnement jusqu'en son extrême pointe,
comme le fit Paul Valéry, vous en venez au « je » : « Elle
immole en un moment son individualité. Elle se sent
conscience pure : il ne peut pas en exister deux. Elle est le *moi*,
le pronom universel, appellation de *ceci* qui n'a pas de rapport
avec un visage. » Cela qui est moi pourrait ne pas être moi,
mais « je ». Puisque l'univers n'est rien que la projection de
moi, l'extension de ce moi, *Lui* est lui-même, l'univers lui-
même est le « je ».

Ainsi, je joue.

Les règles du jeu qui semblent posées sont celles que j'ai
créées — comme les règles d'un quelconque jeu — par ce moi,
ce moi humain. Dans le sommeil profond, je ne suis pas et
pourtant le « je » est. Si je pouvais être toujours, ici, en état de
sommeil profond — et les recherches biopsychologiques montrent, aujourd'hui, que ce pourrait bien être la vérité, que
l'homme *naturel* est celui du sommeil profond — alors l'univers et moi serions équivalents. Valéry dit encore : « Au milieu
de la nuit, du matin, de mon corps et de tant d'idées, je me sens
tout à coup comme un petit enfant. Je ne peux presque plus
supporter la sensation panique d'être. » Ainsi je me réveille et je
vois, un monde existe. Bien sûr, la question réelle est : qui
s'éveille ? Donc, au lieu de découvrir les règles du jeu, ne vau-
drait-il pas mieux, en dernier lieu, demander qui suis-je, moi
qui pose les règles ? Si Dieu ne joue pas aux dés avec nous, le
sage peut-être joue aux échecs. Et par là, le vertical s'affirme à
nouveau, et vous jouez au jeu des quanta, aux Lois sans Loi [1].
Pourquoi ne pas y jouer, je vous prie ? Car, il transcende causalité et dualité, « le seul absolu mal placé qui existe ». Śri Ātmānanda, le grand sage, a dit : « Dans la perception du monde, je
suis la lumière. » Ainsi l'univers est lumière : « je ».

II

Il est un magnifique poème du *Rig-Veda*[2], le *Puruṣa Sūkta*(a), qui traite du Premier Homme, *Puruṣa*, avec ses mille têtes, ses mille pieds, qui décrit comment tout est venu à être. Car il se manifeste — c'est de lui qu'*Elle* est née — et, à la fin, il revient en tant qu'Être. Quand jamais rien n'arrive, c'est là le véritable événement. Voilà pourquoi nous chantons cet hymne, encore aujourd'hui, à chaque événement significatif : l'initiation, le mariage et la cérémonie d'imposition du nom pour un enfant. Et, bien sûr, aux grandes manifestations religieuses.

Le Premier Homme était là ; bien sûr, même avant tout commencement *(agre)*, il était. Les *deva*, les dieux, vinrent après lui. Il recouvrit tout du devenir (c'est l'univers), de part en part, tandis que lui-même se tenait dix doigts au-dessus. Il est l'Absolu. Il est tout ceci : le présent, le passé et le futur. C'est pourquoi le temps est dissous en lui. Car le temps est la mort. Il est, donc, la non-mort, l'immortalité.

Parce que l'univers vint à être, les dieux voulurent, alors, offrir en célébration un sacrifice approprié. Qui, sinon lui, le Premier Homme, le *Puruṣa*, décidèrent-ils, pouvait être un animal sacrificiel parfait ? Il est la meilleure part des êtres. Là-dessus, ils le lièrent avec l'herbe *dūrvā* et l'étendirent. Alors, le sacrifice commença. L'huile qu'ils versèrent sur la victime était le printemps, le combustible l'été et notre magnifique automne les offrandes. Les officiants n'étaient pas seulement les dieux, mais aussi les saints (b), les voyants.

Qu'arriva-t-il lorsque le sacrifice fut totalement accompli ? Les *Veda* naquirent de ce sacrifice, et l'art poétique, et les chants sacrés — et, bien sûr, de l'aire sacrificielle surgirent des chevaux et des vaches. Apparurent, aussi, les brāhmanes et les rois, le soleil et la lune, la terre et le ciel.

Et pour finir, le sacrifice lui-même fut sacrifié par le sacrifice. C'est pourquoi l'on dit que rien, jamais, n'est arrivé.

Ainsi apparurent l'homme et les choses. Et, bien sûr, la femme. Ils erraient, hommes, femmes et enfants, sur les berges au long des rivières, dit-on, comme le Gange et la Jumna et la mystérieuse Sarasvati, établissant des colonies qui avaient leurs

(a) *Rig-Veda*, X,90 (N.d.T.).
(b) « Saints » pour anges (N.d.T.).

maisons, leurs étables et leur feu sacrificiel. Et lorsque les enfants grandirent et se furent, eux aussi, mariés, ce fut le temps pour le *yajamāna*, le gardien du feu sacrificiel, le chef de famille, de partir dans la forêt et de rechercher ce d'où il n'est pas de retour. Le cycle *(saṃsāra)* tourne sur lui-même — et l'on ne peut y échapper. Pourtant, le cycle doit prendre fin pour que l'homme (et la femme) se libère. D'où la forêt.

Il y avait, ainsi, un maître de maison, Yājñavalkya (*a*), qui jugea bon, alors qu'il avait accompli toutes les observances de ce monde, de se retirer dans la forêt et de se tourner au-dedans. Yājñavalkya, alors, appela sa femme Maitreyī et lui dit : « Maitreyī, je suis prêt à partir dans la forêt — *pravrajiṣyan* (*b*) *vā are'ham asmāt sthānād asmi*. Laisse-moi partager mes biens entre toi et mon autre femme, Kātyāyanī. » Maitreyī était extrêmement sage et elle fit cette remarque : « Seigneur, en vérité si le monde entier m'appartenait, deviendrais-je immortelle pour cela, dis-le-moi ! » « Maitreyī, reprit Yājñavalkya, *aho na iti, na iti.* — Non, non ! Ta vie sera semblable à celle des gens qui ont d'immenses richesses. Mais les richesses ne peuvent donner *amritam*, l'immortalité. » À cela, Maitreyī répondit : « À quoi sert ce qui ne donne pas l'immortalité ? Seigneur, dis-moi, donc, ce par quoi on obtient l'immortalité. » Yājñavalkya, profondément ému, reprit : « Tu es, toujours, tellement réfléchie ! Je vais te dire, maintenant, ce qui donne l'immortalité. Réfléchis là-dessus, je te prie. Médite profondément. Sache, ce n'est pas pour l'amour du mari que le mari est cher, mais pour l'amour de l'*ātman*, du Soi — *ātmanas tu kāmāya patiḥ priyo bhavati* — que le mari est cher. Ce n'est pas pour l'amour de l'épouse que l'on chérit l'épouse, mais pour l'amour du Soi, de l'*ātman*. Ainsi serait-il aimé, que ce soient des enfants ou des richesses, le *brahman* ou même le roi. Et si quelqu'un aime les dieux, ils sont tous, eux aussi, aimés pour l'amour du Soi, Maitreyī. Car, c'est pour le Soi que tout est aimé — *ātmanas* (*c*) *tu kāmāya sarvaṃ priyaṃ bhavati*. Médite donc tout cela, Maitreyī ; c'est, en vérité, le Soi, *ātman*, qu'il faut voir, entendre (du sage, l'*ācārya*), méditer et connaître. Ainsi tout est connu. C'est par la raison seule qu'on l'atteint. »

(*a*) *Bṛhad-āraṇyaka-upaniṣad*, II, 4 jusqu'à la fin de la deuxième partie (N.d.T.).
(*b*) *Udyāsyan*, autre lecture pour *pravrajiṣyan* (N.d.T.).
(*c*) *Ātmanas* pour *sarvasya*, correction (N.d.T.).

« Comment, Seigneur ? » « De même, Maitreyī, que lorsque l'on souffle dans une conque on ne peut saisir le son qui s'en échappe, à moins de saisir la conque ou le joueur de conque — de même, c'est en connaissant le Soi que tout est connu, les *Veda*, les sciences, les rites. » « Tu me consternes, Seigneur, je ne puis comprendre ! »

À la suite de quoi, Yājñavalkya exposa ce fameux passage, l'un des plus grands de toute la littérature philosophique : « Là où il y a *dualité, comme si elle y était*, l'un voit l'autre, l'un touche l'autre, l'un entend l'autre, l'un connaît l'autre. Mais quand, pour soi, tout est devenu le Soi, alors qu'y a-t-il à voir et à connaître ? Et surtout, comment connaîtrait-on le *connaisseur ? — vijñātāram are kena vijānīyāt*. Cela, Maitreyī, sera mon dernier enseignement. Telle est, en effet, la vie éternelle. »

Cela dit, Yājñavalkya s'en alla dans la forêt — *iti hokta, yājñavalkyo vijahara*.

III

Je suis un *objet* puisque je me vois. Si je ne pouvais pas me voir, *il* ne pourrait être. S'*il* n'était pas, comment pourrais-je être ? Qu'est-ce, alors, qui serait *cela ?* Si le voyant voit le voyant, qu'arrive-t-il ? Il n'y aurait que lumière. Ténèbres impliquent lumière, parce que vous *voyez* les ténèbres. Mais la lumière n'implique jamais les ténèbres. De la même manière, vous voyez la mort. Alors, qui donc meurt ? Celui qui voit la mort ne meurt pas ? Non.

Il y avait un maître de maison, disent les *Upaniṣad*, qui avait nom Vājaśravas (*a*). Il avait un jeune fils appelé Naciketas. Un jour Vājaśravas qui avait accompli ses derniers rites sacrificiels voulut abandonner tout ce qu'il possédait. Naciketas, alors, dit à Vājaśravas : « Père, à qui me donneras-tu ? — *sa hovāca pitaram, tata kasmai mām dasyasīti.* » Le père ne répondit pas à la première question, ni à la deuxième question et, quand Naciketas l'interrogea pour la troisième fois, il dit, Vājaśravas dit : « *Mrityave tvā dadāmīti* — C'est à la mort que je te donnerai. » Peut-être est-ce par irritation que le père répondit ainsi, ou simplement par plaisanterie. Mais on doit obéir à ce que le père dit.

(*a*) *Taittirīya-Brāhmana*, 3, 11, 8, et *Kaṭha-upaniṣad*, jusqu'au premier paragraphe de la page 9 (N.d.T.).

Naciketas alla droit chez Yama, le dieu de la mort. Yama
était alors affairé. Il devait y avoir des morts, beaucoup de
morts tout autour de lui, et dans les diverses régions et dans les
univers. Aussi Naciketas, le jeune Naciketas, dut-il attendre
dans la maison, sans vivres ni eau, pendant trois longs jours.
Puis Yama revint de ses multiples occupations et vit Naciketas,
un hôte dans sa maison ; apprenant qu'il attendait depuis trois
jours, il proposa à Naciketas de demander trois faveurs. On ne
devrait jamais faire attendre si longtemps, sans vivres ni eau,
un hôte et surtout un brāhmane. Comme un petit garçon,
Naciketas demanda, d'abord, que la colère de son père fût
apaisée avant son retour. La seconde demande était simple :
« Comment, Seigneur, peut-on obtenir le ciel et par quels sacrifices ? » Et Yama parla à Naciketas du premier sacrifice (peut-
être celui du *puruṣa*) dont tous les autres ne sont que des
exemples, et dont le sacrifiant qui accomplit un tel sacrifice
obtient — *imām śāntim* — une paix éternelle. Il était bien plus
difficile de répondre à la troisième demande. Cette fois Naciketas demanda : « Dis-moi, dis-moi, Seigneur, ce qu'est la mort.
Quelqu'un subsiste-t-il après qu'elle advient, ou est-ce sa
fin ? » Yama ne pouvait répondre à une si vénérable et obscure
question. Comment le pouvait-il ? Comment pouvait-il se révéler lui-même ? Que subsisterait-il du monde ? Car si la mort
n'était pas, le monde serait-il ? Aussi Yama offrit-il au jeune
garçon « de nobles jeunes filles, des chars, des instruments de
musique ». Naciketas ne voulut aucun d'eux. De tels objets
sont éphémères, fallacieux. « Dis-moi la Vérité, Seigneur ! » Et
Yama, devant l'implacable sérieux de Naciketas, dit : « Le Soi
connaissant ni ne naît ni ne meurt. Il n'est sorti de rien et rien
n'est sorti de lui. Non né, éternel, constant et primordial. Il
n'est pas tué quand le corps est tué... Assis, le Soi marche au
loin ; couché, il va partout. Le Soi ne peut être atteint ni par le
savoir ni par la plus intelligente argumentation. Seul le Soi
peut révéler le Soi. —*yamevaiṣa vriṇute, tena labhyas tasyaiṣa
ātmā vivriṇute tanūṃ svām.*» « Au-delà des sens sont les
objets (des sens) et au-delà des objets est la pensée, au-delà de
la pensée est l'intelligence, au-delà de l'intelligence le grand
Soi... Le Soi sans son, sans toucher et sans forme est, aussi,
sans odeur, sans commencement, sans fin, au-delà du grand
(Soi) constant ; celui qui discerne Cela est libre de la bouche de
la mort. » Naciketas l'entendit et le comprit, il réalisa le « je »,
l'Absolu. Il revint chez son père, fort et sage.
Il y a, dans les *Upaniṣad*, un autre jeune garçon : Śvetaketu,

fils d'Uddālaka (*a*). Il n'avait que douze ans. Son père, selon la
tradition familiale, l'envoya là où il voulait apprendre la
sagesse... Śvetaketu passa douze longues années à acquérir
l'entière connaissance des *Veda*. Ce fut un jeune homme suffi-
sant qui revint à la maison. Uddālaka alors l'interrogea et
trouva, en Śvetaketu, une connaissance absolument superficielle. « Ne sais-tu pas ce par quoi le non-perceptible est perçu,
comment le non-connaissable est connu ? — Comment,
demanda Śvetaketu, comment, vénérable Seigneur ! Peut-il
exister un tel enseignement ? — Oui, répondit Uddālaka, tout
ce qui est fait d'argile, quelle que soit sa forme, est toujours
d'argile et tout ce qui est fabriqué avec de l'or, quel que soit le
bijou que ce puisse être, c'est toujours de l'or ; de même, toutes
les modifications, toutes, ne sont que des "noms suscités par le
langage" — *nāma dheyam lohamity eva satyam* — "la Vérité
est que : ça n'est que de l'or" et cet univers n'est que, *ātman*,
l'Être lui-même. "Car, au commencement *(agre)*, il n'y avait
que l'Être seul, l'un sans second..." Ce qui est l'essence subtile
du monde entier est le Soi. Cela est le vrai — *tat satyam*. Cela
est le Soi — *sā ātma. Tat tvam asi, Śvetaketo, iti* — Tu es Cela,
Śvetaketu. »

Quand ce dernier lui demanda, encore, d'illustrer son propos, Uddālaka dit : « Imagine un homme qui a les yeux ban-
dés ; cet homme qui est du Gāndhāra est perdu bien loin de
chez lui, ne sait où aller, s'il doit aller à l'est ou au nord et
s'écrie : "Où dois-je aller maintenant, comment puis-je rentrer
chez moi ?", et quelqu'un passant près de là, par compassion
lui ôte les bandeaux et lui dit : "C'est le chemin du Gāndhāra,
ami" ; lui, alors, se met en route et, connaissant la direction,
allant de village en village, arrive finalement chez lui. Cette
demeure aimée, c'est le Soi. »

Ceci est la raison pure — en vérité la raison au-delà de la raison. Il est sublime et difficile d'en faire l'exercice. Et, bien vite,
les gens se mettent à considérer le Soi, l'Absolu, l'*Ātman*,
comme leur petit moi.

Je reviens aux textes (ils parlent d'eux-mêmes) et je les laisse
dire tout ce que je veux qu'ils disent. Vie et mort sont des processus. Je représente ce processus qui consiste à être ce que je
dois être, mon *dharma*. Hiver et été sont des cercles de rites.
L'univers entier, ainsi que les *Veda* le disent, est *rita*, la Loi.

(*a*) *Chāndogya-upaniṣad*, VI, 6-8 jusqu'au deuxième paragraphe de la
page 10 (N.d.T.).

Les dieux sont les symboles de la Loi. Les dieux représentent des forces. Comme sont magnifiques la liturgie et le culte. En accomplissant un culte, n'importe quel culte, je fais un avec la Loi, ainsi qu'avec ce vaste univers qui roule. *Sahasrasirasam Devam* — le dieu à mille visages, *Viśvākṣaṃ Viśvasạmbhavam*, est l'œil de l'Univers. Il est la bénédiction de l'Univers, etc. Le dieu ainsi invoqué est le Soleil. Et, de nouveau, voici le modèle du Premier Homme, qui lui aussi a mille têtes. Gloire aux dieux !

Ainsi ai-je bâti des temples. Le culte, le souvenir, en est le sacrifice. Vous rendez sacré ce que vous offrez aux dieux. Vous donnez les offrandes les plus choisies — vous ne pouvez pas offrir autre chose. Comment le pourriez-vous ? Levez-vous de bon matin, allez, à l'aurore, dans le jardin qui sert de temple — cueillez du jasmin et des feuilles de *tulasi*(a). Feuilles et fleurs étincellent de rosée. Revenu à la maison, préparez une assiette de fruits — des bananes et des noix de coco fraîchement brisées. Faites une pâte de santal frais, et cela chaque matin, après vos ablutions dans la rivière. Mettez les vêtements bien lavés (que vous décrochez des séchoirs en bambou où ils ont séché toute la nuit) et des cendres sur votre front, commencez votre culte, à Śiva ou Visnu ou à votre dieu choisi quel qu'il soit.

Assis alors sur votre siège de sacrifice, en bois, nettoyez l'image, disent les Śiva-linga, avec l'eau fraîche de la rivière ; puis, le ou la faisant asseoir, la divinité, donnez-lui par votre parole son souffle de vie, *prāṇa*. Après ceci, faites une offrande à Ganeṣa, le Seigneur de la Sagesse ; au moyen de vers sacrés, sanscrits dits à haute voix, demandez-lui qu'il supprime tout obstacle à la clarté, à la sainteté. C'est à ce moment-là que vous commencez d'honorer l'image ; avec les fleurs assemblées et les feuilles de *tulasi* (si c'est Śiva), mettez sur lui la pâte de santal, allumez des bâtons d'encens et brûlez du camphre devant lui, en signe de célébration. Car, lorsque les offrandes brûlent et deviennent cendres, on voit la vérité. Souvenez-vous que, lorsque vous *voyez* la vérité, nul objet n'est visible, car c'est là où vous connaissez l'objet qu'il n'y a pas d'objet. L'objet s'est dissous (complètement brûlé), il est devenu « je ». C'est le même que le Soi des *Upaniṣad* dont parlent Yājñavalkya ou Yama. Je suis au plus profond de moi-même le Śiva, comme le Śiva que j'ai baigné pour le culte, à qui j'ai donné des fleurs, pour qui j'ai fait brûler des offrandes. Je le fais sortir pour être certain de le

(a) Basilic (N.d.T.).

comprendre parfaitement. À présent que je sais qui il est, l'image va reprendre sa place dans son coffret de cuivre ou d'argent, et je l'oublierai jusqu'à la prochaine aurore, au moment où je pénétrerai à nouveau dans le jardin-temple. Un jour, je serai qui je suis.

Ces concepts (et de telles pratiques) mènent à une mort métaphysique. En Inde, nous aimons la dialectique métaphysique jusqu'à tuer la raison par la raison. Le monde est réel ou le monde n'est pas réel, le monde est à la fois réel et non réel, le monde n'est ni réel ni non réel, etc. — ainsi raisonnons-nous jusqu'à l'intolérable. Toutes les ruses sont bonnes aussi longtemps que je ruse avec les ruses elles-mêmes, et c'est ainsi que je puis commettre un suicide religieux. De fait, parmi les jain, de célèbres dialecticiens pensaient que l'homme naît pur, mais couvert de millions de *karma-points* — le fruit de sa vie passée — et qu'il a la possibilité de supprimer chaque fait pénible, comme on peut s'arracher les poils du corps ; et donc, que l'on pouvait accomplir le *salleka*, le suicide religieux. D'autres, encore, disent que le seul problème est le corps, aussi déjouez les ruses du corps par le yoga, atteignez le sublime lotus de l'esprit pour que s'ouvrent ses mille pétales et vous connaîtrez la béatitude à jamais. Ils ne se sont jamais demandés : qu'arrivera-t-il, Maître, quand le corps ne sera plus ? Connaîtra-t-il encore ce lotus à mille pétales ? Ou que d'autres, osant un peu plus, disent : il n'y a rien au-delà de ce monde visible, mange donc et réjouis-toi ! Car tout est matière, simplement matière. — Y a-t-il quelque chose au-delà ? Ou je vivrai ou mourrai.

C'est dans cette extravagance de pensée et de non-pensée qu'est né le Bouddha Śākyamuni. Il n'était pas engagé, ou il refusa de l'être, dans ces dialectiques posant le monde comme réel ou non réel, le lotus comme s'ouvrant dans l'esprit ou non, disant que vous devez accomplir telle prouesse respiratoire ou telle autre. Il essaya chacune de ces prouesses tant pour l'esprit que pour le corps — et il découvrit que tout chemin conduit à la mort. Le Bouddha était préoccupé, et avec une belle ardeur, de savoir comment supprimer la souffrance. Quand il atteignit le *nirvāṇa* sous l'arbre de la *Bodhi*, il découvrit que ce qui engendrait toute la souffrance était la loi de causalité. Ceci étant tel, cela est tel (*imasmin sati idam hoti*, etc.). La cessation de ceci implique que cela (la souffrance) cesse — *imassa nirodha idam nirujjhati*.

On attribue, en effet, au Bouddha cette remarque : « Pour celui qui perçoit, avec une véritable acuité, la production des

choses du monde, la croyance en la non-existence (annihilation) ne se produit pas. Pour celui qui perçoit, avec acuité, la
cessation des choses de ce monde, la croyance en l'existence
(immuabilité) ne se manifeste pas. » Ainsi fit le Bouddha, il
commença avec cette première hypothèse : tout est réel. C'était
un « empiriste ». Vous n'avez nul besoin de vous arracher les
cheveux pour voir la perfection, elle est derrière et au-delà de
vous, nul besoin non plus de contrôler votre souffle pour
ouvrir dans votre crâne le lotus et ses milles pétales. « Moines,
dit-il un jour, je veux tout vous enseigner : *sabba* — écoutez !
Ceci, moines, est tout. Œil et forme grossière, oreille et ouïe,
nez et odeur, langue et goût, corps et objets sensibles, esprit et
objets du mental. Ceux-là sont le tout. » Il dit encore :
« Moines, je veux tout rejeter et proclamer un *autre* tout. » Il
avait, alors, sa propre théorie. Mais il ne voulait pas répondre
quand on le questionnait, car la réponse pouvait être soumise à
la contrariété. Et cela parce qu'il aurait été en deçà du champ
de l'expérience. « Donc, tout est réel signifie que les perceptions sont réelles. Ce que je vois *est,* car l'être humain n'est rien
que perception. Il y a six portes de perception, ce sont les cinq
sens et l'esprit. Et, à travers eux, nous réalisons ce que nous
appelons le monde qui est visible pour nous. Et ledit moi *(atta)*
n'est rien qu'un faisceau de perceptions *(sankharapunja)* de
causes et d'effets — cause et *effet.* »

Ce que nous ne pouvons percevoir par ces portes de perception est non réel. L'homme n'est qu'un ensemble d'agrégats (ce
sont les *saṃskāra* nés des *karma*).

> *Ainsi quand les parts sont correctements placées*
> *Le chariot du monde se lève (en notre esprit)*
> *Ainsi convient-il de dire pour notre usage*
> *« Un être » lorsqu'il se trouve des agrégats.*

Cette idée d'un ensemble d'agrégats *(saṃskāra)* est à l'origine
d'une passionnante école philosophique : les Sarvathavadin. Ils
pensaient que tout est réel, c'est-à-dire que les perceptions sont
réelles ; et, en toute logique, cela aboutit à la théorie des particules. Ce que l'on appelle l'univers n'est que particules, que
forces *(dharma)* — elles sont quelque soixante-quinze — qui
apparaissent *(asata utpada)* surgissant de nulle part et n'allant
nulle part *(niranvaya vinasa).* Rappelez-vous que la disparition
est la vraie nature de l'existence. *Ce qui ne disparaît pas n'existe
pas.* Pour chaque sens, la perception est du feu. « Regardez,

l'univers brûle!» Donc, le temps aussi doit être considéré comme un simple *dharma*, une particule qui apparaît et disparaît. C'est à partir de cela que le bouddhisme fut appelé : *Kṣanika vijnannana*, ou la philosophie des instants. En ce sens, il n'y a ni univers ni, bien sûr, de moi. «Penser qu'il y ait un moi est une opinion erronée», disait le grand sage Vasubandhu. Un groupe d'éléments ou de particules joints ensemble, composé d'un organe des sens et de son objet nécessitait — de quelque manière que ce fût — un élément qui les liât ensemble. Ce fut, bien entendu, la conscience, un élément tout aussi simple parmi les soixante-quinze autres. La conscience est donc revenue par la porte de l'arrière. «La conscience, dit l'*Abhidharma kosa*, l'un des grands textes bouddhiques, la conscience est, par métaphore, appelée un moi.»

Cet excès analytique des Sarvasthavadin conduit à nouveau à une mort. «L'erreur d'en être encore à identifier les points ultimes de l'analyse avec les points ultimes de la réalité. L'imagination qui pose que l'être distinct est distinct, est séparé et réel... est l'erreur fondamentale de la doctrine des éléments.» En réaction à cette sophistique surgit le Mahayana : la grande voie, la voie non exclusive, qui bouleversa complètement tout le système réaliste, en posant la négation du moi, aussi bien le non-moi que le moi. Il fallait atteindre à une condition qui est, à la fois, au-delà de l'existence du moi et du non-moi, et qui montre la Voie du Milieu. «Le Bouddha enseigne la Voie du Milieu, annulant les deux extrêmes ; ce n'est la voie ni de la dualité ni de la non-dualité.»

L'esprit doit avoir la disposition d'un tailleur de diamants, être aussi adroit que lui. «On ne peut devenir un Bouddha si l'on croit que celui-ci est un être, une personne. On ne peut pas non plus devenir un Bouddha si l'on croit à l'existence des objets ; et pas davantage si l'on croit qu'il existe des idées ou qu'il n'en existe aucune ; car la réalité d'une idée conduit automatiquement à la pensée du moi. Et quelqu'un en viendrait à cette conclusion : ce qu'a enseigné le Bouddha est incompréhensible et ne peut être formulé.» Pourtant, le Bouddha a bien concrètement parlé de l'ego. «Ego, ego, a-t-il dit, cela signifie le non-ego. Et, en ce sens, il est appelé ego.»

Cette contradiction contredite est la confirmation du Vide — *śūnyatā* qui, à son tour, en sa vraie nature, *svabhāva*, est lui-même l'ultime réalité — « *svabhāva śūnya* est le *Nirvāṇa* lui-même », dit Nagarjuna (VIIIᵉ siècle ap. J.-C.), le seul grand sage bouddhiste après le Bouddha lui-même. «Si donc, argumente-

t-il, si la vacuité est tout ce qui est, tout est identité. Et, en
outre, si tout est identité, et, si donc, il existe des Bouddha ou
s'il n'existe pas de Bouddha, la nature de toutes les choses reste
toujours *śūnya*... Ce qui est le *Nirvāṇa* lui-même.» Voilà
l'ultime connaissance, *prajñā-pāramitā*. L'ultime connaissance
est, en fait, tout ce qui est. Aussi ne peut-on rien accepter ni
rien refuser. En ce cas, le cycle de la vie, *saṃsāra*, est lui-même
le *Nirvāṇa*.

> *Ne pense pas qu'il y ait quelque distinction que ce soit,*
>   *(dit Saraha, le poète bouddhiste)*
> *Il n'y a même pas de nature unique,*
> *Car je sais qu'il est absolument pur,*
> *Ne t'assieds pas à la maison, ne va pas dans la forêt,*
> *Mais reconnais l'esprit où que tu sois.*
> *Lorsque quelqu'un demeure dans la parfaite lumière,*
> *Où est le* saṃsāra, *où est le* Nirvāṇa *?*
> *Le bel arbre de la pensée qui ne connaît aucune dualité*
> *S'éploie à travers les trois mondes.*
> *Le bel arbre du Vide regorge de fleurs.*

Mais qu'en est-il de la Compassion, alors? Pourrait-on
atteindre le *Nirvāṇa* et n'avoir plus aucun souci de l'autre?
Saraha poursuit :

> *Celui qui s'attache au Vide*
> *Et néglige la compassion n'atteint pas le lieu le plus*
> *haut.*
> *Mais qui ne pratique que la seule compassion*
> *N'obtient pas de se délivrer des pièges de l'existence.*
> *Celui donc qui peut pratiquer les deux*
> *Ne demeure ni dans le* saṃsāra *ni dans le* Nirvāṇa.

Et l'on en revient (confusément) à la non-dualité.
La question qui se pose est celle-ci : peut-il y avoir, pour une
seule expérience, deux principes actifs, à savoir l'Être et la
Compassion? Partout où ils sont deux, c'est une seule personne qui doit les percevoir. Cet unique voyant est donc le
principe qui illumine et connaît. Il est l'Être lui-même qui
connaît et voit : le Soi des *Upaniṣad*. Le paradoxe de la dualité
est levé par sa propre mort. Le plan horizontal ouvre le chemin
au plan vertical. Le vertical inclut l'horizontal, celui-ci n'est
que la simple extension de celui-là. La causalité, l'enfant de la

dualité, tue la causalité par sa propre absurdité. La logique finit par son propre suicide. Car si vous menez, en toute logique, la logique, cela aboutit à la mort. Alors, enterrez-la ! Elle fut inventée à des fins utilitaires : la causalité fut créée pour la satisfaction des appétits de l'homme. Et, menée plus avant, la causalité meurt avec la mort du temps. Et le temps est mort depuis longtemps. Si bien que la logique meurt avec la causalité.

Voici une parabole indienne. Lorsque vous regardez un corps en train de brûler, et de bien brûler, il vous faut un tisonnier et du combustible pour maintenir le feu en vie jusqu'au moment où le corps, parfaitement consumé, n'est plus que pures cendres blanches. La question est, alors, celle-ci : quand chaque partie du corps est réduite en cendres, ramenez-vous le tisonnier et le combustible à la maison ou non ? Vous les jetez, pour finir, dans le feu lui-même. De même, la causalité et la logique sont nées de la perspective horizontale en l'homme. Mais quand vous l'appliquez à votre moi et que vous posez cette question : le corps est-il vu par l'esprit et l'esprit, lui, par quoi est-il vu ? — vous en venez à la mort encore une fois. Il faut que l'infini s'enroule sur lui-même pour devenir nul, *śūnyatā*, *Nirvāṇa*. Le *Nirvāṇa* est l'être. Le *Nirvāṇa*, a dit Bouddha, est la fin du Devenir. Et ce que l'Être connaît doit être l'Être lui-même.

C'est ce que le Dieu de la Mort, Yama, dit à Naciketas. Il n'y a rien, rien d'autre que le Soi. C'est pourquoi nous brûlons la causalité avec son propre tisonnier. Le sacrifice est tout. Le sacrifice lui-même est sacrifié dans le sacrifice. Et nous revenons libres.

IV

En vérité, au plan horizontal, il n'est aucune solution aux problèmes. La logique, en heurtant la réalité, se brise d'elle-même. Car la logique, en fin de compte, se situe entre le rien, le Néant de Mallarmé, l'absurde de Camus — et le je. Si le rien est, il y a encore un *est,* qui est que le Vide *est.* Et serait-ce le *Nirvāṇa*, il faut que quelqu'un le *connaisse.* Et s'il doit y avoir la Compassion dans ce néant, ce vide, la question se pose alors : qui a la Compassion ? Sans la Compassion, le Mahayana n'existe pas, et, de fait, il n'y a plus non plus de vrai bouddhisme (qu'on se souvienne que la quête du Bouddha commença avec le pourquoi de la souffrance humaine ou *duḥk-kha*). Nagarjuna alla aussi loin qu'il le pût — la Compassion a néanmoins troublé sa logique. Il frôla de près la Vérité et resta suspendu entre le dogme et la Vérité. Ainsi prépara-t-il la voie à Śri Śankara (VIIIᵉ siècle ap. J.-C.), le sage le plus impressionnant, sans doute, que l'Inde ait eu — un audacieux dialecticien qui voulait jeter les textes sacrés dans le trou à feu s'il en était besoin, mais pouvait, aussi, les utiliser quand il lui était nécessaire de révéler la pure réalité des *Upaniṣad* : je suis le *brahman* — *ahaṃ brahmāsmi ;* ou le *tat tvam asi* de Śvetaketu — tu es Cela.

Quand vous aurez enlevé le corps, les sens et l'esprit, il restera encore ce *fond* résiduel sans lequel rien ne peut exister. Bien sûr, je ne suis pas ce corps. Chacun sait que la mort est partout pour chaque être vivant. Seuls les sens vous informent du monde extérieur. Mais, comme Yājñavalkya l'a dit à Maitreyī, il y a encore le *Connaisseur* qui connaît. Qui ou qu'est-il ? Si vous ne voulez pas le connaître, vous ne pouvez pas même dire qu'il y ait le néant. Il y a néant, quand il n'est aucun objet, mais *vous* êtes encore, le « je » est. Ce fut, donc, Śri Śankara qui récita ce fameux hymne à l'Absolu, chanté encore aujourd'hui dans les familles les plus orthodoxes de l'Inde, le *Nirvāṇa Aṣṭakam* : je suis Śiva, je suis l'Absolu — *mano buddhy ahaṃkāra cittāni nāham... Śivo'haṃ Śivo'haṃ.*

> *Je ne suis ni esprit ni intellect ni pensée ni ego*
> *Ni enseignement ni goût ni odorat ni vue*
> *Ni l'éther ni la terre ni le feu ou l'air,*
> *Je suis l'essence de la Connaissance et félicité,*
> *Je suis Śiva, je suis l'Absolu.*
>
> *Je ne suis ni vertu ni vice ni plaisir ni douleur*
> *Ni mots sacrés* (mantra)*ni lieu de pèlerinage ni* Veda
> *ni sacrifice...*
> *Je suis l'essence de la Connaissance et félicité,*
> *Je suis Śiva, je suis l'Absolu.*

Quand vous saurez enlever tout ce qui, en vous-même, a trait aux objets — à savoir le corps, les sens et l'esprit — il demeurera cette lumière constante, le principe de Connaissance, le connaisseur qui est, lui-même, Connaissance. La Connaissance est, en effet, la forme même *(mūrti)* du pur amour *(prema)*. Ici, vous n'avez pas à montrer de la compassion envers toute créature qui souffre, vous êtes l'amour lui-même qui se manifeste où il le doit — vous n'êtes pas là pour dire s'il doit aller ici ou là. Puisque, à ce niveau — au niveau de l'*Ātman* — il n'y a nul désir à faire ceci ou cela, vous êtes *tout* ce qui existe. *Il* fait ce qu'il doit faire.

Quand l'ego est dissous, *qui* êtes-vous ? Il n'y a personne, là. Mais il y a le « je ». La mort de l'ego est la révélation du vrai « je ». Cela, Śri Ātmānanda (1883-1959), un sage indien, peut-être le plus grand depuis Śaṅkara, le dit sans peur et clairement : « Je suis la lumière de la Conscience dans toutes pensées et toutes perceptions, et, de même, la lumière de l'Amour dans tous les sentiments...

« Le monde qui surgit et grandit par la pensée est lui-même, aussi, pensée. La Pensée n'est rien que la Conscience et la Conscience est Mon Être. Le monde entier est, donc, cette Conscience qui est moi-même. » *(Ātma-darśan.)*

V

Il n'y a que deux façons d'envisager le monde : la voie de la causalité et celle de l'imprédictible ; ou, pour employer une métaphore moderne, l'horizontal et le vertical ; ou encore, selon le point de vue des physiciens, la théorie de la relativité généralisée et celle des quanta. « La théorie des quanta et la relativité ne s'accorderont jamais, si ce n'est qu'en une construction de concepts qui abolirait les deux et qui abolirait la loi... » Dans le cadre de la philosophie indienne, nous dirions ou qu'il y a dualité ou qu'il y a non-dualité. Et, d'une autre façon encore, selon les mots de Śri Ātmānanda : « Pour atteindre à la réalité suprême, il faut aller, à la fois, au-delà de l'existence et de la non-existence du non-Atma. » Elle est entre l'existence et la non-existence du monde sensible. Car ceci est l'ultime question de l'homme : Ai-je une existence (en tant qu'être) ou le monde existe-t-il par lui-même ? Les deux pourraient coexister, affirme l'horizontal, la démarche logique. Je vois, donc, que l'objet existe. Mais qui est celui qui voit, qu'est-il ? Comprend-on ce que signifie le fait de connaître ? Jacques Monod écrivait, dans *Le Hasard et la Nécessité*, que le point de vue animiste, qui est le point de vue anthropocentrique, admet qu'il y a, pour l'homme, une connaissance de l'éthique. Mais ne doit-on pas se demander, à juste titre — et nous pouvons appeler ceci l'*abhuman* — ce qu'est alors l'éthique de la connaissance ? Qu'est-ce ou qu'est-ce qui connaît ? La principale question est là. Qu'est-ce qui connaît qu'il y a loi et non-loi dans l'univers ? « Le hasard seul, écrit Jacques Monod, est la source de toute nouveauté, de toute création dans la biosphère. » Il semble que nous vivions par une « absolue coïncidence ». Monod poursuit : « La connaissance vraie ignore les valeurs... » et c'est l'effroyable solitude de l'homme moderne. « Le postulat d'objectivité, pour établir la *norme* de la connaissance, définit une valeur qui est la connaissance objective elle-même... L'éthique de la connaissance, créatrice du monde moderne, est la seule compatible avec lui, la seule capable, une fois comprise et acceptée, de guider son évolution. »

Cette éthique de la connaissance est, en fait, ce que les bouddhistes admettent comme *prajñā-pāramitā* et que les védantin appellent *jñāna*.

La connaissance est-elle une activité ? Quand je vois un pot, qui le voit ? Śri Śaṅkara n'a-t-il pas dit dans son célèbre traité *Drig Driśya Viveka* : un objet, mettons un pot, s'inscrit sur la pupille de mon œil et cette image a sa représentation dans mon esprit. Mais qui ou quoi sait que c'est un pot ? Il ou Cela est un principe que jamais personne n'a vu. On revient sans cesse à la question de Yājñavalkya : qui connaît ou qui connaît le connaisseur ? Et qu'est-ce alors, Maître, que la connaissance ?

> « C'est l'expérience, dit Śri Ātmānanda, l'expérience qui doit prouver l'existence de toutes choses. Un objet comme tel n'est jamais objet d'expérience. C'est la connaissance de ce qui peut être dit avoir été objet d'expérience. Même si cela n'est pas parfaitement correct. Si un objet n'est pas un objet d'expérience, il doit être considéré comme non existant. Comment peut-il y avoir connaissance d'une chose qui n'existe pas ? Ce n'est, donc, pas précisément la connaissance d'un objet qui est l'objet de l'expérience, mais la connaissance elle-même. L'expérience fournit la preuve que tout le monde sensible est connaissance et seulement connaissance. Cela est conscience et c'est l'ÂTMÂ[3]. »
> *(Ātma-Nirvriti.)*

L'*Ātman*, donc, ce « je », cette grande solitude d'où émergera, comme toujours, tout ce qui est vrai — et donc, tout ce qui est bon.

Traduction Alyette Degrâces.

NOTES

1. « Le hasard, un attribut d'un phénomène quantique élémentaire — c'est, pour la nature, une façon de construire le défini. Qu'en est-il de l'autre attribut, le choix ? » John A. Wheeler, *Physique et Austérité : Lois sans loi.*

2. Le *Rig-Veda* fut composé, selon la preuve linguistique, environ entre 1500 et 1250 av. J.-C., et, selon les faits intrinsèques, vers 3500 av. J.-C. Mais on ne peut fixer aucune date définitive pour sa composition.

3. *L'expérience* est quelque chose de plus profond que la connaissance superficielle ou le sentiment. C'est en ce sens que ce mot est utilisé ici.

DISCUSSION

I. STENGERS. — *Pour commencer cette discussion, je voudrais demander à M. Rao s'il a l'impression que cette interrogation qu'il vient de développer et qui a parcouru toute l'histoire de la pensée indienne, il peut la reconnaître chez certains philosophes occidentaux beaucoup plus isolés — puisque cette interrogation n'appartient pas en tant que telle à notre tradition mais est spécifiquement liée à des individus? Personnellement, je pensais à Leibniz pour qui tout ce qui existe, existe comme perception, comme auto-représentation, ou bien encore à Hume. Ce qui me frappe pourtant, c'est la forme relativement sage et cultivée qu'a empruntée en Occident ce type d'interrogation sur les rapports entre l'être et le connaître, en constraste avec cette tradition indienne où, comme l'a dit le professeur Rao, la pensée et le délire sont finalement assez proches — aux meilleurs sens de ces termes.*

Y. YUASA. — *Selon l'enseignement de Bouddha, il apparaît que les mille pétales fleurissent sans avoir besoin de pratiquer les exercices de respiration du yoga. On disait pourtant aussi, dans le bouddhisme primitif, que les éléments conjoints du corps, du souffle et de la raison étaient très importants, et que la méditation en était comme la combinaison harmonieuse. Le bouddhisme des origines ne serait peut-être pas si éloigné, de ce point de vue, de ce qu'enseigne le yoga. Vous, personnellement, qu'en pensez-vous?*

R. RAO. — *Il me semble clair que le Bouddha refusait le yoga. Après l'avoir pratiqué, il a ensuite déclaré que le yoga ne faisait rien que mener à une double forme d'affaiblissement et d'excès. Le*

Bouddha enseignait la voie du milieu, qui se tient à égale distance de la contrainte et de la torture du corps, et de son excessive liberté. En fait, le Bouddha ne semblait pas rechercher autre chose que la mise en pratique de la raison pure dans tout ce qui est exercice spirituel.

J. VIDAL. — *Pour atteindre à l'un des propos qui m'apparaissent essentiels de ce colloque, c'est-à-dire une rencontre entre l'Orient et l'Occident, j'aimerais interroger la qualité d'objectivité qui était attachée à ce que vous nous avez proposé.*

Hier, à propos de psychanalyse, Mme Montrelay a fait intervenir la distinction entre information-connaissance et information-organisation. Il s'agit là certainement d'une objectivité de type fort pour le physicien, mais nous avons vu comment elle pouvait fonctionner comme objectivité de type faible dans un autre registre d'évidence.

Arrivé à ce point, j'aimerais me retourner vers Bernard d'Espagnat, puisque c'est à lui, bien entendu, que j'emprunte ces notions d'objectivité forte ou faible. Or, Bernard d'Espagnat a très clairement montré comment, dans son domaine qui est celui de la physique quantique, les temps étaient venus de renoncer au rêve de l'objectivité forte et d'admettre que toute proposition relève d'une objectivité faible, c'est-à-dire d'un accord intersubjectif de caractère épistémique entre les différents membres d'une même communauté scientifique.

En transposant cette distinction à ce que j'appellerais une évidence forte et une évidence faible dans le territoire des sciences religieuses, je voudrais vous dire ceci : vous avez suggéré un principe de non-division en soulignant la complémentarité de l'homme et de la femme ; vous l'avez suggéré aussi en faisant intervenir une raison tournée vers l'intérieur et une raison tournée vers l'extérieur ; vous l'avez suggéré enfin en soulignant le rôle du sacrifice. D'où la question que je vous pose : ne serait-ce pas le sacrifice comme processus de purification qui vous paraît manifester la dynamique la plus intime d'une indivisibilité très profonde entre évidence forte et évidence faible ?

R. RAO. — *Je voudrais relever tout d'abord que je n'ai pas tellement voulu parler d'homme et de femme, mais que je me servais de l'idée d'un principe féminin et d'un principe masculin. En réalité, on doit bien remonter en deçà de toute dualité, là où il n'y a ni homme ni femme, là où l'Être se répand simplement selon deux principes complémentaires qui lui sont consubstantiels — et encore en deçà, ou au-delà, au principe même de l'Être dont nous ne pouvons plus définir aucun attribut, fût-il purement métaphysique, parce que ce serait détruire l'Être en le conditionnant selon les modes de notre propre pensée. Ce qu'il faut bien comprendre, c'est que, dans une telle perspective, rien n'existe que comme représentation, dans le cadre d'une expérience qui est d'abord perception. Quant au sacrifice universel, je dirai qu'on ne peut alors le définir que comme la rencontre et la dissolution mutuelles d'un objet et d'un sujet. Comme l'évanouissement de la représentation aux abords de ce qui la fonde. Voilà ce que je tentais de vous dire. Le sacrifice n'est en rien un processus ou un acte objectif. Le sacrifice auquel on procède objectivement, le sacrifice rituel si vous voulez, ce n'est justement qu'une représentation, ou, plus exactement, c'est une démonstration extérieure de ce qui se passe en fait dans votre intériorité.*

I. EKELAND. — *Je voudrais reprendre à ma manière la question d'Isabelle Stengers, et commencer par une constatation : c'est que le discours de M. Rao ne m'est pas accessible, en ce sens que je ne parviens pas à suivre intellectuellement la suite de ses propositions, alors même que ce discours produit en moi un certain effet. Si j'essaie de cerner cet effet, je dois me référer aux textes de la spiritualité chrétienne et parler de « consolation ».*

Sans doute est-ce là quelque chose de tout à fait normal, dans la mesure où l'on rejoint ce que disait M. Shayegan hier, à savoir qu'il y a peut-être deux ordres de réalité auxquels correspondent justement deux discours différents. Dans cette façon de voir les choses, on aurait d'un côté un discours logique et de l'autre un discours spirituel qui appellerait pour sa part des réponses qui seraient de l'ordre de l'expérience intérieure.

Ce que je voudrais dire à ce propos, c'est que, à partir du Moyen Âge dans l'Occident chrétien, on s'est posé la question de savoir si on ne pouvait pas traduire l'un de ces discours dans l'autre. La définition en est très belle, c'est la désignation de la théologie comme fides quaerens intellectum, *la foi cherchant une intelligibilité. Je ne sais pas quant à moi si la tentative est possible et si on peut résoudre ce dualisme des ordres de discours. On peut penser toutefois que des expériences spirituelles comme celles que M. Rao vient de décrire, et qui correspondent à une très longue pratique historique, doivent éventuellement pouvoir se refléter, ne fût-ce que partiellement, dans des catégories logiques qui les rendraient plus accessibles à l'Occidental d'aujourd'hui.*

S. Ito. — *Je tiens à poser le problème de l'existence de l'atome dans la grande pensée indienne. On a souvent déclaré en effet que l'atomisme était une théorie d'origine occidentale, et qu'elle n'avait pu s'affirmer qu'à partir de ce cadre de pensée. Or, la notion de l'atome a très vite existé dans le bouddhisme, et ce concept a certainement quelque chose à voir avec la prégnance de ces* thémata *dont nous a parlé hier le professeur Holton. Mais qu'est-ce au juste que cet atomisme indien ? Dans les* sutras, *l'idée d'atome est introduite dans une corrélation très étroite au problème du* karma, *de notre condition humaine divisée et limitée, et l'axe de rupture du* karma, *c'est de casser cette division, c'est de dépasser le* samsara *et le cycle des réincarnations, pour atteindre à la vacuité et à l'état de* nirvana *qui transcende toutes les propositions possibles.*

R. Rao. — *Je comprends ce que vous voulez dire, mais, à mon tour, je veux vous dire quelque chose aujourd'hui, qui me semble fondamental : peu importe si ce dont nous parlons est occidental ou oriental, peu importe que ce soient les Indiens ou les Grecs qui aient découvert telle ou telle notion, ce qui compte réellement, à un certain degré de pensée, c'est de cesser de voir le monde selon sa condition. En ce moment, je ne vous parle pas comme Indien, je vous parle simplement en tant qu'être humain. Oui, je veux sortir de ma condition, nous devons tous essayer de ne plus raisonner en tant qu'Occidentaux ou Orientaux, en recherchant les racines du présent dans tel ou tel passé particulier qui nous sépare les uns des autres. Bien sûr, il y a là une réalité que je n'essaie pas de dénier, mais la vérité, il me semble, c'est qu'il y a une autre Réalité incommensurablement supérieure, et que, devant cette Réalité-là, toutes ces divisions en traditions et en nations sont quelque peu illusoires.*
Cette Réalité, je vous l'ai peut-être présentée, et je l'ai sans doute interprétée à la façon indienne, parce que c'est le domaine que je connais le mieux. Mais il est clair que ce n'est précisément pas la façon qui est ici importante et qu'au-delà des conditions géographiques, historiques, culturelles, etc., le vrai problème qui demeure est celui-ci : qu'est-ce que la réalité ? Et plutôt que de nous fixer sur nos différences circonstancielles, je voudrais que nous essayions surtout de comprendre ensemble et de tenter de répondre à cette question essentielle.

D. Shayegan. — *J'ai été très séduit par le discours du professeur Rao, d'autant plus que c'est un discours que je connais bien,*

LA PLACE DE L'HOMME DANS L'UNIVERS

avec lequel je me sens à l'aise, et qui consonne avec un monde qui m'est assez familier. Je crois néanmoins qu'on peut parfaitement comprendre les questions qui viennent d'être posées, en ceci qu'on a oublié de définir, au début de la discussion, le niveau de discours auquel on se référait. D'où des malentendus possibles, et la nécessité de dire bien clairement que le genre de parole que nous a dispensé Raja Rao ne relevait ni du discours philosophique ni du discours scientifique, mais plutôt de ce que j'appellerais un discours d'avant la philosophie.

Si on a compris cela, il me semble, bien des objections et des questions disparaissent, parce qu'elles n'ont même plus lieu d'être en ceci qu'elles se situent dans un ordre différent.

Pour mieux vous faire entendre ce que je vous dis en ce moment, on pourrait faire référence, par exemple, à l'interprétation par Heidegger de la pensée pré-socratique sur les parages de l'Être. Eh bien, c'est de la même manière qu'il faut saisir les spéculations des Upaniṣad. *Ce qui s'y donne, en effet, c'est une vision du monde où l'Un et le multiple ne sont pas contradictoires mais simultanés ; c'est le développement d'un discours qui est à la fois* mythos *et* logos, *c'est-à-dire image et concept, voilement et dévoilement, mutité et parole. Le monde y possède encore une certaine transparence, et les premiers* rishis, *ceux qu'on appelle les* voyants, *le perçoivent précisément comme un lotus en train de s'épanouir, comme un processus d'auto-éclosion. Ils ont comme une présence totale au monde, ils y coexistent en tous ses points et dans tous ses mouvements, en sorte que toutes les catégories qui s'affirmeront plus tard, qui signifieront en quelque sorte le divorce de l'Être et du savoir, comme les couples de la foi et de la connaissance, du mythe et de la raison, ne sont pas encore réellement perceptibles chez eux.*

C'est pourquoi ce type de discours nous est devenu aujourd'hui très difficile à saisir, puisqu'il nous fait assister à l'éclosion même du monde, comme si nous y étions sans réserve, coprésents à la divinité, coprésents à l'acte de théophanie où se déploie l'univers. Pour rendre compte d'une telle vision, les Upaniṣad, *de ce fait, ne peuvent s'exprimer autrement que par des paradoxes incessants (Cela est sans mouvement, Cela est en mouvement ; Cela est loin, Cela est près ; Cela est à l'intérieur de nous, Cela est à l'extérieur de nous, etc.), elles ne peuvent faire autrement que de casser toutes les catégories courantes de la pensée pour en revenir à leur amont, là où la proximité de l'Être dans sa transcendance ne peut se laisser appréhender que d'une manière contradictoire, dans l'épanouissement et la spontanéité d'une pensée qui désigne l'en*

*deçà du paradoxe par le biais du paradoxe. En fin de compte,
l'Être n'est ni ceci ni cela — mais nous ne pouvons l'approcher
qu'en disant qu'il est à la fois ceci et cela, ce qui pose du même
coup qu'il y a encore quelque chose au-delà de ces mots.*

*Tout ce que nous a dit M. Rao, je pense que c'est dans cet hori-
zon particulier qu'il faut tenter de le comprendre, que nous passe-
rons sinon à côté, mais je conçois fort bien par ailleurs que c'est
un genre de discours qui peut éventuellement dérouter beaucoup
d'entre nous.*

F. VARELA. — *Je voudrais intervenir dans la mesure où je suis
très intéressé au dialogue qui peut être noué entre le bouddhisme
et la science moderne. Il me semble que, comme le professeur Rao
l'a implicitement indiqué, la manière d'agir d'un bouddhiste et
celle d'un homme de science sont très proches l'une de l'autre.*

Pourtant, quand je pense au nirvana *ou au* sunyatta, *il me
semble tout de même qu'il y a là un problème pour un esprit occidental, ou pour la façon dont un Occidental appréhende le bouddhisme, parce que le vide ainsi désigné n'a pas de correspondant
dans la science contemporaine, et encore, plus précisément, dans
ce qui pourrait être une théorie renouvelée de la science.*

*Je voudrais ajouter sur ce point, et par rapport à ce qu'a dit
Isabelle Stengers, que, au Japon, à l'école de Kyoto, et en se référant à Nietzsche aussi bien qu'à Heidegger, on pense que le nihilisme occidental ne pointe que vers un néant relatif. Qui que ce
soit qui s'intéresse à ce genre de dialogue entre les cultures pourrait être intéressé, il me semble, par cette conception du vide ou
du rien qui est celle du bouddhisme.*

*À propos de ce dernier, il y a quelque chose qui m'a échappé
dans ce qui en a été exposé, à savoir la façon dont les idées apparaissent et disparaissent, ou se précèdent elles-mêmes, etc. En fait,
il est bien évident qu'une pratique de la méditation assise n'est
pas une analyse discursive. Il y a là quelque chose qu'il ne faut
surtout pas oublier, ou alors tout discours à ce sujet perd son sens.
N'y a-t-il pas là à votre avis un domaine à explorer ?*

R. RAO. — *Je suis tout à fait d'accord avec vous — mais puisque les scientifiques savent faire des expériences, pourquoi n'en
font-ils pas sur les exercices de méditation ? C'est la seule réponse,
pour l'instant, que je puisse vous donner, mais rappelez-vous que
le Bouddha déclarait : si je vous dis ce que je sais, vous ne me
comprendrez pas, parce que vous n'en avez pas l'expérience !*

M. Ishikawa. — *Je voudrais seulement vous demander ceci: l'attitude indienne d'esprit que vous nous avez décrite, attitude très particulière, attitude peut-être unique et de toute façon extraordinaire, n'est-elle pas le produit d'un contexte indien spécifique?*

R. Rao. — *La réponse est très simple. Celui qui est capable de discerner lui-même la différence est au-delà de la différence.*

O. Clément. — *Le discours de M. Rao était essentiellement d'un ordre spirituel, et je voudrais y apporter deux ou trois commentaires en me plaçant à ce point de vue.*

Ce qui me semble frappant dans la spiritualité indienne telle qu'il l'a exprimée, c'est cette passion de l'unité, et nous avons tous senti, je pense, qu'il y avait là une réalité dont il fallait faire l'expérience. En référence à ce discours, Mlle Stengers a évoqué certaines formes occidentales de philosophie, en s'attachant plus précisément à Leibniz, tandis qu'on a parlé aussi de Heidegger, et j'ajouterai quant à moi qu'on pourrait fortement songer ici à quelqu'un comme Maître Eckhart. Devant ce mouvement de l'esprit, il y a au contraire aujourd'hui, dans la culture occidentale, une autre passion qui s'affirme, qui est la passion de la différence. Cette différence, à un niveau fondamental, on pourrait l'exprimer comme le faisait déjà Martin Buber, en parlant du Je et du Tu.

Cette réalité de la différence, je dirais malgré tout qu'elle n'est pas totalement absente dans le monde de la réflexion indienne. On y trouve parfois, en effet, des problématiques assez étranges, et je pense à cette Upanisad où l'on pose la question: pourquoi l'homme aime-t-il la femme? Pourquoi le père aime-t-il son enfant? La question, de fait, se referme sur une réponse toujours identique: c'est pour l'amour du Soi que l'on aime l'autre. Mais cette réponse est-elle réellement suffisante?

Dans le même ordre d'idées, je ferai allusion à la voie de la bakhti telle que l'expose Ramanuja, bien qu'on puisse juger qu'en Inde c'est une voie inférieure à celle de la gnose, de la connaissance illuminative.

Je voudrais toutefois relever que l'on peut aussi bien poser cette question en inversant celle qu'a posée Raja Rao à propos de la Compassion. En effet, qui est celui pour qui on éprouve cette compassion? Et y a-t-il vraiment quelqu'un pour qui on a réellement de la compassion? C'est pourquoi je me demande, et il est vrai que le problème que je soulève est immense, si nous ne

*sommes pas appelés en réalité, pour établir un humanisme, ou
plutôt un divino-humanisme qui transcenderait nos divisions
superficielles, à rapprocher le point de vue biblique du point de
vue indien en posant la coïncidence — non pas, d'aucune façon,
la supériorité d'une pensée sur une autre — mais la coïncidence
absolue de l'Unité totale et de la Différence totale. Ne serait-ce
pas le seul moyen de répondre au nihilisme qui nous submerge
aujourd'hui ?*

R. RAO. — *Je vous dirai à nouveau ce que je déclarais tout à
l'heure, mais dans un sens évidemment beaucoup plus profond en
ce moment : la différence n'est perçue que par quelqu'un qui est
au-delà.*

Pour ce qui est de la bakhti, *la notion d'un Dieu positif n'est
arrivée que très tard en Inde, et cette conception de Dieu relève de
l'ordre objectif. Nous avons l'habitude de dire en Inde que là où il
y a l'ego, il y a Dieu — et que là où il n'y a plus d'ego, il y a
l'Absolu.*

*En réalité, au-delà de toutes les différences, ne faut-il pas avoir
le courage de se débarrasser de quelque spécification que ce soit
pour pouvoir approcher de l'absolu divin ? La mystique indienne,
le judaïsme, le christianisme ou l'islam sont des apparitions, des
manifestations, mais ne faut-il pas remonter à ce qui les fonde en
vérité, à la Raison même de leurs différentes raisons ? Je vais vous
dire quelque chose qui va peut-être vous choquer : la science
moderne, et en particulier la physique, semble nous faire deviner
qu'il existe derrière les phénomènes une Réalité ultime qui n'est
peut-être pas si éloignée de ce que les textes de l'Inde et de la
Chine désignent par ce nom — ou de ce dont parle par exemple
Maître Eckhart, à qui vous avez fait allusion. On dirait que se
profile la conception d'une Unité au-delà des apparences, au-delà
des religions, au-delà des divisions qui nous sont pourtant nécessaires à un certain niveau, au-delà de l'histoire et de la géogra-
phie. Je crois très fortement que nous en arrivons à cette étape,
alors sachons-le, et ayons le courage de suivre cette voie jusqu'au
bout, si nous le pouvons.*

R. THOM. — *Si vous le voulez bien, nous allons nous arrêter
sur cette dernière affirmation d'une Unité suprême.*

*Personnellement, si je peux ajouter ma voix à celles qui se sont
exprimées, je pense que l'interprétation de M. Shayegan est la
bonne, et que le discours de M. Rao est effectivement fondé sur
une coïncidence des opposés. Je suis tout prêt à reconnaître que*

l'on puisse annihiler les différences par un effort de pensée qui consiste à remonter à ce que j'appellerai dans ma terminologie un centre organisateur. Toute opposition, en effet, toute structure de conflit possède un centre organisateur où l'on peut vouloir se placer et d'où, par déploiement, on voit alors surgir les différences et les antagonismes.

Je crois pourtant pour ma part qu'il s'agit là d'une position instable. Comme je le disais l'autre jour à M. Rao en privé, même en Inde les voies ferrées ont deux rails. Dans le monde où nous vivons, c'est toujours la dualité qui finit par triompher...

La cosmologie, l'existence d'observateurs et les ensembles d'univers possibles

JOHN D. BARROW

1. Introduction

Depuis longtemps, l'idée que notre univers n'est que l'un parmi beaucoup de mondes possibles soulève de l'intérêt. Traditionnellement, cet intérêt s'est trouvé lié avec la tendance humaine naïve à considérer notre univers comme optimal, d'une certaine manière, parce que sa structure apparaît, superficiellement, faite sur mesure pour l'existence de la vie.

On s'en souvient, Leibniz soutenait que nous sommes dans « le meilleur des mondes possibles » : point de vue qui l'amènera à se trouver caricaturé sans pitié par Voltaire sous les traits de Pangloss, professeur de « métaphysico-théologo-cosmolorigologie » dans *Candide*. Cependant, ce sont aussi les affirmations de Leibniz qui conduisirent Moreau de Maupertuis à formuler les premiers principes dynamiques de la physique qui, à leur tour, créèrent de nouvelles dérivations intégrales à la mécanique newtonienne. Maupertuis prétendit que les voies dynamiques possédant une action non minimale décrivaient les « autres mondes » dont Leibniz avait besoin pour affirmer sa référence comparative ; et la valeur minimale de l'activité réalisée dans la dynamique newtonienne fut citée comme preuve du fait que notre monde, avec ses lois, était « meilleur » dans un sens précis et rigoureux [1].

Au cours de ce bref exposé, j'aimerais mettre en lumière les différentes façons dont les cosmologues modernes abordent la notion d'un ensemble de différents univers, possibles ou réels. À partir de ce thème fondamental, j'introduirai un certain nombre d'idées connues des cosmologues, comme le principe anthropique, que je relierai à plusieurs nouveaux développements passionnants en cosmologie, et j'espère que les autres participants du débat interviendront aussi là-dessus.

2. Le principe anthropique

Le principe anthropique faible (P.A.F.) de Carter[2] tente d'énoncer en termes précis le fait suivant : certaines propriétés observées de l'univers, qui peuvent apparaître a priori comme étonnamment improbables, ne peuvent être considérées dans leur juste perspective que si on tient compte du fait que certains traits physiques et cosmologiques sont la condition préalable à l'existence de tout « observateur ». Les valeurs observées des variables cosmologiques (ou autres) sont sujettes à restriction dans la mesure où elles doivent tenir compte de valeurs soumises à l'exigence que tout observateur doit se tenir dans un lieu où les conditions sont mesurées, et effectuer son observation à une époque cosmique qui dépasse les échelles temporelles physique et biologique nécessaires à l'évolution des environnements qui favorisent la vie (les étoiles ?), ainsi qu'à la biochimie.

Ceci est un nouvel énoncé, et une application spécifique du théorème de Bayes. Car si p_B et p_A représentent les probabilités qu'une hypothèse est vraie avant (B) et après qu'en (A) une preuve avancée E est prise en considération, alors pour un résultat donné O, nous avons :

$$p_B (O) = p_A (O/E) \qquad (1)$$

où / indique une probabilité conditionnelle. La formule de Bayes donne la plausibilité relative de deux théories α et β, comme

$$\frac{P_E(\alpha)}{P_E(\beta)} = \frac{P_A(E/\alpha) \ P_A(\alpha)}{P_A(E/\beta) \ P_A(\beta)} \qquad (2)$$

Ainsi les probabilités finales pour l'observation de α et β se trouvent modifiées par les probabilités conditionnelles p_A (E/α) et p_B (E/β), qui rendent compte, dans la recherche des preuves, d'une tendance inhérente ou d'une subjectivité en faveur de α au détriment de β (ou l'inverse).

Prenons deux exemples :

a) *Les dimensions de l'univers*

Le fait que, selon les observations, l'univers soit si étendu (une taille d'environ 15 milliards d'années-lumières) a suscité de nombreuses et vagues généralisations concernant sa structure, sa signification et sa finalité. Les arguments contre, disons, le caractère unique de l'homme, basés sur la seule taille de l'univers ne tiennent pas compte du P.A.F. (principe anthropique faible). La découverte par Hubble de l'expansion de l'univers révèle un lien inextricable entre ses dimensions et son âge. Un univers de la taille de notre galaxie, la voie lactée, bien qu'il contienne cent milliards d'étoiles, aurait eu une expansion de moins d'une seule année. Le carbone, le nitrogène, l'oxygène et le phosphore dont nous sommes faits sont « cuisinés » à partir des noyaux originels d'hydrogène et d'hélium au sein des profondeurs stellaires. Quand les étoiles meurent, elles dispersent ces précurseurs biologiques à travers l'espace. Le temps requis pour cette synthèse stellaire du carbone est de l'ordre de la séquence principale d'une vie d'étoile :

$$t^* \sim \left(\frac{Gm_N^2}{\hbar_c} \right)^{-1} \frac{\hbar}{m_N c} \sim 10^{10} \text{ années} \tag{3}$$

où G représente la constante de gravitation de Newton, c la vitesse de la lumière, $\hbar$ la constante de Planck et m_N la masse du proton.

Donc, pour que l'Univers contienne les matériaux de base de la vie, il doit être au moins âgé de t^* et, puisqu'il est en expansion, au moins étendu de ct^*, ou de dix milliards d'années-lumières. Personne ne devrait s'étonner de trouver que l'univers est si grand. Nous ne pourrions pas exister dans un univers qui le serait manifestement moins [3].

De plus, l'argument que l'univers doit grouiller de civilisations en vertu de son immensité perd beaucoup de son poids : l'univers doit au minimum être aussi gros qu'il l'est pour soutenir un seul avant-poste solitaire de la vie. Nous voyons ici le déploiement de (2) s'expliciter si nous posons l'hypothèse α que la grande taille de l'univers implique la vie sans signification spéciale ou surabondante, et en β que la vie sur terre est, d'une façon ou d'une autre, unique ou spéciale. Si le caractère manifeste E est que l'univers, d'après les observations, dépasse la taille de 10^{10} années-lumières, alors, bien que $p_B (E/\beta) \ll 1$, l'hypothèse β n'est pas improbable dans la mesure où nous avons posé que $p_A (E/\beta) \approx 1$.

b) *Variation de G dans le temps?*

L'existence d'une échelle temporelle fondamentale[4] dans la nature, seulement déterminée par les constantes invariables de la nature c, $\hbar$, G et m_N, a été exploitée par Dicke[5] pour développer un puissant argument anthropique contre la conclusion de Dirac selon laquelle la constante gravitationnelle de Newton, G, décroît avec le temps. Dirac a remarqué que la mesure adimensionnelle de la force de la gravité

$$\alpha_G \equiv \frac{Gm_N^2}{\hbar c} \sim 10^{-39} \tag{4}$$

est en gros, de l'ordre de la racine carrée inverse du nombre de nucléons dans l'univers observable, N (t)

$$N(t) \equiv \frac{M_U}{m_N} = \frac{4\pi \; \rho_U(ct)^3}{3 \; m_N} \sim \frac{c^3 t}{Gm_N} \sim 10^{78} \left(\frac{t}{10^{10} \, \text{ans}} \right) \tag{5}$$

si nous utilisons la relation cosmologique donnant la densité de l'univers comme en relation avec son âge selon $P_U \sim (Gt^2)^{-1}$. L'âge actuel de $\sim 10^{10}$ années est calculé dans la dernière étape. Dirac a soutenu qu'il est très improbable que ces quantités puissent posséder des magnitudes adimensionnelles si éloignées de l'unité, et en même temps être indépendantes. Il doit plutôt exister une inégalité de la forme

$$N(t) \sim \alpha_G^{-2} \tag{6}$$

Cependant, si α_G représente une combinaison de constantes indépendante du temps, N(t) croît de façon linéaire avec le temps d'observation, t (l'âge de l'univers). La relation (6) n'est valable pour tous les temps que si une composante de α_G varie en fonction du temps. Dirac a suggéré que nous devons avoir $G \propto t^{-1}$, ainsi $N(t) \propto \alpha_G^{-2} \propto t^2$.

Toutefois, le P.A.F. rend à peu près inutile cette conclusion radicale. Le fait que nous observions aujourd'hui $N \sim \alpha_G^{-2}$ est une coïncidence nécessaire à notre existence. Puisque nous ne nous attendons pas à observer l'univers soit avant la formation des étoiles, soit après qu'elles se sont consumées, les astronomes observeront très probablement l'univers proche de l'époque t* indiquée par (3). De là nous verrons

$$N(t) \sim N(t_*) \sim \frac{t_*}{Gm_N} \sim \alpha_G^{-2} \tag{7}$$

Si δ représente l'hypothèse de Dirac pour une variation de G; si γ représente l'hypothèse que G est constant, tandis que le « caractère manifeste » E représente la coïncidence (6), alors, bien que la probabilité a priori soit $p_B (E/\gamma) \leqslant 1$, l'hypothèse γ peut être plausible parce que le principe anthropique garantit que $P_A(E/\gamma) \simeq 1$.

3. Le rôle des constantes de la nature

Les deux exemples simples mais frappants de la seconde partie s'articulent autour du fait que les temps de vie stellaires sont gouvernés par une combinaison de constantes fondamentales de la nature. Cet état de choses assurera généralement que le schéma d'ensemble de la structure de l'univers ne soit pas soumis à une forme quelconque de sélection « naturelle » mais reste une conséquence de propriétés invariantes et coprésentes. Supposons par exemple que nous ayons à commissionner une étude des masses et dimensions de tous les types de structures importants dans l'univers[7]. Une courbe des résultats ressemblerait à peu près à la figure 1 de la page suivante.

A priori, nous aurions pu nous attendre à ce que notre graphique soit couvert de points tout à fait au hasard, mais cela n'est clairement pas le cas. Certaines régions du diagramme sont lourdement et systématiquement chargées alors que d'autres demeurent très visiblement vides.

Au premier regard sur le graphique 1, différentes idées peuvent se présenter à vous pour expliquer la distribution des points :

(i) Ils sont distribués complètement au hasard — une préférence pour une région particulière est purement statistique. Toutes les corrélations apparentes sont des coïncidences réelles.

(ii) Nous sommes victimes d'un « effet de sélection » — l'ensemble du plan est peuplé d'une façon à peu près régulière, mais... il y a des types de structures que nous ne pouvons déceler, ce qui explique le dépeuplement apparent de certaines régions. Elles sont inobservables.

(iii) La stabilité — les « règles » de la nature permettent seulement à certains types de structures d'exister pendant de longues périodes de temps. Les portions du diagramme contenant les structures observées sont les régions qui décrivent les rela-

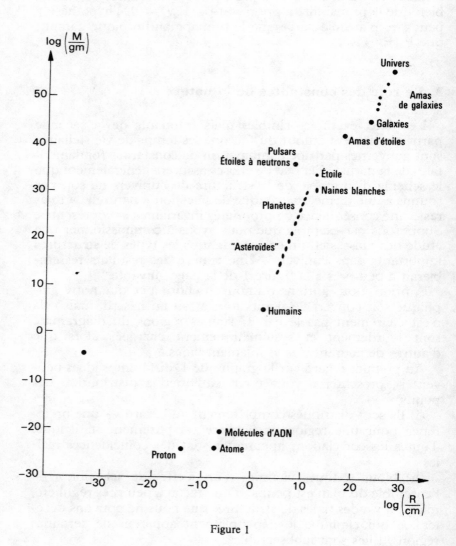

Figure 1

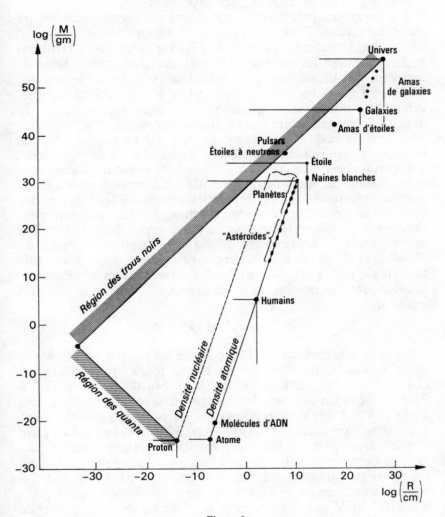

Figure 2

tions stables d'équilibre pouvant exister entre différentes forces fondamentales.

La conclusion correcte à tirer réside en (ii) et (iii) comme le relève le graphique 2 de la page précédente.

Sur ce graphique, nous avons ajouté un certain nombre de traits importants. D'abord la limite du trou noir $R = 2\,GM/c^2$: toutes les structures avec $R < 2\,GM/c^2$ sont inobservables, cachées derrière les horizons de l'événement trou noir. Deuxièmement, la limite du principe d'incertitude d'Heisenberg $McR > \hbar$: tous les objets avec $McR < \hbar$ sont rendus inobservables par l'incertitude quantique. Finalement, les lignes de densité constante atomique et nucléaire ($\rho \propto M/R^3 \propto$ constant pour chaque cas) révèlent la localisation d'états stables d'équilibre macroscopique entre les forces d'attraction et de répulsion.

Ce qui, dans l'aspect (iii), a frappé de nombreux cosmologues, est que les états d'équilibre que nous annonçons et observons sont souvent réglés très délicatement. Si les valeurs des constantes fondamentales étaient changées un tant soit peu, l'existence d'observateurs, assure-t-on, serait impossible. Un bon exemple de ce « réglage délicat » de l'univers à l'égard de l'évolution de la vie est celui remarqué pour la première fois par Hoyle qui, en 1953, prédisait l'existence des résonances[8] (c'est-à-dire de pointes dans la fréquence) dans la réaction nucléaire.

$$Be^8 + He^4 \rightarrow C^{12} + \gamma \qquad (8)$$

Le noyau de carbone 12 (C^{12}) possède un palier à 7.6549 MeV, juste au-dessus de l'énergie de masse totale du béryllium 8 (BE^8), plus une particule alpha (le noyau d'hélium 4, He^4 à 7.1187 MeV. En dessous des énergies trouvées à l'intérieur des étoiles $\simeq 0{,}3$ MeV, la réaction (8) est juste résonnante, mais tout juste (par exemple $7.1187 + 0{,}3 \simeq 7.6549$). Cette pure « coïncidence » de la physique nucléaire permet une production de carbone dans la nature à l'échelle temporelle t*, comme on l'a vu au paragraphe 2. Là n'est pourtant pas la fin de l'histoire. Il existe également un palier du noyau d'oxygène 16 (O^{16}) à 7.1187 MeV qui se situe juste en dessous de l'énergie totale du carbone 12 plus une autre particule alpha. D'où la réaction

$$C^{12} + He^4 \rightarrow O^{16} \qquad (9)$$

n'a pas de résonance dans les étoiles. C'est une chance extraordinaire. En effet, si ledit palier O^{16} dépassait si légèrement que ce fût l'énergie totale C^{12} + He^4 au lieu de se trouver juste en dessous, tout le carbone produit par la réaction de résonance (8) se trouverait rapidement consumé en oxygène par la réaction de résonance (9) et le carbone n'existerait pour ainsi dire pas dans l'univers. Ces coïncidences concernant le positionnement relatif des niveaux d'énergie nucléaire remontent en dernier ressort aux coïncidences entre les valeurs des constantes de la nature qui gouvernent la physique nucléaire, bien qu'il soit trop compliqué de les formuler explicitement.

La découverte d'une variété de « coïncidences » délicates de ce type a mené certains cosmologues à prendre plus au sérieux que jamais encore auparavant dans l'ère post-darwinienne les notions métaphysiques d'un univers porteur de vie, ou d'une vie en connexion plus intime avec la structure générale de la nature. On donne généralement à ce type de concept (2) le nom de principe anthropique fort, en anglais « Strong Anthropic Principle » ou S.A.P., pour le distinguer de la démarche plus banale que nous avons discutée dans les parties 1 et 2 ci-dessus. Cette idée a également provoqué une discussion sur ce qui pourrait se produire dans d' « autres mondes » où les constantes fondamentales de la nature seraient différentes de leurs valeurs observées. Ces ensembles d'autres mondes ne seraient pas forcément des exemples, dans bien des cas, de spéculations scolastiques, mais ils sont liés de très près à de nouveaux développements en physique et en cosmologie fondamentales.

4. Ensembles d'univers

Avant d'énumérer divers exemples de séries possibles de « mondes », il est utile de distinguer trois catégories de variations qui peuvent être employées pour créer des séries d'univers possédant des propriétés différentes :

(i) Des univers possédant différentes valeurs de quantités n'ayant pas le statut de constantes de la nature. Par exemple, nous pourrions prendre des modèles cosmologiques possédant différentes conditions cosmologiques initiales mais qui ont les mêmes lois et constantes que la physique. Au nombre de ces qualités typiques sujettes à variation, on peut citer la densité de l'univers, sa vitesse d'expansion, le nombre des photons par baryon, les niveaux d'isotropie, et l'uniformité spatiale dans l'expansion cosmique, et ainsi de suite[9].

(ii) Différentes valeurs des constantes de la nature (par ex. $\alpha \equiv e^2 \hbar c \sim 1/137$ or $\alpha_G \sim 10^{-39}$) ou d'autres caractéristiques essentielles de l'univers qui sont fortement contraignantes sur la forme des lois de la nature — par exemple la dimensionnalité de l'espace[10]. Il est utile de noter que les cosmologues essaient toujours d'expliquer les constantes adimensionnelles de type (i) en se référant à celles de type (ii) et que les récents développements[11] dans la physique des particules ont suscité un regain d'intérêt pour la possibilité que l'univers puisse posséder des dimensions spatiales additionnelles (sans doute au nombre de sept) dont chacune aurait une extension spatiale de seulement[12] $\sim (Gh/c^3)^{1/2} \sim 10^{-33}$ cm.

(iii) Des ensembles générés par l'observateur, du type requis par l'interprétation « multimondes » de la mécanique quantique[13]. D'autres que moi discuteront cette possibilité que je n'ai pas la place d'introduire dans cet exposé.

5. Quelques possibilités

Nous exposerons maintenant quelques idées utilisables pour générer des ensembles de mondes possibles, ou réels, décrits par des constantes fondamentales, des conditions initiales ou des lois de la nature différentes.

a) *Conditions initiales différentes*
Bien que l'évolution de notre Univers observé soit décrite avec succès dans une solution particulière des équations de champ d'Einstein (la solution de Friedman à laquelle on ajoute de petites perturbations), il existe une série infinie d'autres solutions aux équations d'Einstein. En général, les conditions initiales arbitrairement choisies n'évoluent pas vers le modèle isotropique de Friedman après de longues périodes de temps ($\sim 10^{10}$ années) de temps. Les cosmologues aimeraient découvrir s'il existe des principes fondamentaux qui obligent les conditions initiales cosmologiques à se rapprocher de l'isotropie et de l'homogénéité[14]. Il est également intéressant de se demander si le haut niveau d'isotropie (une partie sur 10^4) propre à l'expansion cosmique est nécessaire à l'évolution de la vie. Pour finir, notons que les conditions initiales les plus générales qui se prêtent à l'analyse présentent[15] un état de « chaos »

dynamique ; autrement dit elles ne sont pas déterministes, à moins que les conditions initiales soient l'objet d'une connaissance exacte.

b) *Un univers infini*
Les observations astronomiques actuelles étayent la conclusion que l'univers est infini (plutôt que fini) s'il est quasi homogène spatialement, et possède une topologie simple. Ce qui peut produire des problèmes logiques bizarres. Si les conditions cosmologiques initiales sont toutes exhaustivement dues au hasard, tout ce qui peut exister (comme nous-mêmes, ou bien cette page), avec une probabilité finie, pourra donc exister infiniment souvent. Si la vie possède une probabilité finie d'évolution après environ quinze milliards d'années (c'est évidemment le cas), alors cette vie doit exister sur un nombre infini d'autres sites dans l'univers. Remarquons, toutefois, qu'aucune observation ne peut vérifier si l'univers est spatialement infini sans faire appel à des présuppositions invérifiables comme les principes cosmologiques ou coperniciens. Si l'univers est infini, alors un ensemble de régions sans relation causale existe bien[16]. Et si on pouvait montrer que la structure cosmologique observée était à quelques petits changements près nécessaire à l'apparition d'observateurs, alors nous pourrions dire avec certitude que, dans une série accidentellement infinie de conditions initiales, on doit trouver (infiniment souvent) une région douée des propriétés requises pour évoluer vers le type d'univers que nous voyons après ~ 15.10^9 années. Si seules des données initiales de ce type peuvent conduire à l'apparition éventuelle d'observateurs, un philosophe paresseux pourrait soutenir qu'il n'y a plus de problèmes cosmologiques à expliquer. Remarquons qu'on pourrait réfuter cette « théorie » si l'on détectait dans l'espace une masse de matière suffisante pour rendre l'univers fini. Si on tenait là une explication réelle de la structure à grande échelle de l'univers, alors la plupart des caractéristiques structurales de l'univers que nous passons tellement de temps à essayer d'expliquer ne posséderaient en réalité ni ne réclameraient aucune explication autre que ce que fournit le P.A.F. — le principe anthropique faible.

c) *Inflation*
L'hypothèse d'un univers en inflation fut introduite en 1980 pour tenter de fournir une explication simultanée à un certain nombre de propriétés indépendantes de l'univers[17] : sa vaste

étendue, une expansion à proximité de la ligne frontière qui sépare les univers en expansion de ceux qui en reviennent à un état de haute densité, de haute isotropie et à un bas niveau de non-uniformité.

Les modèles originaux d'univers en inflation suggérés par Guth[18] et Sato[19], dépassés ensuite par les nouveaux modèles inflationnaires de Linde[20], d'Albrecht et Steinhardt[21] présentent des transitions de phase. Un schéma conceptuellement plus simple, appelé « inflation chaotique », est intéressant parce qu'il emploie l'idée inhabituelle d'infinités décrites dans les dernières lignes de (b) ci-dessous. Si, à des temps de l'ordre du temps de Planck ($t_p \sim (G\hbar/c^5)^{1/2} \sim 10^{-43}$ s), il existe un champ scalaire en interaction avec un potentiel de la forme

$$V(\Phi) = \lambda \, \Phi^4 \tag{10}$$

où λ est une constante (la forme précise [10] n'est pas nécessaire sauf que $V(\varphi)$ a un minimum superficiel symétrique à $\varphi = 0$). Les équations d'Einstein pour l'évolution du facteur scalaire, $R(t)$, d'un univers isotrope contenant le champ scalaire (10) en même temps qu'un rayonnement fossile ayant une densité $\rho_\gamma \propto R^{-4}$ sont simplement

$$\frac{\dot{R}^2}{R^2} = \frac{8\pi G}{3} (\rho_\Phi + \rho_\gamma) - \frac{k}{R^2} \tag{11}$$

$$\rho_\Phi \quad \frac{\dot{\Phi}^2}{2} + V(\Phi) \tag{12}$$

$$\ddot{\Phi} + \frac{3\dot{R}}{R} \dot{\Phi} + V'(\Phi) = 0 \tag{13}$$

où « . » représente un temps à dériver et K une constante.

Linde souligne que s'il existe une région de grandeur L au temps t_p sur lequel le champ φ est régulier de façon que $\varphi \approx$ constant, et telle que $L \gg ct_p$, alors (11) devient

$$\frac{\dot{R}^2}{R^2} \approx \frac{8\pi G\rho}{3} \Phi \approx \text{constant} \tag{14}$$

et il existe une solution qui s'accroît de façon exponentielle

$$R \propto \exp(H\,t) \tag{15}$$

avec H constant. Si ce comportement commence à un temps t_I et persiste pendant une période suffisante, des problèmes cosmologiques de toutes sortes se trouvent résolus. Remarquons, par exemple, que cela explique pourquoi le terme KR^{-2} en (11) est tellement plus petit que dans les autres termes à droite de (11). Une région de l'ordre de 10^{-33} cm de grandeur peut se trouver en inflation exponentielle selon le comportement décrit par (15) jusqu'à inclure l'univers observable en entier. Linde [22] soutient que si l'univers est infini, il doit alors exister quelque part une région de cette taille pour laquelle le champ φ est constant. Cette région sera alors en inflation selon (15) pour inclure l'univers observable en entier. Puisque seules les régions en expansion de cette façon deviendront assez vastes et assez vieilles pour produire des observateurs, le P.A.F. est utilisé pour expliquer les propriétés de notre univers observé. En particulier, l'inflation montre pourquoi notre univers est 10^{60} plus vaste que l'échelle de gravitation naturelle $1_p \sim (G\hbar/c^3)^{1/2} \sim 10^{-33}$ cm.

d) *Univers à constantes fondamentales différentes*

On a beaucoup discuté pour savoir ce qui arriverait dans des univers possédant des lois identiques aux nôtres (1.2.4.7.8.), mais dont les constantes fondamentales auraient des valeurs différentes.

Comme de très petits changements dans un grand nombre de constantes détruisent dans la nature les coïncidences qui sont à la base même de l'existence de la vie, on maintient que, dans un ensemble de tous les mondes possibles comportant toutes les permutations de valeurs numériques possibles pour les constantes fondamentales, notre monde n'est qu'un membre d'un très petit sous-groupe qui se trouverait en mesure de générer et de maintenir la vie.

Quand il s'agit d'évaluer les conséquences que produisent de tels changements effectués au niveau des constantes adimensionnelles de la nature, on se retrouve en pleine incertitude (même si nous ignorons la possibilité d'une théorie unifiée et polyvalente qui fixerait les valeurs de ces constantes de façon unique). Bien qu'un petit changement dans une combinaison adimensionnelle se rapportant à la charge de l'électron, e, puisse faire varier la vitesse d'évolution cosmologique ou stellaire à un tel point que la vie pourrait ne pas se développer, comment savons-nous que des changements compensatoires ne pourraient s'opérer dans les valeurs d'autres constantes, pour recréer un ensemble de situations favorables ? Il est intéressant de noter que l'on peut trouver à cette difficulté quelque chose de quantitatif et de général. Supposons que, pour simplifier les choses, nous traitions les lois de la physique comme un ensemble de n équations différentielles ordinaires (leur permettant d'être des équations différentielles partielles, ce qui ne ferait sans doute que renforcer la conclusion), qui contiendrait un ensemble de paramètres constants λ_l que nous appelons les constantes de la physique.

$$\dot{\underset{\sim}{\chi}} = F(\underset{\sim}{\chi} ; \lambda_i) ; \quad \underset{\sim}{\chi} \; \varepsilon \; (\chi_1, \chi_2, ..., \chi_n) \tag{16}$$

La structure de notre monde est représentée par les solutions de ce système, disons $\underset{\sim}{\chi}^*$, pour la réalisation particulière des constantes λ_l que nous observons. Nous pouvons maintenant poser la question : la solution χ^* est-elle stable par rapport à de petits changements des paramètres λ_l^* ? Tel est le type de questions auxquelles les mathématiciens [23] ont récemment répondu. La solution du système (16) correspond à une trajectoire dans un espace de phase à n dimensions. Dans deux dimensions (n = 2), le comportement qualitatif des trajectoires possibles est complètement classifié. Les trajectoires à deux dimensions ne peuvent se croiser sans intersection, les comportements possibles de type asymptotique stable sont simples : après de longues périodes de temps les trajectoires se rapprochent soit d'un foyer (solution stationnaire), soit d'un cycle limite (solution périodique). Cependant, lorsque n $\geqslant$ 3, les trajectoires peuvent avoir un comportement beaucoup plus exotique. Elles deviennent capables de se croiser en développant des configurations de nœuds compliqués sans pour autant se couper. Tous les comportements possibles ne sont pas connus, mais quand n $\geqslant$ 3, on a montré que le comportement générique des trajectoires semble consister à s'approcher d'un « attracteur étrange ». Ce dernier est une région compacte de l'espace de phase ne contenant ni foyers ni cycles limites, où les trajectoires à solution avoisinante divergent les unes des autres de façon exponentielle dans le temps, de telle sorte qu'il se produit une étroite dépendance sur les conditions de départ. Un changement infinitésimal dans la position de départ d'une trajectoire de résolution se transformera en une énorme différence dans une position subséquente. Cela nous montre que dans notre cas, aussi longtemps que n $\geqslant$ 3 (ce qui sera certainement le cas, dans notre équation modèle [16]), la solution χ^* deviendra instable et s'éloignera de λ_l^* pour tendre vers e $\rightarrow$ (χ_L) lorsque le déplacement dépasse une valeur critique (mais petite). Si l'attracteur original en χ^* n'était pas « étrange », alors notre ensemble de lois et de constantes serait très spécial dans l'espace de tous les choix pour l'ensemble λ_l ; et un petit changement dans l'une d'elles aurait pour résultat un changement catastrophique pour les solutions d'équilibre χ^* dans la nature. Si l'attracteur en χ^* est « étrange », alors il peut y avoir beaucoup d'autres ensembles similaires dans l'espace de paramètre $\lambda\iota$.

e) *Constantes à variations spatiales*
S'il est vrai que les « constantes » de la nature varient lentement dans l'espace, alors les coïncidences à équilibre délicat, comme les niveaux de résonance en C^{12} et O^{16}, n'existeront qu'à certains endroits et nous pourrions nous attendre à ce qu'en ces endroits seulement des observateurs soient à même de se développer. À ce jour, il n'existe aucune preuve pour étayer une variation spatiale systématique[24] dans les constantes fondamentales et les observations de quasars éloignés à radiation optique de 21 cm, montrant que la combinaison $\alpha^2 g_p m_e / m_N$ a varié de moins d'un millième pendant l'expansion historique de notre univers vieux de 15 milliards d'années (α est la constante de structure fine, m_e la masse de l'électron et g_p le facteur gyromagnétique du proton). Si la densité de l'univers excède de 0,3 la valeur critique nécessaire pour fermer l'univers, il est possible d'observer ainsi différents quasars qui sont demeurés sans connexion causale au cours de toute l'histoire de l'univers. C'est la motivation (6) qui a poussé certains à partir à la recherche d'une variation spatiale des constantes adimensionnelles de la nature. Si nous l'écrivons

$$\alpha_G \sim \frac{1}{\sqrt{N}} \sim 10^{-39} \qquad (17)$$

nous verrons que, puisque N représente le nombre de particules dans l'univers observable, il y a une indication de relation statistique déterminant la valeur de α_G.

Le principe de Copernic, on s'en souvient, avait pour louable objectif de réduire notre position dans l'univers, mais nous ne devons pas croire pour autant que cette position en devient moins spéciale. Dans des univers où les conditions (ou « constantes » de la nature) varient considérablement d'un site à l'autre, certains sites seront plus favorables au développement d'observateurs. Il existe même des modèles cosmologiques hiérarchiques dans lesquels l'environnement cosmique tempéré nécessaire au développement de la vie se situe très près du centre[25].

f) *Cosmologie quantique*

Pour le moment, il n'existe pas encore de théorie satisfaisante de la gravitation quantique mais récemment, il y a eu des tentatives sérieuses pour développer des modèles cosmologiques quantiques[26]. L'un des objectifs de telles recherches est de trouver une formulation écrite de la « fonction d'onde de l'univers ». Toute théorie de ce genre devra inévitablement contenir des éléments inhabituels de probabilisation et d'interprétation. Une formulation à voie intégrale aura besoin d'un traitement de « surcalculs d'histoires » se rapportant à de nombreux univers différents.

g) *Y a-t-il des lois de la physique ?*

Les êtres humains ont l'habitude de percevoir dans la nature davantage de lois et de symétries qu'il n'en existe réellement. Cet excès d'enthousiasme est compréhensible dans la mesure où la science se propose d'organiser notre connaissance du monde tout en l'approfondissant.

Il se peut que les lois qui, d'après notre perception, gouvernent le comportement de la matière et de la radiation, aient une origine purement aléatoire et que même l'invariance de jauge soit une « illusion » : un effet sélectif du monde à basse énergie que nous habitons nécessairement. Certaines tentatives préliminaires pour donner corps à cette idée ont montré que, même si les principes de la symétrie fondamentale de la nature sont accidentels — une sorte de combinaison chaotique de toutes les symétries possibles — alors il devient possible qu'à basse énergie ($\ll 10^{32}$ K) l'apparition d'invariance de jauge locale soit inévitable dans certaines circonstances[27]. Une forme de sélection « naturelle » peut survenir, où la température de l'univers tombe, où un nombre de moins en moins important dans toute la gamme des « quasi-symétries » arrive à influer sur le comportement des particules élémentaires, et un état d'ordre apparaît. Inversement, plus on se rapprocherait de l'énergie de Planck, plus cette image annoncerait le chaos. Notre monde à faible énergie peut être tout aussi nécessaire à l'existence de symétries physiques qu'à celle de physiciens.

Avant de citer certains des calculs préliminaires détaillés qui ont contribué à une recherche de cette idée d'une « théorie de jauge chaotique », rappelons-nous un exemple plus simple de ce qui pourrait se produire : admettons que vous descendiez dans la rue pour recueillir des informations, disons, sur la taille de tous les passants sur une longue période de temps, vous trouveriez que la courbe de fréquence des individus par rapport à leur taille tendrait de plus en plus à prendre une forme particulière. Cette forme caractéristique « de cloche » est appelée distribution « normale » ou gaussienne par les statisticiens. Elle est partout présente dans la nature. La distribution gaussienne est caractéristique de la fréquence de distribution de tous les processus véritablement aléatoires, quelle que soit leur origine physique spécifique. D'un processus accidentel à un autre, les gaussiens qui en résultent ne diffèrent que par leur largeur et le point autour duquel ils sont centrés. Une telle universalité pourrait, on peut le concevoir, être associée aux lois de la physique si elles avaient une origine accidentelle.

Nielsen et d'autres [27-28] ont montré que si le lagrangien fondamental d'où sont dérivées les lois physiques est choisi au hasard, alors l'existence d'invariances locales de jauge à faible énergie peut être un phénomène stable dans l'espace de toutes les théories lagrangiennes. Elle ne sera pas générique. Autrement dit, la présence, disons, d'un proton sans masse est quelque chose qui émergera d'un seul espace ouvert (mais pas de n'importe lequel) de lagrangiens choisi dans l'espace de toutes les formes fonctionnelles possibles. Cela donnera l'illusion d'une symétrie de jauge locale U (1) à faible énergie.

Supposons qu'un tel programme puisse être confirmé, et ainsi fournir une explication pour toutes les symétries de la nature d'observation courante — selon Nielsen, il serait possible d'évaluer l'ordre de magnitude de la constante de structure fine dans des modèles en treillis des théories de jauge aléatoires, et ainsi, en principe, certaines valeurs des constantes fondamentales pourraient avoir un caractère quasi statistique. Dans ce cas, l'interprétation anthropique de la nature doit être un peu différente. Si les lois de la nature qui se manifestent à basse énergie sont statistiques dès l'origine, c'est qu'encore une fois, un ensemble *réel* d'univers possibles différents existe bien. Notre univers constitue l'une des réalisations de cet ensemble. La question devient alors : tous les aspects de notre univers sont-ils stables, ou bien représentent-ils des aspects génériques de l'ensemble, ou encore sont-ils spéciaux ? Dans cette optique, les théories de jauge stochastiques sont assez séduisantes pour l'interprétation anthropique : elles admettent des univers alternatifs et réels en tant que possibilités sans pour autant inclure la présence simultanée d'un nombre infini d'univers différents ; elles permettent aussi, en principe, un calcul mathématique précis des possibilités d'observer un aspect spécifique du monde actuel, et présentent un moyen d'évaluer la signification statistique de tout univers connaissable. De façon générale, nous pouvons voir que le point crucial de toute analyse finale de ce type, quel que soit son caractère détaillé, sera la température de l'univers. C'est seulement dans un univers d'une « fraîcheur » relative, T $\ll 10^{32}$ K, que les lois de symétrie de la nature pourront dominer sans se perdre dans le chaos ; mais, de la même façon, seul un univers frais peut assurer l'existence de la vie.

Traduction de Tchalaï Unger.

NOTES

1. Pour une histoire détaillée de tous ces arguments, dans tous les aspects de la science et de la philosophie, voir J. D. Barrow et F. J. Tipler, *The Anthropic Cosmological Principle* (Oxford University Press, 1986).

2. B. Carter, in *Confrontation of Cosmological Theories with observation*, ed. M. S. Longair (Reidel, Dordrecht, 1974), p. 291 ; J. D. Barrow, Quart. J. Roy. astron. Soc. *24*, 146 (1983).

3. B. Carter, Phil. Trans. Roy. Soc. A*310*, 347 (1983).

4. J. A. Wheeler, in *Foundational Problems in the Special Sciences* (Reidel Dordrecht, 1977), p. 3.

5. R. H. Dicke, Nature *192*, 440 (1961) et Rev. Mod. Phys. *29*, 355 (1957).

6. P. A. M. Dirac, Nature *139*, 323 (1937). Pour une recension détaillée, voir réf. 1 et J. D. Barrow, Quart. J. Roy. astron. Soc. *22*, 388 (1981).

7. Voir par exemple B. J. Carr et M. J. Rees, Nature *278*, 605 (1979).

8. F. Hoyle, *Galaxies, Nuclei and Quasars* (Heinemann, Londres, 1965).

9. C. B. Collins et S. W. Hawking, Astrophys. J. *180*, 317 (1973) ; J. D. Barrow, Quart. J. Roy. astron. Soc. *23*, 344 (1982).

10. J. D. Barrow, Phil. Trans. Roy. Soc. A*310*, 337.

11. J. D. Barrow, Fundamentals of Cosmic Physics *8*, 83 (1983).

12. E. Witten, Nucl. Phys. B*195*, 481.

13. J. A. Wheeler et W. H. Zurek, *Quantum Theory and Measurement* (Princeton University Press, 1982).

14. Des exemples intéressants consistent dans les conditions limites proposées par R. Penrose, dans lesquelles l'état initial connaît une entropie gravitationnelle minimale, et les conditions limites sur la section euclidienne proposées par S. W. Hawking.

15. J. D. Barrow, Phys. Reports *85*, 1 (1982).

16. G. F. R. Ellis et G. B. Brundrit, Quart. J. Roy. astron. Soc. *20*, 37 (1979).

17. Pour une vue globale du sujet, voir G. Gibbons, S. W. Hawking et S. T. Siklos, *The Very Early Universe* (C.U.P., Cambridge 1983), et pour une discussion vulgarisée, J. D. Barrow and J. Silk, *La Main gauche de la création* (Londres, 1985).

18. A. Guth, Phys. Rev. D*23*, 347 (1981).

19. K. Sato, Mon. Not. Roy. astron. Soc. *195*, 467 (1981).
20. A. Linde, Phys. Lett. *108B*, 389 (1982).
21. A. Albrecht et P. Steinhardt, Phys. Rev. Lett. *48*, 1220 (1982).
22. A. Linde, Nuovo Cim. Lett. *39*, 401 (1984).
23. D. Ruelle et F. Takens, Comm. Math. Phys. *20*, 167, S. Newhouse, D. Ruelle et F. Takens, Comm. Math. Phys. *64*, 35 (1978).
24. B.E.J. Pagel, Phil. Trans. Roy. Soc. A*310*, 245 (1983).
25. G.F.R. Ellis, R. Maartens et S. Nel, Mon. Not. Roy. astron. Soc. *184*, 439 (1978).
26. J. Hartle et S.W. Hawking, Phys. Rev. D*28*, 2960 (1983).
27. H.B. Nielsen, Phil. Trans. Roy. Soc. A*310*, 261 (1983).
28. D. Förster, M. Ninomiya et H.B. Nielsen, Phys. Lett. B*94*, 135 (1980); J. Iliopoulos, D.V. Nanopoulos et T.N. Tamaros, Phys. Lett. B*94*, 141 (1980); J.D. Barrow et A.C. Ottewill, J. Phys. A*16*, 2757 (1983).

DISCUSSION*

I. Stengers. — *Si j'ai bien compris ce que vous avez dit, Hubert Reeves, vous avez fait allusion à ceci que les grandes théories unifiées rendaient compte du rapport entre les intensités de la force faible et de la force électromagnétique, en sorte que le total des nombres indépendants se trouvait en diminution. J'aimerais avoir votre sentiment de physicien sur ce point, puisqu'il semble assez évident, après vous avoir écouté et après avoir lu le rapport de John Barrow, que la force dramatique et mystérieuse d'une idée comme celle du principe anthropique, et qui porte facilement vers des vues finalistes, est très profondément liée à la notion de l'improbabilité, c'est-à-dire au très grand nombre de conditions indépendantes à réunir dès le début de l'univers.*

Selon vous, est-ce que cette improbabilité des lois et des conditions initiales est le résultat des limites de notre théorie actuelle, ou bien pensez-vous qu'il s'agit d'une donnée intrinsèque? Autrement dit, nous trouvons-nous dans un domaine instable où les faits se relient peu à peu aux théories et où l'improbabilité en tant

---

* Empêché par des problèmes de santé, John Barrow n'avait pas pu se rendre à Tsukuba. Hubert Reeves avait accepté de présenter à sa place ce qu'on appelle le «principe anthropique» — dont il faisait ressortir que, quant à lui, il lui aurait semblé beaucoup plus satisfaisant de le baptiser du nom de «principe de la connaissance», afin d'éviter, d'une part, un anthropomorphisme gênant, et de poser, d'autre part, la question générale: qu'est-ce qui rend la connaissance possible dans l'univers tel qu'il est? — question qui lui paraissait beaucoup plus riche et bien moins sujette à suspicion que l'affirmation d'un principe anthropique qui suscitait en lui une double position d'intérêt et de méfiance.

*que telle recule à mesure, ou bien pensez-vous que la description
cosmologique telle qu'on la fait aujourd'hui est relativement stable, et que nous devons dès lors nous affronter à cette idée que
nous vivons dans un univers qui était au début assez hautement
improbable parmi une multiplicité indéfinie d'univers alors possibles ?*

H. REEVES. — *Vous posez là une question fondamentale, sur
laquelle, croyez-moi, nous n'avons pas fini de réfléchir... Peut-on
vraiment réduire cette soixantaine de nombres initiaux qui nous
apparaissent pour l'heure comme étant plutôt arbitraires ? Vous
avez mentionné le fait que les théories de grande unification nous
feraient faire l'économie de deux nombres. Ce n'est pas encore un
immense progrès, mais, en suivant cette voie, on pourrait penser
en effet, que, progressivement, on arrivera à resserrer l'éventail. Je
vous signale néanmoins qu'il existe une autre version des faits,
qui déclare qu'à chaque fois qu'on découvre un nouvel échelon de
réalité le total des nombres indépendants connaît une inflation —
et qu'il y a là un processus qui n'a peut-être pas de fin.*
*Je m'explique sur ce point. Quand on a découvert qu'il y avait
des atomes, on a assez généralement pensé qu'on avait trouvé la
clé de la matière. Ensuite, on est passé de l'échelle des atomes à
celle des nucléons, et on s'est dit que les nucléons étaient les particules élémentaires. Pourtant, on s'est aperçu que ces particules
étaient composées de quarks, et on discute aujourd'hui pour
savoir si les quarks ne sont pas composés à leur tour d'éléments
encore plus simples. Autrement dit, ce phénomène converge-t-il,
ou bien ne va-t-on pas se rendre compte qu'il s'agit d'une régression à l'infini, comme les poupées russes, par exemple, où on en
trouve toujours une plus petite à l'intérieur de celle qu'on a
ouverte ? En fait, pour l'instant, nous n'en savons rien.*

I. STENGERS. — *Mais l'ensemble des nombres change à chaque
fois ?*

H. REEVES. — *Oui, il change, en effet. Il a la bonne habitude
de diminuer, puis d'un coup de recroître, de diminuer à nouveau, et de recroître à nouveau. En fin de compte, le physicien se
demande s'il préférerait le voir se réduire à zéro, parce qu'il se dit
que ce serait merveilleux — mais on n'aurait plus besoin de lui
donner un chèque à la fin du mois...*

I. STENGERS. — *C'était l'idée d'Einstein : la seule bonne question à se poser, c'est de savoir si Dieu a eu le choix quand il a créé cet univers ?*

H. REEVES. — *Oui, mais comme lui disait Niels Bohr, « mon cher Albert, quand cesserez-vous de dire à Dieu ce qu'il doit faire ?» Pour en revenir à notre problème, il y a donc ce fait que cet ensemble de nombres se révèle fluctuant, et qu'il est tout à fait possible que nous nous trouvions sur une échelle où l'on découvrira sans arrêt des échelons plus profonds, où nous n'arriverons jamais à mettre en évidence un échelon fondamental. On ne peut pas néanmoins exclure l'autre possibilité, qui représente le rêve théorique de tous les physiciens (et je dis théorique parce que, si on y arrivait, on n'aurait plus besoin de physiciens), et qui consisterait en ce qu'un jour on puisse réduire cet ensemble à un seul nombre, et peut-être même à zéro si on pouvait le remplacer par un énoncé qualitatif, un énoncé topologique du genre : la physique est fondée sur des théories de jauge à invariance locale — et vous voyez bien qu'un tel énoncé serait absolument fondamental et impliquerait par lui-même l'existence de tous les nombres.*

Cela dit, et devant les branches de l'alternative, je me pose la question suivante : est-il plus étonnant que dans l'existence simultanée de soixante nombres déterminés, semble-t-il, au hasard, l'ajustement ait été exactement celui qu'il fallait pour en permettre la connaissance ? Ou bien que, dans un univers fondé sur un énoncé unique, cet énoncé était tel qu'il engendrait lui aussi la possibilité de connaissance ? Je ne sais pas, quant à moi, laquelle de ces deux affirmations me paraît la plus étonnante — et peut-être, finalement, le sont-elles autant l'une que l'autre ?

G. HOLTON. — *Je tiens à dire ici que j'ai trouvé très « rafraîchissant » pour l'esprit de réfléchir sur ces problèmes. Il y a bientôt quatre cents ans, Giordano Bruno a été conduit au bûcher pour des spéculations comparables, et nous devons nous réjouir d'une évolution qui nous permet aujourd'hui de nourrir un dialogue sur un sujet comme celui-là.*

Cela étant posé, il y a quand même quelque chose qui m'inquiète dans ce principe anthropique — bien que vous l'ayez en partie éclairé dans la présentation que vous avez faite à la place de John Barrow.

Si l'univers, d'une façon ou d'une autre, nous a attendus, ou nous a prévus, ou s'est constitué de manière telle que nous pouvions apparaître et l'étudier en retour, et cela ressort fortement de ce qu'on nous a exposé, il n'en reste pas moins qu'on est obligé pour ce faire de procéder à une application de la loi d'entropie à l'univers dans son ensemble. C'est là une tentative extrêmement courageuse, mais qui me laisse un peu perplexe. J'ai été formé à l'opérationnalisme qui est celui du laboratoire, nous n'avons réellement étudié jusqu'ici les effets entropiques que sur des petits systèmes — ce qui m'amène à me demander s'il n'y a pas une certaine témérité à utiliser tout à coup cette notion au niveau de l'univers tout entier, et si nous pouvons nous permettre en toute sécurité de fonder une théorie sur une spéculation aussi vaste ?

H. REEVES. — *Je suis d'accord avec vous qu'il y a là, en effet, beaucoup de témérité. Mais vous savez que les physiciens sont toujours téméraires. Ils se disent : « Au pire, nous nous tromperons ; et au mieux, nous trouverons quelque chose d'intéressant. »*

Je vous répondrai cependant que l'entropie n'est qu'un des éléments nécessaires de la cosmologie actuelle, et que bien d'autres éléments interviennent, comme la géométrie ou l'âge de l'univers. Il est bien clair que dans un univers qui aurait eu une géométrie tout à fait différente de celle que nous connaissons, et qui n'aurait duré par exemple qu'un dix millionième de seconde, on voit mal comment la complexité aurait pu seulement naître sans parler de s'y développer. J'ai été aussi amené à parler du rythme de l'expansion, et il est de fait qu'on peut très bien imaginer un univers qui aurait immédiatement trouvé son état le plus stable avec une multitude de trous noirs et la formation quasi instantanée et générale de noyaux de fer. Mais, la même question se pose : la complexité y aurait été interdite dès le départ. On peut encore penser à l'existence des lois de la physique, c'est-à-dire au rapport d'intensité des différentes forces — et si l'on reprend ces éléments, la géométrie et l'âge de l'univers, le rythme de l'expansion ou le rapport des forces entre elles, on voit bien qu'ils ne font pas intervenir la notion d'entropie.

Alors, pour répondre précisément à votre question, je vous dirai que ce qui oblige à faire appel à l'entropie, c'est le problème de l'homogénéité et la nécessité où l'on se trouve de disposer de sources d'entropie pour pouvoir expliquer les néguentropies locales. En fait, je le répète, je suis bien d'accord avec vous, il y a dans toute cosmologie une grande témérité — mais c'est cette témérité qui est peut-être naturelle à l'être humain — cet être humain qu'on pourrait définir comme quelqu'un qui a le courage de se poser des questions, d'essayer des solutions, et de se dire : « Je prends le risque de me tromper, mais après tout... »

H. ATLAN. — *J'ai trouvé dans le texte de M. Rao une très belle réflexion qui me semble parfaitement convenir à cette discussion sur le principe anthropique, selon laquelle la fin ultime de l'analyse est l'irréalité ultime.*

Ce n'est pas la première fois que j'essaie de me confronter au principe anthropique, et j'espère que vous parviendrez à m'éclairer parce que, je l'avoue, j'y rencontre quelques difficultés. En fait, soit je n'y comprends rien du tout, ce qui est tout à fait possible, soit il me semble que c'est faire preuve d'une immense naïveté que de mettre sur le même plan les différentes étapes de l'histoire de l'Univers, y compris cette phase ultime — ou soi-disant ultime — qui consiste dans l'affirmation de la connaissance.

Dans la fresque que l'on décrit d'un point de vue cosmologique, on définit en effet l'apparition de la connaissance comme une simple étape supplémentaire, on place donc la connaissance sur le même plan que les particules élémentaires, les atomes, les cellules, les premiers organismes, etc., sans s'aviser de ce que cette fresque se trouve de fait elle-même à l'intérieur de cette connaissance. Car, comment cette fresque a-t-elle été construite, si ce n'est à partir des observations et des connaissances particulières produites par les différentes disciplines scientifiques ? Cette fresque, ce n'est pas la réalité, c'est une construction de la connaissance. Il me paraît donc parfaitement normal que l'existence même de la connaissance soit conditionnée en retour par le déroulement de cette fresque — puisqu'elle a justement été faite pour cela.

Les exemples de prédictions que l'on met en avant en faveur du principe anthropique font ressortir quelque chose d'important, qui est la valeur de découverte, la valeur heuristique de tout raisonnement finaliste. Vous savez, cela, les biologistes en ont l'habitude. Suivant une boutade assez connue, nous nous servons du raisonnement finaliste comme d' «une maîtresse qu'on utilise tous les jours», si j'ose dire, «mais avec qui on ne veut pas qu'on nous voie en public, parce que ce n'est pas honorable» ! C'est tout à fait le cas pour nous, en ce sens qu'il est vrai que le raisonnement finaliste possède dans la pratique une grande valeur heuristique, mais qu'il est tout aussi vrai, en même temps, qu'on n'a pu atteindre à la plus grande fécondité de la recherche scientifique qu'en refusant, au contraire, d'une façon simultanée, toute valeur d'explication ou de légitimation à ce même raisonnement.

Il n'en demeure pas moins, et je le reconnais, qu'il existe une connivence mystérieuse entre la nature et la conscience. Le mystère, toutefois, je le verrais beaucoup plus, quant à moi, à l'intérieur de nous-mêmes, c'est-à-dire comme la manifestation d'une connivence entre les données de nos sens et celles de notre pensée analytique, alors que nous sommes obligés d'habitude de les percevoir comme opposées. D'où la véritable jouissance que nous éprouvons lorsque nous bâtissons une théorie où ces deux types de données se réunissent tout à coup, et où les données de l'expérience corroborent ou paraissent être pour le moins en harmonie avec notre pensée abstraite et nos calculs, dont on ne voit pas généralement dans l'immédiat le correspondant sensoriel.

H. REEVES. — *Je conçois votre prise de position comme une réaction intéressante, et je dis justement que, sur ce sujet, toutes les réactions le sont, dans la mesure où, devant ce principe anthropique, je me trouve moi-même dans une position où je ne sais pas trop ce que je dois penser, partagé que je suis entre une certaine méfiance instinctive et l'existence d'indices qui me disent qu'il y a là quelque chose qui fait problème. Quant à ce que vous avez avancé, je dois pourtant vous répondre qu'entre le moment où on a conçu l'expansion de l'univers, c'est-à-dire aux environs de 1928, et le moment où on a compris que cette expansion était fondamentalement nécessaire pour expliquer les phénomènes d'entropie qui se produisent dans le processus d'organisation, il s'écoule une période de plus de quarante ans, et que je ne vois rien là qui était déjà implicitement connu dans la démarche de la connaissance. C'est bien plutôt quelque chose qu'on a constaté avec surprise après coup. Après tout, au XIXe siècle, on ignorait encore tout de cette notion d'expansion.*

H. ATLAN. — *On n'aurait certainement pas trouvé satisfaisant, à ce moment-là, de découvrir une notion comme celle de l'expansion.*

H. REEVES. — *C'est possible, en effet. Mais je pense que si, entre une découverte scientifique et une épistémologie régnante, il se produit un conflit, c'est plutôt à l'épistémologie de changer pour s'adapter à la nouvelle description de l'univers.*

F. VARELA. — *Je suis tout à fait d'accord avec Henri Atlan et je partage sa surprise devant le principe anthropique. Ce principe me rappelle un peu la blague épistémologique connue, d'un Espagnol qui rentre à Paris après une bonne année d'absence, et qui raconte à ses amis à quel point il est étonné de voir que ses enfants sont capables de parler français aussi jeunes...*
Nous nous trouvons dans un univers où tout ce que nous

savons de ce dernier est consistant avec notre propre existence. Mais comment, autrement, nous serait-il possible de l'étudier? L'émerveillement devant cette coïncidence qui apparaît entre la nature et l'esprit ne peut provenir à mon avis que d'une présupposition philosophique, selon laquelle nous établissons que la connaissance est prééminente par rapport à la matière. Moi, en tant que biologiste, je vous dis : il y a d'abord eu la matière, puis la connaissance. Ce n'est pas un choix de ma part, c'est une loi de la nature, et nous ne pouvons pas l'inverser. Il n'y a pas de mystère à cela. Le mystère, ce serait plutôt de savoir comment la connaissance se retourne pour pénétrer la matière.

S. BRION. — *En ce qui concerne le monde lui-même et la probabilité qu'y apparaisse une vie consciente, j'ai cru comprendre qu'intervenait d'abord la notion de temps écoulé (et les « quinze milliards d'années » semblent représenter de ce point de vue une période convenable au développement de la vie), et qu'il fallait, d'autre part, que l'univers eût une certaine taille pour qu'on puisse avoir l'espoir d'y voir surgir cette vie. Les questions que je me pose, c'est, d'une part, de savoir s'il y a un rapport entre ces quinze milliards d'années et cette taille nécessaire, et, d'autre part si la possibilité de vie dans des endroits multiples de l'univers dépend du caractère fini ou infini de ce dernier?*

H. REEVES. — *Il est vrai que le problème de la dimension de l'univers observable est en relation avec celui de son âge, mais il est aussi évident que l'univers réel, dont on ne connaît pas la dimension, est vraisemblablement beaucoup plus grand que celui que nous pouvons observer. Les modèles les plus crédibles aujourd'hui font plutôt état d'un univers ouvert, c'est-à-dire infini.*

Cela dit, pour répondre à votre seconde question, il ne me semble pas qu'il soit indispensable que l'univers soit fini ou infini pour que la vie y apparaisse. Ce qui semble assez nécessaire, en revanche, c'est qu'il soit quasiment à la limite entre les deux, à la frontière de la finitude et de l'infini, de la fermeture et de l'ouverture, c'est que ce soit finalement un univers euclidien. L'univers euclidien, c'est celui qui prend place entre une courbure positive et une courbure négative de l'espace, la courbure positive induisant un univers fermé qui aurait toutes les chances de se recontracter sur lui-même, et la courbure négative impliquant un univers ouvert qui ne se recontractera pas et qui a un volume infini. On a maintenant de bonnes raisons de penser que nous sommes très, très près de la ligne de partage, mais avec un très léger avantage du côté de l'ouverture.

De toute façon, pour que la vie apparaisse, l'important n'est pas là, ce qui importe vraiment, c'est que l'univers dure assez longtemps. Si vous faites le compte, vous vous apercevez que, pour avoir des atomes, il faut avoir des galaxies, il faut avoir des étoiles, il faut que ces étoiles « vivent leur vie », il faut que les atomes en soient éjectés, qu'ils forment des éléments solides et constituent des planètes. Ce n'est que sur ces planètes que la vie peut apparaître et se développer. Alors, est-ce qu'il y faut exactement quinze milliards d'années, je n'en sais rien. Il me semble toutefois qu'un comptage minimal donnerait bien quelques milliards d'années. En dessous d'un milliard d'années, en tout cas, il est à peu près sûr qu'on ne pourrait pas disposer d'une biochimie active.

S. BRION. — *Et le problème de vies multiples dans d'autres régions de l'univers ?*

H. REEVES. — *À mon avis, et contrairement par exemple à ce que dit quelqu'un comme Tipler, il ne me semble pas que ce problème soit relié à celui de la dimension de l'univers. Il faut toutefois être conscient que lorsqu'on parle de l'éventualité de la vie sur d'autres planètes que la nôtre, nous nous trouvons bien entendu dans un domaine spéculatif, et que tout ce que nous pouvons faire, c'est avancer des opinions qui nous paraissent vraisemblables, et qui, surtout, ne se trouvent pas en contradiction avec ce que nous savons par ailleurs. Cela dit, je crois plutôt quant à moi que l'univers étant ce qu'il est, c'est-à-dire très homogène, régi par les mêmes lois et formé d'éléments semblables jusqu'au point que les niveaux inférieurs d'organisation que nous pouvons observer, comme les nucléons, les atomes et même les molécules interstellaires, se retrouvent partout les mêmes, on peut en inférer que les niveaux supérieurs d'organisation doivent être eux aussi similaires. C'est la raison pour laquelle je pense (mais j'insiste à nouveau sur le fait que ce n'est rien qu'une opinion qui devrait être vérifiée) que, chaque fois que les conditions le permettent, la matière doit s'organiser d'une façon très efficace et atteindre des niveaux de complexité très élevés. La question devient alors de savoir combien il peut exister de planètes bien placées par rapport à des étoiles de la couleur nécessaire, etc. Évidemment, on ne peut faire à ce propos que des statistiques qui ne valent que ce qu'elles valent. Il me semble pourtant qu'il peut être légitime de penser qu'il y a de par l'univers de très nombreuses civilisations comme la nôtre. Mais, « nombreuses » veut-il dire un million, ou un milliard, ou encore plus ? Je n'en ai aucune idée.*

Je vais quand même me livrer devant vous à un petit exercice mathématique — auquel je ne crois pas — mais qui est intéressant par ce qu'il suggère. Si on admet en effet que la probabilité d'une vie intelligente est supérieure à zéro (et elle l'est forcément, puisqu'il y a au moins une manifestation de la vie que nous connaissons, et qui est la nôtre), si on admet d'autre part que le nombre de galaxies est infini (ce qui est le cas, nous l'avons vu, dans un univers infini), eh bien, on sait que tout nombre, aussi infime soit-il, si on le multiplie par l'infini, donne toujours un nombre infini. À partir de ce calcul, si on le prenait au sérieux — mais je n'ai pas pour ma part une telle foi dans les mathématiques pour penser que tout ce qu'elles indiquent théoriquement est forcément réalisé — on pourrait en conclure qu'il existe un nombre infini de planètes habitées ! Bien entendu, ne prenez tout ce que je vous ai dit là que pour ce que c'est réellement — c'est-à-dire une spéculation de ma part, qui s'appuie sur certaines vraisemblances, mais qui demandera des années, et sans doute même des décennies d'observations, pour savoir si on peut la vérifier ou non.

R. THOM. — *Une petite question pour éclairer ma lanterne. Je vivais jusqu'ici dans l'idée que le big-bang était une singularité ponctuelle. Alors, comment peut-on imaginer que, immédiatement après « l'explosion » de cette singularité, on ait un univers qui soit de volume infini. Est-ce possible ?*

H. REEVES. — *Je vous répondrai que tout dépend de la géométrie de l'univers. Dans le cas d'un univers ouvert, le big-bang ne se produit pas en un point, mais il est déjà lui-même de dimension infinie.*

R. THOM. — *Ah ! C'est merveilleux !*

Y. JAIGU. — *Si vous me le permettez, je voudrais faire un « passage sur le dos », comme on dit en aviation, et tenter de réfléchir devant vous, à voix haute, en termes philosophiques. Dans ce qui nous a été exposé, en fin de compte, il y a bien la question d'une connivence mystérieuse entre la conscience et la nature. Or, je n'ai pas pu m'empêcher de penser que nous retombions là sur le problème fondamental de Descartes en tant qu'il a été à l'origine de toute la tradition déterministe. Ce problème du rapport légitime entre une vérité produite par la conscience et la réalité de la nature, Descartes n'a pu le résoudre, quant à lui, que par la victoire affirmée sur ce qu'il appelait le Malin Génie, c'est-à-dire sur celui qui aurait pu introduire une distorsion entre la logique et le réel. Ce qu'il faut bien voir, cependant, c'est que cette victoire n'est acquise que par l'existence de Dieu. Le Dieu de Descartes, finalement, c'est le garant de ce qu'aurait dit John Barrow s'il avait été parmi nous.*

Ce qui m'a frappé, d'autre part, c'est cette idée assez vertigineuse d'une multiplicité de mondes possibles, entre lesquels, et d'une façon qui semble fortement finaliste, un seul se réalise — le nôtre. Vous savez qu'il s'agit là d'un problème qu'avait déjà posé Leibniz, et qu'il avait résolu en disant que parmi tous les mondes imaginables et rationnellement conceptualisables, le meilleur était celui qui naissait à la réalité, parce que c'était forcément celui qui assurait la meilleure adéquation de l'ensemble de ses paramètres par rapport à la raison. Est-ce que ce ne serait pas là le fond de la pensée de Barrow? Je ne sais quelle est la valeur d'une telle proposition d'un point de vue scientifique, mais je suis sûr en revanche que c'était pour Leibniz un point absolument essentiel, parce que c'était l'existence de cette multiplicité virtuelle des mondes qui fondait par ailleurs la possibilité d'une liberté humaine.

Ma dernière remarque portera sur le passage d'un finalisme ontologique à un finalisme historique. Le regard que porte Barrow sur l'histoire de l'univers ne consiste pas en effet dans l'observation neutre des bifurcations successives qu'a connues cette dernière, mais c'est essentiellement comme un regard global qui prend cette histoire dans son ensemble, et qui réalise quelque chose comme une opération hégélienne pour laquelle l'histoire n'est vraiment que ce qu'elle est à sa fin. Barrow se place, de ce point de vue, dans une position peut-être un peu prématurée puisque l'histoire du monde n'est pas encore terminée, mais enfin il nous dit que tout ce qui s'est produit jusqu'ici aboutit à ce fait que nous sommes là pour en parler — et que, pour aboutir à cette connaissance qui est la nôtre, parmi les mondes virtuels, seul le nôtre était possible, avec l'histoire qui est la sienne.

Tout ceci pour relever à quel point la science, aujourd'hui, frôle parfois la métaphysique. N'est-il pas merveilleux qu'on voie ainsi réapparaître, au détour de la recherche, les plus hautes interrogations philosophiques sur l'homme et la nature, comme celles de la garantie de la vérité, de la liberté de l'existence ou d'un sens possible de l'histoire ?

S. Ito. — *D'après la cosmologie moderne, l'univers n'est plus quelque chose de stable comme on l'avait cru très longtemps, mais il a une histoire et il change avec le temps. D'où la question que je pose : si l'univers a changé, comment peut-on être sûr que les lois de la physique, qui sont celles de l'univers d'aujourd'hui, n'ont pas changé elles-mêmes ?*

H. Reeves. — *Eh bien, nous nous sommes posé ce problème, et il se trouve que nous disposons aujourd'hui d'observations très précises qui nous permettent d'y répondre avec beaucoup de vraisemblance. Si on admet, en valeur moyenne, que l'univers a quinze milliards d'années, alors on sait que les quasars ont émis leur lumière il y a environ douze milliards d'années. Or, si vous comparez les longueurs d'onde de deux photons en provenance d'un quasar, et celles de deux photons similaires (par exemple, un photon émis par l'hydrogène et un autre par l'état ionisé du fer) que nous observons dans nos laboratoires actuels, vous vous rendez compte que le rapport des deux longueurs d'onde entre elles est quasi exactement le même, à un millième près. On peut faire d'autres expériences dans les mêmes conditions, par exemple calculer le rapport de la masse du proton sur celle de l'électron, etc., on retrouve toujours le même résultat, à savoir qu'en douze milliards d'années les rapports fondamentaux sur lesquels se construit la physique n'ont jamais varié de plus d'un millième, ce qui veut dire aussi bien qu'à cette infime approximation près, les lois de la physique sont demeurées constantes pendant toute cette période.*

Il y a donc là pour nous un très grand encouragement, et en même temps une énigme. Il y a douze milliards d'années, en effet, l'univers était très, très différent de ce que nous le voyons aujourd'hui. Il était énormément plus chaud et plus dense. D'où la question qu'on peut se poser : comment est-il possible qu'un univers aussi différent du nôtre ait été régi par les mêmes lois physiques ? Je ne sais pas très bien, pour ma part, ce qu'il faut y répondre. Disons que, pour une fois, la nature s'est montrée bienveillante pour les malheureux physiciens. Imaginez un peu comme nous aurions été embêtés si les lois de la physique avaient changé avec le temps, et que nous avions dû bâtir un modèle où les lois évoluaient ! Heureusement, il apparaît plus que vraisem-

blable aujourd'hui que ces lois sont constantes durant la quasi-totalité de l'histoire de l'univers.

Était-ce pourtant encore le cas au tout début de l'expansion, quand nous parlons au moins des premiers millionièmes, ou milliardièmes de secondes ? Là, évidemment, nous en faisons l'hypothèse, rien ne nous l'assure encore vraiment — mais nous sommes encouragés à faire cette hypothèse, du fait qu'il y a eu si peu de changements pendant tout le reste du temps.

L'odyssée de l'homme dans l'Univers

HUBERT REEVES

L'INTÉRÊT de la rencontre de Tsukuba réside, me semble-t-il, dans l'occasion ainsi offerte d'un échange de points de vue sur des questions d'une grande portée. Aucune forme de pensée, traditionnelle ou moderne, orientale ou occidentale, ne possède le monopole de la vérité et de la sagesse. Chaque civilisation, chaque groupe ethnique, chaque tribu indigène, aussi primitive soit-elle, a développé, au long de son existence, sa propre culture, son mode de pensée, son mode d'appréhension des grands problèmes auxquels tous les êtres humains sont confrontés. Tous s'interrogent, à l'échelle personnelle, sur le sens de la vie et de la mort, et, à une échelle plus vaste, sur les rapports entre l'être humain et l'univers dans lequel il a un beau jour « atterri ».

On distingue dans l'histoire de la pensée humaine trois grandes étapes quant au problème de la place de l'homme dans l'univers. J'en ferai ici l'historique. Cet historique concernera surtout la pensée occidentale, du moins au niveau des dernières étapes. Je ne sais pas jusqu'à quel point la pensée orientale présente des réponses équivalentes. Il serait intéressant de confronter ici les témoignages.

Dans la quasi-totalité des cultures primitives, comme dans la plupart des grands enseignements traditionnels, la Terre est le centre géographique de l'Univers. Elle est entourée par les cieux, la voûte étoilée où habitent les panthéons variés. Tout cela n'est pas très grand : les planètes et les étoiles sont tout juste hors de notre atteinte, le ciel n'est pas au-delà de la portée de la voix humaine. Dans ce ciel, habitent des figures paternelles qui s'intéressent aux êtres humains d'une façon très directe et très personnelle. L'homme dialogue avec l'au-delà. Il ne souffre pas de solitude, loin de là. Il se sent continuellement surveillé et doit régler son comportement en conséquence. Toutes les manifestations météoriques, tonnerre, éclairs, comètes, sont les éléments d'un langage céleste parfois terrorisant. Les ancêtres sont là-haut, ils ont rejoint l'Olympe, et jouent généralement le rôle d'intermédiaires entre l'au-delà et les habitants de la Terre.

Les Grecs, déjà, soupçonnent la véritable nature et la véritable dimension du ciel. À Héraclite qui affirmait que le Soleil a la largeur d'un pied d'homme, Anaxagore répondait qu'il est plus grand que le Péloponnèse. Mais, pendant la Renaissance, avec le développement des télescopes, le ciel, soudainement, prend des proportions gigantesques. Notre Terre n'est plus le socle immobile autour duquel les astres gravitent, elle est elle-même un astre, au même titre que la Lune et les planètes. Tous ces corps célestes gravitent autour du Soleil qui devient, à cette période, le nouveau centre du monde.

Pas pour longtemps. Bientôt, on réalise que notre Soleil triomphant est une étoile ordinaire, comme celles qui foisonnent dans le ciel par les belles nuits sans lune. En fait, une étoile banale, perdue aux confins d'une nuée stellaire que nous voyons sous la forme de la Voie lactée. Si les étoiles nous éblouissent moins que le Soleil, c'est qu'elles sont beaucoup plus éloignées. La lumière met huit minutes à nous arriver de notre astre, elle met des années à nous parvenir des étoiles de la nuit.

Pendant quelques siècles, on identifiera l'Univers avec la Voie lactée ou Galaxie, un volume qui s'étend sur des distances de centaines de milliers d'années-lumière. Puis, au début de notre siècle, on a une nouvelle révélation : notre Galaxie n'est pas unique. On en découvre continuellement de nouvelles, plus ou moins semblables à la nôtre. Elles s'échelonnent sur des millions et des milliards d'années-lumière. Aujourd'hui, on en dénombre plusieurs milliards. On envisage sérieusement, dans le cadre des théories modernes de la cosmologie, que leur nombre soit infini, et que l'univers soit littéralement sans bornes.

Le vertige devant les dimensions de cet univers, et la prise de conscience de notre insignifiance vis-à-vis des abîmes de l'espace ont sérieusement influencé la pensée philosophique des siècles derniers. Pascal est pour nous un témoin de premier

ordre. Il est à la fois scientifique, donc au courant des révélations de l'astronomie, et aussi philosophe et théologien, donc
en mesure d'en apprécier l'impact. Sa phrase célèbre : « Le
silence de ces espaces infinis m'effraie », résume en quelques
mots le drame de cette époque. Dans cet univers immense et
glacial, l'homme est un étranger, l'univers a cessé de lui répondre. À cause de sa foi profonde, Pascal n'a pas exploré à fond la
solitude des penseurs ultérieurs. Pourtant, il a durement accusé
le coup du choc provoqué par le développement de l'astronomie sur la vision traditionnelle des relations homme-cosmos.

Un deuxième choc allait venir des sciences biologiques, avec
la théorie de l'évolution. C'est maintenant la filiation céleste
des êtres humains qui est mise en cause. Adam et Ève ne sont
plus créés par Dieu dans le Paradis terrestre, pas plus que les
brillants Athéniens ne sortent tout casqués de la cuisse de Jupiter. La filiation est beaucoup moins noble. C'est au sortir des
vagins d'une lignée de guenons que nos ancêtres voient pour la
première fois le jour. Et si on remonte dans le passé à la
recherche des ancêtres de nos ancêtres, on « redescend » vers
des espèces animales de plus en plus primitives, comme les
reptiles, les poissons et les minuscules protozoaires de l'eau
croupie de nos vases de fleurs fanées.

Pour ajouter à la déconfiture, la biologie, en explorant les
mécanismes de l'évolution animale, met en évidence le rôle
fondamental du hasard. Dans le cadre de la sélection naturelle,
c'est lui qui est responsable de l'apparition des formes nouvelles qui seront conservées ou non dans la panoplie des
espèces vivantes. On a parlé ici du choc biologique, nouveau
coup porté à l'ancienne alliance : l'homme n'est plus le fils de
Dieu, mais le fils du hasard. Quel dialogue peut-on avoir avec
le hasard ?

Deux coups majeurs seront encore portés à la traditionnelle
alliance au cours du XIXe siècle, sur le plan psychologique cette
fois. Le premier vient de Freud, le second de Marx.

En découvrant l'existence de l'inconscient, en explorant les
soubassements de la psyché humaine, Freud découvre le rôle
fondamental des conflits sexuels de la petite enfance. L'image
du père se projette ensuite bien au-delà de la sphère familiale,
sous la forme de figures terrestres ou divines. Dieu n'est ni le
père génétique ni le père spirituel, c'est un produit de la fantasmagorie enfantine.

Le marxisme remet en cause l'image de Dieu comme chef

suprême des nations. Le pouvoir social ne vient pas du ciel. Le droit de gouverner est avant tout le droit du plus fort. L'histoire des hommes n'est pas la réalisation d'un projet divin mais la narration des péripéties de la lutte des classes.

On peut comprendre jusqu'à quel point ces coups ont pu influencer les options philosophiques de notre époque. Faut-il s'étonner de l'ambiance de déprime dans laquelle ces options s'expriment? Elle reflète ce qu'on a appelé l'angoisse de l'homme moderne devant le silence, la solitude, devant l'absurdité de la réalité. Je pense bien sûr à Camus et au mythe de Sisyphe. Je pense aussi à l'existentialisme: « Nous sommes de trop, nous sommes étrangers. » L'univers est vide de sens, muet. Inutile de prier ou même de crier, il n'y a personne au bout de la ligne. L'homme occidental occupe une position unique dans toute l'histoire de l'humanité; il n'a plus de contact avec l'au-delà. Plus de réponses à des questions aussi importantes que le sens de la vie. Il est coupé de tout et enfermé sur lui-même. C'est un psychotique total.

Nous abordons maintenant la troisième étape, celle qui va nous présenter une nouvelle alliance entre l'homme et le cosmos. Alliance qui émerge des acquis des sciences modernes, celles-là mêmes qui ont porté des coups si durs à l'ancienne alliance.

Pendant longtemps, les sciences ont travaillé de façon indépendante, chacune dans son domaine propre, sans contact entre elles. Il aurait été difficile à un scientifique du XIXᵉ siècle d'expliquer les rapports entre la physique, la chimie, la biologie, l'astronomie et la géologie. Loin de s'ouvrir pour se rejoindre, ces disciplines se spécialisaient de plus en plus, se subdivisant quasi à l'infini, présentant une vision de plus en plus restreinte de la réalité, au point que le spécialiste des coléoptères n'avait pas plus d'échanges avec le spécialiste des araignées qu'avec le vulcanologue ou le thermodynamicien.

Bernard Shaw a bien résumé la situation en disant que si l'humaniste classique est celui qui ne connaît rien sur tout, l'expert scientifique est celui qui connaît tout sur rien.

C'est au XXᵉ siècle que, par un vaste mouvement de retour sur elles-mêmes, les sciences font leur jonction. Elles redécouvrent ce que dans leur zèle elles avaient un peu oublié: que leur objet est ce même univers habité et étudié par l'être humain. Et elles s'aperçoivent qu'en juxtaposant l'ensemble de leurs résultats, on peut tracer une grande fresque. En prenant du recul, cette fresque nous laisse voir un thème central, une trame génératrice qui incorpore et situe les uns par rapport aux autres tous les acquis des différentes disciplines. Un peu comme lorsque dans un musée de peinture on s'éloigne quelquefois d'un grand tableau, pour comprendre l'ensemble ; on perçoit soudain les lignes directrices, des mouvements, des figures qui, de trop près, ne semblaient avoir aucune cohérence, aucun rythme global.

La cohérence du tableau des connaissances scientifiques se fait autour du thème de l'histoire de l'univers. Les scientifiques des siècles passés étudiaient une réalité qu'ils voyaient éternelle et fondamentalement immuable : les lois du mouvement des astres et des atomes. Puis, progressivement, la dimension historique s'est introduite et a joué un rôle de plus en plus central. Cela a commencé avec la géologie et l'étude du passé de la Terre. Puis la notion historique a pénétré la biologie avec la théorie de l'évolution : les espèces animales évoluent et se transforment par différenciation des cellules primitives d'il y a quatre milliards d'années. L'astronomie, la chimie et la physique entrent dans le bal de l'histoire avec la découverte que les atomes et les étoiles n'ont pas toujours existé, mais qu'ils apparaissent à un moment donné grâce au jeu combiné des forces gravitationnelle, électromagnétique et nucléaire. Et, récemment, la cosmologie a élargi la vision historique à l'ensemble de l'univers. Ce ne sont pas seulement les habitants de l'univers qui changent avec le temps, c'est aussi la structure même du cosmos. Il « apparaît » il y a quinze milliards d'années dans un état d'extrême chaleur, d'extrême densité et de chaos total. À cette époque, il n'héberge aucune structure, aucun système organisé, ni étoiles, ni galaxies, ni même de molécules d'atomes ou de noyaux atomiques. Il est constitué d'une purée homogène et isotherme de particules élémentaires, c'est-à-dire d'éléments simples, qu'on ne peut séparer d'éléments plus simples encore. Le physicien moderne y retrouve les électrons, les protons, les quarks, les neutrinos, et plusieurs autres particules.

De cet instant initial jusqu'à maintenant, les sciences modernes, chacune à leur tour, nous apprennent comment, chapitre par chapitre, la matière s'est organisée à mesure que la température cosmique, en régression continuelle « grâce » à l'expansion universelle, laissait le champ libre à l'activité des diverses forces de la nature. L'astronomie nous montre la formation des galaxies et des étoiles par l'action de la force de gravité sur la purée initiale. La physique essaie de comprendre comment, dans le centre incandescent des étoiles, les particules élémentaires s'associent pour former les noyaux atomiques. La chimie reconstitue les étapes par lesquelles les noyaux et les électrons, éjectés des étoiles moribondes, s'associent en atomes, molécules simples et grains de poussière, dans l'espace interstellaire. De nouveau à l'œuvre, la gravité donne ensuite naissance aux planètes, et dans certains cas aux atmosphères et aux océans où la chimie va jouer à fond, en parallèle avec la géologie, le jeu de l'évolution biologique, jusqu'à l'apparition des premières cellules. De là, la biologie prend le relais pour nous mener, au travers des innombrables lignées animales et végétales, jusqu'à la naissance de l'être humain, domaine conjoint de la paléontologie et de l'archéologie. Domaine aussi de la psychologie et de la psychanalyse puisque aujourd'hui ces deux disciplines essaient de relier les propriétés et les caractéristiques de l'âme humaine aux comportements instinctifs des espèces plus primitives. Ainsi l'homme de science se transforme progressivement en historien pour réaliser qu'il est en train de décrire sa propre histoire, son autobiographie.

L'idée maîtresse de chacun de ces chapitres, c'est l'organisation de la matière. La science découvre que tout ce qui existe, pierre, étoile, grenouille ou être humain, est fait de la même matière, des mêmes particules élémentaires. Ce qui diffère, c'est l'état d'organisation de cette matière, de ces particules les unes par rapport aux autres. C'est le nombre de paliers d'architecturation qu'elles ont gravis. Au niveau le plus bas, des nappes de matière interstellaire et intergalactique sont dans un état très voisin du chaos initial. Les étoiles sont déjà un peu plus élevées dans cet ordre ; la gravité les a façonnées en forme de sphères, mais leur niveau d'organisation reste quand même assez rudimentaire. Les pierres sont maintenues par la force électromagnétique. Leurs atomes, encastrés dans une maille cristalline rigide, possèdent un niveau d'ordre encore plus élevé que celui des étoiles, mais incomparablement plus bas que celui des grenouilles. Sur ce plan, le cerveau humain, avec ses milliards de neurones interconnectés, constitue l'échantillon le plus formidablement structuré que nous connaissions. Les manifestations extérieures des systèmes organisés sont en rapport avec leur degré de complexité : les étoiles ne savent que briller, les bactéries se déplacent à gauche et à droite, se nourrissent et se reproduisent, mais la plus haute performance accomplie dans l'histoire de l'univers, c'est l'acte de prendre conscience de sa propre existence et de l'existence du monde extérieur. La science naît précisément de cette activité du cerveau pensant et questionneur qui cherche à comprendre comment il en est arrivé là.

Géographiquement, la quasi-totalité de la matière universelle possède un niveau d'organisation rudimentaire, sinon quasi inexistant. Mais, en certains endroits privilégiés, en certains îlots favorisés par des conditions physiques appropriées, la matière a pu se laisser aller à ses tendances organisatrices et accoucher des merveilles dont elle est capable.

On voit maintenant comment les progrès scientifiques et leur synthèse dans une trame cohérente nous amènent à redéfinir la place de l'homme dans l'univers ainsi que sa relation avec le cosmos. Sur le plan de la masse et du volume, l'homme n'est rien : une poussière infime dans un espace sans bornes. Mais, selon le critère beaucoup plus important de l'organisation, il se situe très haut. À notre connaissance, il occupe l'échelon le plus élevé, celui duquel on peut « voir » l'ensemble du monde, l'observer et se poser des questions sur son origine et son avenir. Personne avant nous (du moins sur notre planète) n'a envisagé ce type d'interrogation. À cause de la position que nous occupons, notre rapport à l'univers se dessine plus nettement. Avec les nébuleuses, les étoiles, les pierres et les grenouilles, avec tout ce qui existe, nous sommes engagés dans cette vaste expérience d'organisation de la matière. Nous ne sommes nullement étrangers à l'univers. Nous nous insérons dans cette aventure qui se poursuit sur des distances de milliards d'années-lumière ; nous sommes les enfants d'un univers qui a mis quinze milliards d'années à nous mettre au monde.

Comment la situation a-t-elle pu à ce point s'inverser ? Comment la science, après avoir apparemment répudié l'ancienne alliance entre l'homme et l'univers, peut-elle maintenant défendre un point de vue diamétralement opposé ? Pour le comprendre, nous allons reprendre un par un les chocs décrits auparavant. En intégrant les découvertes scientifiques récentes, nous serons amenés à les comprendre autrement. En résumé, ces chocs ont provoqué un assainissement de la vision homme-univers. Ils nous permettent maintenant de nous débarrasser de certaines notions infantiles et d'atteindre une plus grande maturité, à la mesure des attributs réels de notre univers.

D'abord, le choc astronomique, provoqué par la prise de conscience de la dimension infinie de l'univers. Nous réalisons aujourd'hui que cette immensité n'est pas un luxe inutile. Dans un monde plus petit, à l'échelle des cosmologies antiques, la matière n'aurait jamais pu donner naissance aux molécules géantes de la biologie animale. Pour faire des atomes, il faut des noyaux atomiques, et ces noyaux se constituent au sein d'étoiles au moins aussi grandes que le soleil. Pour arriver à une abondance d'éléments chimiques suffisante, il a fallu des générations et des générations d'étoiles qui se sont succédé pendant des milliards d'années à l'intérieur de galaxies semblables à notre Voie lactée. Il a fallu d'innombrables explosions nucléaires au sein des étoiles pour rejeter ces produits des moissons nucléaires sur des étendues de milliers d'années-lumières dans l'espace interstellaire. De surcroît, on réalise aujourd'hui que l'expansion même de l'Univers est une condition essentielle de l'apparition de la vie sur la Terre. D'abord parce qu'elle est la source du refroidissement cosmique qui permet aux atomes de s'associer, mais aussi parce qu'elle permet au surplus d'entropie engendré par les phénomènes organisationnels de se dissiper dans un espace toujours plus grand, sans en arriver à menacer les systèmes liés eux-mêmes. Si la vie met plusieurs milliards d'années à émerger, l'univers en expansion doit en conséquence s'étaler sur plusieurs milliards d'années-lumières. Le premier choc a remplacé un ciel minuscule rempli de personnages anthropomorphiques par un espace gigantesque, bourdonnant de la fièvre de la gestation cosmique à laquelle nous devons notre propre existence.

Grâce au deuxième choc (l'évolution biologique précédée de l'évolution chimique et nucléaire), nous avons découvert un peu mieux les étapes de cette gestation cosmique. Loin de descendre tout faits de la cuisse de Jupiter ou de la côte d'Adam, nous sommes le fruit d'une longue ascension. La nature a ses propres façons d'engendrer la complexité par association et différenciation. Nous sommes les descendants d'une longue lignée d'ancêtres où nous retrouvons tour à tour et en ordre chronologique inversé les singes, les mammifères, les reptiles, les poissons, les cellules, puis, auparavant, les molécules complexes, les molécules simples, les atomes, les noyaux, les nucléons et les particules élémentaires du big-bang.

En même temps, nous comprenons beaucoup mieux comment l'organisation a pu émerger du chaos initial. Entre toutes les particules de la purée cosmique, des forces s'exercent qui vont façonner la matière quand la température décroissante leur en donnera l'opportunité. Ici le hasard joue un rôle fondamental, en provoquant les événements qui vont permettre l'actualisation des potentialités de la matière. Les rencontres entre noyaux dans les brasiers stellaires, les captures moléculaires dans l'océan primitif, les collisions des rayons cosmiques sur les chaînes de l'A.D.N. vont créer en permanence du nouveau et de l'inédit. C'est par eux que la nature trouvera l'occasion de manifester les comportements merveilleux dont elle est capable.

Ici s'inscrit un aspect encore mystérieux du développement de l'univers : la création de déséquilibres qui sont essentiels à ces manifestations et à ces merveilles de la nature. La matière est constamment menacée par ce qu'on appelle la « mort thermique », c'est-à-dire l'état d'équilibre (autant de processus d'une nature donnée dans un sens que dans le sens inverse, autant de captures que de dissociations). Si ces équilibres se réalisaient, l'univers aurait une allure totalement différente de celle d'aujourd'hui. Il serait entièrement composé d'atomes de fer et de trous noirs dont on imagine mal qu'ils aient des « angoisses métaphysiques ». Or, on observe que le rythme d'expansion est de nature à provoquer des déséquilibres par rapport à tous les types de réactions engendrées par les forces de la nature : gravitationnelles, chimiques et nucléaires. Non seulement la matière n'est pas dans un état d'équilibre, mais elle s'en éloigne de plus en plus. Par rapport à la « mort thermique », nous sommes en sursis, mais un sursis qui s'allonge continuellement et qui laisse ainsi la place à de nouvelles innovations, à de nouvelles créations. C'est là la source de la liberté et de l'inventivité de la nature. Pourquoi le rythme d'expansion est-il ce qu'il est ? On est bien loin de pouvoir apporter ici une réponse satisfaisante. En résumé, nous sommes les manifestations d'une matière extrêmement riche de potentialités, mais dont l'actualisation fait intervenir le hasard et nous place dans la lignée des singes. Cette matière se plie à un comportement global dont la finalité nous échappe encore, mais dont nous savons pertinemment que, s'il avait été différent, nous ne serions pas là pour en parler.

Le choc psychologique a largement contribué à assainir notre conception du cosmos en nous éclairant sur les phénomènes inconscients qui jouent en nous et nous amènent à projeter sur des figures extérieures les personnages des drames intérieurs de l'être humain. L'univers n'en reste pas moins profondément mystérieux et merveilleux. À mon avis, les potentialités organisatrices de la matière initiale trouvent une expression appropriée dans l'image orientale du Tao, non personnalisé, non figuré, mais antécédent, sur le plan ontologique, à tout ce qui existe. Pour l'expression occidentale, je renvoie aux vers de Baudelaire :

La Nature est un temple où de vivants piliers
Laissent parfois sortir de confuses paroles ;
L'homme y passe à travers des forêts de symboles
Qui l'observent avec des regards familiers.

DISCUSSION

I. STENGERS. — *J'aurais d'abord une question « abominable-ment » simple à vous poser. Cette question, c'est celle-ci : vous présentez comme logiquement associées l'idée d'un univers sans bornes et celle d'un nombre infini de galaxies. Je ne comprends pas très bien cette connexion logique puisque j'avais cru comprendre jusqu'ici qu'on pouvait avoir une masse finie dans un univers sans bornes au sens de la relativité. J'aimerais donc bien comprendre de quoi il s'agit au juste.*

J'aurais par ailleurs deux remarques à faire.

La première, c'est qu'il ne faut sans doute pas vouloir trouver trop de différences entre ce que nous pouvons faire aujourd'hui et le type de réflexion passée sur la constitution du monde. Le genre de fresque que vous avez brossée rendait à mes oreilles, et toutes proportions gardées, un son assez familier. Si vous vous reportez à la fin du XIX⁰ siècle, vous voyez qu'Oswald, par exemple, à propos de l'énergie, et donc après l'unification opérée à ce moment autour de ce concept, brossait de tels tableaux d'ensemble. Bien sûr, ces tableaux ne comportaient pas d'histoire de l'univers, mais ils nous connectaient à la nature grâce à des développements sur la mise en disponibilité de l'énergie, où la thermodynamique jouait le premier rôle.

Je ne voudrais pas que vous preniez ma seconde remarque comme une critique, mais bien plutôt comme l'illustration d'une thèse qui relève de très près du thème de réflexion qui nous réunit ici, et qui est, je vous le rappelle, « Les voies de la connaissance ». Il me semble en effet que votre exposé n'était pas neutre, et qu'il montre à quel point toute connaissance, fût-elle scientifique, n'est en fait jamais neutre : la signification que nous donnons aux résultats objectifs est finalement toujours portée par des jugements de valeur — et ce à quoi le professeur Reeves nous a fait assister, c'est bien à une formidable inversion de ces jugements. On en trouve un exemple très simple dans la manière dont il décrit l'évolution biologique : au début de son rapport, il parle de vagin de guenon, et d'ordre chronologique quand on en arrive à la fin. Cela veut dire que les mêmes faits se retrouvent pris dans des visions globales qui charrient des sens différents alors qu'il est bien évident pourtant que c'est toujours de la même évolution biologique que l'on parle.

On a là, il me semble, la manifestation éclatante de ce que l'on disait hier, à savoir que la science n'est pas seulement solidaire de la société où elle se déploie, mais qu'elle l'est aussi d'une certaine façon de vivre, et finalement, d'une certaine conception du monde. Je crois bien, par exemple, que Kant (qui disait que deux choses le remplissaient d'admiration : la loi morale dans son cœur, et la permanence des trajectoires planétaires dans le ciel) aurait très mal vécu Freud — mais qu'il aurait probablement tout aussi mal vécu la découverte d'une histoire de l'univers. Ses jugements de valeur l'auraient très mal supporté ; de la même manière on sait qu'Einstein a très mal vécu quant à lui le fait que sa théorie de la relativité entraînait un univers instable et dynamique. L'histoire de l'Univers ne justifie donc pas la nouvelle tonalité affective pour laquelle vous plaidez, c'est cette tonalité qui détermine la manière dont vous parlez de cette histoire.

Dernière petite remarque, un peu pointue, je l'avoue, par rapport au genre même qui est celui de la fresque. Qui peint une fresque se dépeint souvent lui-même et dépeint sa société, et je crois qu'il faut dans ce cas faire extraordinairement attention aux termes que l'on emploie. Lorsque vous mettez en exergue l'importance et l'éventuelle signification de l'acte même du questionneur qui cherche à comprendre comment il en est arrivé là où il est précisément, on peut craindre que le cosmologiste, ou l'homme occidental en général, qui a produit et est le produit de cette science dont vous parlez, ne finisse par apparaître comme la pointe ultime du progrès de l'univers. En d'autres termes, l'histoire du monde, ce serait ce qui mène à moi. N'est-ce pas là quelque chose d'un peu dangereux par rapport à ce que j'appellerai une «histoire aventureuse» de l'univers, que votre fresque fait pourtant aussi ressortir ?

H. Reeves. — *Si vous le voulez bien, je commencerai par la fin.*

Je vous rappelle que ce matin, lorsque j'ai dû prendre la place de John Barrow du fait de sa maladie, j'ai dit toutes mes réticences devant l'emploi de l'expression de «principe anthropique», et que j'ai proposé de parler à la place de «principe de la connaissance» pour ne pas faire de l'homme, et surtout de l'homme occidental, le centre du monde. Cela posé, je pense tout de même que, sur le plan de l'information, le cerveau humain est bien ce qui en possède le plus (je prends ici l'information au sens que lui donne la théorie de l'information), et qu'il représente de ce fait une réalité dotée d'un très large contenu quantitatif.

Pour en revenir à votre première question sur la dimension de l'univers, le point crucial consiste d'abord à connaître sa densité (autrement dit, quelle est la quantité de matière qui s'y trouve), puisque, selon la théorie de la relativité générale, c'est cette quantité de matière par unité de volume, c'est le niveau de cette densité qui fixe la courbure dont est affecté l'Univers. Or, cette densité de matière, aujourd'hui, on l'évalue à environ un ou deux atomes au mètre cube (il s'agit évidemment d'une moyenne calculée sur une très grande dimension), et on évalue la densité critique — c'est-à-dire celle en deçà de laquelle l'univers serait infini, et fini au-delà, à dix atomes par mètre cube. En fait, cette question n'est pas définitivement réglée, de nouveaux apports s'y font chaque année, mais enfin, depuis déjà quelque temps, ce que j'appellerai les «évidences faibles» vont à peu près toutes dans le même sens : l'univers est léger et sa densité est inférieure à la densité critique.

Qu'est-ce que cela veut dire ?

Eh bien, que, pas très loin de la frontière dont j'ai parlé ce matin, l'univers se trouve du côté d'une géométrie non euclidienne. Il est affecté d'une courbure légèrement négative, et si on veut se le représenter, ce n'est pas à la sphère qu'il faut penser, mais plutôt à un col de montagne ou à une selle de cheval. Autrement dit, nous avons deux courbures de sens opposé, et un volume aussi défini est doté, selon le modèle cosmologique, d'une dimension infinie. Il ne connaît aucune borne, il n'arrive pas à ses limites et ne se replie pas sur lui-même comme le proposent certains scénarios. Au contraire, il se poursuit infiniment, et si vous voulez une image, c'est un infini en expansion infinie. Alors, si vous considérez qu'il y a un nombre déterminé d'atomes par unité de volume, mais que ces unités sont en nombre infini, cela donne évidemment une quantité de matière qui est elle-même infinie. Je ne vous dis pas que c'est là la vérité — mais que c'est en ce moment le meilleur modèle dont nous disposions en conformité avec l'ensemble des connaissances actuelles.

I. STENGERS. — *Excusez-moi d'y revenir, mais je voudrais souligner le paradoxe théorique surprenant que dévoile votre réponse. Si je vous ai bien suivi, vous avez dit en effet que si nous avions observé une densité supérieure de matière, la quantité totale en aurait été finie, tandis que, dans la mesure où nous observons une faible densité de matière, nous devons conclure à une quantité infinie...*

H. REEVES. — *Vous savez, cela n'a rien de paradoxal en soi. C'est simplement la conséquence directe et logique des équations de la relativité.*

I. EKELAND. — *Je vais poser pour ma part une question extrêmement simple, et peut-être provocante : pourquoi s'intéresse-t-on à la cosmologie ? Pourquoi celle-ci exerce-t-elle aujourd'hui une telle fascination ? Il me semble que c'est parce qu'il s'agit là d'un type de connaissance qui n'est pas vraiment applicable, et qui est de plus invérifiable. En allant plus loin, je dirai que je ne sais même pas si c'est véritablement une science — et la question resurgit d'autant plus fort : pourquoi veut-on savoir, et que cherche-t-on à savoir ?*

H. REEVES. — *Je ne pense absolument pas que l'on puisse dire que la cosmologie est invérifiable. C'est aussi une théorie prédictive, et je vais vous en donner l'exemple le plus éclatant. Le modèle du big-bang a été proposé dès les années 1930, mais personne, à ce moment-là, ne voulait le considérer parce que, d'une façon ou d'une autre, on se trouvait plus à l'aise avec l'idée d'un univers stable et sans histoire. Pourtant, en 1948, l'astrophysicien Gamow, qui prenait, lui, très au sérieux la théorie du big-bang, en tirait comme conclusion que l'on devait trouver, en scrutant l'espace, un rayonnement thermique homogène en provenance du début de l'univers, avec des caractéristiques très précises d'environ 3 degrés Kelvin, ce que nous appelons aujourd'hui le rayonnement fossile. Comme personne, à cette époque, n'admettait l'idée d'une cosmologie possible — on ne prenait pas pour le moins au sérieux la théorie du big-bang —, personne non plus ne s'est donné la peine d'aller vérifier si ce rayonnement existait ou non. C'est tout à fait par hasard, en 1964, en testant les moyens de communication dont on pouvait disposer avec les satellites, que les deux astronomes américains Panzias et Wilson ont imaginé que la meilleure façon de procéder était d'utiliser un rayonnement de type radar, c'est-à-dire des micro-ondes, des ondes millimétriques. Lorsqu'ils ont réalisé leur programme, ils sont alors tombés sans s'y attendre sur un rayonnement uniformément distribué dans l'espace, et qui avait exactement, non seulement l'intensité, mais aussi les rapports de longueur d'onde spectrale que prévoyait la théorie de Gamow, un rayonnement cosmologique à 3 degrés Kelvin. Voilà donc, sur ce point, une théorie qui a été capable d'établir une prédiction qui s'est révélée exacte avec une très grande précision.*

Je vous ai donné cet exemple, il y en a beaucoup d'autres. Dans un univers en expansion, vous savez comme moi que, plus vous regardez loin, plus vous regardez dans le passé. Or, la théorie du big-bang nous dit que, dans le passé, l'Univers était beaucoup plus dense qu'il ne l'est actuellement. Si vous procédez donc à un comptage des galaxies par unité de volume déterminée, vous devez trouver de plus en plus de galaxies à mesure que vous regardez plus loin. Or, ce point est aujourd'hui parfaitement vérifié, et l'observation correspond à la prédiction théorique du modèle de l'expansion. Selon ce modèle, l'hydrogène et l'hélium sont aussi les produits des réactions qui ont eu lieu durant les premières minutes de l'Univers. Le rapport de l'un à l'autre doit être d'environ dix atomes d'hydrogène pour un atome d'hélium — ce qui correspond en effet à nos observations réelles. Je pourrais continuer cette liste, mais sachez qu'il y a aujourd'hui au moins dix observables cosmologiques de ce type que prédisait la théorie et qui sont parfaitement confirmés par l'expérience.

Pour plus de détails, je vous renvoie au symposium qui s'est tenu au C.E.R.N. en mars 1984, qui consistait en une rencontre de physiciens et d'astrophysiciens, et où l'on a pu faire état de l'extraordinaire efficacité prédictive de la théorie cosmologique. Au contraire des doutes que vous avez exprimés, je dirai plutôt pour ma part que c'est cette efficacité qui m'inquiète quelquefois, qu'il m'arrive d'avoir l'impression que « ça marche un peu trop bien », et que, quelque part, on est en train de nous « rouler ». En tant qu'astrophysiciens, nous avons tous le souffle un peu coupé, parce que nous comprenons mal comment un modèle aussi simple, et parfois aussi simpliste, peut donner de tels résultats. En général, on n'est pas habitué à autant de « bienveillance » de la part de la nature.

O. Clément. — *Je voudrais apporter une correction à l'exposé de Hubert Reeves en faisant ressortir que les cosmologies archaïques sont d'abord et avant tout des cosmologies symboliques, et qu'on ne peut donc pas se contenter de les écarter au nom de leur fausseté scientifique, alors qu'elles se situent autre part.*

Par ailleurs, la divinité de Plotin, de Shankara, de Maître Eckhart ou de Grégoire Palamas est incommensurable à ce monde, et il me semble de ce fait qu'il vaudrait mieux dire que notre univers est indéfini plutôt qu'infini. L'éternité n'est pas un temps illimité, et l'infini n'est pas un espace sans fin — en prenant ces termes, bien entendu, dans leur sens métaphysique.

La question que je voudrais finalement poser à Hubert Reeves, c'est celle-ci: comment conciliez-vous votre affirmation sur l'importance décisive du hasard et votre conclusion sur le tao *antécédent, votre allusion et votre appel à la conception baudelairienne du monde comme une forêt de symboles? Si le* tao *est antécédent, alors on doit bien admettre qu'il y a un autre principe organisateur que celui du hasard?*

H. Reeves. — *Ma position est la suivante. Dès le tout début, dès le big-bang, la matière disposait de toutes les potentialités requises pour s'ordonner comme elle l'a fait et construire ce que nous observons aujourd'hui. En fait, il s'agit là d'une autre façon de dire que les lois de la physique n'ont pas changé — c'est-à-dire, et nous en revenons à ce dont nous avons discuté ce matin, que les forces électromagnétique, nucléaire, faible et gravitationnelle étaient dans un rapport tel que, si elles n'étaient pas encore actualisées parce qu'il faisait beaucoup trop chaud pour qu'elles puissent se manifester, leurs potentialités impliquaient qu'elles puissent passer le moment venu d'un état virtuel à un état actuel. Les quinze milliards d'années de vie de l'Univers vont dès lors permettre très tôt à celui-ci de voir successivement surgir ces forces, puis d'atteindre à mesure de son refroidissement aux états nécessaires pour son organisation. Cette organisation, cependant, ne se déroule pas selon les canons du déterminisme au sens ancien et classique de ce mot, elle se manifeste au contraire grâce à ce qu'on pourrait appeler le jeu et la rencontre.*

Pour vous donner un exemple, au centre du Soleil, l'hydrogène peut se transformer en hélium, et on peut dire que, sur le plan de l'énergie, la nature a intérêt à ce que cela se passe ainsi. Pourtant, pour que cette réaction se produise et qu'il y ait formation d'un état plus stable de la matière, il faut que deux protons se rencontrent pour former du deutérium, il faut que se produise un événe-

ment — et nous savons aujourd'hui que ces événements se produisent au hasard, ou, si vous n'aimez pas ce mot, que ces rencontres se font selon des processus aléatoires. De la même façon, l'organisation des molécules dans l'océan primitif procède par un ensemble de collisions, d'associations, de dissociations, par ce que j'appelle un jeu que gouverne le hasard.

Dans cette perspective, vous le voyez, le hasard est l'agent qui permet aux potentialités de la matière de s'actualiser, et qui préside aux rencontres grâce auxquelles cette actualisation va pouvoir se dérouler. Ou, pour le dire autrement, le hasard crée l'événement, et c'est l'événement créé qui permet de se manifester aux structures virtuelles de la nature.

Pour résumer ma pensée, je dirai que nous assistons donc à tous les niveaux à la séquence suivante : il y a d'abord des potentialités inopérantes parce que le milieu est trop chaud et pose une impossibilité à toute manifestation. Ensuite, grâce au refroidissement du milieu, l'expression des potentialités devient possible, mais elle réclame l'existence d'événements qui consistent dans la rencontre d'éléments différents. Ces rencontres peuvent être des rencontres entre deux quarks, deux protons, deux molécules, deux cellules, et pourquoi pas ? entre deux êtres humains, mais, quand elles se produisent, elles ne sont pas déterminées à l'avance, au sens traditionnel de ce mot. Il me semble donc que l'on peut dire (mais c'est ma vision personnelle de l'histoire et de l'organisation de l'univers), que celui-ci existe tel que nous le connaissons aujourd'hui grâce à une actualisation des potentialités de la nature, et que cette dernière se réalise par le moyen d'un «jeu de hasard» qui crée des événements.

G. HOLTON. — *Le professeur Hubert Reeves nous a offert une vision du monde scientifique moderne qui était poétiquement très émouvante. Je lui en suis reconnaissant, tout en rappelant, pour reprendre le titre de son exposé qui était «L'Odyssée de l'homme», qu'Ulysse, dans son voyage, a rencontré quelques monstres ou même qu'il a remporté quelques victoires appréciables.*

Je m'explique sur ces mots en posant la question : quel est le coût à payer pour ces avancées de la pensée ?

Si je reprends les grands chocs dont a parlé Hubert Reeves, je constate par exemple que, pour ce qui était de Copernic et de sa démonstration que nous n'étions pas au centre de l'Univers, eh bien, il a fallu au moins un siècle pour qu'il soit vraiment pris au sérieux. Pour Darwin, vous savez peut-être que la théorie de l'évolution n'est toujours pas enseignée dans un certain nombre de cours de biologie aux États-Unis et qu'il y a même des lois qui l'interdisent dans certains États au nom de conceptions religieuses fondamentalistes. Quant à Freud, ce n'est pas ma sphère d'études, mais on sait tout de même à quel point ses idées ont été difficilement acceptées, et je me demande si, aujourd'hui encore, derrière une vulgarisation apparente, sa véritable pensée n'est pas restée l'apanage d'une élite.

En fait, chacune de ces découvertes a comporté aussi la découverte des nouveaux obstacles qu'elle suscitait, et on se rend compte que les révolutions conceptuelles se sont traduites beaucoup plus souvent par la difficulté à surmonter ces obstacles que par le fait de la nouveauté qu'elles introduisaient dans le champ de la connaissance. Il est certain que tout choc culturel nous prive du confort de pensée auquel nous étions habitués et nous force à affronter un univers élargi. Cela se traduit bien sûr par la plus grande liberté qu'y acquièrent notre imagination et notre pouvoir d'action, mais il est tout aussi certain que, bien souvent, au lieu de profiter de cette liberté, les hommes ont plutôt tendance à vouloir demeurer sur leurs positions acquises.

Nous nous trouvons aujourd'hui en face de la révolution cosmologique et du choc qu'elle peut produire. Du point de vue scientifique, une nouvelle étape est ainsi franchie, et nous commençons maintenant à posséder un schéma global de l'évolution de l'Univers. Mais je pense que la même dialectique va se mettre en marche ici, qu'il va certainement falloir attendre une très longue période avant que cette idée paraisse enfin acceptable, bien qu'elle soit vraie. Et ne devons-nous pas nous préparer à des réactions finalement très irrationnelles devant cette nouvelle liberté, ce nouvel espace d'imagination qui nous est ouvert par le truchement de la vision homérique que nous a présentée M. Reeves?

S. Brion. — *La seule question que je voudrais poser est extrêmement simple : sait-on, et comment peut-on savoir d'où vient cette purée atomique que l'on trouve au tout début de l'Univers? Si vous me dites qu'elle est le résultat du big-bang, quel était l'état de la matière avant que l'explosion se produise, qu'y avait-il avant le big-bang?*

H. Reeves. — *Pour vraiment vous répondre, il faut d'abord se demander : la cosmologie affirme-t-elle réellement qu'il y a eu un début de l'Univers? Si on veut parler en toute rigueur, on s'aperçoit qu'on n'a pas le droit de le dire. Tout ce que l'on peut dire, en fait, c'est que, à mesure qu'on recule dans le temps, on trouve un univers de plus en plus chaud et dense. Puis on en arrive à un point où la matière est si extraordinairement étrange par rapport à celle que nous connaissons que nous n'avons pas pour l'instant les lois de la physique qui nous permettraient de progresser. Pour parler plus précisément, il n'existe pas encore une théorie quantique de la gravité, qui serait nécessaire pour poursuivre notre étude. Si vous voulez, nous savons actuellement comment se comporte la matière lorsqu'elle est soumise à un champ de gravité très intense. Nous savons aussi comment les atomes se comportent, au moins statistiquement, quand ils ne sont pas soumis, au contraire, à un tel champ de gravité. Mais, pour remonter plus avant que ce point dont je vous parle, il nous faudrait justement savoir quel est le comportement des particules dans un champ de gravité intense. C'est cela qu'on désigne sous le nom de théorie quantique de la gravité, et c'est cette théorie dont nous ne disposons pas encore aujourd'hui parce que, malgré tous leurs efforts, les physiciens ne sont pas encore parvenus à la bâtir.*

Quand on approche du big-bang, en deçà de cet instant qu'on appelle le temps de Planck, alors que l'univers se trouve dans de telles conditions que la seule chose que nous en sachions, c'est qu'il nous faudrait utiliser cette nouvelle théorie qui nous fait défaut pour l'instant, eh bien, nous sommes un petit peu aujourd'hui comme des voyageurs perdus, la matière se trouve dans un état où nous ne disposons plus de trace ni de guide. Par conséquent, tout ce que nous pouvons dire légitimement, c'est que cette frontière de la connaissance (ou tout au moins, cette frontière à nos connaissances actuelles) se place à il y a environ quinze milliards d'années, et que nous n'avons aujourd'hui aucun moyen de savoir ce qu'il y avait auparavant. Y a-t-il, si l'on peut s'exprimer ainsi, un « vrai début » de l'univers ? Y a-t-il eu au contraire un phénomène cyclique d'expansion et de contraction, qui ferait que nous nous trouverions quant à nous à l'intérieur d'un de ces cycles ? Le physicien, en toute rigueur, ne peut rien dire à ce sujet. Je ne sais même pas s'il pourra le dire quand il disposera enfin d'une théorie quantique de la gravité — mais il est certain que, tant qu'il ne l'a pas découverte, il est condamné au silence.

Quant à la question que vous posez : qu'y avait-il avant le big-bang ? je voudrais vous répondre que c'est là un problème qui échappe de toute façon à la recherche scientifique. Parce qu'il n'a pas de sens pour elle. Il n'y a de science, en effet, que de quelque chose qui existe. Il faut une réalité observable pour que la science puisse l'explorer. Je ne sais pas si la matière est apparue un jour,

*ou si elle a toujours existé. La seule vraie question, ici, serait plu-
tôt celle que se posait déjà Leibniz : « Pourquoi y a-t-il quelque
chose plutôt que rien ? » C'est une question passionnante, mais le
physicien, sur ce point, est aussi désarmé que l'homme de la rue.
C'est une question métaphysique, je peux me la poser, et elle
m'intéresse en effet, mais je me tourne vers les philosophes qui
sont ici présents pour leur demander ce qu'ils en pensent.*

H. ATLAN. — *Je vais essayer de reprendre, en l'exprimant
peut-être un peu différemment, la question qu'avait posée
M. Ekeland sur le caractère scientifique ou non de la cosmologie.
À cette question, M. Reeves avait répondu en faisant ressortir
comment un grand nombre de prédictions qui avaient pu être
faites grâce à la théorie du big-bang s'étaient trouvées vérifiées
avec une grande précision. Il me semble personnellement que cette
réponse n'épuise pas le problème posé, et un problème qui se révèle
à l'examen extrêmement important, puisque sa formulation
même conduit un certain nombre de chercheurs à mettre en doute
le caractère réellement scientifique de la cosmologie.*

*En fait, la cosmologie nous décrit une histoire de l'Univers, et
on peut précisément se demander si cette notion d'une histoire
scientifique de l'Univers n'est pas, d'un certain point de vue,
quelque peu contradictoire.*

*Au fond, les réponses fournies par M. Reeves s'appuyaient sur
le pouvoir prédictif des théories — mais il me semble qu'on était
alors beaucoup plus du côté de l'astrophysique, et que c'est la technicité de celle-ci qui est justement à l'origine de ces prédictions
vérifiables. Cette astrophysique technique ne doit-elle pas être soigneusement distinguée des fresques cosmologiques qui répondent
visiblement à un autre souci, à un autre besoin, ainsi que
M. Holton l'a exprimé à sa manière ?*

*Je crois que M. Reeves lui-même est d'ailleurs amené dans ses
interventions à reconnaître explicitement cet aspect-là chaque fois
que, en particulier, il prend le soin de nous indiquer qu'il met certains mots « entre guillemets ». N'est-ce pas là votre façon
d'avouer que vous êtes sensible à cette tension, à cette contradiction qui opère entre le désir de brosser une grande fresque historique et la nécessité de votre éthique scientifique qui vous force à
« coller » aux règles du jeu constitutives de la construction de la
science ?*

*L'explication que je voudrais proposer à l'existence de cette ten-
sion est que ces fresques grandioses se libèrent de l'une des règles
fondamentales de ce jeu en ce qui concerne le langage.*

L'une des propriétés qui caractérisent le discours scientifique, et qui le rendent spécifique par rapport aux discours des autres traditions de connaissance, c'est bien la volonté de pousser aussi loin qu'il est possible la recherche d'un langage univoque, d'un langage d'ailleurs très pauvre de ce fait puisqu'il évacue toute métaphore, d'un langage dégagé de toute contrainte imposée par le contexte, et qui aboutit parfois à une univocité tellement forte qu'on y découvre, comme dans le langage mathématique, l'absence même de signification intrinsèque. Vous le savez, le symbole mathématique n'a de signification que de par la structure de sa syntaxe, et il s'est débarrassé de toute composante sémantique qui lui soit étrangère.

Or, dans les fresques cosmologiques qui nous sont proposées, on retrouve justement le caractère métaphorique du langage avec les multiplicités de sens qu'il induit. C'est probablement cela d'ailleurs qui est à l'origine du sentiment esthétique et poétique que l'on retire de ces fresques, sentiment qui nous rassure en même temps, et dont je me demande s'il ne remplit pas le rôle que jouaient autrefois et que jouent encore parfois aujourd'hui les mythologies et les traditions religieuses quand elles nous décrivent des mythes d'origine.

H. REEVES. — *J'établis en effet une distinction entre ce qu'on observe — ce que vous avez appelé la technicité de la science — et l'interprétation que l'on donne de ce que l'on a observé, et que vous appelez une «fresque».*

Ce qu'on observe, c'est qu'il y a une histoire de l'Univers et que nous commençons à relativement bien la connaître avec une assez grande certitude : nous savons que les premiers noyaux d'hélium apparaissent après les quelques premières secondes de l'Univers, qu'il n'y a pas encore d'étoiles au bout d'un million d'années, mais qu'il y en a en revanche au bout d'un milliard ; nous savons que les premiers noyaux lourds apparaissent encore plus tard, et les premières molécules lourdes encore beaucoup plus tard. Tout cela, ce sont des connaissances qui tiennent à la technicité de la science, et c'est celle-ci qui nous a permis de savoir qu'il y avait une gradation dans les niveaux de complexité selon une fonction temporelle. Quand je parle d'une histoire de l'univers, je parle donc dans un sens scientifique rigoureux d'une histoire de l'organisation de la matière, et de l'apparition de niveaux de complexité de plus en plus affirmés. Cette affirmation, je le répète, est entièrement fondée sur des faits, sur des phénomènes qu'on a pu observer.

Mais ensuite, et c'est là ce que j'appelle l'interprétation, quand je constate cette complexification croissante, quand j'embrasse d'un regard tout ce qu'on a pu observer (je mets ce mot d'observer entre guillemets), je ne peux pas m'empêcher de me demander: quel est donc le sens de cette histoire? Est-ce qu'il y a quelque chose par-derrière? Qu'est-ce que cela signifie? Je vous l'accorde sans difficulté, ce sont là des questions qui me sont personnelles — et dont les réponses, forcément, sont aussi personnelles, qui échappent donc au contexte de la science, mais qui la prennent en considération et dont le premier critère est de ne s'y trouver en aucun cas contradictoire.

Ce que je veux cependant souligner, pour répondre à certaines interrogations qui ont vu le jour ici, c'est que la notion d'une histoire de l'Univers, la notion d'une croissance de la complexité selon un déroulement historique ne sont en aucun cas des interprétations, mais découlent au contraire du côté technique de la science.

H. ATLAN. — *Pourquoi alors nous dites-vous que vous mettez le mot observer entre guillemets?*

H. REEVES. — *Parce que, précisément, il y a une technicité de la science. Ce que je veux dire, c'est que tous les physiciens savent très bien que leurs observables sont toujours un mélange de théorie et d'observation. C'est à ce niveau particulier que je me place, mais à ce niveau, on pourrait dire la même chose de la physique tout entière. Et je crois que vous-même, dans vos études sur l'auto-organisation, procédez de la même manière. Il ne faut jamais oublier que la science est aussi une construction.*

Interlude

Physique et philosophie

DAVID BOHM

N'ayant pu se déplacer au Japon, David Bohm a été interrogé à Londres par un représentant de l'université de Tsukuba. Enregistré en vidéo, cet entretien a été projeté devant l'ensemble des participants. Ce n'est donc pas un exposé que l'on trouvera ici, mais la sténographie des réponses fournies par David Bohm aux questions particulières qui lui avaient été posées.

Vous avez été le premier, David Bohm, à parler d'ordre impliqué. Pouvez-vous nous dire très rapidement en quoi consiste cette notion ?

D. BOHM. — J'appelle ordre impliqué, par rapport à la réalité immédiate que nous avons l'habitude d'étudier, un ordre sous-jacent à cette réalité, en deçà du cadre spatio-temporel dans lequel nous voyons apparaître les phénomènes, et dont tous les éléments, pour autant qu'ils soient éventuellement discutables, sont tous présents ensemble et à n'importe quel moment. C'est un ordre qui n'est aucunement présent au regard de l'observateur, mais dont la réalité se révèle si l'on veut comprendre, par exemple, les paradoxes de la physique quantique. Autrement dit, un électron, pour moi, n'est pas fondamentalement une entité réelle qui existe en soi-même, il est une manifestation de cette structure profonde du réel, et, de ce point de vue, il est comme un reflet d'une totalité fondatrice.

Où se situe la différence entre votre théorie et l'esprit classique de la physique?

D. Bohm. — Telle qu'elle a été pratiquée couramment jusqu'ici, la physique s'est donné, en fait, comme base, l'ordre explicite, déployé, manifesté. Il est vrai que cette perspective n'empêche pas de décrire des situations mettant en cause un ordre impliqué, encore que ce type de description tende à s'enliser dans d'insurmontables complications. Mais de telles situations sont généralement jugées secondaires, accessoires et dépourvues de sens en dehors de domaines limités (ceux, précisément, du genre analysé). Toute entité fondamentale douée d'une existence indépendante est tenue pour exprimable, en fin de compte, dans un ordre explicite, en termes d'éléments extérieurs les uns aux autres, éléments qui résultent habituellement de l'analyse du monde réduit à des particules élémentaires reliées par des champs.

Ce que nous proposons ici, c'est, au contraire, de prendre comme base l'ordre impliqué. Autrement dit, ce qui est fondamental, existant en soi et universel doit s'exprimer en termes d'ordre impliqué. Nous suggérons donc de voir dans l'ordre impliqué ce qui agit en toute indépendance, alors que, nous l'avons vu, l'ordre explicite découle d'une loi de l'ordre impliqué. Cette loi assure la *récurrence* et la stabilité de ce qui est manifesté, de telle sorte que la forme tend à rester semblable à elle-même. Mais elle permet aussi les *transformations* de cette forme, c'est-à-dire le fait que la récurrence a généralement des limites et n'est ni complète ni parfaite. Nous pouvons théoriquement obtenir de cette façon tout un monde explicite de formes dérivées qui évoluent et se développent, unies entre elles par des interconnexions qui en font un sous-ensemble *relativement indépendant.*

Cette notion d'une globalité première est assez satisfaisante pour un esprit oriental. Cependant, où en êtes-vous parmi vos collègues physiciens avec votre théorie?

D. Bohm. — Les physiciens sont plutôt conservateurs par nature. Ceci est largement dû au fait qu'ils ne s'intéressent souvent qu'aux expériences, non pas à la philosophie qui permettrait de les comprendre, et de comprendre la réalité qu'ils interrogent par ailleurs. En revanche, on a déjà porté beaucoup d'intérêt à cette notion d'ordre impliqué dans des domaines comme la psychologie, la philosophie, l'histoire ou la théologie. L'idée commence à faire son chemin... J'aimerais ajouter que mon travail a même progressé durant ces dernières années. Je développe à présent une conception plus poussée qui est celle d'un « super-ordre impliqué ». Il me faudrait de trop longues explications pour vous développer de quoi il retourne exactement, mais je peux vous en donner une idée globale en disant qu'il doit exister un ordre impliqué plus subtil, plus profond, qui gouverne le premier ordre impliqué et l'aide à s'organiser. C'est la totalité du tout qui en organise les parties. Nous portons ainsi la notion de totalité encore plus loin que nous ne l'avions fait jusqu'ici, et je pense que cela nous permet d'aborder encore mieux la théorie de la mécanique quantique.

Vous nous avez dit que l'ordre impliqué était en dehors de l'espace et du temps.

D. BOHM. — En fait, nous construisons l'espace et le temps en tant que catégories qui proviennent de cet ordre impliqué et le manifestent à nos yeux. Il y a deux physiciens de Berkeley en Californie, Geoffrey Chew et Henry Stapp, qui ont travaillé en collaboration sur ces idées. Ensemble, nous avons commencé à développer les théories mathématiques correspondantes, et nous espérons arriver à résoudre de la sorte les problèmes techniques les plus épineux de la physique. Il s'agit là toutefois d'un travail fastidieux, qui nous demandera beaucoup de temps.

Vous avez souvent fait allusion à un ordre impliqué de la conscience humaine.

D. BOHM. — Oui, je crois qu'il y a de nombreux exemples d'ordre impliqué dans la conscience. Mais j'aimerais m'intéresser surtout de ce point de vue à la question des rapports entre l'esprit et la matière. En son temps, Descartes avait été très clair sur ce point. Il disait que la matière était une substance étendue *(res extensa)* qui consistait en éléments séparables, et que l'esprit était une substance pensante *(res cogitans)* qui n'avait pas d'extension et était unitaire — ce qui n'empêchait pas cet esprit de nourrir des idées claires et distinctes qui correspondaient par ailleurs à des éléments différents. Pour résoudre ce problème, il avançait que Dieu était le garant du rapport entre ces deux substances, de sorte que, précisément, l'esprit puisse avoir ces idées claires au sujet d'éléments séparés.

Dans la perspective qui est celle de l'ordre impliqué, je dirai que le problème est beaucoup moins difficile dans la mesure où la matière et l'esprit plongent tous les deux leurs racines dans cet ordre. Ils en sont des déploiements distincts dans l'ordre expliqué, mais leur fond est le même, et il devient alors normal qu'il y ait adéquation entre la structure profonde de l'intelligence et celle de la matière.

Est-ce aussi de ce point de vue que l'on peut admettre que se créent des effets de sens, puisque toute expérience sensible de tout ordre plongerait dans cette réalité sous-jacente ?

D. BOHM. — Si vous essayez d'analyser, on peut dire que l'action est un déploiement d'intention à partir d'un sens premier, et que l'action porte avec elle l'affirmation d'un sens. Ce sont donc comme des boucles qui se forment constamment et je pense que, si vous pouvez comprendre les choses de cette façon, vous vous apercevrez que nous n'avons pas tellement besoin de poser l'intervention d'un moi entre l'acte de perception et le fait de l'action, qu'il n'est pas nécessaire d'affirmer par exemple que quelqu'un décide d'agir, mais que c'est bien plutôt le sens qui agit à travers lui.

Il me semble que cette idée peut encore trouver d'autres champs d'application. On pourrait ainsi concevoir que les structures qui sous-tendent une civilisation sont elles-mêmes des résultats de sens, et qu'elles font du sens en retour pour les hommes et les femmes qui y participent. D'une manière générale, vous pouvez voir de la sorte l'ordre impliqué en action, directement dans votre expérience, et conclure que, d'une certaine façon, vous expérimentez plus profondément l'ordre impliqué que l'ordre apparent et déployé dans lequel vous vivez.

Pensez-vous que l'on puisse étendre cette notion de sens à l'ensemble de l'univers, ou disons de la matière ?

D. BOHM. — Je dirais quant à moi que quelque chose de similaire au sens peut être en effet appliqué. Il y a plusieurs manières de présenter cette idée, mais nous pourrions utiliser la notion que Rupert Sheldrake a proposée récemment, quand il parle de *cause formative,* et qu'il institue la conception de ce qu'il appelle des *champs morphogénétiques,* par lesquels il tente d'expliquer la possibilité de croissance de certains organismes, ou leur capacité à apprendre en dehors de toute structure spatio-temporelle. De fait, la définition de ces champs, qui sont les cousins évidents de ce que j'appelle l'ordre impliqué, procède d'une combinaison des notions aristotéliciennes de cause finale et de cause formelle. En gros, si on essaie de comprendre comment la forme survient, on considère selon cette théorie qu'il existe déjà une fin dans l'organisme, et que ce dernier tend vers celle-ci. Il y a donc dès le départ une sorte d'intention implicite, et je penserais assez facilement quant à moi que ce ne sont pas seulement les organismes vivants, mais la matière tout entière qui est ainsi organisée. Un électron, par exemple, surgirait et redisparaîtrait constamment dans l'ordre impliqué, jusqu'à ce qu'une cause formative nouvelle entre en jeu et fasse se manifester et agir ensemble un grand nombre d'électrons pour créer un organisme. Si nous adoptons l'extension de ce sens particulier à la totalité de la matière, cela pourrait expliquer de façon économique pourquoi s'établissent des rapports entre notre sens intérieur et le sens extérieur qui agit dans la nature.

Il me semble qu'il y a là une consonance très forte avec les présupposés de base de beaucoup de philosophies orientales ?

D. Bohm. — En effet, les points communs sont nombreux. Comme en Orient, l'accent principal est mis dans l'ordre impliqué sur la totalité en tant que flux perpétuel, ainsi que sur ce qu'on pourrait appeler la réalité incommensurable qui se cache derrière les apparences — tandis qu'en Occident, depuis la Grèce antique, on s'est beaucoup plus porté sur les processus de mesure.

Il faut avoir présent à l'esprit, à ce sujet, que la mesure ne signifiait pas seulement autrefois la prise de mesure grâce à un outillage adapté — mais aussi une appréhension qualitative générale qui exprimait la limite des choses. Dans ce sens-là, la mesure de l'eau se situait entre la glace et la vapeur. Cette idée de mesure était absolument essentielle dans la philosophie grecque pour définir les critères d'une bonne vie. Au fond, il y avait pour eux trois mesures : la médecine, qui était mesure du corps ; la modération, qui était mesure du comportement tout au long de l'existence, et la méditation, qui était mesure des idées.

En Orient, au contraire, je crois que la notion fondamentale consistait dans la réalité ultime de l'incommensurable. En sanscrit, la *maya* a partie liée avec la mesure, et vous savez que c'est l'apparence, le reflet de l'Un, ce n'est certainement pas l'essence de la réalité. Alors, il est assez clair que ma conception d'un ordre impliqué se rapproche énormément de ce point de vue oriental, car elle avance que le plus loin que nous puissions aller dans la découverte de cet ordre nous amène vers un mouvement global et essentiel, vers un mouvement d'où tout surgit et découle — que ce soit l'espace, le temps ou la matière. Je me rapproche de la sorte de certaines notions indiennes ou chinoises sur l'énergie.

C'est ici que l'on peut réintroduire la notion de sens. Si vous admettez que le corps aussi bien que l'esprit sont dotés d'une énergie qui n'a pas de forme définie, vous direz que c'est le sens qui donne forme à l'énergie. Non seulement, bien entendu, à l'énergie mentale, mais aussi à l'énergie physique que vous déployez.

On pourrait sans doute dresser un grand nombre de parallèles entre l'ordre impliqué et les philosophies orientales — mais il me semble que, en ce moment, il est beaucoup plus crucial d'instaurer un dialogue entre l'Orient et l'Occident. Je veux dire par là que chacun comporte ses valeurs, ses limites aussi, bien entendu, et que l'important est aujourd'hui de les faire communiquer. Qu'est-ce qu'un dialogue, au fond ? Si vous analysez ce mot, vous vous rendez compte que le préfixe *dia* signifie plutôt *par* que vers, cependant que *logue* veut davantage dire *sens* que mot. Un dialogue, c'est en vérité un courant de sens qui s'établit entre personnes différentes, c'est une réunification de l'esprit de gens auparavant divisés. Par le dépassement des limites de l'Orient et de l'Occident, par la mise en communion de leurs valeurs les plus profondes, on pourrait peut-être aider à faire avancer et établir cette unité du genre humain qui est essentielle pour sa survie. Il me semble qu'à cet égard la conception d'un ordre impliqué peut fournir comme un pont entre l'Orient et l'Occident, puisqu'elle dépasse la séparabilité cartésienne mais qu'elle s'appuie en même temps sur notre science actuelle.

Croyez-vous qu'on puisse trouver des rapports entre l'ordre impliqué et ce que l'Orient appelle le vide ?

D. Bohm. — Vous savez, j'ai eu de nombreuses discussions à ce sujet avec Krishnamurti, et récemment avec le Dalaï-Lama. Tel que j'ai compris le vide bouddhiste, c'est l'essence ultime de toute chose, en ce sens qu'il n'y a rien du Rien — ce qui revient au même que de dire que tout ce qui survient ne s'origine pas à une essence indépendante, mais surgit et retourne sans cesse dans un tout incommensurable qui nous échappe en tant que parties —, ce qui est une idée très, très proche de mon ordre impliqué. Cette notion de vide, en fin de compte, implique que rien n'est permanent, et que l'Être non plus n'est pas une positivité permanente, il n'a pas d'Essence finale, mais il est en perpétuel changement, en perpétuelle transformation. Vous voyez de ce point de vue pourquoi je fais le rapprochement avec l'ordre impliqué, puisque je conçois celui-ci comme une relation universelle de tout en tout qui comprend toutes choses possibles. Ce ne sont pas des relations extérieures et superficielles que je désigne de la sorte, mais une constitution très profonde qui dépend elle-même de ce tout fluctuant. En soi-même, il n'y a pas d'essence, à part dans ce but, précisément, dont l'essence est le changement. Ne sommes-nous pas très près de ce que le bouddhisme appelle le *sunyatta*?

DISCUSSION

M. MONTRELAY. — *À la suite de ce que nous venons d'entendre, je voudrais mettre l'accent sur l'une des questions essentielles qui est non seulement l'objet de notre réflexion actuelle, mais souvent celle de l'analyste : qu'est-ce que la transmission de pensée ? Aussi longtemps que l'on conçoit cette transmission comme passage, ou voyage d'un message, d'une énergie, d'un affect, dans notre espace familier, on se retrouve dans une impasse. David Bohm nous incite à poser ce problème autrement, à nous demander non pas : par quel miracle, quelle magie, une « pensée » peut voyager d'un point à l'autre de l'espace tel que nous nous le représentons, par exemple de Tokyo à Paris, mais plutôt : quelle est donc la sorte d'espace, différente de cet espace cartésien que nous connaissons, où la pensée, non pas voyage, mais se trouve mise en action en plusieurs points en même temps ? Créer par l'intermédiaire de la règle dite « de libre association » un espace que j'appelle « flottant », c'est créer l'un de ces espaces où un message informe en acte l'analysant et l'analyste en même temps. J'ai voulu dans mon exposé suggérer que ces espaces (qui vont dans le sens du travail de David Bohm, puisqu'ils mettent en jeu l'ordre impliqué) possèdent des structures précises, ainsi que des propriétés qui devraient être étudiées.*

Pour en revenir au ki, *l'essentiel est-il de le mesurer, ou bien de se poser la question de l'ordre où il se déploie ? Toutes les pratiques du* ki : *karaté, shintaïdo, certaines formes de yoga, taï-chi, etc., ne tendent-elles pas, en effet, à développer des espaces « impliqués », où chaque point contient l'ensemble des autres points ?*

S. ITO. — *Vous dites qu'on a déjà parlé de cette question, mais moi, je voudrais vous demander : de quelle manière en a-t-on déjà parlé ?*

M. MONTRELAY. — *Eh bien, lorsque l'on demandait : comment le* ki *peut-il bien passer d'un point à l'autre de l'espace ? Ce faisant nous sommes demeurés dans une conception de l'espace que David Bohm appelle « déployé ». Pour ma part, j'ai tenté au contraire de suggérer à partir de quelles règles, de quelles façons de faire nous construisons dans une cure une sorte d'espace « impliqué ». J'ai parlé de tout cela, il me semble, concrètement. Il faudrait pouvoir préciser ce qui rend possible de déployer les espaces où circule le* ki.

I. EKELAND. — *Je crains que le colloque ne soit engagé pour l'instant dans une fausse voie.*
L'image qui se dégage des deux premiers jours de nos travaux, c'est qu'il y aurait d'un côté une pensée occidentale purement scientifique et rationaliste, et de l'autre une pensée orientale qui serait au contraire d'une nature spirituelle. À mon avis, il s'agit là d'une image caricaturale. Il y a une tradition spirituelle très forte en Occident, il y a aussi de nombreux Japonais qui sont des scientifiques éminents. Un découpage de cet ordre me paraît donc extraordinairement contraire à la vérité des choses.
On a tenté de nous montrer par ailleurs qu'une pensée scientifique et une pensée spirituelle peuvent mutuellement se travestir. M. Yuasa a essayé de nous dire que certains aspects du ki *pouvaient par exemple se manifester sous la forme d'énergie électrique induite, tandis que certains physiciens avancent que leurs théories rejoignent les propositions du Tao, ou d'autres notions orientales que je ne connais pas personnellement. Je dis que ce sont là des prises de position marginales et risquées, auxquelles je n'accorde personnellement aucun crédit.*
Je ne pense pas qu'il y ait là un terrain solide d'accord ou de reconnaissance entre science et spiritualité. Il existe en revanche des bases beaucoup plus réalistes. Tous ceux qui, parmi nous, ont la pratique de la recherche et de la réflexion scientifiques savent très bien que nos connaissances positives sont finalement bien modestes en regard de tout ce que nous ignorons. Nous avons entendu parler hier de la cosmologie, et on s'est vite rendu compte que celle-ci devait s'arrêter au moment où on avait besoin d'une théorie qui réconcilierait la relativité générale avec la physique quantique. Les problèmes de cet ordre sont nombreux en physi-

que, et, dans les mathématiques qui constituent mon domaine
propre, nous avons parfaitement conscience que si nous savons
déjà beaucoup de choses, le nombre de questions que nous nous
posons et que nous sommes incapables de résoudre est encore bien
plus grand. La science a ses limites que nous ne songeons pas à
nier. Ces limites posent un vide, et je concevrais sans difficulté
que ce vide, une pensée d'un autre ordre vienne le remplir.

I. STENGERS. — *Tout en comprenant très bien les réactions
d'Ivar Ekeland, je voudrais intervenir en ce qui concerne David
Bohm afin de dédramatiser un peu la situation. Mon intervention est d'ailleurs liée au très profond respect que j'éprouve pour
David Bohm en tant que physicien, et, en même temps, en tant
que penseur exigeant quant à ce qui a trait à la physique quantique. Étant donné la nature de la vidéo qu'ont réalisée nos collègues japonais, et du fait qu'on n'y trouvait que quelques allusions
à son expérience de physicien théoricien, ces aspects du travail de
David Bohm n'apparaissent pas en effet assez clairement, et c'est
sans doute de là que naît le malentendu.*

*En fait, on doit comprendre la réflexion de David Bohm par
rapport à notre tradition occidentale comme la reprise d'un vieux
dialogue, un dialogue aussi vieux que la physique moderne, sur
les rapports de la physique et de l'ontologie. On a beaucoup cité
Descartes pour le critiquer et critiquer son dualisme. Pourtant,
Descartes n'est pas le penseur de la physique moderne, puisqu'il
n'admet pas l'idée d'interaction à distance.*

*La pensée de Leibniz ne l'admet d'ailleurs pas plus, mais il ne
faut pas oublier que c'est lui qui a inventé le terme même de
dynamique et qu'il est bien le premier penseur du formalisme fondamental de la physique moderne, y compris de la physique
quantique — et quels que soient les changements que cette physique a connus par ailleurs. Leibniz est à la fois un physicien et un
philosophe. Et c'est lui, sans conteste, qui a découvert le premier
ce sur quoi s'est bâtie plus tard la physique, c'est-à-dire la possibilité de traduire fidèlement et de dialectiser d'une façon satisfaisante deux appréhensions de la réalité qui semblent pourtant
totalement opposées au départ.*

*Je m'explique sur ce point. La première idée, et c'est ce que
nous dit la dynamique, consiste en ce que le comportement d'une
entité quelconque est fonction du comportement d'ensemble de
tout le reste de l'Univers, comportement lui-même fonction de la
totalité de l'Univers au moment même où l'on observe. La
seconde idée, c'est que l'on peut légitimement passer de ce type de*

*représentation à une représentation apparemment très différente,
où la même entité est définie non comme la résultante de cette
totalité de l'Univers, mais comme si elle traduisait localement de
façon autonome cette totalité dans sa propre existence. Cette
façon de voir selon laquelle l'Univers est constitué de monades
indépendantes dont chacune représente un point de vue sur une
totalité qui n'a pas d'existence propre, Leibniz l'appelait métaphysique et la totalité n'en est qu'un effet.*

*Bien entendu, vous avez remarqué que j'introduis ici une pen-
sée de l'implication, et cela en un double sens : la dynamique leib-
nizienne pense l'implication comme causale ; selon le point de
vue métaphysique, la monade implique l'Univers au sens où elle
contient et déploie un point de vue local sur l'Univers, au sens où
celui-ci n'a d'autre existence que celle de l'ensemble de ces reflets
locaux. En fait, il s'agit là d'une notion très ancienne, que les
philosophes ont eu peu d'inclination à recevoir, mais que les physiciens du XXᵉ siècle ont néanmoins traduite en termes mathématiques. Il existe une manière de représenter un système qu'on veut
intégrer, c'est-à-dire que l'on peut et que l'on veut résoudre,
comme si chaque entité n'était plus influencée par les autres, mais
comme si son comportement désormais autonome était effectivement le reflet local de la totalité du système. Or, ce sont précisément ces procédures mathématiques qui ont été reprises et incor-
porées dans la mécanique quantique. Il n'y a donc pas de surprise
(ou alors c'est une surprise anecdotique, due à notre oubli des
véritables racines de pensée de la dynamique) à ce que l'on se
trouve, dans la mécanique quantique, devant cette situation où
l'on doit dire de l'électron qu'il reflète localement la totalité du
système, qu'il est le reflet intrinsèque de l'ensemble des phénomènes en cours et qu'il doit à ce titre être pensé comme délocalisé
en tant que tel. C'est là la conséquence logique normalement
impliquée par le formalisme employé. La seule différence, pour la
mécanique quantique, c'est le problème de la mesure où se donne
un observable, mais je vais revenir tout à l'heure sur cette question.*

*Pour reprendre la pensée qui est celle de Leibniz, on peut avoir
le plus grand respect pour sa construction métaphysique, mais il
faut bien voir en même temps comment elle traduit les mêmes
choix que le formalisme dominant dans la pensée physique occidentale en général, c'est-à-dire l'impossibilité de penser la production de quelque chose de nouveau.*

*Pour vous faire comprendre l'enjeu, je vais prendre la parabole
de l'âne de Buridan dont Leibniz s'est lui-même servi sur ce*

point. *Tous les Occidentaux, je présume, connaissent ce problème de l'âne de Buridan : c'est un âne qui se trouve entre deux prés. Il est très affamé, mais comme les prés sont définis strictement équivalents, on se demande s'il ne va pas hésiter éternellement, sans pouvoir choisir un pré ou l'autre pour apaiser sa faim, et s'il ne va donc pas finir par mourir d'inanition dans l'impossibilité où il est de produire par lui-même la décision créatrice de nouveauté qui serait d'aller brouter dans le pré 1 ou le pré 2. Or que dit Leibniz à ce sujet ? Il dit précisément que, en réalité, les deux prés ne sont équivalents que pour le philosophe qui juge de l'extérieur et qui sépare ces prés de la totalité de l'Univers. Dans le contexte de sa métaphysique, et si on se place du point de vue de l'âne, ces prés, tout au contraire, ne sont pas équivalents parce que chacun, à sa manière, implique l'Univers. Et, dans cette mesure, le choix de l'âne est influencé par l'Univers tout entier, et la question de l'hésitation ne pourrait se poser que dans le cas parfaitement improbable, et à la limite impensable, où l'Univers se trouverait lui-même séparé d'une façon strictement symétrique par un plan qui passerait très exactement au milieu de l'âne. Dans ce cas, ce ne seraient pas seulement les deux prés qui seraient équivalents, mais bien les deux moitiés respectives de l'Univers total. Que la plus infime asymétrie survienne, et voilà l'âne en position de choisir, de produire une décision et de passer à l'action. Mais, si on analyse ces assertions, on se rend compte que cela veut dire tout aussi bien que la décision de l'âne qui nous semble introduire de la nouveauté (il va aller à droite, ou à gauche), cette décision, en fait, était déjà contenue dans la structure de l'Univers. Leibniz déclare d'ailleurs qu'un regard aussi aigu que celui de Dieu, qui embrasse précisément la totalité de l'Univers, connaîtrait évidemment sur-le-champ, et à l'avance, la décision de l'âne en ce que celui-ci n'est qu'un reflet local de cette totalité.*

Vous voyez la difficulté très profonde dans un tel système à penser ce qui pourrait être une production de nouveauté, puisqu'il n'y a jamais, en fin de compte, que manifestation de ce qui est toujours déjà potentiellement et univoquement impliqué. C'est bien là que réside la difficulté en mécanique quantique, où l'opération de mesure fait apparaître un électron, fait apparaître une marque, et produit de ce fait quelque chose de nouveau. On a observé ceci et pas cela qui était également impliqué dans la description. D'où cette question essentielle qui a soulevé toutes les controverses que l'on sait à propos de la théorie de la mesure : comment fait-on venir à jour du nouveau dans un monde où tout coexiste ?

David Bohm est certainement l'un de ceux qui ont discuté ce problème de la façon la plus approfondie et la plus rigoureuse. Il n'est pas de ceux qui, comme Wigner, ont prétendu que c'était la conscience qui produisait la marque. Il est au contraire de ceux qui ont soutenu que le formalisme quantique était incomplet, et qu'il fallait y introduire un élément supplémentaire qui permette de comprendre comment pouvait survenir un événement observable. Autrement dit, le rapport qu'il établit entre l'ordre impliqué et l'ordre déployé représente la généralisation de ce problème fondamental selon lequel l'Univers impliqué que décrit la physique quantique se révélerait insuffisant, et qu'il faudrait donc aussi envisager son processus de déploiement, et les conditions de possibilité de ce processus, en sorte qu'il y ait production du monde phénoménal.

Tout cela, je voulais le dire pour qu'on ne passe pas à côté de la très grande exigence et de la nécessité interne qui marquent profondément les recherches de Bohm. Quant à moi, la difficulté que je ressens devant cette position, c'est qu'on peut se demander si son couple « implication-déploiement » n'est pas encore terriblement tributaire d'une négation du temps, et s'il ne réintroduit pas en réalité, d'une manière détournée, et alors même qu'il cherche à la résoudre, cette impossibilité de la production de nouveau qui est quasi consubstantielle à la physique occidentale et qui est entraînée à la fois par les choix mathématiques qui ont été opérés et par le type d'objets à étudier qui ont été sélectionnés par la physique moderne au moment de sa constitution.

Qu'est-ce que je veux dire par là ? C'est que, en dernière analyse, l'ordre impliqué de Bohm pose le problème de son indifférence quant à ses possibilités de déploiement, de manifestation. Le fait qu'il y ait production phénoménale n'y change strictement rien, à moins — et je suis très déçue que Bohm n'ait pas abordé ce point — que le déploiement ne transforme ce qu'il implique. Si l'ordre impliqué est conçu comme impossible, à la manière du monde quantique décrit par l'équation de Schrödinger, il n'y a pas d'histoire concevable en tant que telle. Je voudrais dire à ce propos que je conçois très bien que cette sous-évaluation de la notion d'histoire, que cette mise à l'écart de l'idée selon laquelle la production est un événement qui va transformer le monde où elle se produit soient bien accueillies au Japon où elles rencontrent peut-être certains des choix fondamentaux de la culture traditionnelle. Cette rencontre, on peut tenter de l'évaluer, est sans doute intéressante, mais il ne faut pas en conclure pour autant qu'il y a là une vérité en soi. Je l'ai déjà fait ressortir, le choix fait par la

*physique n'a pas été pensé au sens profond de ce terme, sauf par
Leibniz, il a beaucoup plus été un choix technique et instrumen-
tal et, de ce fait même, cette rencontre qui se révèle une rencontre
entre une négation technique de la physique occidentale et un
refus par l'Orient d'une certaine conception philosophique du
temps, eh bien ! elle est peut-être en fin de compte relativement
superficielle.*

*Il ne faut donc pas céder à la tentation de vouloir aller trop
vite, ni succomber à la tentation des raccourcis philosophiques, il
faut surtout se rappeler que nous n'en sommes encore qu'au début
de la recherche, que nous avons encore énormément de choses à
apprendre et à comprendre à propos du monde physique, et
qu'aussi fascinantes que soient ces idées d'ordre impliqué et
d'ordre déployé, elles doivent être encore remises sur le chantier,
réexaminées, retravaillées sans relâche pour pouvoir éventuellement rendre compte des défis que nous lancent l'expérience — et
la simple existence du monde phénoménal.*

F. VARELA. — *Je continuerai sur certaines remarques que
vient de faire Isabelle Stengers et que j'ai trouvées pour ma part
très éclairantes. Ces remarques, je les inscrirai d'ailleurs plutôt
dans le cadre de la neurobiologie que dans celui de la stricte biologie.*

*Je voudrais un peu faire le point au sujet de la notion d'holo-
gramme en rapport avec le cerveau, en faisant ressortir qu'on
peut mieux comprendre cette notion quand on sait que la conception fondamentale de l'hologramme repose sur ce qu'on appelle en
mathématique le théorème et les transformations de Fourier. En
quoi cela consiste-t-il ? Dans cette idée mathématiquement très
claire que, si l'on considère un domaine particulier de l'espace des
fonctions, on trouve un isomorphisme complet entre l'ensemble de
cet espace et chacune de ses parties.*

*Ce qui donne lieu à l'évaluation critique présentée par Isabelle
Stengers, c'est que l'ordre impliqué et l'ordre déployé, tels qu'ils
sont définis par David Bohm, ne représentent qu'une façon de
dire la même chose d'une manière différente, c'est-à-dire en géné-
ralisant une réalité mathématique.*

*Bien entendu, je suis d'accord avec ce qui vient d'être dit, à
savoir que, dans cette conception isomorphique du monde, il n'y
a pas de place, à ce qu'il me semble, pour des phénomènes de créativité, ou pour des formes de nouveauté.*

H. ATLAN. — *Suite à ce que viennent de dire Stengers et Varela, je voudrais ajouter que David Bohm me paraît céder à ce défaut de méthode qui consiste à effectuer des sauts d'un niveau de pertinence à un autre. Ces sauts, généralement, on les effectue à partir du niveau quantique, puis on gagne les organismes vivants et on termine par les phénomènes de conscience, c'est-à-dire qu'on plonge dans les domaines de la subjectivité et de l'inter-subjectivité. C'est précisément cela qui me gêne dans la façon dont Bohm nous propose sa notion de l'ordre impliqué.*

Que cet ordre impliqué lui serve à résoudre des difficultés de la physique quantique, je veux bien l'accorder. C'est quelque chose que je ne connais pas, je ne peux donc pas me prononcer personnellement, mais je fais confiance à David Bohm en tant que physicien, ainsi qu'à l'appréciation d'un certain nombre d'autres physiciens qui sont d'accord avec lui, ou qui, sans être d'accord, déclarent qu'il y a là une manière très féconde d'envisager les problèmes.

Que cette idée de l'ordre impliqué, en revanche, puisse être importée telle quelle dans d'autres domaines de la science ou de la pensée, alors là, je l'avoue, je ne comprends plus très bien — de même que je ne comprends pas un autre physicien, Brian Josephson, lorsqu'il explique les états de conscience cosmique qu'il atteint par la pratique de la méditation transcendantale, grâce à un hypothétique état de supraconductivité du cerveau. On sait qu'il a justement reçu le prix Nobel pour ses découvertes sur la supraconductivité, mais c'était bien entendu dans le pur domaine de la physique.

Pourquoi ces sauts d'un niveau de pertinence à un autre me semblent-ils injustifiés ? Pour une raison relativement simple, qui est que les notions qu'on utilise pour effectuer ces sauts sont extrêmement vagues, et que c'est précisément sur ce flou que l'on joue. Vous avez entendu David Bohm : il parlait d'ordre, de sens et d'organisation, et c'étaient ces idées qui lui permettaient de changer de registre. Or, ce sont ces idées qui nous posent des problèmes ! En effet l'ordre et l'organisation, par exemple, tels qu'ils ont une signification dans le cadre de la théorie quantique, ce sont des mots qui prennent une autre signification en biologie, et encore un autre sens dans les sciences humaines comme la psychologie et la sociologie.

À la limite, si on essaie de penser un concept global qui serait celui de l'«ordre» ou celui de l'«organisation», on se rend compte qu'on ne sait plus ce que c'est.

L'exercice est sans doute, en fin de compte, nécessaire, mais il faut bien prendre conscience de ce que le passage d'une discipline scientifique à une autre présente toujours des difficultés extrêmes, et qu'il ne doit donc s'opérer que d'une façon très progressive, et en testant sans relâche la validité d'un tel travail de traduction.

S. AKIYAMA. — *En ce qui concerne le concept de néant ou de vide dans le bouddhisme, ce concept de* sunyatta, *auquel on s'est déjà référé plusieurs fois au cours de nos discussions, je voudrais dire très clairement qu'il ne met pas en question l'existence des objets, des éléments, des phénomènes. Il concerne bien davantage la façon dont une chose existe, que le problème de son existence. Dans la pensée bouddhiste, la matière naît et disparaît selon certaines modalités, et ce qui compte, ce sont ses modes de comportement. Si j'ajoute ce commentaire, c'est pour bien faire comprendre que, contrairement à la façon dont on a souvent interprété le bouddhisme, celui-ci ne pose pas tant le problème de l'existence ou de la non-existence des choses (c'est un peu une question de degré : les choses existent selon l'ordre des phénomènes, mais elles sont illusoires au regard de l'ultime réalité) que celui de leur manière d'exister, et donc, dans un certain sens, de notre propre manière d'exister.*

Troisième partie
CORPS ET CONSCIENCE

Serge Brion
Yujiro Ikemi
Henri Atlan

Rôle et fonctions du cerveau

SERGE BRION

L E rôle du cerveau devient d'une complexité croissante au fur et à mesure que l'on gravit l'échelle des êtres vivants. Après les centres nerveux très simples des insectes, des céphalopodes et même des poissons, on observe, dans l'échelle animale, une complication phylogénétique progressive. C'est ainsi que si, chez les reptiles, animaux à sang froid, le système limbique est encore inexistant, il apparaît chez les oiseaux et se complique chez les mammifères où il acquiert son plein développement. Mais on observe des modifications encore plus importantes entre les mammifères inférieurs et l'homme, avec la réduction chez l'homme de l'archipallium ou paléocortex et l'augmentation du néopallium ou néocortex, formation cérébrale la plus complexe et la plus développée.

C'est ainsi que, dans le rhinencéphale, qui avait atteint un grand développement chez le rat et le chat et, d'une manière générale, chez tous les animaux macrosmatiques où l'odorat est très important, on voit, après un maintien de ce rhinencéphale chez le singe, une réduction progressive chez l'homme de ce cortex dont de nombreuses fractions deviennent vestigiales, rudimentaires.

Parallèlement chez l'homme, tandis que se réduisent les zones archaïques, le lobe frontal prend un grand développement et il existe une différence remarquable entre le lobe frontal du rat qui reste petit et pointu, et celui de l'homme qui est volumineux et arrondi ; on observe même une différence encore plus importante entre l'homme et le singe, puisque, chez ce dernier, le cortex frontal est encore très réduit. Ce développement frontal est important, dans la mesure où le lobe frontal semble le lobe de la prévision et où l'on sait que les deux grandes différences entre l'homme et l'animal sont l'apparition du langage, qui lui permet la communication, et l'apparition de la prévision, qui lui permet de programmer des actions ordonnées.

I. Organisation générale

1. *La complexité du cerveau* humain est difficile à imaginer, et aucun ordinateur ne peut arriver à sa perfection, ne serait-ce qu'à cause du nombre des neurones et du nombre des connexions. On admet en effet que les neurones ou cellules nerveuses représentent un total d'environ 80 à 100 milliards dont 25 milliards dans le cortex (les autres cellules nerveuses se situant plus bas dans le tronc cérébral, le cervelet, la moelle, les ganglions spinaux et tout le système des ganglions sympathiques). Chaque neurone a des connexions établies par ses prolongements (axones et dendrites, ces derniers très ramifiés) et les contacts faits avec d'autres prolongements neuronaux par l'intermédiaire de structures particulières, les synapses. Ces connexions sont au nombre d'environ 2 000 par neurone, ce qui représente, multiplié par les 25 milliards de neurones du cortex, un ensemble de connexions corticales d'environ 50 000 milliards (5×10^{13}). De plus, les synapses qui agissent par l'intermédiaire de transmetteurs chimiques n'ont pas, comme on l'avait pensé autrefois, un seul transmetteur, mais, à côté du transmetteur principal, plusieurs peptides associés qui peuvent moduler leur action. Enfin, les éléments récepteurs de la synapse ne sont pas non plus simples, mais multiples, et ils réagissent différemment selon les transmetteurs qui leur sont proposés.

2. *Organisation et niveaux*
Les neurones sont organisés en hiérarchie de niveaux (Jackson). La plus simple de ces organisations est celle de l'arc réflexe décrit par Sherrington, qui comprend un neurone sensitif récepteur, articulé avec un neurone effecteur moteur, ces deux neurones constituant l'arc réflexe.
Mais, au fur et à mesure qu'on s'élève dans la hiérarchie médullaire et cérébrale, les niveaux deviennent de plus en plus compliqués et difficiles à saisir et à évaluer. C'est ainsi que,

déjà, au niveau du tronc cérébral, les physiologistes ont eu besoin d'ordinateurs pour dépouiller les résultats d'expérience (Magoun).

De plus, malgré tous les travaux réalisés dans ce domaine, nos connaissances, bien que s'enrichissant chaque jour, restent fragmentaires. On peut en donner trois exemples :

a) Sherrington, grand physiologiste anglo-saxon, a décrit tous les phénomènes du tonus, mais sans connaître l'élément de base de régulation de ce tonus, le fuseau musculaire, qui est l'élément essentiel de la boucle gamma et qui a été découvert en 1940 par Kuffler. Pourtant, il s'agit d'une structure grossière sous forme d'une fibre musculaire, différente des autres, facilement visible et individualisable, qui est, par l'intermédiaire de la boucle gamma, l'élément de base de régulation de la tension du muscle et notamment de l'arc réflexe.

b) La substance réticulée qui a fait l'objet de travaux neurophysiologiques importants, notamment ceux de Magoun, physiologiste américain, a été longtemps méconnue. Les premiers travaux physiologiques ont constaté, par section du tronc cérébral, un état de rigidité qui variait selon le niveau de la section par rapport au noyau rouge, grosse structure du tronc cérébral dont le rôle reste encore à l'heure actuelle assez imprécis. À l'époque, la rigidité était attribuée au rôle du noyau rouge, alors qu'on sait maintenant que c'est toute une série de cellules disséminées, constituant la substance réticulée, qui est responsable de la régulation du tonus, de sorte que l'existence ou non de rigidité était due à la portion de substance réticulée qui était mise hors circuit selon le niveau de la section.

c) Le troisième exemple concerne un problème plus récent qui est celui du corps calleux, vaste commissure réunissant les deux hémisphères. Longtemps, ce corps calleux a été considéré comme un simple « soutien » des hémisphères, et on estimait pouvoir le couper sans risque, car on le pensait inutile. De telles sections ont été faites notamment dans le traitement des crises d'épilepsie incontrôlables par les thérapeutiques médicamenteuses habituelles. Des auteurs lui avaient cependant donné un rôle psychique, puisque Laignel-Lavastine voulait en faire le siège de l'intelligence, mais à l'aide d'arguments physiologiquement peu défendables. Ce n'est que récemment que l'on s'est rendu compte de l'importance de cette structure et de la survenue de syndromes de dysconnexions calleuses quand on la sectionnait. Cette découverte est tellement importante qu'elle a valu le prix Nobel à ses auteurs (Bogen et Sperry).

3. Où est le niveau supérieur?

La hiérarchie de niveaux décrite par Jackson implique un niveau supérieur, mais le siège de celui-ci reste discuté. Dans l'idée de Jackson, il s'agissait manifestement du cortex, mais il n'a jamais précisé quelle portion de celui-ci. Penfield, neurochirurgien canadien anglais, à la suite de ses travaux sur l'épilepsie et à la suite de la connaissance des nombreux circuits décrits reliant le cortex et le sous-cortex par des boucles plus ou moins fermées, a imaginé que ce niveau supérieur était profond dans une région imprécise, dénommée « centrencéphale » et qui pouvait englober notamment le thalamus. Cependant, l'accord n'a jamais été fait sur l'endroit exact de ce centrencéphale. Tout ce qu'on sait, c'est que les hémisphères ont un rôle général et probablement un rôle de chef d'orchestre, mais sans qu'on puisse dire exactement où est le chef et sans qu'on sache s'il n'y a pas plusieurs orchestres avec peut-être une direction collégiale inter-régulée.

II. Organisation cérébrale et anatomie fonctionnelle

L'organisation anatomique et les fonctions du cerveau restent très complexes, mais on peut s'en faire une idée grossière.

1. Organisation générale

Les hémisphères comprennent en surface l'écorce cérébrale qui est disposée en circonvolutions séparées par des sillons. Cette écorce est faite de neurones disposés en couches relativement régulières, théoriquement au nombre de six dans le néocortex. Ces neurones constituent la substance grise, par opposition aux régions sous-jacentes qui constituent la substance blanche, laquelle est formée de tous les prolongements des neurones sortant du cortex (axones et dendrites), et revêtus de myéline, substance graisseuse complexe, ayant à la fois un rôle d'isolement et de relance de l'influx nerveux. Cette substance blanche comprend des prolongements qui descendent vers la périphérie pour y envoyer les influx moteurs ou pour en recevoir les informations. Elle comprend également de nombreux faisceaux d'association réunissant diverses parties du cortex. Certains sont des faisceaux longs réunissant par exemple les lobes frontal et occipital ; d'autres sont courts, d'une région du cortex à la région voisine.

Dans la profondeur de la substance blanche, sont disposés

des groupes de neurones, donc de la substance grise, disposés en bouquets et qualifiés du nom générique de noyaux gris centraux. Ces noyaux gris centraux sont en dérivation sur divers faisceaux et sont reliés au cortex par des circuits fonctionnant dans les deux sens. Certains de ces noyaux ont un rôle essentiellement moteur : noyau caudé, noyau lenticulaire, *locus niger*, corps de Luys. Un autre plus profond et plus volumineux a un rôle de filtre complexe : c'est le thalamus, qui filtre notamment, en la modifiant, la sensibilité qui arrive de la périphérie.

Plus bas, sortant de la base des hémisphères et les reliant à la moelle, se trouve le tronc cérébral. C'est une structure très importante sur le plan vital et fonctionnel, puisque le tronc cérébral conduit, d'une part, tous les faisceaux qui montent apportant les renseignements sensitifs et sensoriels, et, d'autre part, tous les faisceaux qui descendent et qui vont donner en périphérie des ordres moteurs ou végétatifs. De plus, au niveau du tronc cérébral se trouvent des noyaux gris correspondant aux divers nerfs crâniens, responsables de l'innervation de la face et du cou. Enfin, on y trouve des nappes de cellules disséminées, dénommées du nom générique de substance réticulée, structure qui intervient dans la régulation du mouvement et dans le maintien de la vigilance.

En dérivation sur le tronc cérébral, se trouve une structure particulière, le cervelet, qui a un rôle majeur dans la coordination motrice, donc dans le déroulement correct de tous les mouvements automatiques ou volontaires.

Vers le bas, le tronc cérébral se poursuit avec le bulbe rachidien et la moelle épinière qui assure la communication avec la périphérie.

2. *Organisations particulières*

Dans ce schéma général, quelques faits particuliers méritent d'être soulignés :

a) Il existe dans le cortex des zones d'activités différentes, réalisant des unités fonctionnelles petites ou larges, selon les points. C'est ainsi que l'on décrit dans le cortex des colonnes de neurones associés dont la destruction retentit sur d'autres régions corticales. Cela n'est pas connu avec précision chez l'homme, mais résulte d'expérimentations animales. De même, on pense qu'il existe une certaine plasticité des neurones corticaux avec possibilité de développement de dendrites pour suppléer à des défaillances. On s'est aperçu par ailleurs, en faisant des comptages, que les branchements des dendrites diminuent avec l'âge, et l'on s'est demandé si ce n'était pas un des éléments intervenant dans la sénilité et dans la dégradation des fonctions intellectuelles.

b) En matière d'organisation, on raisonnait autrefois en terme de « centres » et l'on imaginait la présence dans le cerveau de multiples centres (centre du langage, centre de la lecture, centre des images verbales, etc.) avec, comme conséquence, que la destruction de chacun de ces centres aboutissait à un trouble défini. Actuellement, on raisonne plutôt en termes dynamiques, et on imagine plutôt des connexions complexes entre les diverses régions corticales et la survenue de troubles du fait de la rupture de ces connexions entraînant divers tableaux de dysconnexions.

c) Sur le plan plus général, il existe dans le cortex trois grands types de zones :

— Les zones dites de projection qui envoient des prolongements très loin ou qui reçoivent des projections venant par un chemin plus ou moins direct de la périphérie. Ces zones de projection sont engagées dans des activités élémentaires, soit d'effection motrice, en ce qui concerne la zone de projection motrice, soit de réception sensitive, pour la zone pariétale sensitive, ou visuelle par exemple pour la zone occipitale.

— Les zones d'intégration qui entourent les zones de projection et ont pour rôle de préparer le mouvement (zones prémotrices) ou de synthétiser la réception des informations (zones pariétales d'intégration sensitive ou zones occipitales d'intégration visuelle).

— Les zones d'association, les plus nombreuses et les plus vastes, qui se situent entre les précédentes et recouvrent de larges zones du cortex dont beaucoup ont été considérées autrefois comme des zones « muettes » dans la mesure où leur excision semblait ne pas entraîner de symptômes ou tout au moins pas de symptômes durables ; mais, au fur et à mesure du développement de nos connaissances, ces zones, dites muettes, deviennent de plus en plus restreintes et on se rend compte que l'excision du cerveau n'est pas une chose anodine si elle est trop étendue.

3. *Les fonctions cérébrables* restent difficiles à bien définir et beaucoup d'entre elles ont été connues par déduction à partir de lésions cérébrales, avec cependant un double aspect qui en

limite les interprétations. En effet, une destruction corticale cause des symptômes en soi, mais, et Jackson l'avait bien montré, elle libère toujours aussi autre chose.

Un exemple simple en est donné par le problème du « grasping reflex », ou réflexe de préhension forcée, amenant les malades, quand ils agrippent un objet, à ne plus pouvoir le relâcher, réflexe de préhension forcée qui est la conséquence d'une lésion frontale supérieure limitée. S'il est certain que la lésion frontale a pour conséquence ce réflexe de préhension forcée, en fait cette conséquence est la résultante d'une action indirecte avec libération, du fait de la lésion frontale, d'un mécanisme pariétal de préhension qui était habituellement bridé par le fonctionnement correct du lobe frontal. De plus, on connaît l'inverse avec apparition, lors de lésion pariétale, d'une apraxie répulsive, entraînant une ouverture exagérée de la main avec lâchage des objets ; mais l'ouverture exagérée est, cette fois, la conséquence de la libération par la lésion pariétale d'un réflexe d'évitement frontal.

4. *L'organisation fonctionnelle générale* peut néanmoins être imaginée tout en gardant en arrière-pensée les restrictions précédentes.

On peut admettre en première approximation que :

— En arrière, dans la moitié postérieure des hémisphères, se situe tout ce qu'on pourrait appeler les outils de communication, c'est-à-dire le langage, les mouvements adaptés à un but que l'on dénomme praxies, les connaissances des choses, dénommées gnosies, affectées de l'adjectif correspondant au sens intéressé dans cette connaissance (gnosie tactile, gnosie auditive, gnosie visuelle). Tous ces outils de communication permettent la mise en œuvre des fonctions dites symboliques, et, dans ce domaine, il existe souvent des troubles précis pour des lésions précises, comme les troubles du langage pour les lésions du carrefour pariéto-temporo-occipital gauche (zone du pli courbe dans l'hémisphère dominant), ou au contraire les troubles de l'espace et des constructions géométriques pour des lésions de la même région, mais dans l'hémisphère droit chez le droitier (hémisphère mineur).

— En avant, au contraire, l'organisation fonctionnelle semble plutôt gérer le fonctionnement psychique et intellectuel, cela dans les parties antérieures du lobe frontal et du lobe temporal, qui sont reliées par d'importants faisceaux d'association. Il s'agit là de zones étendues, beaucoup plus grandes qu'on l'imagine (car elles ne sont bien visibles que sur des coupes horizontales) et dont les lésions entraînent apparemment peu de symptômes. Mais il s'agit là d'une illusion, car les lésions antérieures sont souvent très invalidantes sur le plan social.

Deux maladies psychiatriques illustrent tout à fait ces différences :

— La *maladie d'Alzheimer*, démence présénile particulière, dont les lésions prédominent dans la moitié postérieure des hémisphères, entraîne de graves troubles des fonctions symboliques, évidents, avec des erreurs spatiales grossières et des troubles du langage faciles à mettre en évidence, auxquels s'associent d'importants troubles de la mémoire.

— La *maladie de Pick* a, au contraire, des lésions strictement limitées au cortex fronto-temporal dans les zones considérées autrefois comme « muettes ». Cette maladie a la particularité de détruire non pas une partie, mais la totalité de ces régions fronto-temporales, et on assiste cliniquement à un tableau impressionnant de désert intellectuel quasi total ; à ce désert intellectuel se limitent les troubles chez ces malades qui conservent pendant longtemps une mémoire capable de fonctionner ainsi qu'un langage exempt de troubles grossiers, mais cette mémoire et ce langage fonctionnent pratiquement à vide.

Deux zones particulières sont à mentionner dans l'organisation fonctionnelle :

— L'une d'elles est le lobe limbique qui comprend l'ensemble des circonvolutions cérébrales internes autour du corps calleux. Ce lobe limbique a un rôle important et mal défini. On lui a attribué initialement un rôle dans l'émotion, à la suite d'une description anatomique précise, mais d'une construction physiologique purement hypothétique, faite par Papez en 1936. On lui attribue actuellement un rôle certain dans l'élaboration des mécanismes de mémoire et un rôle probable dans l'élaboration des motivations.

— La deuxième zone particulière est le corps calleux dont le rôle a été longtemps méconnu, car on ne peut s'apercevoir de sa fonction de jonction interhémisphérique que lorsqu'il existe une asymétrie fonctionnelle cérébrale, asymétrie qui est le propre de l'homme et qui est réalisée chez celui-ci par le phénomène de la dominance hémisphérique.

En effet, pour l'homme, l'hémisphère gauche, chez le droitier, est l'hémisphère dominant avec lequel on élabore le langage. L'hémisphère droit, toujours chez le droitier, ou hémisphère mineur, est celui qui construit l'espace. Le terme mineur est d'ailleurs discutable, car rien ne prouve que le langage soit réellement une dominante par rapport à l'espace. De plus, il a été montré par divers artifices que l'hémisphère droit n'est pas aussi muet qu'il paraît, car il est capable d'exprimer des mots et surtout de comprendre le langage sans l'intermédiaire de l'hémisphère gauche.

Ces connaissances du corps calleux ont été dues surtout à des études cliniques précises chez l'homme. Car, chez l'animal, la mise en évidence du rôle du corps calleux n'est possible que grâce à des artifices qui consistent non seulement à couper le corps calleux, mais à couper également le chiasma du nerf optique, de façon que chaque œil ne soit plus en communication qu'avec un hémisphère, ce qui permet de réaliser des apprentissages unilatéraux.

Les zones végétatives sont des régions qui n'interviennent que dans les problèmes somatiques, mais qui ont un rôle vital capital. La plus connue est l'hypothalamus qui est une petite zone d'environ deux centimètres carrés de surface située à la base du cerveau et qui règle toutes les fonctions végétatives, avec parfois des conséquences importantes dans les régulations de l'émotion et dans les dérèglements, entraînant notamment les ulcères d'estomac dus au stress. Cet hypothalamus a beaucoup de connexions avec certaines zones corticales, notamment le cortex frontal, où se règlent des mécanismes urinaires et des mécanismes intestinaux.

Le pédoncule cérébral, en dehors de son rôle de passage, a un rôle psychologique important dans la mesure où certaines lésions du pédoncule entraînent un onirisme ou délire de rêve et parfois une confusion mentale amenant le malade à se comporter comme un somnambule. Ces fonctions sont probablement la conséquence de la présence dans le pédoncule de la substance réticulée.

III. Organisation cérébrable et chimie

L'organisation cérébrale anatomique se complique du fait de la mise en cause de nombreux mécanismes chimiques, et il faut, de ce fait, envisager les rapports de l'organisation chimique et de l'anatomie. En effet, l'anatomie fait actuellement de plus en plus place à des concepts d'anatomo-chimie, basés sur l'étude des synapses et de leurs transmetteurs, avec découverte de *zones spéciales,* pas toujours nettes anatomiquement mais valables chimiquement. C'est ainsi que, depuis quelques années, on attache une grande importance à des petits noyaux gris jusqu'ici plus ou moins négligés.

Trois de ces structures ont actuellement la vedette :

— Le *noyau acumbens,* zone chimique très importante, où existent des médiateurs dopaminergiques en grand nombre. Malheureusement, cette zone n'a pas de substratum anatomique net et, si on sait où elle existe sur le plan chimique, on la localise mal histologiquement.

— Le *noyau basal de Meynert,* dont l'importante activité enzymatique de choline-acétyl-transférase révèle le rôle central dans les circuits fonctionnant avec l'acétyl-choline comme médiateur. Comme cette activité enzymatique est fortement diminuée dans la démence sénile et la démence présénile d'Alzheimer, on implique le noyau basal dans ces processus de détérioration intellectuelle.

— Le *locus cœruleus,* petite zone de cellules chargées de pigment noir, situé dans le tronc cérébral. Il s'agit d'un noyau de médiation noradrénergique, que l'on voudrait impliquer dans les états démentiels, les états dépressifs et certaines crises d'angoisse appelées attaques de panique.

Cependant, ces études restent limitées, car les mécanismes étudiés restent très élémentaires et sont élaborés par analogie avec les troubles métaboliques connus dans la maladie de Parkinson. De plus, dans toutes ces études et avant leur confirmation, on reste toujours tributaire d'un écueil dangereux en médecine, qui est celui de prendre, par erreur, un effet pour une cause, ce qui risque alors d'entraîner des erreurs méthodologiques.

IV. Organisation cérébrale et psychiatrie

Tous les fonctionnements connus concernent pour la plupart le domaine neurologique, c'est-à-dire celui des instruments de la vie de relation, la motricité, la sensibilité, la sensorialité, mais aussi des élaborations plus complexes : le langage, les gnosies, les praxies, ou même la mémoire.

Les renseignements sont au contraire beaucoup plus incertains, pour tout ce qui est du domaine psychiatrique, c'est-à-dire celui de la vie de relation elle-même, et non plus de ses simples instruments, qu'il s'agisse du domaine psychiatrique conscient ou inconscient.

a) C'est ainsi que l'on ne sait guère s'il existe un siège de la conscience, des mécanismes inconscients, de l'affectivité, des sentiments, etc.

b) On en connaît certes les altérations dues à des lésions cérébrales, mais il s'agit de phénomènes très grossiers.

— Ainsi, les *altérations frontales* entraînent des troubles de l'humeur, avec gaieté ou tristesse exagérées. Ils entraînent également une indifférence et souvent un comportement qui est très perturbé sur le plan social.

Par contre, l'exploration instrumentale du lobe frontal reste pauvre. Autrefois, on pouvait juste mettre en évidence, chez les frontaux, une altération de l'orientation dans les labyrinthes. Depuis les travaux modernes, notamment ceux de Luria, neuropsychologue russe, on sait que le lobe frontal intervient dans toutes les programmations d'actions intellectuelles, mais il reste néanmoins difficile à explorer, et on est toujours frappé par la discordance entre la grossièreté du tableau clinique, souvent évident pour l'entourage ou pour l'examinateur clinicien, et la pauvreté du tableau psychométrique.

— Les *altérations lésionnelles* de la partie postérieure de l'hémisphère droit (hémisphère mineur) entraînent souvent des tableaux sévères de dépression et d'apragmatisme. Ces tableaux sont peut-être à mettre en liaison avec les graves troubles spatiaux qui les accompagnent et qui représentent certainement une gêne considérable, mais ils sont peut-être aussi à rapprocher des données modernes sur la latéralisation hémisphérique droite de l'émotion et de l'anxiété.

— Une petite zone particulière mérite mention. Il s'agit de l'amygdala, noyau gris peu profond, situé à la partie antérieure du lobe temporal et qui intervient probablement dans l'agressivité, dans la mesure où son exérèse entraîne une disparition du comportement agressif.

c) On connaît des erreurs significatives. C'est ainsi que la description princeps de l'apraxie, faite par Liepman, au début du siècle, le fut sur un malade pris pour dément, car il avait une gestuelle aberrante, mais cette gestuelle était unilatérale, comme Liepman s'en est aperçu en demandant à son malade d'effectuer les gestes avec le membre du côté opposé. Il s'est alors rendu compte qu'il s'agissait d'un faux trouble psychique et a décrit le premier cas d'apraxie unilatérale. Cette découverte capitale corrobore le fait, connu sur le plan anatomo-clinique, qu'il n'existe pas de démence par lésion unilatérale.

d) En effet, les processus démentiels sont toujours liés à des lésions bilatérales. On peut en déduire que les mécanismes psychiques mettent en jeu des interactions multiples de neurones, d'où leur impossibilité de localisation stricte, même en terme non plus de localisation sous forme de « centre », mais en terme de dysfonction par déconnexion.

e) Quant aux autres processus psychiatriques non démentiels, qu'il s'agisse de psychose ou de névrose, ils ne nous renseignent guère sur le fonctionnement cérébral, dans la mesure où on n'y connaît aucune lésion anatomique pouvant orienter les recherches biologiques.

DISCUSSION

F. VARELA. — *Ce qu'il y a de plus intéressant, selon moi, dans le fait que soit ainsi réunie une assemblée pluridisciplinaire, c'est la possibilité qui s'y offre d'échanger et de confronter des idées fondamentales sur les voies de la connaissance (je vous rappelle d'ailleurs que c'est le titre même de ce colloque), à la fois quant à la science et à d'autres modes de pensée ou à d'autres traditions.*

Ce que j'aimerais donc entendre du professeur Brion — et je serai assez direct, vous voudrez bien m'en excuser — c'est la réponse à cette question : sur le fond, ce que vous nous avez décrit, quel sens cela a-t-il ? Comment concevez-vous, c'est-à-dire dans quel but, l'étude de lacunes fonctionnelles comme conséquences de lésions cérébrales ? Qu'est-ce que cela m'explique au juste sur la façon dont la connaissance est soit médiatisée soit portée par le cerveau ?

S. BRION. — *Je ne comprends pas très bien ce que vous voulez dire, parce que je pense que, si on veut parler du rôle et des fonctions du cerveau, il faut bien parler d'abord des structures anatomiques qui en conditionnent le fonctionnement. Par ailleurs, pour connaître ces fonctions, le seul moyen efficace dont nous disposions, c'est l'homme lui-même. Ce sont les études des lésions dont il souffre qui nous permettent de savoir à quoi sert réellement telle ou telle partie du cerveau, et par là de bâtir une représentation de son fonctionnement général.*

F. VARELA. — *Je vais essayer d'être encore plus clair. Le titre de votre exposé est « Rôle et fonctions du cerveau ». Alors j'aime-*

*rais vous poser à ce sujet une question d'une grande simplicité. Il
y a des choses essentielles à notre vie, et qui ne sont pas d'une
grande complication, que nous sommes capables de faire avec
notre cerveau — que nous soyons des pigeons, des chats ou même
des êtres humains. Nous pouvons marcher d'ici à là. Nous pouvons voir le bord de cette plate-forme et ne pas tomber dans le
vide. Par rapport à cela, quelle est l'idée fondamentale que vous
vouliez avancer? Comment donc se passent ces choses que je viens
d'évoquer? Comment est-ce que j'arrive à distinguer le vert du
rouge? Comment fais-je pour marcher? Comment fais-je pour
réussir à saisir mon stylo? Vous comprenez, ce n'est pas une
réponse que de me déclarer que, si je détruis cette partie ou cette
autre partie du cerveau, je n'arriverai plus à le faire. Bien
entendu, si vous lui détruisez certaines zones cérébrales, vous
interdisez un certain nombre de choses à un homme. Mais encore
une fois, quel est le sens réel de tout cela? Et qu'est-ce que vous
produisez, vous, comme explication de la manière dont ces phénomènes s'accomplissent? C'est à ce niveau, précisément, que
nous cherchons des modèles de la connaissance. Nous ne cherchons pas un savoir par défaut, mais un savoir positif qui soit
capable de nous donner des modèles fonctionnels.*

H. REEVES. — *Je voudrais dire juste un mot sur cette controverse qui oppose MM. Varela et Brion. Je suis tout à fait
d'accord avec ce dernier, dans le cadre de ce colloque, sur l'importance qu'il y a à présenter d'abord les différents éléments de
connaissance qui sont en notre possession. M. Varela nous pose
de grandes questions, et je comprends d'autant mieux son souci
que, au fond, nous nous posons tous les mêmes problèmes. Pourtant, il semble assez évident pour l'instant que nous sommes
encore loin d'en avoir les réponses et qu'il est dès lors très important, en attendant, qu'un spécialiste fasse le point sur ce que nous
savons déjà et nous l'explique aussi clairement que l'a fait
M. Brion.*

J. VIDAL. — *D'après ce qui nous a été exposé, les lésions ou les
destructions corticales sont beaucoup moins significatives qu'on
l'avait longtemps pensé quant aux localisations fonctionnelles, et
ceci en raison, si j'ai bien compris tout du moins, d'un effet cor-
recteur ou d'un effet compensateur. Peut-on attribuer cet effet à la
régulation exercée par une fonction globale du cerveau que nous
pourrions appeler fonction d'unité ou d'entièreté? Si tel est bien
le cas, le cerveau et le système nerveux n'apparaîtraient-ils dès*

lors à la science comme étant à la fois objet et sujet organiques, au-delà d'une définition qui les poserait simplement en un système adaptatif à autorégulation interne ? Autrement dit, pour emprunter une image aux arts martiaux de nos hôtes japonais, et en jouant, je le sais, sur les sens de ce mot, la réflexion scientifique à propos de l'arc réflexe ne fait-elle pas de ce dernier à la fois la cible et le tireur ?

S. BRION. — *Votre remarque me semble tout à fait justifiée. Les ablations et les lésions nous offrent une panoplie de symptômes — mais nous constatons qu'une compensation ou une correction s'établit presque toujours ailleurs. Je ne suis pas en position de vous dire si c'est une fonction d'entièreté qui se manifeste ainsi, mais ce que je peux affirmer, c'est que, quand on détruit quelque chose et qu'une réorganisation se fait ailleurs, on assiste à une libération d'instances sous-jacentes qui produisent cette réorganisation de ce qui reste. De ce point de vue, votre idée selon laquelle le système nerveux dans son ensemble serait à la fois objet et sujet organiques me semble sans aucun doute une conception intéressante.*

É. HUMBERT. — *Je me sens bien incapable de parler du cerveau, mais j'aimerais poser au professeur Brion une question à partir de la place que j'occupe, qui est celle du psychanalyste, et cette question, la voici : au fond, quelle est votre jouissance quand vous parlez du cerveau de cette manière ?*

On pourrait penser que poser la question de cette façon, c'est sortir de notre colloque mais, très profondément, je suis sûr du contraire. D'abord parce que les voies de la connaissance sont effectivement diverses et que j'en représente une précisément en parlant de la sorte, mais aussi — mais surtout — parce que parler ainsi nous amène à considérer que le discours scientifique a une espèce d'épaisseur qui lui est propre, qui est de l'ordre du plaisir, ou plus exactement, de l'ordre de la satisfaction.

Qu'est-ce que je veux dire par là ? Sinon que l'épistémologie ne peut pas se contenter de demeurer à l'intérieur d'un processus de réflexion strictement explicatif, et qu'elle doit avoir le courage de s'interroger sur le plaisir qu'on éprouve à tel ou tel type de pensée. Ne serait-ce pas de cette manière que l'on pourrait sans doute trouver de nouvelles approches pour traiter de la dualité entre l'esprit rationnel et l'irrationalité, entre le couple de la science et de la technologie d'une part, et la spiritualité de l'autre ? Dans la science elle-même, en fait, dans la pratique technique ou dans le discours technologique, on s'aperçoit en effet qu'il y a forcément une expérience de l'esprit, et je sais bien comme analyste que toute expérience de ce type comporte au plus profond d'elle-même certaine forme de jouissance ou de satisfaction intime.

Il ne faut certainement pas avoir peur de ce mot de jouissance, et il faut bien se poser la question. Par exemple, quand je me trouve en face d'un schizophrène au titre de la rencontre analytique, et quand je vous entends dire : « Il n'y a pas de lésion cérébrale en liaison avec la schizophrénie », il saute aux yeux de tout le monde que ce sont là deux modes affectifs tout à fait différents qui se trouvent mis en jeu.

Pour aller un peu plus loin (et je repense en ce moment à certaines des réflexions qui ont été faites sur la vidéo de David Bohm, ou à certains commentaires sur l'exposé d'Hubert Reeves), je me demande en fin de compte si, peut-être bien sans le dire explicitement mais en l'opérant d'autant mieux, le discours de Reeves aussi bien que celui de David Bohm ne répondaient pas profondément à ce qui est probablement l'un des modes de satisfaction inhérents à la démarche scientifique, et qui est la possibilité établie de savoir où on se trouve et de nourrir un certain lien avec le domaine de l'inconnu. Quand on entend dire par David Bohm que le sens est au cœur même du rapport qui existe entre la matière et l'esprit, on a l'impression de joindre quelque chose, on éprouve bien entendu un plaisir de tout l'esprit, comme on éprouve ce plaisir à suivre la fresque de Reeves et à y gagner le sentiment d'entendre la science nous dire où nous nous plaçons dans le destin de l'univers.

Or, derrière les apparences, il me semble qu'il n'y a pas de grande différence avec l'exposé de Serge Brion, et c'est pourquoi je lui pose la question de savoir quel est le type de plaisir mis en scène lorsqu'il peut nous dire avec une précision si éclairante ce qu'il en est, ou ce qu'il n'en est pas, de certains des domaines explorés du cerveau ?

S. BRION. — *Pour vous dire le vrai, monsieur Humbert, je n'ai pas le sentiment d'éprouver une jouissance particulière — mais c'est peut-être que je me connais très mal moi-même. Lorsque je dis que nous n'avons pas trouvé de lésion cérébrale en rapport avec la schizophrénie, je ne crois pas ressentir de plaisir particulier, j'énonce tout simplement un fait, je vous rapporte une constatation qui s'est imposée jusqu'ici au long de nos recherches. Bien entendu, dire qu'il n'y a pas de lésion est peut-être une erreur, et il vaudrait mieux affirmer que, pour le moment, on n'a*

*toujours pas trouvé de lésion décelable. Voilà ce que je peux décla-
rer en tant que scientifique, je ne peux rien dire de plus, et je ne
vois pas que j'éprouve un plaisir particulier dans ce domaine.*

I. EKELAND. — *Nous avons assisté hier à une démonstration
de shintaïdo. Après ce spectacle impressionnant, on a demandé
au maître Aoki de venir sur scène, et vous vous rappelez sans
doute que nous lui avons demandé de parler de cette discipline. Il
aurait certainement pu répondre beaucoup de choses. Il aurait pu
dire par exemple : « Le shintaïdo, c'est l'application du* ki *», ou
bien « C'est un aboutissement des arts martiaux », ou encore
« C'est l'esprit de l'Orient ». Pourtant, maître Aoki n'a rien dit de
tout cela. Il a simplement déclaré : « Le shintaïdo, c'est ce que
vous avez vu, et pas autre chose. » Il n'a revendiqué aucune
interprétation. Mais seulement, comme on dit en anglais, «* What
you see is what you get *». En fin de compte, c'était sans doute la
seule réponse qui lui était possible — parce qu'il laissait à chacun, ce faisant, la liberté de trouver sa propre réponse dans la
pratique de cet art.*

*Or, je vous fais remarquer que M. Brion se trouve actuellement
dans la même situation, et qu'il donne la même réponse.
M. Brion nous propose les résultats de sa pratique scientifique, et
quand on veut lui faire dire autre chose, quand on lui demande
si ses résultats expliquent quel est le lien avec une théorie de la
connaissance, ou bien comment cela explique que nous soyons
capables de voir telle ou telle chose, quand on lui dit : mais où est
votre jouissance dans tout cela ? eh bien ! M. Brion ne donne
aucune réponse, et il ne peut pas en donner. Il dit très exactement
lui aussi : voilà ce que je sais, je ne peux pas vous en dire plus,
c'est ainsi et pas autrement.*

*Ne serait-ce pas là, finalement, la caractéristique majeure de la
science, et n'y a-t-il pas là une similitude avec la position de maître Aoki, que ce rejet tranquille du sens ? Les praticiens de la
science ne doivent-ils pas se refuser à attribuer un sens à ce qu'ils
cherchent, où à en proposer des interprétations ? On trouve là, il
me semble, une espèce de pauvreté, ou d'économie, qui assure précisément la liberté de la personne, dans la mesure où chaque
scientifique pourra ensuite bâtir sa propre interprétation, mais
seulement* a posteriori *et à partir de sa pratique. Je trouve personnellement dans ce rejet de l'interprétation* a priori *la source de
la liberté individuelle, et, je le répète, un point de convergence
possible avec certaines pratiques d'ordre spirituel.*

S. BRION. — *Je tiens à remercier M. Ekeland de m'avoir ainsi aidé à assumer ma liberté!*

S. ODA. — *Ce que nous a dit M. Brion est extrêmement important, et nous ouvre des voies dans lesquelles on pourra étudier à l'avenir. Je ne suis pas sûr cependant que la position qu'il a exprimée épuise le débat, et particulièrement en ce qui concerne la schizophrénie. S'il n'y a pas de lésion cérébrale qu'on ait encore décelée, on commence à savoir que la schizophrénie se traduit dans le cerveau par des dysfonctionnements neurochimiques, en particulier du point de vue des endorphines ou de certains neuro-peptides. Mais s'agit-il de causes, ou d'effets, ou d'interactions des deux? Nous ne le savons pas pour l'instant. Je voudrais pourtant signaler que, au Japon, le professeur Ogino, qui assiste à nos travaux, de même que d'autres chercheurs en Europe, soutient que la façon dont la schizophrénie se révèle est étroitement liée à la culture de référence et à l'organisation de la société à l'intérieur de cette culture. N'y aurait-il pas là tout un programme de recherche pour ce que j'appellerais une étude différentielle de la maladie mentale?*

L'autre remarque que je voudrais faire, c'est que, en liaison avec la schizophrénie, on a souvent observé des expériences de type mystique. Je ne prétends pas, c'est évident, que la schizophrénie et la mystique sont une seule et même chose, mais je me demande s'il n'y aurait pas une parenté mystérieuse de l'une à l'autre, que nous devrions approfondir — et mon opinion est que, si l'homme n'avait pas le risque de la schizophrénie, nous ne connaîtrions peut-être pas non plus la religion ou l'art. Et ce serait une question intéressante de se demander si la religion et l'art sont des palliatifs de la schizophrénie, ou si la schizophrénie au contraire est le résultat d'une déviance, d'une mauvaise assimilation, d'une incapacité à soutenir les exigences particulières de ces disciplines de l'esprit?

Y. JAIGU. — *Je voudrais revenir au problème qu'a soulevé Ivar Ekeland, mais en le posant pour ma part quasiment à l'envers. En effet, on a tenté plusieurs fois de décrire ici la position du scientifique comme celle d'un sage tranquille aux deux pieds posés sur le sol ferme de l'expérimentation — à l'intérieur de laquelle ne se situerait pas nécessairement la question d'un sens possible.*

Ce que je me demande pour ma part, c'est pourquoi les philo-

sophes, c'est-à-dire, en principe, les chasseurs de sens par excellence, se sont mis tout à coup en position de questionner la science, comme s'ils étaient fascinés par cette certitude d'esprit que procure l'expérimentation, et dont ils se sentent privés. Mais pourquoi ce manque chez eux ? Si ce n'est que, n'ayant pas à leur disposition de nature qui réponde à leurs interrogations — puisque leurs questions, de toute façon, ne s'adressent pas à la nature —, ils ont tout simplement oublié qu'il existait une expérience des idées et des images qui leur est spécifique, et qui est leur vrai domaine de recherche. Il me semble que c'est dans cet oubli que réside leur tentation actuelle d'aller frapper à la porte des hommes de science dont l'expérimentation est la vocation, et que c'est là qu'on pourrait trouver l'origine de bien des quiproquos. Bien entendu, je ne préconise pas en ce moment une séparation de la philosophie et de la science, parce qu'il faut toujours penser le réel et qu'on se prépare autrement de graves déboires, mais je dis en revanche que chacun des deux doit d'abord se redéfinir à la place qui est la sienne, en sorte de savoir exactement, dans leur dialogue, de quels horizons ils proviennent et où sont leurs questions.

Ce que la nature est pour le scientifique, la vision devrait l'être essentiellement pour le philosophe.

F. VARELA. — *Je suis heureux de constater que nous finissons par en arriver à une véritable discussion de fond. Le premier jour de notre réunion, M. Holton déplorait que la majorité des hommes de science refusent de s'expliquer, et refusent même d'avouer les problèmes politiques, sociologiques, philosophiques, dans lesquels ils sont en réalité immergés. Je suis bien d'accord avec lui, et il ne sert à rien d'être aveugle.*

Pour aller plus loin, il me semble que, chez les hommes de science, il y a en fait deux clans : ceux qui veulent réfléchir sur leurs propres bases de travail, et ceux qui s'y refusent. M. Ekeland a raison de dire que, selon l'expression anglaise qu'il a citée, « ce que l'on voit, c'est ce que l'on a ». J'entends cette référence comme l'expression d'un purisme que l'on pourrait traduire par : « Ceci est ainsi, et je ne peux pas approfondir. » Il existe toutefois une autre expression, anglaise elle aussi, qui dit à peu près cela : « Est-il possible de donner une interprétation à ce que j'observe, en sorte que je puisse définir l'endroit où je me trouve ? » Bien sûr, penser ainsi, c'est accepter de se mettre en position de vulnérabilité devant toute critique possible.

Je respecte évidemment la pluralité des opinions, mais j'aime-rais néanmoins qu'on se rappelle l'existence de cette autre position. La liberté ne consiste peut-être pas à se cacher, mais à demeurer sans cesse ouvert.

Études psychophysiologiques
des états modifiés de conscience

YUJIRO IKEMI

1. Aspects «positifs» et «négatifs» des «états modifiés de conscience» amenés par le training autogène, le zen et le yoga.

Résumé. Comme les pratiques d'états modifiés de conscience (A.S.C.*) sont utilisées plus communément parmi les psychothérapeutes qui ont pris conscience des limites des approches psychanalytiques, éducatives et de comportement, les aspects négatifs («Makyo») de l'A.S.C. ont particulièrement attiré leur attention. Dans le but de maîtriser ou d'éviter ces effets secondaires : (1) le problème d'indication est très important, (2) l'évaluation de la personnalité du patient est indispensable, (3) l'éducation préparatoire concernant les méthodes des A.S.C. et (4) des conseils donnés par des chefs expérimentés sont très utiles, (5) cependant que l'usage approprié de tranquillisants et (6) la simple présence d'un thérapeute de soutien au lieu de la pratique peuvent aussi être utiles.

Les états modifiés de conscience (A.S.C.) sont un terme populaire qu'il est difficile de définir de façon satisfaisante, mais ce à quoi il se réfère est généralement bien connu. L'hypnose, la méditation, le training autogène, le zen, le yoga, certains états causés par des drogues et diverses conditions mentales parfois associées à une carence sensorielle (rêverie, jeûne, prière et pratiques similaires) sont généralement compris dans

---

* A.S.C. : *Altered States of Consciousness*, expression maintenant couramment utilisée.

cette catégorie. De telles conditions ont aussi été appelées
« réponse de relaxation » (Benson et *al.*, 1974).

Aspects positifs de l'A.S.C.

L'origine de la plupart des pratiques A.S.C. était basée sur
des recherches spirituelles et c'est là, encore de nos jours, un but
important de telles pratiques (Benson et *al.*, 1974). En Occident, cependant, la popularité croissante de telles pratiques est
surtout due à l'espoir qu'elles sont bonnes pour la détente, la
diminution du stress, l'anxiété, la névrose et autres problèmes
inhérents à la société moderne compétitive et génératrice de
stress.

Pendant la pratique de l'hypnose, de la méditation, du training autogène et des méthodes de relaxation, il y a généralement un changement de l'ergotropisme en trophotropisme.
L'idée sous-jacente est que l'homme a des régulateurs innés
qui, s'ils en ont l'occasion, remettent les processus du cerveau et
du corps dans les conditions homéostatiques optimales (Tebecis
et *al.*, 1976) ; Luthe (1970) parle de l' « influence normalisa-
trice » du training autogène sur de nombreux désordres du
corps et de l'esprit. Il suggère que les facteurs clés de la thérapie
se trouvent dans une modification provoquée par soi-même
(autogénique), des interrelations corticodiencéphaliques qui
permettent aux forces naturelles de retrouver leur capacité de
régulation de soi, autrement restreintes. Il a été reconnu, il y a
longtemps, que « le corps sait mieux », c'est-à-dire que, si on lui
accorde du repos, il se remet de la maladie. Ce même argument
peut être appliqué au cerveau. Normalement le cerveau jouit de
peu de repos, et la pratique des méthodes de régulation de soi
par l'A.S.C. peut beaucoup aider à restaurer le fonctionnement
optimal homéostatique. L'information objective est rare, mais,
chaque année, des découvertes expérimentales et cliniques sont
publiées en support de cette idée, résumées dans les volumes
Aldine annuels *Biofeedback and Self-Regulation*. Non seulement la pratique des A.S.C. conduit à des effets physiologiques
bénins, mais il est aussi évident qu'une intégration de la personnalité d'un ordre plus élevé peut se produire, comme un
accroissement d'empathie, de créativité et d'autres aspects
moins tangibles de l'homme (Smith, 1975 ; Onda, 1974-1975).
En fait, il semble que les utilisations potentielles des A.S.C. sont
beaucoup plus grandes qu'on ne l'avait initialement supposé.

Approches psychanalytiques et méthodes de régulation de soi des A.S.C.

Dans l'état autogénique induit par le training autogène, différentes parties du cerveau peuvent être activement engagées dans la libération d'impulsions et de souvenirs quelconques. Le cerveau reçoit d'amples occasions et un soutien technique adéquat pour surmonter ses propres formes hostiles de résistance. Cela semble similaire au processus appelé « déstressant » dans la méditation transcendantale (Wallace et *al.*, 1971). L'état méditatif de la méditation transcendantale peut combiner relaxation sans effort avec images et émotion spontanées. Les professeurs de méditation transcendantale disent à leurs étudiants de ne pas s'alarmer de toute pensée qui leur vient à l'esprit, mais de la noter comme ils le feraient de toute pensée passagère et puis de s'occuper à nouveau de leur mantra. D'une certaine façon, cela ressemble à la notion de *catharsis* de Freud pendant une association libre. Un état d'esprit semblable est décrit par un moine zen : « Les idées mondaines ou les pensées hors de propos peuvent traverser l'esprit pendant la méditation. Je me contente d'attendre et je permets à ces choses de traverser mon esprit jusqu'à ce qu'elles disparaissent naturellement. »

Ces observations semblent indiquer que l'état de méditation autogénique peut faciliter le processus d'analyse de soi. La neutralisation autogénique de Luthe vise à une décharge d'ensemble et à une verbalisation à partir de tous les niveaux du corps et de l'esprit. Des phénomènes semblables peuvent apparaître sous d'autres formes dans l'état de méditation autogénique. Un tel processus de neutralisation de soi est supposé faciliter la guérison des désordres psychosomatiques qui sont causés par l'interaction de facteurs somatiques et psychiques. Un tel processus de neutralisation semble l'un des facteurs importants du processus de guérison qui se produit au cours de diverses approches psychothérapeutiques ou psychosomatiques, qu'on le reconnaisse comme tel ou non (Ikemi et *al.*, 1975).

Cet état induit de neutralisation semble être stabilisé par la perspicacité du patient à comprendre ses motifs antérieurs de réaction antihoméostatique et son conditionnement déformé. Une telle perspicacité peut l'aider à éviter de répéter le même échec.

Le zen vise en tout premier lieu le plein éveil (illumination) de la personnalité totale à l'existence humaine, qui consiste en

une orientation pleinement productive de la personnalité. Le
« satori » devrait être différencié de certains états d'esprit sub-
jectifs, tels que des états de transe auto-induits (extase), que
l'on peut caractériser comme « Makyo » et qui sont souvent
accompagnés par des fantasmes mégalomaniaques et omnipo-
tents. Le vrai « satori » peut être obtenu en maîtrisant ces fantasmes et en réalisant un complet éveil à la réalité de l'homme
tout entier, processus caractérisé par une attitude extrêmement
humble et réaliste. Le principal but de la formation zen est de
surmonter les défenses psychologiques qui interfèrent avec
l'éveil aux aspects existentiels de la vie humaine, comme la solitude, la séparation, l'incapacité, la mort inévitable, etc.

L'auto-confrontation à ces aspects existentiels de l'être
humain, sans préparation psychologique adéquate, peut causer
diverses réactions extrêmes, comme des symptômes ressem-
blant à des névroses, le suicide, le comportement destructif et
agressif, même chez des gens en bonne santé. Les réactions
sont souvent masquées par une pseudo-confiance en soi qui
accompagne l'accumulation d'argent, la situation sociale, et
ainsi de suite. Quand ces types sophistiqués de défense
échouent, ils sont remplacés par des types régressifs, comme
une grande tendance à l'alcoolisme ou aux drogues. Diverses
pratiques religieuses comme le zen et le yoga, ainsi que l'analyse existentielle, semblent trouver leur valeur essentielle dans
le fait de faciliter l'éveil à la vérité de la nature humaine sans
mener à des effets secondaires hasardeux. Cependant, même
avec ces approches, des effets secondaires peuvent parfois se
produire. Ceux-ci sont discutés ci-dessous.

La contribution la plus importante de ces approches de la
psychanalyse peut être d'élargir et d'approfondir son horizon et
de clarifier le but final de la psychothérapie, c'est-à-dire la réalisation de son vrai « soi ».

Aspects négatifs de l'ASC.

Comme les méthodes de régulation de soi sont de plus en
plus utilisées, surtout parmi les psychothérapeutes qui sont
devenus conscients des limitations des approches psychanalytiques, éducationnelles, comportementales, de nombreux rapports sont parus, qui traitent de quelques-uns des aspects
négatifs de ces méthodes.

Dans la formation zen, nous rencontrons le concept de

« Makyo ». On enseigne aux disciples qu'ils doivent passer par un certain nombre de grands satoris et par de nombreux petits satoris. *Satori* signifie l'intégration du matériel émergeant du subconscient psychologique dans la structure de la personnalité. Les petits satoris ne sont considérés que comme des pas le long du sentier vers un grand satori, et la surévaluation et l'attachement du disciple à un petit satori peuvent être considérés comme « Makyo ».

Dans le mysticisme des chrétiens, nous pouvons voir aussi des parallèles intéressants. Dans le *Castillo interior o Las Moradas* de sainte Thérèse de Jésus (1577), sept maisons de l'esprit sont décrites pour expliquer les différents stades de la prière méditative. Avant d'atteindre la septième maison, l'union complète avec Dieu, le processus de la méditation passe à travers la quatrième et la cinquième maison, où l'on rencontre le « diable » sous forme d'hallucinations effrayantes, et ainsi de suite. C'est là une autre sorte de « Makyo », que l'on rencontre dans la formation zen. D'après l'histoire du zen au Japon, les jeunes moines zen souffrent occasionnellement du « Makyo » et développent le *zen-byo* (maladie du zen) dont l'issue est parfois fatale. Il semble qu'ils ne puissent pas toujours tolérer la dure épreuve de devoir faire face à la soudaine libération de leur matériel inconscient.

Luthe attache de l'importance au cycle qu'on appelle de la mort et de la vie pendant le processus de la neutralisation autogénique. Il considère que la neutralisation du matériel thématiquement relié à la mort et au fait de mourir est d'une importance particulière pour permettre un développement positif du processus de traitement. Jung a rapporté lui aussi un phénomène semblable de « mort et renaissance » dans le processus de la psychothérapie. De tels phénomènes semblent avoir un mécanisme de base similaire à celui des expériences religieuses que j'ai déjà mentionnées.

La raison à de tels phénomènes négatifs peut être une confrontation forcée avec un matériel inconscient et antihoméostatique, qui avait été évité jusqu'alors par des défenses psychologiques, sans la nécessaire préparation psychique pour en venir à bout.

Une seconde raison peut être la confusion entre la révélation d'une partie du matériel psychologique réprimé et le but final de la psychothérapie, empêchant le patient d'atteindre son vrai but, comme cela se passe avec le premier type de « Makyo » du zen décrit ci-dessus.

Ces mécanismes semblent aussi se produire dans la plupart, sinon dans toutes les approches psychothérapiques, y compris la psychanalyse, qui essaie de faciliter les changements adaptatifs par une diminution de la répression. Tous ces procédés semblent donc ne pas être totalement sans risque potentiel, en termes de l'élimination des « aspects négatifs ». Par conséquent, chaque effort thérapeutique qui facilite l'accès au matériel réprimé doit les prendre soigneusement en considération.

Comparée aux méthodes de régulation autogéniques des A.S.C., l'approche psychanalytique semble une approche plus systématique et conduite pas à pas pour arriver à la révélation du matériel réprimé. Cependant, c'est un fait connu que les patients souffrent souvent d'un état semblable au « Makyo », qui peut même déboucher sur le suicide. Dans la procédure de neutralisation autogénique de Luthe, on affirme que le processus de la décharge autogénique du matériel neuronal soumis à perturbation devrait suivre de près la programmation par le patient de son propre cerveau. La théorie et la pratique psychanalytiques feraient bien de considérer ce point de vue.

Dans la pratique des méthodes de régulation de soi, on doit se souvenir des différences entre les buts et les techniques des systèmes orientaux de méditation, comme le yoga et le zen, et le système plus occidental de training autogène et les méthodes apparentées. Les premiers visent à atteindre la connaissance et furent créés pour des disciples en bonne santé, bien motivés. Les derniers le furent comme un type médical de thérapie, à l'usage tout d'abord des psychonévrosés. L'ignorance de ces différences de la part du thérapeute, ainsi qu'un manque d'éducation préliminaire concernant le mécanisme psychodynamique mentionné ci-dessus jouent un grand rôle dans l'arrivée du « Makyo ».

Une étude de cas fut récemment rapportée, celle d'une femme d'âge moyen qui souffrit d'un comportement de genre psychotique pendant plusieurs semaines suivant son initiation à la méditation transcendantale (French et al., 1975). Tout de suite après son initiation, elle ressentit un état d'euphorie, une expansion radicale de conscience, caractérisée par un optimisme soutenu, un sens très fort de sa bonté inhérente et une surestimation de la valeur de son expérience. Peu après, cependant, sa conduite, dysphorique et incontrôlable, devint insupportable pour son mari. Les auteurs signalèrent la similitude de son expérience avec le « Makyo » du zen. On enseigne aux moines zen à ne pas considérer comme réels ces phénomènes euphoriques.

Pourquoi cette femme a-t-elle éprouvé tant de difficultés avec la soudaine libération de son matériel réprimé? Pour répondre à cette question, il est nécessaire de comprendre le but de la méditation. Le processus de la méditation implique l'inhibition temporaire de l'idéation consciente, afin de ressentir la « pure conscience » ou « conscience de base ».

Le résultat en est une libération du matériel inconscient qui doit être considéré comme quelque chose de distinct de la pure conscience, quelque chose à observer simplement et non à quoi s'identifier. La femme de cette étude a malheureusement considéré son expérience comme étant une partie de son ego-soi, avec lequel elle s'identifia. Elle n'avait apparemment pas eu la préparation adéquate concernant la distinction entre la pure conscience et les produits de l'ego-soi — ces derniers incluant la libération du matériel réprimé lorsque le cerveau « se décharge ». Elle n'avait pas été capable de faire une nette discrimination entre sa conscience (ce qui perçoit) et ses idées conscientes (ce qui est perçu), et s'identifia ainsi à ces dernières. Ce cas suggère que les techniques de méditation les plus récentes et les plus populaires, comme la méditation transcendantale, peuvent être psychiatriquement beaucoup plus hasardeuses, lorsqu'il n'y a pas de guide disponible, comme on l'a vu dans ce cas, alors que les systèmes originels comme le zen et le yoga se sont historiquement affinés pendant quelque deux mille ans ou plus. Ces derniers impliquent la régulation de tout le complexe esprit-corps. Ces pratiques sont intégrées dans la vie quotidienne de l'individu et ont toutes deux une profonde base philosophique. Dans ces deux systèmes, la méditation n'est qu'une partie des techniques utilisées en vue d'obtenir une compréhension de soi.

À comparer le zen avec le yoga classique, on s'attendrait à avoir moins de problèmes psychiatriques avec le dernier et ce, pour les raisons suivantes:

1) La formation zen consiste en de très longues heures de pratiques quotidiennes et peut être considérée comme une approche plus intensive.

2) Dans le zen, la position et la régulation de la respiration sont accomplies avec seulement quelques pratiques qui ne sont pas précédées par la formation plus graduelle de l'approche du yoga.

3) Dans le zen, l'état d'esprit visé n'est généralement pas

décrit par des attributs positifs comme dans le yoga, mais par un processus d'exclusion des attributs, débouchant sur le concept de « non-esprit ». Cette approche, tout en étant peut-être plus exacte, peut aussi semer la confusion chez des personnes qui ont besoin d'un cadre positif et plus concret de références dans lequel intégrer l'expérience.

4) Dans le yoga, le « Makyo » se produit moins souvent, probablement parce que ses méthodes de formation graduelle semblent minimiser la libération abrupte du matériel inconscient dont il est difficile de venir à bout.

Comment ces aspects négatifs des méthodes autogéniques de régulation de soi peuvent-ils être maîtrisés ou évités ?

1) Le problème d'indication est le plus important. Les méthodes autogéniques de régulation de soi sont des approches d'autodiscipline qui sont réalisées par la propre volonté du patient et qui tendent à « attirer directement l'attention sur l'âme ». Elles sont donc applicables seulement à des patients possédant une force de caractère suffisante. C'est en particulier le cas du zen, qui a besoin d'être considérablement modifié pour être utilisé avec des patients. Le yoga, qui a une méthodologie plus graduelle et systématisée, paraît plus applicable aux cas psychosomatiques et psychonévrotiques. Le training autogène, créé à l'origine pour le traitement des cas psychosomatiques et psychonévrotiques, semble aussi limité dans son application. Il est probable qu'il ne sera pas applicable aux patients ayant un défaut de base, c'est-à-dire un défaut dans leur cadre fondamental pour la maturation future des fonctions homéostatiques.

2) Une évaluation de la personnalité du patient est indispensable dans l'application des méthodes autogéniques de régulation de soi. C'est un fait connu que les patients ayant une personnalité hystérique développent souvent une névrose dissociative lorsqu'ils ressentent un état de conscience modifié.

Au cours des quelques dernières années, jouer avec l'hypnose est devenu quelque chose d'important parmi les lycéens au Japon. Des récits de cas (Takaishi, 1964) sur des dérangements post-hypnotiques à la suite d'expériences réalisées par des amateurs ont particulièrement attiré l'attention. Certains de ces cas ont développé des troubles sévères, tels que la difficulté du réveil au sortir de la transe, la continuation de l'état de rêve éveillé, des changements dans la personnalité et la détérioration des résultats scolaires durant plus d'un semestre. Une disposition à l'hystérie fut trouvée chez la plupart de ces étudiants. La nature de leur dérangement parut le résultat d'une régression et d'une réaction dissociative.

3) L'éducation préparatoire concernant le but des méthodes autogéniques et autorégulatoires ainsi que la production de phénomènes de décharge est essentielle. Une approche systématique, et menée pas à pas selon le rythme assumé par le cerveau du patient, est nécessaire.

4) Le guidage par des chefs expérimentés est très utile. Par exemple, des maîtres zen enseignent aux moines zen que le secret pour se libérer du « Makyo » est de rester indifférent, juste de l'observer et de ne pas le considérer comme réel, mais simplement comme le produit de l'ego-soi. On enseigne aussi aux disciples différentes techniques pour maîtriser le « Makyo », comme de se concentrer sur la respiration, sur le bout de son nez ou sur son abdomen.

5) L'usage approprié de tranquillisants peut être utile pour ceux qui souffrent de décharge excessive de matériel réprimé après des sessions thérapeutiques. La répétition de l'une des formules standard du training autogène est également efficace dans la maîtrise de ces phénomènes.

6) La simple présence d'un thérapeute de soutien sur le lieu de la pratique peut aussi aider à maîtriser les décharges excessives. La pratique de groupe de ces méthodes tend aussi à diminuer la probabilité de son occurrence.

Conclusions :

1) Il y a généralement un glissement vers le trophotropisme pendant la pratique des méthodes de régulation de soi par les A.S.C., qui paraît effectif pour réduire le stress. Cependant on connaît peu de chose en ce qui concerne les vrais A.S.C., les états mentaux qui suivent la relaxation et facilitent l'intégration de la personnalité à un plus haut niveau.

2) Les approches psychanalytiques et les méthodes de régulation de soi des A.S.C. sont semblables dans le fait que toutes deux promeuvent la réalisation du vrai soi en stimulant la conscience des fonctions psychophysiologiques inconscientes. Les différences apparentes sont les suivantes : (a) alors que la première est tout d'abord concernée par les défenses psychologiques contre l'anxiété névrotique causée par l'échec du développement, la seconde essaie de pénétrer jusqu'au cœur de l'anxiété existentielle ; (b) la première peut servir d'approche systématique à la compréhension de soi dans laquelle la régres-

sion induite par la relation de transfert aide à libérer le matériel psychologique réprimé. Par ailleurs, la seconde est une approche systématique d'une nature principalement somatique ou somatopsychique, qui inhibe l'idéation consciente dans le but de ressentir une conscience pure.

3) Les deux approches ont été développées, non seulement pour maîtriser le relâchement abrupt du matériel inconscient qui peut faire survenir des réactions hasardeuses, mais encore pour éviter la surévaluation et l'attachement à des compréhensions partielles qu'on prendrait pour le vrai but. Les effets secondaires « Makyo » ont récemment attiré l'attention des psychothérapeutes qui pratiquent les méthodes d'A.S.C. régulatrices de soi. Une considération adéquate des résultats techniques et une éducation préliminaire au sujet de ces phénomènes semblent essentielles pour éviter de telles réactions adverses.

2. Le rôle des A.S.C. dans la régression du cancer.

Il y a dix ans, nous avons publié un essai intitulé « Considérations psychosomatiques sur des cancéreux qui ont échappé de peu à la mort », avec l'espoir que ce travail donnerait quelques idées sur la façon dont la philosophie orientale peut contribuer à la gérance médicale d'une maladie dans sa phase terminale.

Nous avons étudié les aspects psychosomatiques de 30 cas de régression spontanée du cancer (S.R.C.), où les cancers disparurent, ou bien dont la taille fut réduite et où les corps attaqués vécurent ensuite un laps de temps d'une durée inattendue. Dans 17 de ces cas, un changement dramatique de la manière d'envisager la vie, des « changements existentiels », comme les appelle le docteur Booth, semblent avoir joué un rôle important dans la pleine activation des potentiels innés de récupération par soi-même. Comme Booth l'a mentionné dans ses rapports, la plupart d'entre eux étaient capables d'un « changement existentiel », mais seulement après avoir trouvé soutien et encouragement dans des rencontres religieuses ou dans des interventions chirurgicales. En fait, dans 9 de nos cas, leur profonde foi religieuse, et, dans les 8 autres cas, des changements dramatiques dans leur environnement psychologique semblèrent les aider à se débarrasser de leur anxiété et de leur dépression.

On pense, cependant, que l'arrière-plan de la pensée orientale pourrait les aider à atteindre un tel état d'esprit béni. La philosophie orientale enseigne que tous les soucis humains et les conflits interpersonnels proviennent d'attachements au monde, c'est-à-dire d'attachements à la pensée de l'ego personnel et à ses efforts, cependant que l'abandon de cette attitude nous permet de vivre une vie réelle qui suit la vraie nature de l'homme. L'abandon des attachements au monde a été considéré comme la partie la plus difficile de la formation personnelle dans les religions orientales. À cet égard, une « sentence de mort imminente » (le cancer) semble avoir grandement aidé nos patients à surmonter une telle difficulté. En fait, leur réaction face à la mort imminente fut une expression de sincère gratitude de pouvoir vivre réellement le reste de leur vie, même si ce n'était que pour peu de temps, au lieu de protester désespérément de ne pas pouvoir vivre plus longtemps. Pour les patients ayant un arrière-plan religieux de cette nature, l'expérience catastrophique semble avoir agi comme une force irrésistible à réaliser un « changement existentiel » soudain ou à trouver la sorte d'illumination qui avait longtemps été un but pour eux avant que cet événement eût lieu. Dans notre expérience, leur méditation religieuse (A.S.C.) facilitait souvent grandement un changement existentiel en stimulant une conscience de la sensation corporelle directement en rapport avec la loi de la nature, et sous ses ordres.

Bien sûr, nous n'avons aucunement l'intention de tirer des conclusions sur les mécanismes de guérison du cancer à partir de nos observations sur seulement 30 de ces cas. Les succès occasionnels de ce que l'on appelle la « guérison par la foi » ont été une bénédiction pour la compréhension théorique des dynamiques de la thérapie du cancer, mais cela représente aussi un grand risque pour le public en général.

Quant au mécanisme somatique sous-jacent à ces guérisons, les aspects immunologiques des malades du cancer ont récemment été considérés comme très importants. Comme l'une des conditions somatiques qui pourraient contribuer à la régression spontanée du cancer chez eux, une capacité immunologique inchangée ou même plus élevée *(lymphocytoblastogenesis)*, qui est généralement abaissée chez les malades du cancer, a été confirmée chez 15 des cas présentés ici.

3. Le rôle des A.S.C. dans la «Nouvelle Science».

Lors d'un symposium international intitulé «Science et Conscience» parrainé par Radio-France (octobre 1979), quelque trente des principaux physiciens, psychophysiologues, psychanalystes, médecins, chefs religieux et philosophes du monde avaient été invités, et j'avais participé à ce colloque. Une conférence remarquable y fut celle donnée par le professeur Capra, de l'université de Californie, l'un des leaders de la Nouvelle Science, conférence intitulée «Le Tao de la Physique». Le professeur Capra expliqua clairement le principe ou la théorie selon laquelle le monde des atomes qui structure toutes les substances est dominé par (1) une fluidité qui change toujours et (2) l'interdépendance, en sorte que les principes *mujyo* et *soi-sokan* de l'Orient sont en parallèle frappant avec ce principe.

Il mentionna en outre que le travail de tous les autres atomes est simultanément projeté sur un seul, et que tout atome s'interpénètre avec tous les autres. Dans le bouddhisme, cette pensée est dite *Ichinen Sanzen* (dans un seul sens, trois mille mondes sont projetés, et ce sens s'interpénètre avec ces trois mille mondes). Il s'ensuit que les atomes ne devraient pas être compris comme étant des unités indépendantes, mais comme des phénomènes d'inter-relation. De cette façon, les choses ne peuvent pas être réduites à leurs composants les plus élémentaires. C'est là un principe d'existence qui ne concerne pas seulement les êtres humains, mais tout ce qui existe, et, par là, nous pouvons jeter un coup d'œil sur la valeur réelle de la sagesse de l'Orient.

Au cours d'une autre session, on discuta du problème «Science et Éthique». Comme je l'ai compris, c'était là un point essentiel de cette conférence. J'ai parlé comme il suit de mon opinion spéculative sur ce problème d'un point de vue oriental.

La psychanalyse freudienne a ouvert la voie, à mes yeux, de la découverte de l'inconscient fondé sur un échec du développement au début de la vie. La psychanalyse jungienne, y compris sa recherche sur les rêves et sa définition de l'inconscient collectif, et l'analyse existentielle ont préparé le chemin pour découvrir dans l'inconscient une anxiété existentielle comme celle de la mort inévitable, de la solitude et ainsi de suite. L'inconscient le plus profond semble la plus grande et la plus profonde défense psychologique contre cette angoisse, surtout dans les cultures occidentales, qui devrait être finalement surmontée si l'on veut réaliser son « vrai soi ». Selon l'enseignement oriental, si le travail des physiciens mentionné ci-dessus nous guide vers la réalisation de la vraie nature de notre existence (qui peut être un grand satori), nous serons à même de trouver un point de rencontre entre science et éthique. C'est-à-dire que si nous devenons vraiment conscients de ce que nous approchons inévitablement de la mort, chaque instant de notre vie quotidienne s'orientera vers une vie « ici et maintenant », faisant de notre mieux à chaque instant présent. Si nous devenons lucidement conscients du fait que nous ne vivons que par le soutien des autres, de toutes les créatures sur la terre et de tout l'univers, un tel satori devient, de par lui-même, un réel amour pour tous les autres. Sur la base d'une telle conscience, l'homme peut réaliser une actualisation personnelle vraiment autonome, en harmonie avec tous ceux qui existent et avec l'univers entier. Cela peut même se développer dans un sentiment authentique de gratitude. Les animaux et les autres créatures sont aussi sous la commande du même ordre naturel, sans en être conscients. C'est pourquoi les peuples orientaux considèrent que la plus haute maturité est d'obéir à la loi naturelle, en en étant conscient aussi bien objectivement que subjectivement.

Je me demande si de telles idées peuvent être acceptables pour des peuples occidentaux qui ont un arrière-plan socioculturel différent. En tout cas, ces faits doivent être réalisés par le « soi tout entier » et non par la seule compréhension intellectuelle.

Lorsque j'ai eu l'occasion de parler de ce sujet, il y a plusieurs années, avec le docteur M. Boss, célèbre théoricien de l'analyse existentielle, il m'a dit qu'il avait médité pendant vingt-cinq ans dans le but de « s'enfoncer jusqu'au soi fondamental » où le dualisme entre l'esprit et le corps, l'est et l'ouest, l'ego et l'univers n'existent plus. J'ai alors appris qu'il avait participé à un cercle de zazen dirigé par un célèbre maître japonais de zen.

4. Maîtrise de soi par les approches somatopsychiques telles que les méthodes d'autorégulation des A.S.C.

Dans les années récentes, la recherche en bio-feed-back a développé diverses méthodes en vue d'amener les fonctions corporelles inconscientes à la conscience, et de fournir la maîtrise consciente des fonctions corporelles involontaires. La recherche a aussi dévoilé que les systèmes orientaux de concentration peuvent produire des « états modifiés de conscience », dans lesquels les fonctions inconscientes tant de la psyché que du soma peuvent être amenées à la conscience, et que ces processus sont deux aspects du même mouvement. La stimulation de la conscience somatique peut clairement faire apparaître une conscience psychique — ce qui peut se révéler comme un processus plus puissant que le processus inverse connu communément sous le terme de « psychosomatique ». D'après la pensée orientale, l'identification de soi est un processus basé sur une conscience de la sensation corporelle qui est directement en contact avec la nature et sous ses ordres. Une telle identification de soi aide à maintenir une conscience sensorielle lucide et un réel sentiment de la loi de la nature dans notre propre corps, une compréhension qui est qualitativement différente de la compréhension conceptuelle. Du point de vue écologique, la rébellion contre la nature et finalement contre nos propres corps peut être considérée comme la cause principale de la crise de notre monde d'aujourd'hui. Les Orientaux considéraient comme la plus haute vertu l'obéissance à la loi naturelle, d'une manière parallèle à celle de l'adoration de Dieu dans la culture occidentale. Cette attitude ne contredit pas les concepts de la science naturelle dans le sens large de l'expression.

Amener l'inconscient à la conscience a été considéré comme une partie essentielle de la psychothérapie à base psychanalytique. Je ne doute évidemment pas de l'importance de la révélation du processus de formation et du modèle d'échec du développement qui est causé par l'interaction avec des figures parentales dans les premières étapes de la vie. Si une thérapie perspicace reste à l'intérieur de ces limites, elle ne peut pourtant être appliquée qu'aux patients dont les symptômes somatiques sont étroitement reliés à l'échec du développement, c'est-à-dire à des cas psychosomatiques dans le sens le plus étroit de ce mot. Une telle thérapie psychosomatique ne peut pas élargir sa portée jusqu'au niveau du soin médical complet, et ne peut pas s'appliquer à des patients qui souffrent d'une anxiété de nature existentielle comme il en va dans diverses situations cliniquement extrêmes.

Une approche « perspicace » de ce genre doit être étendue à un niveau où tant le thérapeute que le patient peuvent devenir conscients de la « sagesse du corps » (leur propre capacité homéostatique potentielle autorégulatoire), et découvrir la véritable nature de leur être, qui est entre les « mains de la Nature ». La sagesse de notre corps est bien plus ancienne et plus profonde que celle que contient notre esprit. Les approches psychothérapeutiques orientales, comme la thérapie Morita, le zen et le yoga, soulignent l'importance de stimuler la capacité prohoméostatique inhérente et personnellement actualisante, plutôt que de se limiter à l'analyse de l'échec du développement. L'idée que « le corps sait mieux » semble aussi la base de l'idée de Vogt sur la « pause de repos prophylactique » dans l'auto-hypnose, ainsi que la formulation par Schultz du training autogène. Luthe a développé une technique de libération et de neutralisation autogéniques basée sur une foi en la capacité potentielle prohoméostatique dont on dit qu'elle s'active pendant la sorte d'A.S.C. induite par le training autogène (Ikemi et *al.*, 1975b).

Au cours des dernières années, les approches somatopsychiques « non verbales », comme la thérapie bioénergétique, la méditation, la thérapie de mouvement concentrée, la thérapie par le cri, la thérapie par l'art, etc., semblent attirer l'attention des thérapeutes occidentaux. Reich fut le premier psychanalyste à vraiment travailler avec le corps ainsi qu'avec l'esprit. Il définit le schizophrène comme souffrant d'une rupture totale entre l'identité de son ego et l'identité de son corps. Son élève, Lowen, dans sa thérapie bioénergétique, a démontré que l'ego de la personne en bonne santé est identifié avec son corps. Le conflit entre l'ego et le corps est équivalent à un conflit entre le savoir et le sentiment. Lowen a noté qu'un tel conflit ou dissociation semble prévaloir non seulement parmi des cas pathologiques, mais aussi parmi beaucoup de gens « normaux ». Tant Reich que Lowen ont développé des techniques pour briser l'armure musculaire qui inhibe la conscience et l'expression de l'émotion et de la sensation corporelle, afin de résoudre les conflits émotionnels développés dans l'enfance, qui sont structurés dans le corps par une tension musculaire chronique. Lowen a tout particulièrement insisté pour que les patients se servent de leur corps, et non de leur « tête », en utilisant des postures et une respiration correctives et des techniques vocales. On peut reconnaître une forte influence du yoga tant dans le training autogène de Schultz que dans la bioénergie. Ces approches somatopsychiques semblent de nature et d'influences orientales.

Une théorie intéressante a récemment proposé que la dissociation neurophysiologique des fonctions intellectuelles néocorticales et des fonctions émotionelles subcorticales pouvait être un trait important de la pathologie de base des désordres psychosomatiques. Cet état a été appelé « alexithymia ». D'après nos observations, cette dissociation implique non seulement la conscience des émotions, mais aussi la conscience de la sensation corporelle. L'émotion, qui est un phénomène neurophysiologique (produit à travers des « circuits émotionnels »), est étroitement reliée à la sensation corporelle, et peut être créée et modifiée par des procédures physiologiques (Kraines, 1963).

Nous pouvons voir quelques traits communs entre ce qui est appelé l'état alexithymique ou alexisomique, et l'idée de Reich de conflit ou de rupture entre l'ego et le corps. Ce fait suggère que les approches somatopsychiques peuvent être particulièrement efficaces dans les cas de conditions alexithymiques et pour les nombreux désordres psychosomatiques qui y sont liés.

Quelques arrière-plans psycho-physiologiques d'approches somatopsychiques.

Gelhorn et Kiely (1972) ont rendu compte de l'œuvre de Hess et d'autres pour montrer comment divers états cognitifs et émotionnels dépendent de l'effet combiné des systèmes ergotropiques et trophotropiques. Les approches somatopsychiques modifient apparemment la décharge proprioceptive afférente au système réticulo-hypothalamique au moyen de la relaxation du système musculaire et la maîtrise de la respiration en particulier, amenant un état spirituel d'équilibre hypothalamique (ergotropie-trophotropie). Dans un tel état d'équilibre, les décharges hypothalamiques corticales sont diminuées, résultant en une excitation corticale abaissée et dans la domination du système trophotropique. Gelhorn et Kiely (1972) ont fait référence à ce phénomène comme à un « état de vide de la conscience sans perte de connaissance ». Le vide de la conscience est le concomitant psychologique de la modification effectuée du côté trophotropique. Un effort conscient est nécessaire pour maintenir cet état, effort qui peut être réfléchi dans une légère stimulation du système ergotropique. Ils ont noté que, dans aucune des techniques de training autogène, de relaxation progressive et de désensibilisation systématique, on n'a rapporté des changements de motifs subcorticaux-corticaux aussi remarquables de l'activité électrique qu'il n'y en a eu dans le cas de méditation zen et d'exercices de yoga (Gelhorn et Kiely, 1972).

Un tel état a été appelé à tort un A.S.C. Nous croyons, cependant, que c'est là un état « naturel » de conscience plutôt qu'un état « modifié ». Les approches somatopsychiques sont utiles pour rétablir cet état inconditionné du cerveau. Dans l'état d'hyperactivité corticale (domination ergotropique) et d'inhibition de l'activité subcorticale, des feedbacks liés à l'ego peuvent se développer, qui remplacent les feedbacks proprioceptifs normaux qui viennent du corps lui-même. Ce processus peut contribuer à la formation de l'état alexithymique. De ce point de vue, les approches somatopsychiques peuvent jouer un rôle thérapeutique important dans le traitement de ce que l'on appelle l'état alexithymique où la dissociation entre les fonctions de l'ego et de l'émotion (les sentiments) joue un rôle prédominant. L'état de conscience découvert par les techniques somatopsychiques est aussi connu pour pouvoir mener à une modification du comportement et de l'analyse personnelle. Il peut être aussi une explication partielle et spéculative pour (1) les effets relaxants et auto-normalisants de la relaxation progressive et du training autogène ; (2) le réajustement du modèle subcortical-cortical par la libération émotionnelle comme dans la thérapie bioénergétique, la thérapie primale, peut-être la Gestalt thérapie ; et (3) l'acquisition et le maintien de l'état de plein éveil à la vie quotidienne, grâce à la pratique régulière du zen ou du yoga.

On a travaillé aussi pour montrer que ces approches somatopsychiques orientales ont des effets thérapeutiques sur tout l'organisme — tant psychologiquement que physiologiquement (voir Hirai, 1975) — bien que notre but ne soit pas de nous appesantir ici dessus.

Ces approches somatopsychiques orientales peuvent être comprises en utilisant le paradigme des fonctions des hémisphères gauche et droit du cerveau si un certain degré de simplification est admissible. D'après cette distinction, l'hémisphère gauche est concerné par les aspects plus analytiques, numériques et logiques de l'homme, cependant que l'hémisphère droit est concerné par les aspects plus intuitifs, émotionnels et corporels. Nous aimerions étendre un peu cette conceptualisation en introduisant les idées suivantes.

Chez l'homme moderne, les fonctions de l'hémisphère gauche sont reliées aux fonctions de l'ego dont le but est l'adaptation sociale. Donc, les fonctions hémisphériques gauches sont liées à l'ego et à la société, qui exige une pensée logique et analytique. Par contraste, les fonctions hémisphériques droites sont liées au corps et à l'émotion. Le corps est implicitement en contact avec la nature, et donc les fonctions hémisphériques droites sont liées au corps et à la nature. L'homme moderne vit dans une société qui exige un raisonnement logique et calculateur, souvent au mépris du corps et de la nature. On peut remarquer ce mépris dans les crises écologiques qui surgissent à propos de la destruction de la nature, ou, à un niveau plus personnel, dans les cas d'alexithymia (caractéristique manifestée par quelques patients souffrant de désordres biopsychosociaux, et chez lesquels on trouve une difficulté dans l'expression des sentiments. Nous avons aussi noté que, dans de nombreux cas alexithymiques, les patients semblent avoir de la difficulté à ressentir des sensations corporelles liées aux désordres biopsychosociaux ˙sous-jacents), une caractéristique que nous appelons *sitsutaikansho* en japonais, et que nous nommons temporairement « alexisomia ».

Les approches orientales du corps et de l'esprit sont destinées plus spécialement à l'hémisphère droit du cerveau, de sorte que l'utilisation de ces techniques somatopsychiques aide à prendre conscience des émotions ressenties par le corps et, en plus, de l'ordre naturel qui travaille implicitement dans chaque personne. Heidegger, un des plus grands philosophes existentialistes, a parlé de l'existence de l'homme comme un « être-dans-le-monde » : cet homme *est* ses rapports avec le monde. En même temps, nous désirerions souligner que l'homme est un « être-dans-la-nature », et cet homme *est* son acceptation de l'ordre de la nature. Les approches somatopsychiques orientales, qui facilitent la prise de conscience de l'ordre naturel dans la personne, peuvent donc enrichir les approches psychologiques occidentales en vue d'atteindre une conscience holistique qui contiendrait les fonctions tant de l'hémisphère gauche que de l'hémisphère droit du cerveau.

Quelques études physiologiques des A.S.C. induits par le training autogène et l'hypnose.

a) Une étude longitudinale de quelques paramètres physiologiques dans le training autogène (A.T.).

Méthodes : 30 lycéennes japonaises furent divisées en deux groupes de 15 élèves chacun. On enseigna à un groupe la technique de l'A.T. une fois par semaine, et on l'incita à le pratiquer plusieurs fois par jour, alors que l'autre groupe ne reçut pas d'instructions spéciales. Les tests faits avec le Maudsley Personality Inventory révélèrent que tous les sujets étaient normaux et qu'il n'y avait pas de différences significatives entre les deux groupes.

Des enregistrements physiologiques furent faits avant le commencement du training (session 1) et de nouveau à 1 mois, 3 mois et 4 mois et demi après la formation, ou sessions 2, 3 et 4.

Les découvertes les plus importantes furent que, dans le groupe témoin A.T., certains changements s'étaient produits dans la dernière session comparée à la première, alors qu'aucune différence notable n'était apparue dans le groupe de contrôle. Autrement dit, la pratique de l'A.T. amène des modifications graduelles chez les sujets expérimentaux. Les plus grands changements se produisirent dans la température de la peau et de l'électro-encéphalogramme (E.E.G.).

La fig. 1 (page 313) montre les augmentations moyennes dans la température de la peau des doigts par rapport à la valeur initiale (ligne de base) dans la dernière session.

Bien qu'autant les groupes de contrôle que les groupes A.T. aient montré une augmentation moyenne à partir de la valeur initiale, l'augmentation moyenne totale du groupe A.T. était, de façon significative, nettement plus grande que celle du groupe de contrôle ($p < 0,05$). La moitié des sujets A.T. ressentirent de la chaleur dans leurs mains durant l'A.T. Si les résultats du groupe A.T. sont, à leur tour, divisés entre les sujets qui ressentirent de la chaleur dans leurs mains pendant l'A.T. et ceux qui n'en ressentirent pas, les différences sont encore plus grandes (fig. 1 histogramme de droite).

Dans les E.E.G., les plus grandes différences furent trouvées entre les sessions 1 et 4 du groupe A.T. (fig. 2). L'activité moyenne delta combinée à une activité thêta était, de façon significative, plus grande dans la session 4 que dans la session 1, alors que la moyenne d'alpha et de bêta était remarquablement moindre ($p < 0,01$, analyse de variance). Par contraste, le groupe de contrôle ne montra aucune différence notable entre les différentes moyennes correspondantes. Autrement dit, au long des mois pendant lesquels la pratique de l'A.T. progressait, l'E.E.G. parut « ralentir ».

Un tel ralentissement de l'E.E.G. était apparent à la fois pendant l'A.T. et immédiatement avant et après l'A.T.

b) Mouvement corporel réel pendant le training autogène :
changements longitudinaux et changements à court terme.

Le mouvement des corps fut enregistré dans une pièce adja-
cente à celle utilisée pour l'étude ci-dessus. L'équipement était
le prototype de suspension à 3 points du sensographe statique
maintenant commercialement disponible (San-EI), qui détermine des changements de poids alors que le centre de gravité
de la personne est déplacé sur un plan horizontal. Dans la présente étude, le but était de déterminer si le mouvement du
corps changeait pendant l'A.T. (deux minutes) en comparaison
avec des périodes de deux minutes immédiatement avant et
après l'A.T., ainsi qu'en comparaison avec un groupe de
contrôle à qui l'on disait de rester assis tranquillement et de se
relaxer pendant trois périodes consécutives de deux minutes.
En outre, ces procédures étaient utilisées à intervalles pendant
quelques mois (sessions 1, 2, 3 et 4 comme ci-dessus), pour
déterminer si des changements longitudinaux se produisaient
ou non.

Les résultats furent étonnamment clairs (comparés aux
autres données physiologiques). Seul le groupe A.T. montra
des changements significatifs dans le mouvement moyen du
corps. Les changements longitudinaux étaient les plus pronon-
cés, comme il est montré à la fig. 3 (page 314).

Les conclusions en sont que les changements à long terme
dans le mouvement du corps sont plus marqués que les changements à court terme durant la pratique de l'A.T. En outre, le
sensographe statique est un outil utile pour étudier, non seulement l'A.T., mais aussi d'autres états modifiés de conscience.

c) Une étude expérimentale du changement du modèle cor-
tico-subcortical pendant l'A.S.C. induit par hypnotisme et par
training autogène.

Méthode : 4 patients atteints de la maladie de Parkinson
furent formés au training autogène et à l'hypnose pendant trois
mois. Ils furent ensuite transférés au département de neurochi-
rurgie pour subir une stéréochirurgie. Durant cette opération,
il fut possible d'enregistrer les activités électriques de diverses
régions du cerveau en attachant 14 extrémités enregistreuses à
une électrode insérée dans le cerveau pour coaguler le thalamus. Cette électrode fut fixée dans le cerveau après insertion.
Avant la coagulation du thalamus, on passa deux semaines à
faire divers tests pour examiner les symptômes cliniques et
pour confirmer la localisation de l'électrode dans le cerveau.

Pendant cette période, nous avons aussi observé les effets du training autogène et de l'hypnose sur l'E.E.G. et le P.E.P.* profonds. On causa le P.E.P. en faisant clignoter une lumière (tube de xénon) devant les yeux à une distance de 30 cm, et 100 fois de suite à des intervalles d'une seconde.

Résultats : Changement en profondeur de l'E.E.G. Le cas général fut que l'E.E.G. des patients parkinsoniens montra une grande prépondérance des ondes lentes. Nos patients avaient tendance à produire plus d'ondes lentes dans l'E.E.G. profond sous hypnose, bien que ces modèles d'E.E.G. fussent différents de ceux observés pendant le sommeil. Les ralentissements étaient à peu près les mêmes sur chaque fil, sans différence particulière selon les régions dans le cerveau.

Dans l'état autogénique aussi, les changements dans l'E.E.G. profond montrèrent généralement des ralentissements semblables à ceux observés dans l'état hypnotique. Cela est illustré par le cas d'un patient de 41 ans. La table 1 montre 12 sites de pointes enregistreuses dans le cerveau. La fig. 4 (côté droit) reproduit l'E.E.G. enregistré lorsqu'il était en transe profonde, montrant de plus petites amplitudes avec des ondes lentes plus marquées, mais sans différence notable selon les sites cervicaux. Les changements E.E.G. pendant le training autogène furent illustrés quant à eux par le cas d'un homme de 51 ans, dont les enregistrements sont reproduits dans la fig. 5. Des ralentissements marqués furent aussi observés pendant le training et aucune différence régionale définie ne fut reconnue.

Changement dans le P.E.P. (potentiel photique évoqué) : comme on le voit dans la fig. 6, le P.E.P. montra une suppression générale d'amplitude dans le cortex, le sous-cortex et le thalamus sous transe légère et moyenne induite par hypnose, par comparaison avec l'état d'éveil. Cette tendance répressive était particulièrement marquée dans le cortex.

En transe profonde (a), dans laquelle était amenée la relaxation maximale, la suppression devint plus manifeste sans apparition de P.E.P. montrant un modèle plat. Dans les enregistrements obtenus en condition d'éveil après l'hypnose, la suppression de l'amplitude du P.E.P. disparut immédiatement aux niveaux thalamique et subcortical, le modèle d'ondes y revenant à celui de l'état d'éveil. Mais ce rétablissement parut se passer beaucoup plus lentement au niveau cortical. Ces manipulations hypnotiques étaient conduites, cependant, dans le

---

* P.E.P. : Photic Evocated Potential, ou potentiel photique évoqué.

but de réaliser la relaxation maximale de l'esprit et du corps, et sans faire aucune suggestion pour provoquer des hallucinations hypnotiques. En transe profonde (b), dans laquelle des hallucinations étaient induites par des suggestions post-hypnotiques (« vous allez devenir aveugle »), la suppression du P.E.P. qui se produisit fut beaucoup moins marquée (fig. 6 B).

Dans le training autogène, le P.E.P. montra un moindre degré de suppression, qui était assez différent du modèle de réaction observé sous hypnose (voir fig. 7). Ici encore, la suppression du P.E.P. est beaucoup plus marquée au niveau cortical. En outre, la latence maximale était moins diminuée. C'est ainsi que l'on a appris, surtout grâce aux découvertes concernant le P.E.P., que celui-ci était graduellement supprimé de la surface du cortex jusqu'au thalamus selon le progrès de la transe hypnotique.

Ces découvertes semblent suggérer que l'effet suppressif de l'hypnose et du training autogène sur le P.E.P. est plus fort dans la région corticale que dans la région subcorticale.

BIBLIOGRAPHIE

BENSON H., BEARY J.F. and CAROL M.P. : « The relaxation response », *Psychiatry* 37, 37-46 (1974).

FRENCH A.P., SCHMID A.C. and INGALLS E. : « Transcendental meditation, altered reality testing and behavioral change : a case report », *J. ner.ment.*, DIs 161 : 55-58 (1975).

IKEMI Y., NAKAGAWA T., SUEMATSU H. and LUTHE W. : « The biologic wisdom of self-regulatory mechanism of normalization in autogenic and oriental approaches in psychotherapy », Proc. 9th Int. Congr. Pychother., Oslo 1973, *Psychoter., Psychosom.* 25 : 99-108 (1975).

LUTHE W. : « Research and theory », *in* LUTHE, *Autogenic therapy,* vol. IV (Grune a. Stratton, New York 1970).

ONDA A. : *Zen, hypnosis and creativity,* Interpers., Dev. 5 156-163 (1974-1975).

SMITH J.C. : « Meditation as psychotherapy ; a review of the literature », *Psychol. Bull.* 82 : 558-564 (1975).

TAKAISHI N. : *Case reports on post-hypnotic disturbances induced by amateur hypnosis,* Jap. J. Hypnosis 3 : 73-77 (1964).

TEBECIS A.K., OHNO Y., MATSUBARA H., SUGANO H., TAKEYA T., IKEMI Y. and TAKASAKI, *Psychother., Psychosom.* 27 : 8-17 (1976-1977).

WALLACE R.K., BENSON H. and WILSON A.F. : « A wakeful hypometabolic physiologic state », *Am. J. Physiol.* 221 : 795-799 (1971).

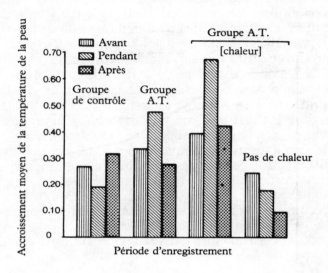

FIG. 1.

E.E.G.

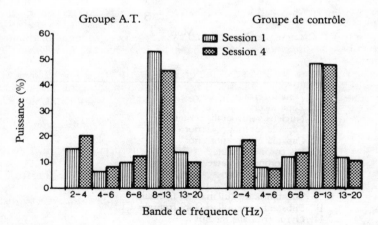

FIG. 2.

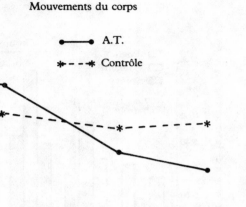

Fig. 3.

---

1. Zona incerta
2. Zona incerta
3. Nucleus ventrooralis posterior
4. Capsula interna posterior
5. Capsula interna posterior
6. Pes coronea radiatae
7. Pes coronea radiatae
8. Coronea radiatae
8. Coronea radiatae
9. Substantia medullaris lobi frontalis
10. Substantia medullaris lobi frontalis
11. Gyrus frontalis medius
12. Gyrus frontalis medius

Table I. Sites de localisation

(tiré de Schaltenbrand G. and Bailey P.)

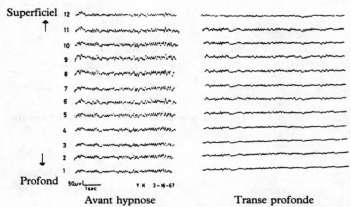

Avant hypnose   Transe profonde

FIG. 4. Changements dans l'EEG profond sous hypnose.

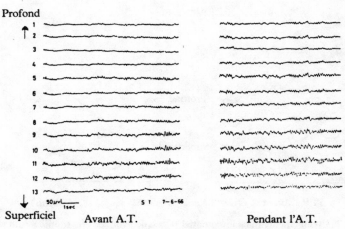

Avant A.T.   Pendant l'A.T.

FIG. 5. Changements dans l'EEG profond sous A.T.

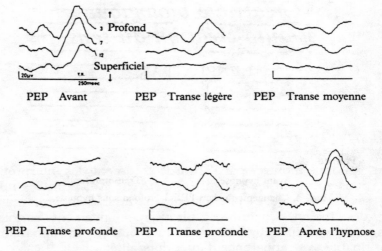

FIG. 6. Changements dans le potentiel photique évoqué sous hypnose.

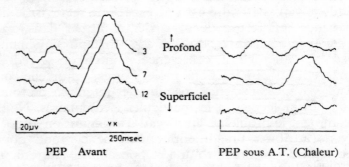

FIG. 7. Changements dans le potentiel photique évoqué sous training autogène.

Créativité biologique
et auto-création du sens

HENRI ATLAN

JE voudrais montrer par l'absurde comment des interprétations spiritualistes injustifiées peuvent être projetées non seulement sur des phénomènes naturels complexes mais sur des modèles d'auto-organisation relativement simples simulés sur ordinateurs, dès lors que ceux-ci font apparaître une finalité avec apparence d'intentionnalité.

Cela ne veut pas dire pour autant que nous devions nier toute intentionnalité dans quelque phénomène que ce soit, jusques et y compris chez l'être humain, bien que celui-ci puisse être vu aussi comme un phénomène naturel complexe. La position que je veux défendre est une espèce de relativisme de la connaissance qui refuse de se laisser enfermer dans une grande vision globalisante, qu'elle soit métaphysiquement matérialiste et réductrice où conscience et intention se réduiraient à n'être « qu' »interactions moléculaires, ou qu'elle soit spiritualiste, voyant conscience cosmique et intention partout, jusque dans les molécules et les particules élémentaires. Nous verrons comment le problème du niveau d'organisation auquel nous devons attribuer une intentionnalité se confond pour nous avec celui d'y reconnaître une responsabilité. Autrement dit, qu'il s'agit là d'un problème d'éthique et non d'un problème scientifique.

Auparavant, nous allons voir comment une approche objectivisante est possible alors même qu'on essaie de rendre compte de processus tels que créativité et autocréation de significations dans la nature. Pour cela, la théorie biologique prolongée dans celle des automates auto-organisateurs nous servira de cadre de références.

En général, pour parler de créativité on parle souvent de génie, d'inspiration, de Vie avec un grand V. On envisage ainsi la créativité intellectuelle et artistique du point de vue de la vie intérieure des hommes créateurs, telle qu'on l'imagine à partir de récits biographiques et introspectifs sur les circonstances dans lesquelles une œuvre a été créée.

Je veux envisager les choses d'une autre façon, dont je ne crois pas qu'elle épuise le sujet, mais qui me semble compléter heureusement cette description disons intimiste et introspective (même si celle-ci peut être généralisée en phénomène cosmique, comme cela est habituel dans les visions mystiques de l'univers).

Cette autre façon d'envisager les choses à laquelle je me tiendrai donc ici consiste à placer le phénomène de créativité humaine à l'intérieur d'un cadre plus général, infra-humain si l'on peut dire, celui des organismes vivants, de leurs structures physico-chimiques et de leurs comportements individuels et d'espèces et des phénomènes « d'apparitions de nouveau » qu'on y observe. Autrement dit, ce qui va nous occuper maintenant, ce n'est pas tellement l'expérience intérieure de la création que l'observation de ce que « du nouveau » peut survenir dans la nature : par exemple, l'apparition d'une nouvelle espèce dans l'évolution ou encore un comportement ou une structure nouvelle tel qu'on peut en observer quand un animal ou une plante, même rudimentaire, s'adapte à un changement de milieu non prévu. Il s'agit là d'une démarche tout à fait opposée à la précédente car il ne s'agit pas d'induire à partir de l'expérience proprement humaine, psychologique et sociale, de créativité un ou des processus créateurs à l'œuvre dans la nature à la façon d'une Âme de l'Univers ou d'une Conscience Cosmique comme chez les mystiques. Mais, à l'opposé, situer les activités créatrices des hommes comme un prolongement de celles des animaux et des organismes vivants en général, tels que la biologie d'aujourd'hui, moléculaire et physico-chimique, les donne à notre représentation.

En cela, nous retrouvons la tradition de Piaget et de son école, pour qui les activités cognitives humaines sont naturellement vues comme le prolongement des activités assimilatrices qui caractérisent le développement et le fonctionnement des êtres vivants.

Pour cela nous allons être obligés de faire un certain détour par l'histoire récente de la biologie, parce que, comme vous allez le voir, l'apparition du « nouveau », bien que d'observation courante, n'a pas cessé de poser des problèmes à la biologie prise comme discipline scientifique.

La biologie comme étude des êtres vivants s'est toujours située dans ses rapports avec la physique, soit en continuité soit en rupture.

Chez Aristote, la continuité était parfaite en ce que tout objet physique était mû à la fois par des causes initiales et par des causes finales. Les *entéléchies,* causes finales dirigeant les objets vers leur état futur, expliquaient la chute des corps et les mouvements des atomes aussi bien que le développement d'un embryon à partir de l'œuf vers son état adulte, ou les mouvements des animaux à la recherche de nourriture et de partenaires pour la reproduction. La situation a complètement changé avec l'élimination des causes finales de la physique, et la domination sans partage de cette science par le principe de raison suffisante ou encore le principe de causalité (ce qui n'est pas tout à fait pareil) suivant lequel l'explication d'un phénomène ne peut se trouver que dans le passé qui l'a produit et non dans le futur vers lequel il tend.

Ce principe de causalité a tellement bien réussi dans ses applications à la mécanique, grâce à la découverte de moyens de calcul (le calcul infinitésimal, différentiel et intégral) que les entéléchies étaient définitivement rejetées dans le domaine de l'animisme préscientifique. Les objets physiques perdaient leur âme et c'était tant mieux car la multiplicité de ces âmes leur ôtait en fait tout pouvoir explicatif ; ils remplaçaient, d'ailleurs, leur âme par des abstractions géométriques (le point matériel, le mouvement sans frottements, etc.) et bientôt algébriques et probabilistes (géométries non euclidiennes, opérateurs de la mécanique quantique), qui ne laissent pas d'ailleurs de poser des problèmes difficiles à la physique d'aujourd'hui. Mais enfin les objets matériels non vivants sont parfaitement expliqués dans leur structure et leur comportement en tant qu'objets inanimés et inconscients où seule l'analyse des enchaînements de causes et d'effets est pertinente.

Les succès de cette méthode étaient tellement patents que la question du déterminisme et de la liberté était définitivement tranchée en ce qui concerne les objets physiques : un déterminisme absolu de causes et d'effets régit leur comportement ; dans la mesure où l'Univers n'est constitué que d'objets physiques sous la forme de combinaisons d'atomes et de molécules, l'état de l'Univers doit pouvoir en principe être calculable à partir de la connaissance de son état à un instant donné. On connaît le pari de Laplace : un observateur capable de connaître la position et la vitesse de chaque molécule dans l'univers à un instant donné pourrait en déduire tous les états de l'Univers passés et futurs, précédant et suivant cet instant. Comme seules des limitations pratiques, contingentes semblent empêcher un tel observateur d'exister, il en résultait qu'en droit rien de nouveau ne peut se produire par rapport à la série de causes et d'effets dans ce déterminisme de la nature ; et donc que toute impression de nouveauté est illusion, qu'il ne peut pas y avoir de création dans l'univers.

Se retrouvent par là les aphorismes de l'Ecclésiaste : « Il n'y a rien de nouveau sous le soleil... Ce qui a été est ce qui sera », etc.

Mais pourtant cette vision des choses n'est pas facile quand il s'agit de la transposer dans notre vie de tous les jours. Pour nous en convaincre, nous pouvons réfléchir à une situation imaginée par le physicien Newcomb et connue sous le nom de paradoxe de Newcomb :

« On dispose deux boîtes A et B où A contient 1 000 francs et B soit 1 million soit rien ; j'ai la possibilité de choisir soit A et B, soit B tout seul.

« Nous savons que ces deux boîtes ont été disposées par un malin génie qui a une connaissance parfaite du comportement d'agents placés, comme moi, devant ce choix.

« Il a montré dans le passé qu'il est capable de prédire exactement leur comportement. Nous savons que, s'ils choisissent A et B, ce génie prévoit leur comportement et ne met rien en B tandis que s'ils choisissent B tout seul, prévoyant aussi ce choix, il y place le million. Ce malin génie, en fait, ne fait pas autre chose que jouer le rôle d'une loi déterministe prédictive parfaite. *Et la question est* alors : placé devant ces deux boîtes fermées et connaissant cette loi, que vais-je choisir ? Quand on pose cette question à plusieurs personnes, on s'aperçoit que celles-ci se divisent en deux groupes. Pour la plupart, la réponse, évidente, est immédiate : on choisit B tout seul puisque cela revient à choisir 1 million assuré au lieu de courir le risque de n'avoir que 1 000 francs. À quoi les autres rétorquent qu'en faisant cela, on oublie que l'argent se trouve déjà ou non dans la boîte B avant que nous choisissions et que le choix ne va pas modifier l'état de la boîte. À quoi on peut répondre que si la loi est parfaite, elle a prévu notre choix quel qu'il soit... et ainsi de suite. P. Watzlawick[1] et aussi J.P. Dupuy[2] ont bien fait remarquer en quoi la différence entre les deux attitudes implique en fait une différence quant à la perception du temps.

« Pour certains, qui choisissent la boîte B parce qu'ils croient en la loi, tout se passe comme si le temps n'existait pas : la succession des événements ne peut rien apporter de nouveau par rapport au déterminisme strict et à la *connaissance a priori* que nous en avons.

« Au contraire, pour les autres, le temps a une existence propre, qui permet le changement réel, donc l'irruption du véritablement nouveau, de l'indéterminé, donc évidemment de ce qui était *a priori* porteur d'incertitude.

« Supposer une connaissance totale, une prédictibilité parfaite, revient en fait à supprimer le temps, à rendre les événements simultanés sans succession (si je choisis la boîte B toute seule, je fais comme si l'acte de placer l'argent ne précédait pas, en fait, ma décision).

« C'est l'incertitude, l'absence de prédictibilité parfaite, qui réintroduit une direction au temps. Des erreurs dans l'exécution du programme, une indétermination, et à nouveau le temps redevient réel.

« Une solution au paradoxe est peut-être à trouver dans la distance qu'établit Wittgenstein entre la réalité des choses et le langage où s'expriment les formes logiques du savoir sur cette réalité :

" Il ne peut être conclu d'aucune manière de l'existence d'un quelconque état de choses à l'existence d'un état de choses totalement différent. Il n'existe point de rapport de cause à effet qui justifierait pareille conclusion. Nous ne pouvons inférer les événements de l'avenir des événements présents. La croyance au rapport de cause à effet est la superstition. Le libre arbitre consiste en ce que des actes futurs ne peuvent être sus maintenant. Nous ne pourrions les savoir que si la causalité constituait une nécessité intérieure telle que celle de la conclusion logique. "

(L. Wittgenstein, *Tractatus logico-philosophicus*, 5.135 — 5.1362.) »

Phrases provoquantes qu'il faut comprendre, bien sûr, dans ce contexte où il s'agit toujours de garder présente à l'esprit la distance entre les choses et la logique des discours qu'on utilise pour décrire les choses.

La seule façon de rejeter la conclusion du déterminisme laplacien, de sauver de l'illusion justement le libre arbitre et l'expérience que chacun peut faire dans sa vie de la possibilité du « nouveau » et de celle de la création, semblait devoir être dans ce contexte des XVIIIe et XIXe siècles de nier l'universalité de la physique ; c'est-à-dire de supposer *dans* les êtres vivants et en tout cas au moins dans les hommes, l'existence d'autre chose que des atomes et des molécules : justement une âme dont le modèle alors n'était plus celui des entéléchies d'Aristote, qui n'étaient après tout que des causes finales inconscientes, des principes explicatifs au même titre que ceux dont parle Bateson[3] à propos de l'instinct et de la gravitation : le modèle était devenu celui fourni par notre introspection, notre expérience intérieure d'une liberté, sur laquelle repose la réalité sociale et légale de la responsabilité.

Entre les objets physiques d'un côté, inconscients, inanimés, déterminés, et nous-mêmes, hommes responsables devant la société, sinon devant Dieu, d'actes que nous sommes censés avoir commis consciemment et librement, les plantes et les animaux, êtres vivants non humains, objets de la recherche biologique, continuaient de poser des problèmes difficiles en ce qu'ils continuaient, semble-t-il, à s'acharner à avoir une âme, ou même plusieurs, suivant leur niveau de développement végétal, animal, et éventuellement humain, en se raccrochant à la tradition aristotélicienne.

Plus exactement on voyait mal, et ceci a constitué le problème majeur de la biologie pendant ces deux derniers siècles, comment se débarrasser des causes finales, sous une forme ou sous une autre, pour expliquer les observations du monde vivant, des plantes et des animaux. Et pourtant le succès de la méthode en physique stimulait les chercheurs sur cette voie tandis que des philosophes voyaient dans ces difficultés la preuve du caractère irréductible de la vie et de la conscience : si les âmes avaient disparu des objets physiques, on ne pourrait pas les en chasser des êtres vivants et encore moins des hommes, ce qui assurait la légitimité et la sécurité des conceptions humanistes de l'Univers où des ruptures irréductibles existeraient entre l'inanimé et le vivant d'abord, puis l'animal et l'homme ensuite, seul celui-ci étant doué de conscience et de raison lui permettant d'être maître de son destin et du reste de l'Univers.

Cette dispute entre biologistes vitalistes et mécanicistes a continué jusqu'à la moitié de ce siècle, et elle n'a pris fin, en fait, de la façon qu'on va voir, qu'avec les découvertes de la biologie moléculaire sur la structure des A.D.N. et le code génétique.

Pour les vitalistes, les propriétés des organismes vivants comme le développement embryonnaire ou l'adaptation à des changements de milieu ne pouvaient se comprendre que sur la base de propriétés vitales particulières, dirigeant l'évolution et le comportement des organismes de façon finalisée, à la façon d'une conscience qui sait à l'avance le but qu'elle veut atteindre et organise les choses en fonction de ce but.

Pour les mécanicistes, au contraire, les organismes vivants étant faits d'atomes et molécules qui ne différaient pas de ceux qu'on trouve ailleurs, leurs propriétés, même les plus particulières, devaient pouvoir être expliquées comme celles des autres systèmes physiques et chimiques, de façon causale uniquement, en application du principe de raison suffisante et sans faire appel à aucune finalité.

Les vitalistes se heurtaient au fait que l'analyse chimique ne révélait chez les organismes que des molécules obéissant aux lois connues de la physique et de la chimie, et les biochimistes apprenaient d'ailleurs à faire la synthèse de ces molécules organiques. Aussi l'invocation de fluide vital, d'énergie vitale particulière prenait de plus en plus l'allure d'une pétition de principe métaphysique spiritualiste et servait de moins en moins à stimuler la recherche. Au contraire, les mécanicistes recevaient un encouragement de chaque nouvelle synthèse biochimique réussie, et de chaque réaction du métabolisme cellulaire dont les mécanismes pouvaient être reproduits dans des tubes à essai.

Autrement dit, petit à petit, l'attitude finaliste perdait du terrain parce qu'elle s'avérait peu féconde, et se confondait de plus en plus avec une philosophie spiritualiste vitaliste qui n'arrivait pas à se transposer de façon opératoire dans la recherche de laboratoire. Elle restait purement négative. Son domaine hypothétique, l'existence d'énergies, de forces ou de fluides vitaux particuliers, se restreignait comme une peau de chagrin, chaque fois que de nouvelles synthèses biochimiques et de nouvelles analyses de réactions et de structures moléculaires permettaient d'identifier le support physico-chimique de propriétés spécifiques des organismes vivants, tels que la reproduction, l'hérédité, la spécificité enzymatique, etc.

Au contraire et symétriquement, l'attitude mécaniste et réductionniste gagnait du terrain et s'imposait finalement parce qu'elle était la plus féconde : elle conduisait à des expériences de laboratoire et à une maîtrise opératoire de plus en plus grande de certains systèmes vivants.

Et pourtant le succès des méthodes physico-chimiques appliquées à l'étude des êtres vivants n'arrivait pas à supprimer le problème du finalisme, c'est-à-dire d'une finalité au moins apparente du comportement des organismes.

Une telle finalité apparaît, qu'on le veuille ou non, par exemple, dans l'observation de n'importe quel phénomène d'adaptation à un nouveau milieu ou encore dans la succession des événements qui aboutit dans l'embryon à la fabrication d'un organe comme l'œil.

À tel point que le physiologiste Brucke décrivait la situation en disant que le finalisme en biologie était comme une maîtresse avec qui l'on ne veut pas être vu en public mais dont on ne peut pas se passer.

Jusque dans les années cinquante, deux problèmes résistaient à l'approche physico-chimique et biochimique : celui du support moléculaire des propriétés de transmission héréditaire, et celui des mécanismes de la synthèse des protéines.

Tandis que la découverte des propriétés moléculaires des A.D.N. commençait à apporter des éléments de réponse à ces problèmes, la question de l'adaptation à des changements de milieu, et donc de la capacité d'invention sinon de création dont semblent doués les organismes vivants, était reprise dans ce contexte résolument antifinaliste. Pour que le succès soit total, il fallait trouver le moyen de rendre compte de la finalité apparente du développement et de l'évolution des organismes — celle que tout observateur ne peut éviter de constater, la maîtresse cachée dont parlait Brucke —, il fallait trouver le moyen d'en rendre compte à partir des propriétés physico-chimiques, moléculaires de ces organismes.

C'est alors que Pittendrigh[4] proposait une distinction capitale, qui allait avoir par la suite un grand succès alors qu'elle semblait au départ purement verbale : la distinction entre téléologie et téléonomie, que Ernst Mayer puis Jacques Monod devaient reprendre plus tard.

La téléologie désigne la pensée faite de raisonnements finalistes classiques, invoquant des causes finales que la méthode scientifique ne peut pas accepter. À la place de cette téléologie, Pittendrigh proposait un nouveau mot, téléonomie, très voisin, mais avec une signification différente bien précise. Il s'agissait là aussi de finalité, comme l'indique la racine *telos* qui était conservée, mais d'une finalité très différente en ce qu'elle n'impliquait ni conscience ni intention. Autrement dit, l'idée était qu'on ne pouvait toujours pas se passer de modèles finalisés pour décrire et expliquer le comportement des systèmes vivants mais qu'une distinction était possible — et nécessaire — entre systèmes finalisés intentionnels et systèmes finalisés non intentionnels. Seuls les premiers étaient inassimilables par la science ; les seconds devaient pouvoir trouver leur place. En fait, même la physique nous avait habitués à une sorte de finalité non intentionnelle, celle qui s'exprime dans des principes d'extremum qui disent qu'un système physique laissé à lui-même doit évoluer vers un état caractérisé par un maximum ou un minimum d'une grandeur : par exemple les principes d'entropie maximale ou d'énergie libre minimale qui disent que, lors d'échanges d'énergie à l'intérieur d'un système isolé, celui-ci doit tendre vers un état caractérisé par un maximum d'entropie ou un minimum d'énergie libre. Ces principes servent à calculer les équations d'états des systèmes physiques qui permettent de prévoir leur comportement. On peut donc parler ici d'une sorte de finalité puisque le comportement est déterminé par l'état futur dans lequel le système devra se trouver.

Pourquoi ce finalisme n'a-t-il jamais posé aucun problème à la physique et au principe de raison suffisante alors que le finalisme biologique était rejeté ? Essentiellement pour deux raisons :

1) Il s'agit là bien sûr d'une finalité sans conscience et sans intentionnalité.

2) Il s'agit en plus d'une finalité calculable et permettant la prédiction déterministe du fait même qu'elle s'exprime dans un formalisme logico-mathématique déductif.

Aussi le programme de recherche de Pittendrigh, qu'il désignait par le mot de téléonomie, et repris alors par la grande masse des biologistes, consistait à identifier dans les organismes vivants un mécanisme dont les finalités pourraient être traitées comme ces finalités physiques acceptables ; autrement dit, un mécanisme dont la finalité resterait mécanique, c'est-à-dire sans conscience et sans intention ; et dont ce caractère mécanique serait d'autant plus évident qu'il serait possible de le simuler et d'en prédire les conséquences à l'aide de méthodes déductives, sinon mathématiques comme en physique, du moins logico-déductives fournissant des moyens de prédiction déterministe.

Or il se trouve qu'à la même époque un nouveau type de machines commençait à pénétrer en force les sciences et la technologie : les machines à calculer et les servomécanismes, qui devaient donner naissance, grâce à l'électronique, aux ordinateurs programmables.

Tout cet ensemble désigné sous le nom de cybernétique et de sciences de l'information constituait un nouveau mode de pensée et donnait de nouveaux outils théoriques qui étaient justement ceux dont la biologie avait besoin : l'ordinateur programmé constitue un modèle parfait de machine finalisée non consciente et non intentionnelle, réalisant une tâche de façon parfaitement déterministe et permettant donc une prédiction parfaite. De plus, la structure moléculaire de l'A.D.N. et des protéines pouvait être analysée comme celle d'un message codé et les mécanismes de réplication des A.D.N. et de synthèse des protéines à partir de la structure des A.D.N. étaient traités comme des cas particuliers de transmission d'information dans des voies de communication, en application directe de la théorie de l'information développée entre-temps dans le cadre de cette science des ordinateurs à ses débuts.

Aussi, le programme de Pittendrigh se réalisait parfaitement : la structure moléculaire des organismes vivants permettait de mettre en évidence des mécanismes finalisés inconscients et non intentionnels du même type que ceux qui commençaient alors à être connus dans ces machines finalisées inconscientes et non intentionnelles que constituent les ordinateurs.

Aussi, à la question qui continuait de se poser sur l'origine de ces déterminations finalisées dans l'organisme, la réponse était évidente : tout comme dans un ordinateur l'origine de ces déterminations se trouve dans le programme, l'origine des déterminations génétiques des organismes vivants et leur mode de fonctionnement sont ceux d'un programme inscrit dans les gènes de cet organisme. Comme la nature moléculaire de ces gènes n'est autre que celle des A.D.N. et que ceux-ci peuvent être vus comme des messages codés inscrits dans un alphabet chimique où les lettres sont des molécules particulières, le pont était établi entre la structure moléculaire des organismes et les ordinateurs programmés. La notion de *programme génétique* issue de cette combinaison de biochimie génétique et de sciences de l'ordinateur venait répondre exactement aux besoins de la biologie pour lui permettre de la débarrasser totalement des moindres restes de finalisme vitaliste.

Cette histoire est assez connue et je ne la rappelle que pour essayer de montrer maintenant qu'elle aurait pu se dérouler autrement.

Nous pouvons envisager deux possibilités, deux scénarios : soit que les grandes percées de la biologie moléculaire se soient produites bien avant le développement des ordinateurs et des sciences de l'information ; soit qu'elles se soient produites bien après, par exemple maintenant, après que les sciences de l'ordinateur eurent commencé à mûrir et à évoluer elles-mêmes vers cette nouvelle discipline qu'on appelle l'intelligence artificielle.

Dans les deux cas la théorie du programme génétique n'aurait pas vu le jour.

Dans le premier cas, en l'absence de théorie de l'information et de machines programmées, les déterminations génétiques dont étaient responsables les A.D.N. auraient quand même été découvertes, la structure en double hélice aussi, et aussi les mécaniques moléculaires de la réplication des gènes et de la synthèse des protéines.

Mais en l'absence de théorie de l'information et de machine programmée, on n'aurait pas pu parler d'information ni de programme génétique. Les déterminations génétiques seraient restées des déterminations au sens de mécanismes causaux dont le support matériel était lié à la structure des molécules d'A.D.N. et à celle des protéines.

Ces découvertes seraient restées de très grandes percées en biochimie et en génétique puisqu'elles auraient quand même résolu deux des problèmes qui avaient le plus résisté aux avancées de ces disciplines : la synthèse des protéines qui, au contraire des autres constituants chimiques de la matière vivante, n'avait jamais pu être réalisée in vitro ; et la structure moléculaire des gènes ainsi que leur rôle de « patron » *(template)* dans la synthèse des protéines.

Mais on n'aurait pas pu parler de programme génétique dans cette hypothèse où les sciences de l'ordinateur, de l'information et de la programmation n'auraient pas encore existé.

Dans le deuxième scénario, celui où la biologie moléculaire n'aurait effectué ses percées que bien après la maturation des sciences de l'information, par exemple aujourd'hui, je veux essayer de montrer que les développements plus récents de l'intelligence artificielle, de la théorie des automates et des théories de l'auto-organisation, et *leur commencement d'implé-*

mentations dans des machines réelles qui ne sont survenues que ces dernières années, auraient fourni à la biologie moléculaire des modèles beaucoup plus satisfaisants que la notion de programme pour résoudre ses problèmes théoriques.

En effet, la transposition de la notion de programme des machines programmées à la biologie n'avait pu se faire que de façon malgré tout approximative et, en fait, plus métaphorique que rigoureuse, dans une extrapolation très large, légitime d'ailleurs *a posteriori*, en ce qu'elle s'est révélée féconde, opératoirement, malgré ses insuffisances théoriques.

Ces insuffisances étaient bien connues et on les trouve signalées, avec le caractère métaphorique de cette notion, dans les bons manuels de biologie moléculaire, repris de certains de ceux qui furent les auteurs ou les contemporains de ces découvertes.

La difficulté de la notion de programme génétique, comme on pouvait s'y attendre, tourne autour de l'absence de programmeur évident, tandis que le programmeur sous la forme d'un homme conscient intentionnalisé joue quand même un rôle important dans l'écriture des programmes d'ordinateurs.

Nous verrons ensuite que d'autres difficultés proviennent de ce que la langue de programmation et la structure logique du programme non plus ne sont pas évidentes (même si les A.D.N. et les protéines peuvent être lues comme des messages porteurs d'information) en sorte que la réalité moléculaire de ce programme comme programme semble s'évanouir dans l'ensemble des structures et du fonctionnement cellulaire.

Programme d'origine interne, programme qui se programme lui-même, programme qui a besoin des produits de son exécution pour être lu et exécuté : telles sont les expressions les plus courantes des difficultés de la métaphore du programme génétique. Aussi cette métaphore est-elle complétée par la théorie du développement épigénétique qui implique des interactions non programmées du programme avec le milieu, telles que certaines « potentialités » du programme sont sélectionnées et d'autres éliminées, la notion de potentialité elle-même étant une généralisation du phénomène de répression et dérépression des gènes observé en génétique moléculaire. Cette répression de caractères génétiques qui les fait exister à l'état de potentialité, et leur dérépression éventuelle est sous la dépendance de protéines régulatrices, elles-mêmes sous la dépendance de gènes régulateurs, et ainsi de suite dans une récursion à l'infini de protéines aux gènes et de gènes aux protéines qui constitue beaucoup plus un défi pour la recherche qu'une description précise de phénomènes connus et identifiables.

L'absence de programmeur a comme conséquence une difficulté théorique sur laquelle on n'insiste pas beaucoup d'habitude mais qui se trouve en fait au centre de toutes ces approximations et insuffisances de la notion de programme génétique : la mise entre parenthèses de la question pourtant fondamentale de la signification de l'information, de l'aspect sémantique — et pas seulement structurel — des messages génétiques.

Cette mise entre parenthèses ou cette négligence était d'ailleurs normale, étant donné que la théorie de l'information à ses débuts avait elle aussi mis de côté cette question, pour reporter à plus tard son examen, parce qu'il s'agissait là, dans l'analyse de ce qu'est la signification de l'information, d'une tâche beaucoup plus difficile que l'analyse structurale et syntactique des messages et des langages formels utilisés dans les sciences de l'ordinateur.

André Lwoff, dans son livre, *L'Ordre biologique*, avait pourtant signalé ce défaut dès 1962, en mettant en garde contre une utilisation trop littérale de la notion d'information génétique au sens de la théorie de l'information classique qui négligeait la question de la signification et du sens. Mais cette mise en garde a été ignorée par la plupart, à cause d'un postulat des débuts de la biologie moléculaire qui fut très fécond à cette époque mais qui s'est révélé faux par la suite. Ce postulat, qui correspondait à des observations dans certains cas privilégiés et simples de caractères héréditaires sur des bactéries en particulier, affirmait le caractère général d'une correspondance biunivoque de chaque caractère à un gène par l'intermédiaire d'une enzyme.

Un gène, une enzyme, un caractère, telle était la voie par laquelle on passait du niveau moléculaire des A.D.N. où était inscrit le message génétique, au niveau de l'organisme où ce message était décodé et exprimé sous la forme d'un caractère héréditaire.

Autrement dit, la question de la signification de l'information génétique semblait ne pas poser de problème.

Le message inscrit dans la structure d'un A.D.N. était décodé et transformé en structure d'une protéine. Cette structure est responsable de propriétés enzymatiques qui permettent de catalyser telle ou telle réaction du métabolisme. Comme conséquence de cette réaction, une fonction particulière pourra être observée au niveau de la cellule ou de l'organisme où elle se produit. La signification de l'information portée par ce gène, c'est donc cette fonction présente ou absente suivant que le gène est exprimé ou non (et bien entendu suivant qu'il est présent ou absent).

Autrement dit, la signification de l'ensemble des gènes d'un individu, de son génotype comme on dit, c'est l'individu lui-même, l'ensemble des caractères exprimés qu'on peut y observer, ce que l'on appelle son phénotype, et la question du passage du génotype au phénotype semblait réglée par ce postulat qui faisait figure de dogme ; un gène, une enzyme, un caractère. Le phénotype était déterminé de façon univoque par le génotype à la façon d'une traduction mot à mot, un gène, un caractère, d'une langue à l'autre, où la signification dans la langue de traduction, le phénotype, serait la même que dans la langue traduite d'origine, le génotype.

Or il se trouve que, malheureusement pour la simplicité du schéma, ce n'est pas comme cela que les choses se passent. Là aussi comme dans une traduction où il s'agit de conserver le sens, le passage des gènes aux caractères n'est pas une correspondance biunivoque. On n'observe qu'exceptionnellement la correspondance un gène - un caractère.

En général un caractère phénotypique est sous la dépendance de plusieurs gènes et un gène intervient dans la détermination de plusieurs caractères. Autrement dit ce qui est déterminant, ce sont les interactions entre plusieurs gènes qui sont capables de déterminer plusieurs caractères différents.

Comme dans la traduction d'une langue à une autre, un dictionnaire, qui permet seulement une traduction mot à mot, ne suffit pas pour traduire le sens des phrases. Il faut en plus la syntaxe ; dans les langues artificielles comme les langages d'ordinateur, la syntaxe, c'est-à-dire la structure logique de la langue, et le codage des symboles suffisent pour dire ce que l'on veut dire. Mais dans les langues naturelles, même cela ne suffit pas ; le sens des phrases dépend encore d'autres facteurs, essentiellement le contexte et la situation dans laquelle elles sont prononcées et aussi la situation dans laquelle elles sont entendues ou lues.

Dans le cas du code génétique, nous ne connaissons même pas la syntaxe de la langue de programmation. Tout ce que nous connaissons, c'est un dictionnaire permettant de passer des mots écrits dans la langue des gènes, les A.D.N., aux mots écrits dans celle des enzymes, les protéines. Et c'est tout. Comment ces mots constituent des phrases qui veulent dire quelque chose, c'est-à-dire comment les gènes, interagissant les uns avec les autres, déterminent une cellule en fonction ou un organisme en développement, cela est encore très mal compris. Autrement dit, nous avons besoin de quelque chose d'autre que la notion de programme déterministe d'ordinateur pour répondre aux besoins théoriques de la biologie tels qu'ils étaient formulés par Pittendrigh et les tenants de l'idée de téléonomie. *Comme modèle de finalité non intentionnelle le programme d'ordinateur est encore insuffisant.*

Or il se trouve qu'aujourd'hui, contrairement à ce qui se passait il y a une vingtaine d'années, nous pouvons emprunter à la cybernétique et à l'intelligence artificielle d'autres modèles de finalité non intentionnelle, qui sont beaucoup plus satisfaisants. Cela tient, entre autres, à ce que les notions de complexité et d'organisation, conformément à une prédiction de Von Neumann, sont devenues elles-mêmes objets de recherches formalisées permettant d'en approfondir et de mieux maîtriser les aspects opérationnels dans les « sciences de l'artificiel » et en même temps d'analyser de façon différente les phénomènes biologiques où ces notions avaient joué jusque-là un rôle explicatif fondamental mais purement verbal. C'est ainsi que J. Monod relevait des difficultés dans la théorie évolutionniste néodarwinienne (qu'il soutenait lui-même avec la quasi-totalité des biologistes de sa génération), où les programmes génétiques jouaient bien sûr un rôle central, cette fois-ci comme produits de l'évolution, caractéristiques de chaque espèce et où la sélection naturelle était assimilée, en quelque sorte, au programmeur, auteur de ces programmes. Mais il se contentait d'attribuer ces difficultés à la grande complexité des phénomènes biologiques sans que, pour autant, celle-ci fasse elle-même l'objet d'une théorisation quelconque.

C'est pourquoi on peut imaginer que si la biologie moléculaire avait disposé de ces modèles déjà il y a vingt ans, elle n'aurait pas eu besoin de la métaphore du programme génétique. Ces modèles ont à voir, d'une façon ou d'une autre, avec le problème de l'auto-organisation qui était déjà posé il y a une vingtaine d'années mais qui n'était pas encore mûr, du côté des spécialistes dans les sciences de l'information, pour pouvoir déboucher sur des applications concrètes. Aujourd'hui ce n'est plus le cas et c'est pourquoi la problématique de l'auto-organisation peut être reprise sur la base de techniques qui ont bénéficié de progrès en théorie des algorithmes et de leur complexité, en analyse de systèmes dynamiques non linéaires, et en intelligence artificielle. On peut citer les techniques de programmation parallèle, la théorie des automates probabilistes, et l'implémentation d'algorithmes probabilistes et d'heuristiques de programmation qui constituent un pas important sur la voie de programmes autoprogrammés.

Je voudrais vous donner deux exemples de modèles d'auto-organisation, qui, chacun à sa manière, permettent de reposer les questions du programme et de l'expression du sens et de la signification des messages dans des organismes vivants.

Comme je vais essayer de le montrer, ces modèles permettent de voir dans les organismes vivants pas tellement des automates dirigés par un programme déterministe fourni de l'extérieur à la façon des ordinateurs actuels ; mais plutôt des systèmes auto-organisateurs dont les principes commencent à pénétrer les recherches en intelligence artificielle, c'est-à-dire celles concernant les ordinateurs futurs.

Jusqu'à ces dernières années les théories de l'auto-organisation n'avaient pas réussi à sortir du domaine des explications spéculatives pour déboucher sur des applications concrètes, peut-être par manque de moyens informatiques adéquats, et parce que les informaticiens étaient trop occupés à développer ces moyens et à exploiter au maximum les possibilités de la programmation classique, séquentielle et déterministe.

Pourtant, l'idée d'auto-organisation, qui avait fait des débuts avortés dans les années soixante, faisait son chemin dans les années soixante-dix essentiellement par trois voies :

— La théorie de l'information élargie de façon à pouvoir s'attaquer aux problèmes, nouveaux pour elle, de création de l'information et de la signification. C'est dans ce cadre que fut énoncé le principe d'ordre par le bruit, d'abord par Von Foerster, puis que ce principe fut précisé et complété en principe de complexité par le bruit ou de hasard organisationnel, par moi-même.

— La deuxième voie était celle de la thermodynamique des phénomènes irréversibles avec la description des structures dissipatives par Prigogine, Glaysdorff, Nicolis et ce qu'on a appelé l'école de Bruxelles où fut énoncé un principe voisin du précédent, mais différent, d'ordre par fluctuations.

— La troisième voie était celle de la théorie des jeux inaugurée par les jeux de la vie de Conway (auxquels on peut trouver comme précurseur Von Neuman et sa théorie des automates reproducteurs) et transposée à la cinétique chimique par Eigen dans une série de travaux sur l'auto-organisation de la matière permettant d'apporter une contribution décisive à la théorie de l'évolution chimique ; c'est-à-dire à une représentation théoriquement satisfaisante de mécanismes chimiques par lesquels les premiers organismes vivants, virus ou protocellules, ont pu être amenés à l'existence.

Je ne parlerai pas ici de ces trois approches dans leurs détails parce qu'elles ont fait l'objet de nombreuses publications et commencent à être relativement connues.

Mais, de façon générale, au-delà des formalismes et des techniques mathématiques utilisés, ce qui caractérise l'auto-organisation, c'est un état optimal entre, d'une part, un ordre rigide et inamovible, incapable de se modifier sans être détruit, comme celui du cristal, et, d'autre part, un renouvellement incessant sans stabilité aucune, évoquant le chaos et les volutes de la fumée.

Cet état lui-même, évidemment, n'est pas figé : il permet de réagir à des perturbations non prévues, au hasard, par des changements d'organisation qui ne seront pas une simple destruction de l'organisation pré-existante mais une réorganisation permettant à des propriétés nouvelles d'apparaître : ces propriétés peuvent être une nouvelle structure ou un nouveau comportement lui-même conditionné par de nouvelles structures. Et elles sont bien nouvelles en ce que rien *a priori* ne permettait de les prédire dans leur détail et leur spécificité. Et cela est une conséquence inéluctable de ce que, dans leur survenue, des rencontres au hasard, non programmées, des perturbations aléatoires jouent un rôle déterminant.

Autrement dit, nous avons appris à comprendre comment, sous l'effet de telles perturbations qui produisent habituellement un effet désorganisateur, certains systèmes aux propriétés auto-organisatrices peuvent êtres capables de se réorganiser avec des propriétés de structure et de fonction nouvelles, dans une certaine mesure imprévisibles *a priori.*

Ces désorganisations suivies de réorganisations, c'est cela qui caractérise ces systèmes dont le comportement sert ainsi de modèle à celui des êtres vivants dans leurs propriétés d'adaptation au changement et d'invention. Mais ces réorganisations ne peuvent pas être vues seulement comme des réarrangements d'éléments interconnectés ou le résultat d'une combinatoire par laquelle un certain nombre d'éléments peuvent être mis en relation les uns avec les autres. Il faut en plus qu'à chaque combinaison, à chaque réarrangement corresponde une organisation fonctionnelle différente, c'est-à-dire une signification différente des relations établies entre les différentes parties. Autrement dit, l'élément le plus important dans ces phénomènes d'auto-organisation, c'est l'autocréation du sens, la création de significations nouvelles de l'information transmise d'une partie à l'autre ou d'un niveau d'organisation à un autre. Sans cette création de significations nouvelles, nous n'aurions affaire qu'à des recombinaisons sans que celles-ci puissent produire l'apparition de fonctions nouvelles, de comportements nouveaux ; bien au contraire, il semblerait *a priori* que le fonctionnement efficace d'une machine ne corresponde qu'à une seule combinaison des pièces qui la constituent et que toute autre combinaison n'aboutirait qu'à la panne et au mauvais fonctionnement. Pour qu'une désorganisation produise une réorganisation, il faut que la signification des relations entre les parties se transforme. C'est pourquoi la question de la création des significations de l'information, ou de l'autocréation du sens est au centre des phénomènes d'auto-organisation.

Encore faut-il pouvoir se représenter par quels mécanismes le sens peut s'autocréer et il y a là, à n'en pas douter, une démarche qui a l'air paradoxale et qui ressemble d'ailleurs à la fabrication de programmes qui se programmeraient eux-mêmes : si un programmeur fabrique un tel programme, comment et à quelles conditions pourra-t-on dire que le programme se programme lui-même ? Ici aussi, on rencontre une difficulté de ce genre puisqu'il s'agit de fabriquer des modèles d'organisations capables de se modifier elles-mêmes et faisant apparaître des significations imprévues et surprenantes même pour celui qui fabrique le modèle.

La solution de ces paradoxes se trouve dans l'utilisation simultanée de deux ingrédients habituellement négligés dans la fabrication des modèles : d'une part, une certaine quantité d'indétermination, une espèce d'utilisation systématique du hasard dans la fabrication et l'évolution du modèle ; d'autre part, la prise en compte du rôle de l'observateur et du contexte dans la définition de la signification de l'information. Le premier ingrédient permet à la nouveauté d'avoir sa place ; le deuxième permet à cette nouveauté de ne pas être que chaos et de pouvoir éventuellement, dans un contexte d'observation donné et pour ce contexte, acquérir *a posteriori* une signification. *Permettre au hasard d'acquérir* a posteriori *et dans un contexte d'observation donné une signification, c'est cela finalement par quoi on peut peut-être résumer ce qu'est l'auto-organisation.*

Et pour vous fixer les idées, je voudrais vous montrer comment de tels phénomènes peuvent être simulés par des modèles relativement simples permettant de comprendre encore mieux ce qui peut se cacher derrière ces paradoxes, et donc comment éliminer, finalement, leur caractère paradoxal.

Tout d'abord, en essayant de pousser jusqu'au bout la métaphore du programme génétique, nous nous sommes posés, avec Maurice Milgram, la question suivante[5] : si l'on veut se représenter le développement du système nerveux dans l'embryon, à partir d'une seule cellule initiale qui se divise un grand nombre de fois et qui produit des connexions spécifiques entre les cellules produits de ces divisions, et si l'on s'en tient à l'idée du programme, celui-ci doit être contenu dans la cellule initiale et spécifier par un nombre d'instructions extrêmement grand la structure finale d'un réseau de plusieurs milliards de cellules avec plusieurs dizaines de milliards de connexions. Ce nombre est tellement grand qu'on a du mal à se représenter les états physiques différents d'une seule cellule permettant de coder un si grand nombre d'instructions.

Au contraire, le problème devient soluble si l'on admet qu'on a affaire, non pas à des cellules se comportant comme des automates déterministes, c'est-à-dire programmés dans leurs détails, mais comme des automates probabilistes, c'est-à-dire des machines dont le fonctionnement à chaque étape n'est pas totalement déterminé : à partir d'un état donné, elles peuvent évoluer vers plusieurs états différents avec des probabilités différentes.

En fait, on se représente aujourd'hui le fonctionnement cellulaire comme celui d'un réseau de réactions chimiques et de transport de molécules, un réseau chimio-diffusionnel comme on dit, qui fonctionne suivant les lois de la cinétique de réactions chimiques et de transports couplés. Or, ces lois sont des lois statistiques et c'est pourquoi un tel réseau est comparable à un automate probabiliste beaucoup plus qu'à un ordinateur déterministe séquentiel auquel on pense d'habitude. Évidemment, le fonctionnement d'un tel automate probabiliste n'est pas, *a priori*, très spécifique et cela correspond bien au fait connu que la biochimie et la biophysique des cellules est à peu près la même, en gros, pour tous les organismes vivants, pour toutes les espèces.

Une spécificité plus grande provient, bien sûr, de l'effet des A.D.N. des gènes qui, eux, sont caractéristiques de chaque espèce. Mais les mécanismes par lesquels le fonctionnement du réseau chimio-diffusionnel peu spécifique d'une cellule est rendu plus spécifique par l'effet des A.D.N. sont compris de façon relativement simple comme les effets d'entrées de données spécifiques traitées par une machine dont le programme se réduit à quelques lois de probabilités.

Autrement dit, il y a là un changement de perspective en ce qui concerne le rôle des A.D.N. comme programme et source de spécificité. Plutôt qu'un programme d'ordinateur, il est beaucoup plus satisfaisant de les considérer comme des données mémorisées, qui sont traitées par un automate probabiliste dont le programme se réduit aux lois d'interactions chimiques sans grande spécificité.

Suivant ce changement de perspective, si programme il y a, il se trouve dans l'ensemble de la cellule vue comme réseau obéissant à des lois très générales de cinétique chimique et de transport. Tandis que les A.D.N. comme sources de déterminations génétiques sont vus comme des données spécifiques, stockées en mémoire et traitées par l'automate probabiliste que constitue le réseau chimio-diffusionnel.

Le deuxième type de modèles dont je voudrais vous parler maintenant plus en détails parce qu'il a à voir avec le problème de la création de significations est le résultat de travaux réalisés en collaboration avec Gérard Weisbuch et Françoise Fogelman à Paris et Jean Salomon et Esther Ben Ezra à Jérusalem[6,7].

Nous avons étudié les propriétés auto-organisatrices de réseaux relativement simples constitués d'éléments interconnectés de la façon suivante :

Chaque élément reçoit deux connexions de ses voisins et envoie deux connexions à deux autres de ses voisins. Sur les bords, le réseau se referme sur lui-même, c'est-à-dire que les connexions en provenance de la fin d'une ligne ou d'une colonne sont envoyées à l'élément qui se trouve au commencement de la ligne ou de la colonne.

Ces éléments peuvent être dans deux états possibles dénotés 0 et 1.

Chaque élément reçoit donc deux signaux d'entrée de deux de ses voisins. Les deux signaux de sortie envoyés par un élément sont identiques. En fait, ils ne sont pas autre chose que l'état 0 ou 1 dans lequel se trouve l'élément en question.

Chaque élément est caractérisé par une opération lui permettant de transformer les deux signaux binaires, 0 ou 1, qu'il reçoit, en un état, binaire lui aussi, qui va déterminer ses signaux de sortie à l'instant suivant.

Autrement dit, chaque élément d'un réseau est défini par l'une des fonctions de l'algèbre de Boole qui constituent toutes les possibilités de faire correspondre un 0 ou un 1 à un couple de signaux pouvant être eux-mêmes chacun 0 ou 1. Le réseau est fabriqué de la façon suivante : les seize fonctions booléennes qui régissent le fonctionnement de ces automates très simples situés à chaque nœud du réseau sont tirées au sort.

L'état initial de chaque nœud, qui peut être 0 ou 1, est aussi tiré au sort.

Après quoi on laisse le réseau fonctionner en calculant les changements d'état de ses éléments de façon parallèle, un intervalle de temps après l'autre. C'est-à-dire qu'à chacun de ses nœuds, après chaque unité de temps, chacun des éléments reçoit ses deux signaux d'entrée, calcule à partir de ces signaux l'état dans lequel il va se trouver au temps suivant en application de la loi booléenne qui le définit. Au temps suivant, ses deux signaux de sortie, égaux à ce nouvel état, sont envoyés aux deux autres voisins.

À ce moment-là, chaque élément reçoit *donc* deux signaux d'entrée différents, résultats des calculs précédents, et leur applique à nouveau le calcul prescrit par sa loi de fonctionnement, et ainsi de suite.

Un des premiers résultats remarquables qui aient été obtenus sur ces réseaux, dont l'étude fut commencée par Stuart Kaufman[8] et continuée par notre groupe, est que leur évolution au cours du temps fait apparaître des propriétés d'auto-organisation à la fois spatiale et temporelle.

En effet, alors que l'état initial du réseau est un état homogène aléatoire, résultat d'un tirage au sort des 0 et 1 sur les nœuds du réseau, très vite, celui-ci évolue vers un état structuré où des sous-domaines apparaissent.

En effet, certains éléments atteignent un état stable, 0 ou 1, qui ne change plus au cours du temps et ces éléments dessinent dans le réseau des sous-domaines stables dont l'état va donc rester fixe. Entre ces sous-domaines stables, les autres éléments continuent de changer d'état au cours du temps, mais ces changements sont périodiques, c'est-à-dire que chaque élément repasse périodiquement par une séquence relativement courte d'états qui se répète dans le temps.

Autrement dit, au bout d'une cinquantaine ou d'une centaine d'étapes de fonctionnement du réseau, celui-ci se trouve subdivisé en deux sortes de sous-domaines : stables et oscillants, les sous-domaines oscillants ont des périodes courtes, de l'ordre de quelques dizaines d'états par lesquels ils repassent indéfiniment.

Autrement dit, on est parti d'un état homogène, non structuré macroscopiquement, dont la seule structure était microscopique et aléatoire, celle qui résultait du tirage au sort des conditions initiales et des lois de fonctionnement de chacun des éléments du réseau.

Comme résultat de ce fonctionnement, le réseau fait apparaître une structure macroscopique, reconnaissable par un observateur à un autre niveau, celui du découpage macroscopique en sous-réseaux ; et chacun d'eux est caractérisé par un comportement temporel différent, soit constant, soit oscillant avec une période caractéristique.

Ce résultat est loin d'avoir été prévu au départ et ce n'est qu'après plusieurs centaines de simulations sur ordinateurs avec plusieurs ensembles d'états initiaux, et plusieurs distributions de lois, que le caractère général du phénomène a été reconnu et qu'on a commencé à essayer de comprendre, pas à pas, ce qui se passe dans ce processus d'auto-organisation ; pour essayer de déceler la responsabilité du type de connexions, du type de lois et des états initiaux dans l'évolution des différents éléments du réseau vers leur état final.

Mais de plus, l'étude de ces réseaux booléens aléatoires, pourtant bien simples et apparemment très pauvres par rapport à la complexité de structures naturelles, a fait apparaître des propriétés qui simulent la création de significations de messages par le réseau lui-même.

En effet, on peut montrer qu'un tel réseau peut fonctionner comme un reconnaisseur de séquences de signaux, où les séquences sont reconnues suivant un certain critère. Mais ce critère n'a pas été posé au départ. Il est le résultat d'une certaine structure du réseau qui a été construite au hasard. Autrement dit, tout se passe comme si des algorithmes capables de reconnaître entre des classes de formes différentes étaient fabriqués au hasard, et le critère de distinction entre les classes, le critère de reconnaissance n'est rien d'autre que l'algorithme lui-même, qui ne peut pas être défini *a priori* avant que le réseau ait été construit.

En particulier, des séquences pseudo-aléatoires, séquences de 0 et 1 où aucun ordre apparent ne peut être décelé, peuvent être reconnues comme non aléatoires, c'est-à-dire réalisant un certain ordre caché, parce qu'elles appartiennent à une classe qui est définie par une structure spécifique particulière d'un tel réseau capable de la reconnaître.

C'est ce qui apparaît quand on étudie l'effet de séquences de signaux binaires injectées sur un élément du réseau, à la façon de perturbations imposées de l'extérieur sur cet élément. Celui-ci est ainsi perturbé par un « bruit » constant (c'est-à-dire pratiquement injecté pendant un temps égal à au moins deux périodes du réseau dans son état oscillant final). Ses voisins immédiats ne sont pas considérés puisqu'ils reçoivent directement les perturbations que cet élément leur transmet. Les autres éléments sont marqués 0 s'ils sont stables et 1 s'ils sont oscillants. L'état final de chacun des autres éléments est comparé avec l'état dans lequel il se trouve quand le réseau n'est pas perturbé (en particulier pour ce qui concerne les éléments des cœurs stables et oscillants). Ainsi, le réseau peut être considéré comme un analyseur de séquences dont l'entrée est l'élément perturbé et la sortie un élément dont l'état final pourra être différent ou non (suivant la séquence appliquée) de celui dans lequel il se trouve en l'absence de « bruit ». Il peut arriver qu'un élément qui faisait partie du cœur oscillant en l'absence de bruit devienne stable quand on lui applique certaines séquences de perturbations. Cela provient d'un cheminement particulier des signaux entre l'entrée et la sortie dû aux connexions et aux lois des éléments sur ce chemin, ainsi qu'à leur état final stable ou oscillant en l'absence de bruit produit par le fonctionnement du reste du réseau.

Certaines séquences sont telles qu'elles compensent exactement les oscillations qui se produisent en l'absence de bruit, aboutissant ainsi à la stabilisation de l'élément de sortie. Ces séquences constituent une classe parmi l'ensemble des séquences possibles de même longueur et cette classe est définie justement par ce processus de « reconnaissance ».

Autrement dit, nous avons là un mécanisme par lequel un ensemble de messages *a priori* sans signification sont divisés entre ceux qui peuvent être reconnus et ceux qui ne le sont pas. Le critère pour cette démarcation — comparable dans un système cognitif à distinguer entre un message qui fait sens et un message sans signification — n'est rien d'autre qu'une structure interne particulière, ici, un chemin entre deux éléments d'un réseau booléen.

Et cette structure, elle-même productrice de signification, a pu être produite au hasard, et n'a pas, quant à elle, d'autre signification que celle de produire cette démarcation qui crée la signification.

Autrement dit, si un observateur extérieur observe le comportement d'un tel réseau sans en connaître la structure de détail, il sera tenté de lui attribuer une intentionnalité, celle qui devrait, semble-t-il, présider à tout effet de création de signification quand on l'observe de façon globale ; quand on décrit la signification d'un message ou d'un comportement par ses effets sur celui qui les reçoit ou qui les observe, qui peut être d'ailleurs le système de comportement lui-même, animal ou réseau automate.

En effet, nous sommes habitués, quand nous observons un message ou un comportement qui fait sens, à attribuer une intention à celui qui émet ce message ou se comporte de cette façon ; cela, par projection de notre propre expérience quand nous nous exprimons et nous comportons de façon intentionnelle dans le but de dire ou de faire quelque chose.

La production de modèles automatiques comme nos réseaux, qui semblent reproduire de tels phénomènes, constitue un passage à la limite, une extrapolation à l'absurde, qui doit nous permettre de mieux comprendre ce qui se passe quand nous observons des systèmes naturels créateurs de significations, comme des animaux par exemple, et que nous leur attribuons des intentions.

Quand nous observons un chien qui se débrouille pour retrouver son maître qu'il a perdu, qui déploie pour cela une stratégie lui permettant, par exemple, de rechercher d'abord une porte et de l'ouvrir, s'il est enfermé quelque part, puis ensuite de reconnaître un véhicule susceptible de le transporter en semblant comprendre la fonction de ce véhicule, de l'utiliser ensuite pour arriver à son but, nous décrivons un comportement évidemment finalisé [9] comme si ce chien avait une intention au départ, celle de retrouver son maître, et comme si tout son comportement était ensuite dirigé par cette intention. Nous décrivons ainsi ce phénomène tout naturellement et sans nous poser de questions sur la légitimité même de cette description. En fait, nous prêtons au chien un comportement, dont nous avons par ailleurs une expérience intérieure, celle de nos propres comportements finalisés intentionnels qui visent consciemment à atteindre leur but. Mais quand nous observons maintenant un comportement en tous points similaire à celui du chien, sauf qu'il est le fait d'une cellule isolée, par exemple un globule blanc du sang dont la fonction est de phagocyter et de digérer des corps étrangers, bactéries ou cellules mortes, dont l'organisme doit être débarrassé, alors, là aussi, nous voyons la cellule se diriger vers sa proie, contourner éventuellement des obstacles, changer de forme pour se faufiler dans un passage étroit si nécessaire. Et pourtant, nous n'attribuons pas une intention à ce comportement finalisé ; nous cherchons au contraire et souvent nous trouvons un mécanisme physico-chimique causal qui explique le phénomène : la cellule-proie, ou la bactérie, sécrète dans le milieu une substance qui diffuse à distance et stimule la membrane du globule blanc. Sous l'effet de ce signal qui peut prendre la forme de changements de concentrations en certains ions, des molécules contractiles dont la forme dépend des concentrations ioniques — à cause de phénomènes d'attractions et de répulsions électriques — changent de forme. Cela entraîne des déformations de l'ensemble de la cellule qui produisent des mouvements amiboïdes en direction des régions où ces substances stimulatrices sont le plus concentrées, c'est-à-dire le voisinage de la proie, etc.

De même, les mouvements d'attraction des spermatozoïdes par un ovule sont-ils expliqués par un chimiotactisme de ce type agissant sur les flagelles qui servent d'appareil locomoteur aux spermatozoïdes et certainement pas par une intention consciente — ni même inconsciente au sens psychanalytique !

Entre ces comportements de cellules isolées et ceux du chien, nous mettons une barrière quelque part qui nous interdit de parler en termes d'intention pour les cellules et pas pour le chien. Mais où se trouve cette barrière ? Où placerons-nous une algue ou un mollusque ou une grenouille par rapport à cette barrière ?

Un autre exemple de cette même barrière est encore plus subtil parce qu'il sépare des espèces différentes mais pourtant très voisines à l'intérieur d'un même genre, celui des chauves-souris.

Les différentes espèces de chauves-souris constituent un sujet d'études très particulier parce qu'on y observe un exemple de lignée évolutive avec encéphalisation progressive, tout comme dans une autre lignée qui nous intéresse particulièrement, celle des primates qui aboutit à l'homme. Là aussi on observe une évolution avec apparition d'espèces nouvelles dont le cerveau est de plus en plus gros par rapport au poids du corps, et qui ont des comportements différents. Paul Pirlot [10], de Montréal, a passé de nombreuses années à étudier ces différentes espèces de chauves-souris et à essayer de corréler les comportements alimentaires différents de ces espèces avec la taille de leur cerveau. En gros, certaines espèces sont insectivores et se nourrissent de façon automatique grâce à un appareil à ultrasons très perfectionné du genre sonar, qui leur permet de détecter et d'avaler à coup sûr tout insecte passant suffisamment près à l'intérieur d'un angle donné. D'autres espèces sont fructivores, nectarivores à la façon d'abeilles, et enfin d'autres, les vampires, se nourrissent du sang de mammifères divers, moutons, hommes ou autres, en les mordant au niveau de leurs veines pendant leur sommeil.

Contrairement à ce que pensaient les spécialistes, Pirlot a pu montrer que les espèces les plus évoluées, au cerveau le plus développé, étaient non pas celles douées de l'appareil sonar très perfectionné et fonctionnant avec une précision à toute épreuve, mais les vampires, dont le comportement alimentaire est des plus incertains, exigeant des stratégies d'approche très variées suivant le type d'animal auquel ils s'attaquent, leur forme, l'endroit où ils sont endormis, etc. Autrement dit, les premières espèces, insectivores au sonar, ont un comportement alimentaire précis certes mais de type machinal automatique, réflexe au sens de mécanique ; tandis que les espèces plus récentes, au cerveau plus développé, ont un comportement qui semble requérir une intelligence intentionnalisée et une stratégie, une planification où le but est posé d'avance et les moyens pour l'atteindre inventés au fur et à mesure des circonstances, comme notre chien de tout à l'heure, ou plutôt comme nous-mêmes.

Ainsi, là aussi, et à l'intérieur du même genre des chauves-souris, nous distinguons entre, d'une part, des espèces dont le comportement est expliqué par un mécanisme purement causaliste, le fonctionnement d'un sonar qui déclenche des mouvements de la langue dans la direction et à distance telle que l'insecte qui passe par là est happé à coup sûr ; et, d'autre part, des espèces dont le comportement diversifié et adapté est décrit de façon finalisée et intentionnelle.

D'un côté nous expliquons des observations par analogie avec notre expérience subjective qui consiste à dire ; « nous faisons quelque chose pour ceci ou cela, en vue de ceci ou cela » et de même « le chien aboie *pour* attirer l'attention, en *vue* de retrouver son maître », etc. De l'autre nous nous interdisons ces *« pour »* et *« en vue de »* et n'acceptons que les « à cause de » : à cause d'une différence de concentration ionique, d'un changement de forme moléculaire, etc.

L'attitude conséquente d'un biologiste consisterait à appliquer au chien la même interprétation qu'au globule blanc et au spermatozoïde, et à refuser les explications par des « pour » et « en vue de ».

Mais cela n'est pas très pratique dans la vie de tous les jours, car la description purement causaliste et physico-chimique du comportement d'un chien, même si elle était possible, serait extrêmement compliquée : le moindre mouvement d'une patte fait appel à un nombre considérable d'événements élémentaires au niveau des cellules du système nerveux, des différents muscles impliqués dans le mouvement, etc. Et surtout, ce type d'explications semblerait toujours passer à côté de l'essentiel, à savoir l'accomplissement d'une certaine fonction qui donne sa signification à l'ensemble des phénomènes élémentaires que nous observons dans un comportement intégré, un comportement qui semble, pour nous, avoir un sens.

Autrement dit, l'intention se trouve dans la signification que nous donnons aux choses et cette signification est produite par l'observation des effets fonctionnels des choses. La barrière que nous plaçons entre explications causales et explications intentionnelles n'existe certainement pas dans les choses elles-mêmes ; elle provient de notre interprétation de ce que nous observons, soit en termes de comportement ou messages qui ont un sens parce qu'ils semblent accomplir une fonction, soit comme des comportements ou des messages dont nous ne pouvons ou ne voulons pas voir — parfois pour des raisons de commodité et de fécondité de la recherche — la signification fonctionnelle. Nous ne voulons pas la voir, en bonne méthodologie de la recherche, parce que cette signification fonctionnelle se trouve à un tout autre niveau d'organisation et de complexité, telle la fonction du spermatozoïde comme agent reproducteur de l'individu et de l'espèce ! La désigner et la prendre en compte impliquerait, aujourd'hui, une explication purement verbale et métaphysique, celle, par exemple, par la Nature ou la Sélection naturelle.

Aussi, inversement, chaque fois que nous voyons une telle signification fonctionnelle et que nous voulons la prendre en compte à propos de choses que nous observons, nous avons tendance à renverser notre attitude et à accorder une intention à l'origine de ces choses.

C'est ainsi que nous sommes conduits à parler de machines,

d'ordinateurs, dont les comportements semblent intentionnels, dès qu'on y observe des créations de significations, comme dans les exemples de réseaux pourtant très simples et sans mystère dont je vous ai parlé.

Et un pas de plus, que nous franchissons alors tout naturellement, consiste à se poser la question : une machine dite « intelligente » peut-elle souffrir ? Tout comme une cellule, une amibe, une bactérie... ou encore une grenouille ... ou un chien, peuvent-ils souffrir ?

À nouveau, la question « où placer la barrière » se pose, quand, cette fois, nous sommes tentés d'aller dans l'autre direction et de projeter l'expérience intérieure de notre subjectivité sur tout ce qui existe et fonctionne avec une apparente signification. Et cette question des machines qui pourraient « penser », « souffrir », prévoir, avoir une stratégie autonome, etc. commence à être débattue très sérieusement d'un point de vue logique et philosophique [11].

En fait, les raisons qui nous font placer la barrière de l'intention et de la signification — sans lesquelles la créativité n'existe pas ou n'est pas perçue comme telle, ce qui revient au même — ici ou là ne peuvent pas être des raisons objectives, qui tiendraient à la nature des choses indépendamment du contexte dans lequel nous les observons. Car si nous nous laissions conduire par ces raisons objectives, nous devrions être tentés soit de ne mettre d'intentionnalité et de signification nulle part, soit d'en mettre partout.

Nous avons vu que dans la pratique, dans notre vie de tous les jours, il est plus simple pour nous, parfois, d'oublier l'attitude cohérente du biologiste et de se contenter du « tout se passe comme si », en faisant comme si notre chien ou celui du voisin avait véritablement des intentions et des projets.

À la limite d'ailleurs, rien ne prouve que je doive accepter ce type d'interprétation pour n'importe qui d'autre que moi-même : quand j'attribue une intention à un autre être humain, j'y projette aussi, par analogie, mon expérience intérieure. Sauf qu'ici on peut dire, peut-être, qu'existe le langage articulé par lequel nous décrivons tout cela et sans lequel il n'y aurait ni science ni philosophie ; et ce langage nous est commun..., mais seulement plus ou moins, et avec beaucoup d'ambiguïtés.

A ce propos d'ailleurs, il n'est peut-être pas inutile de rappeler que la pauvreté du langage scientifique est en même temps ce qui fait sa grande force ; car contrairement au langage des autres traditions de connaissance, qui est essentiellement un langage métaphorique et à significations multiples, le langage scientifique est caractérisé par une tendance à la transparence et à l'unicité du sens, par la recherche — même si elle n'aboutit pas toujours — d'un langage univoque et indépendant du contexte.

Quoi qu'il en soit, cela veut dire que ce qui nous fait placer la barrière là et pas ailleurs, attribuer intention et projets, et aussi souffrance et possibilité de créer à l'autre être humain et éventuellement à son chien, mais pas au brin d'herbe, ni à la bactérie, et pas, non plus, à la machine, ni à l'automate, ce qui nous fait placer cette barrière donc là et pas ailleurs, n'est pas justifié par des considérations objectives et scientifiques, mais essentiellement par des considérations éthiques qui nous concernent nous-mêmes, dans nos relations avec les autres hommes et la nature.

Cela ne veut pas dire, bien entendu, que nous ne devons pas le faire, que nous ne devrions pas placer ces barrières ; mais seulement que nous devons comprendre qu'il s'agit là d'une projection véritablement animiste, qui dépasse les limites de la méthode scientifique, et dont nous ne pouvons pas nous passer, en fait, dans notre vie de tous les jours.

Alors, autant le savoir, et placer la barrière en un lieu qui peut être arbitraire du point de vue de la connaissance objective des structures et des fonctionnements cachés, mais qui est celui de la perception immédiate des choses que nous reconnaissons sans réfléchir : autant placer la barrière de l'intention et du projet *là où nous reconnaissons une forme humaine caractérisée par un corps et un langage,* où nous pouvons projeter notre expérience subjective.

Une connaissance scientifique étendue à une métaphysique unificatrice pourrait nous conduire soit à reconnaître intentions et projets partout où des significations fonctionnelles nous apparaissent jusque dans une bactérie et un automate, soit au contraire à en nier l'existence en quelque lieu que ce soit, y compris l'autre être humain, et moi-même aussi d'ailleurs, quand je joue le jeu de me voir de l'extérieur, « objectivement ». Il s'agit là de deux pièges où ne pas tomber, bien sûr, que nous tend un désir d'unification et de grande synthèse à tout prix : le piège spiritualiste et le piège réductionniste.

Je voudrais terminer par quelques remarques qui ont trait à ce qui pourrait sembler une convergence avec des préoccupations dont nous avons entendu parler dans ce colloque et qui ont l'air de ressembler à ce dont je vous ai parlé : à savoir, par exemple, les problèmes de signification comme lien d'articulation entre la pensée et la matière dont David Bohm a parlé.

Je veux très brièvement essayer de montrer qu'il s'agit là d'une démarche qui est différente en ce que sa direction est opposée. Quand il aborde cette question de la signification entre matière et pensée, Bohm, visiblement, part de l'expérience humaine subjective de ce qu'est la signification et projette ensuite cette expérience sur le problème philosophique des relations entre la matière et la pensée. Au contraire, dans les jeux auxquels nous nous livrons, en particulier avec les études de ces réseaux d'automates, nous essayons de trouver un moyen d'étudier ce que peut être la signification d'un message de façon objective, et pour cela nous commençons par étudier ce que peut être une signification non humaine. Bien sûr, cette objectivisation implique toujours une perte, une réduction par rapport à l'intuition immédiate que nous avons de ce qu'est la signification pour nous, dans notre langage. Mais cette réduction, cette perte, quand elle réussit — elle ne réussit pas toujours —, a des avantages, et ces avantages sont essentiellement des avantages de communication par une transparence du langage dont j'essayais de parler tout à l'heure et qui, je crois, est ce qui caractérise la méthode scientifique.

Ceci désigne une attitude que Yehuda Elkana désigne par une expression très difficile à traduire en français — qui, en anglais, se dit « two-tier thinking », c'est-à-dire un mode de pensée qui veut tenir la corde par les deux bouts. En effet, si l'on s'occupe du problème de la signification, eh bien, on peut avoir une démarche philosophique qui consiste, comme Bohm, à partir de l'expérience intérieure assez vague de ce dont nous avons l'intuition qu'est la signification du langage humain, pour ensuite essayer de voir ce qu'on peut en dire, avec l'avantage de pouvoir être beaucoup plus riche qu'en utilisant une méthode objective, mais en même temps plus ambigu, plus difficilement communicable par le langage. Au contraire, l'autre attitude consiste à tenir la même corde — cette corde de la signification — mais par l'autre bout, c'est-à-dire à réduire le problème en ne le prenant que par le bout qui permet la quantification, ce qui permet un langage formel, donc un langage plat et moins riche, mais avec l'avantage de la transparence de la communication. Notons qu'il y a quand même une certaine asymétrie entre ces deux bouts, à savoir que le bout humain, si j'ose dire, le bout de l'intuition de l'expérience immédiate est difficilement communicable, encore une fois, par un langage univoque. Cela ne veut pas dire qu'il n'est pas communicable du tout : il est communicable par d'autres voies qui sont celles de l'art, de la poésie et de communications non verbales. Mais celles-ci, telles que l'amour, la musique ou les arts plastiques, sont telles que, lorsque, curieusement, on essaie de les verbaliser, l'ambiguïté et même la violence s'introduisent immédiatement.

Autre exemple de « two-tier thinking » : qu'en est-il de la réorganisation (celle qui accompagne la désorganisation dans les processus auto-organisateurs) ? Pas nécessairement, comme le suggérait M. Vidal, le fait d'une « fonction d'entièreté » qui dirigerait l'évolution à la façon d'un sujet autonome. Ou alors, il s'agirait d'un sujet aux propriétés inouïes, en particulier sans conscience ni inconscient au sens où nous faisons immédiatement et subjectivement l'expérience de notre conscience de soi et de notre inconscient ; d'une « fonction d'entièreté » dont on ne peut rien dire. Autant donc ne pas en parler.

Ce que j'essaie de vous dire là est un peu dans la suite de M. Ekeland ce matin lorsqu'il disait « ce que vous voyez, c'est seulement ce que vous voyez », et qu'il existe des domaines dans lesquels il vaut mieux ne pas trop parler de façon directe, « sans pudeur », comme on dit dans la tradition juive, parce que le discours impudique, qui est en même temps d'ailleurs très souvent un discours sans humour, devient vite source de violence. L'impudeur dont il s'agit ici étant évidemment celle du spirituel qui se dit comme tel.

NOTES

1. P. Watzlawick, *How real is real*, Random House, New York, 1976.

2. J.-P. Dupuy, *Ordres et Désordres*, Seuil, 1982.

3. G. Bateson, *Steps to an Ecology of Mind*, Chandler Publ. Co., New York, 1972.

4. C. S. Pittendrigh, « Adaptation, Natural selection and Behavior », *in* A. Roe and G.G. Simpson Edrs, *Behavior and Evolution*, New Haven Yale Univ. Press, 1958, pp. 390-416.

5. M. Milgram and H. Atlan, « Probabilistic Automata as a Model for Epigenesis of Cellular Networks », *J. Theorel. Biol.*, 1983, 103, pp. 523-547.

6. H. Atlan, F. Fogelman-Soulié, J. Salomon et G. Weisbuch, « Random Boolean Networks », *Cybern. and Systems*, 12, 1981, pp. 103-121.

7. H. Atlan, « Two instances of Self-Organization in Probabilistic Automata Networks : Epigenesis of Cellular Automata Networks and Self-Gene-

348CORPS ET CONSCIENCE

rated Criteria for Pattern Discrimination », *in* J. DEMONGEOT, E. GOLES, M. TCHUENTE, Edrs, *Dynamical Systems and Cellular Automata,* Academic Press, New York, 1985, pp. 171-186.

8. S. A. KAUFMAN, « Behavior of randomly constructed genetic nets : binary element nets », *in Towards a Theoretical Biology,* vol. 3, éd. G. H. Waddington Edinburgh Univ. Press, 1970, pp. 18-37.

9. Voir la critique précise et documentée de l'utilisation des différentes formes de langage finalisé en biologie et en philosophie, en relation avec les descriptions et explications fonctionnelles du vivant dans R. B. BEAMIER et P. PISLOT, *Organe et Fonction,* Maloine, Paris, 1977.

10. P. PIRLOT et J. POTTIER, « Encephalization and Quantative Brain Composition in Bats in relation to their life-habits », *Rev. Can. Biol.,* vol. 36, n°4, 1977, pp. 321-336.

11. Voir par exemple, D. C. DENNETT, *Brainstorms,* Bradford Books Publ., Montgomery, Vermont, U.S.A., 1978 ; et H. DREYFUS, *What computers can't do,* 2ᵉ édition, Harper, New York, 1979.

DISCUSSION

K. MURAKAMI. — *Je me pose vraiment un problème sur la signification et le sens. Si l'on compare le jeu des génotypes et des phénotypes avec celui des lettres qui composent les mots des langues humaines, je ne peux m'empêcher de ressentir que le fait que tel et tel mot se soient formés de telle ou telle manière doit bien avoir un sens particulier. Certes, tout ce que vous nous avez présenté est sans doute nécessaire pour expliquer comment les choses se passent, mais peut-on en rester là et ne doit-on pas dépasser la simple description ? Pour reprendre mon exemple, le fait que trois milliards de noms différents puissent être écrits me semble totalement impensable si on ne le rapporte pas à un phénomène de sens. Ce sens, je ne sais pas qui l'a forgé ; je ne sais même pas quel sens il a lui-même, mais je ne peux réellement pas croire que l'arrangement de toutes ces lettres pour former une entièreté de noms, et la façon dont il s'est fait soient dépourvus de toute signification.*

Je dis peut-être en ce moment quelque chose d'assez différent de ce que M. Atlan a expliqué. Mais lorsque je réfléchis à l'existence de l'homme dans le monde, il me semble évident qu'il doit y avoir une raison à notre présence aujourd'hui. Au fond, pourquoi les êtres humains sont-ils apparus sur la terre ? J'aimerais bien entendre les commentaires de M. Atlan à ce sujet.

H. ATLAN. — *Je comprends bien ce que vous voulez dire sur la nécessité d'une signification, et nous en avons tous le sentiment. Pourtant, j'essaie d'abord de réfléchir en me demandant : qu'est-ce que cela veut dire ? Dans quelles circonstances nous trou-*

vons-nous placés devant des phénomènes naturels où nous ne pouvons pas ne pas voir qu'il y existe sans doute un sens ?

Pour essayer de répondre à cette question, nous tentons de réaliser des modèles encore plus simples que ceux des bactéries, et de plus, des modèles artificiels — c'est-à-dire que nous les fabriquons nous-mêmes. Nous créons de la sorte des situations où, pour un observateur extérieur, la notion de signification semble s'imposer. Or, dans de tels cas, à quoi est liée cette notion, si ce n'est à la fonction que remplit un organisme ? Pourquoi, en effet, pensons-nous que s'exprime une signification, si ce n'est parce que nous voyons que cet organisme fait quelque chose et que lorsque le génotype s'exprime dans le phénotype, eh bien, cela se traduit par des fonctions. Une transmission d'information a eu lieu, et c'est bien cela qui est à l'origine de ce sentiment qui nous fait dire : il y a là une signification. Mais cette signification, nous pouvons l'analyser comme le simple effet de cette transmission d'information de l'émetteur au récepteur. Il y a peut-être signification, il n'y a pas d'intention.

I. STENGERS. — *Je voudrais souligner les conséquences radicales, et peut-être problématiques, de la thèse que nous a exposée le professeur Atlan quant à la définition de la science, par rapport à ce qui se retrouverait exclu du domaine scientifique si on devait appliquer les distinctions qu'il propose.*

Le professeur Atlan, en effet, a opposé la vie de tous les jours avec son langage commode mais souvent finalisé, à ce qu'il a appelé l'attitude cohérente du biologiste qui chercherait, quant à lui, des explications de type causal.

Il me semble pourtant que si l'attitude qu'il a définie est tout à fait valable pour les spécialistes des modèles, si elle l'est aussi certainement pour les spécialistes des bactéries et des plantes et peut-être pour ceux des insectes, elle se complique singulièrement dès qu'on quitte ces domaines et que le biologiste est amené à devenir plutôt éthologiste. Pourquoi ? Eh bien, parce que la première question que se pose le scientifique n'est plus tellement celle de l'explication causale qui devient, quasi par nature, presque inaccessible dans ce cas, mais bien celle au contraire de l'exploration de ce dont est capable le vivant qu'il étudie et des comportements dont il se révèle capable — de sorte que l'interprétation, qu'elle soit de style causal ou intentionnel, ne se présente plus que comme un problème second, et que le problème premier est celui de l'expérience elle-même, de la façon dont on la mène et de ce qui lui fait compagnie.

Quand on en est à ce stade, il faut bien prendre conscience de ce que le présupposé causal peut non seulement appauvrir l'interprétation, ce qu'on pourrait encore accepter, mais qu'il est aussi capable de la bloquer, ou de la rendre artificielle et réductrice par rapport à ce qui est réellement expérimenté.

Il est bien connu de ce point de vue, si je prends l'exemple des expériences que l'on mène avec les primates, qu'il existe un contraste quasi scandaleux entre ce que permet de dire le protocole expérimental que l'on a appliqué au comportement d'un singe quelconque, et ce que le primatologue peut dire de ses rapports avec l'animal en question. Ici, en fait, ce n'est pas d'expérimentation qu'il s'agit d'abord, mais des rapports vivants entre deux vivants différents.

On pourrait m'objecter que tout ceci est parfaitement étranger à l'expérience proprement dite. Oui, mais voilà, le primatologue déclarera au contraire que ce sont précisément ces rapports qui rendent possibles les comportements qu'il décrit. Autrement dit, si ce singe manifestait à son égard une attitude négative, au lieu de nourrir un rapport de sympathie, eh bien, il ne se comporterait certainement pas de la même façon, et l'observation serait différente. Vous voyez qu'il y a là une dialectique très subtile dont les protocoles ne rendent pas compte actuellement, ou bien dont ils rendent compte comme d'un obstacle à franchir. Une question passionnante, ce serait alors de mettre en question et d'étudier la fonction et la nature de ces rapports vivants qui se mettent ainsi en place. Je n'essaie pas par ce biais de réintroduire la notion d'une interprétation par l'intentionnalité, mais je dis qu'il se joue là quelque chose qui dépasse de beaucoup la simple notion de la causalité.

Je viens de parler des singes, et peut-être qu'on me répondra: «Pour les primates, d'accord, mais avouez qu'ils sont bien proches de nous!» Or, ce qui est intéressant, c'est que ce problème n'existe pas seulement pour eux et je rappelle entre autres qu'il en va de même pour les rats. On le sait parfaitement depuis cette expérience qui a été vécue comme une catastrophe par la psychologie expérimentale, et dans laquelle, parmi une population homogène de rats, il se trouve que, dans des expériences de labyrinthes, certains furent découverts «géniaux» par des biologistes à qui on avait d'abord dit qu'ils avaient été sélectionnés comme extrêmement intelligents, et que d'autres furent découverts «minables» par des biologistes à qui on avait précisément dit qu'ils avaient été sélectionnés comme minables.

Vous apercevez la conséquence. Ou bien tous ces gens ont tri-

ché, ce que je ne crois pas, bien entendu ; ou bien, d'une manière ou d'une autre, le rat est capable de bien autre chose que ce que l'expérience du labyrinthe découpe dans son comportement. Les questions qui se posent alors, ce sont celles qui tressent notre rapport avec le vivant que nous interrogeons — un rapport que nous devrions probablement devoir comprendre si nous voulons expliquer l'évolution de ce vivant.

H. ATLAN. — *D'un point de vue philosophique, on ne peut pas ne pas être d'accord avec ce que vient de dire Isabelle Stengers. Mais la philosophie et la science ne sont pas la même chose. Il se trouve simplement que la manière dont la biologie connaît ses succès est différente de celle de l'éthologie. Cela pose peut-être un problème, mais il s'agit d'abord de bien circonscrire les domaines de légitimité de la façon dont s'appliquent les différentes méthodes scientifiques.*

I. STENGERS. — *Pourrais-je vous demander alors si, pour vous, et au sens dont j'en ai parlé, l'éthologie est une science ?*

H. ATLAN. — *Ce n'est pas à moi de décerner des certificats de scientificité, ou de non-scientificité, à telle ou telle discipline. Mais beaucoup d'éthologues disent eux-mêmes que, de par les objets d'études et les méthodes qu'ils ont choisis, ils sont amenés à être beaucoup moins rigoureux que les biologistes moléculaires.*

M. MONTRELAY. — *Henri Atlan, j'ai trouvé votre exposé merveilleusement décapant ! Vous avez montré clairement que les limites à partir desquelles s'oriente l'intentionnalité sont des limites d'ordre éthique. En cela, elles sont proprement humaines. Je vous signale par ailleurs que le schéma auquel vous vous référez dans vos travaux me paraît très, très proche du schéma où Jacques Lacan a montré qu'avec un simple système binaire de lettres ou de chiffres, a et b, ou 0 et 1, il se construit des systèmes auto-organisés : ce qu'il appelait des structures de signifiants qui déterminent en même temps que la pulsion de mort le désir inconscient. C'est là d'ailleurs que, je le dis au passage, il plaçait précisément le sujet de l'inconscient.*

H. ATLAN. — *Je ne connais pas Jacques Lacan aussi bien que vous, mais j'en avais lu quelque chose, en particulier dans « La Lettre volée », où je pensais avoir entrevu quelque chose de ce genre.*

M. Montrelay. — *C'est de ce texte que je parle, c'est-à-dire du second addendum à « La Lettre volée », qui est un chapitre des* Écrits.

H. Reeves. — *Je me demande si la question de savoir où mettre la barrière entre la bactérie, la grenouille, le chien et l'être humain est un véritable problème, ou si ce n'est pas la simple conséquence d'avoir posé au départ deux pôles antithétiques, dont l'un consiste dans l'existence des processus réflexes et l'autre dans l'affirmation d'une intentionnalité consciente. Est-ce que, comme toujours dans la nature, la réalité ne résiderait pas dans un processus évolutif qui en viendrait peu à peu à relier ces deux extrêmes ? Lorsque je parle de processus évolutif, je désigne par là un processus d'enrichissement tout au long de l'évolution biologique, par lequel le pur réflexe physique du début en viendrait progressivement à être remplacé par quelque chose de beaucoup plus complexe au fur et à mesure que l'on s'élève sur l'échelle. Seriez-vous d'accord avec une telle façon de voir ?*

H. Atlan. — *Dans un sens, je suis tout à fait d'accord — mais il n'en reste pas moins que le problème est alors de tenter d'assigner un substrat à ce processus évolutif, et d'essayer de voir comment, puisque ce processus réunit deux extrêmes opposés, on pourrait sans contradiction faire sortir l'un de l'autre ?*

Y. Jaigu. — *Une remarque en passant pour rappeler que du temps de Descartes, qui avait déclaré que les animaux étaient des machines, il y eut des gens pour s'amuser à en crucifier sur des portes. Leur excuse était simple. Si les animaux sont des machines, ils ne peuvent pas souffrir. Or, il se trouvait que les animaux criaient...*
À l'inverse, un philosophe allemand que vous devez connaître, Max Scheler, décrit dans l'un de ses livres la façon dont l'écureuil blanc des Indes se dirige de lui-même vers la gueule grande ouverte d'un python, comme fasciné qu'il serait par son propre destin. Max Scheler interprétait cette affaire en disant que l'écureuil obéissait sans le savoir à la loi universelle de l'amour qui a toujours exigé le sacrifice des uns pour assurer la vie des autres.
Ce sont là, bien entendu, deux exemples extrêmes, mais ils m'aident à vous poser cette question : y a-t-il vraiment une opposition autre que de nature épistémologique entre la causalité et la finalité ? Que se passerait-il demain si la finalité disparaissait de notre horizon éthique ou philosophique ? Ne croyez-vous pas que,

*dans ce cas, plus personne n'aurait peut-être même ni le courage
ni l'envie de s'intéresser à la causalité ?*

H. ATLAN. — *Je suis bien d'accord avec vous, nous ne pouvons pas nous passer de la finalité, y compris et surtout dans
notre vie en société. Pour donner un exemple qui me semble parlant, si nous voulions être totalement causalistes, il ne devrait pas
y avoir de tribunaux. Il n'y aurait pas, en effet, de responsabilité
quelle qu'elle soit, puisque tous les actes produits par un organisme vivant, et donc aussi par tout homme, seraient alors déterminés par des interactions moléculaires. Bien entendu, on ne voit
pas au nom de quoi on pourrait juger des interactions moléculaires ! Nous sommes totalement d'accord là-dessus.*

*Je ne crois pas en revanche qu'on puisse dire, comme vous le
faites, qu'il n'existe pas de contradiction entre causalité et finalité. Il y a tout de même une situation historique, à partir d'une
certaine période : que le principe de raison suffisante, qui excluait
toute explication par des causes finales, a permis de bâtir des
théories qui rendaient compte de l'ensemble des phénomènes
observés. L'histoire récente de la biologie, qu'on ne peut quand
même pas balayer d'un revers de la main, a consisté dans une
tentative relativement couronnée de succès (je dis relativement,
parce qu'il est vrai qu'il y a encore beaucoup de plages obscures,
comme le signalait Isabelle Stengers) d'appliquer à l'étude des
êtres vivants cette même méthode purement causaliste qui avait
fait ses preuves en physique.*

*Je ne vais pas entrer maintenant dans une discussion de la
physique moderne, dont on prétend quelquefois qu'elle aurait fait
disparaître cette notion de causalité. Je ne crois pas que ce soit
ainsi que l'on puisse l'interpréter. L'indétermination et la finalité
ne sont pas du tout la même chose. Et le calcul des probabilités
qui gouverne la physique des particules n'a rien à voir avec un
finalisme, et encore moins avec un finalisme conventionnel.*

Y. JAIGU. — *Je comprends votre discours, mais ce que je voudrais dire, et qui rejoint certaines des réflexions que nous avons
déjà faites, c'est que la finalité est sans doute une affaire qui
requiert une grande patience. Autrement dit, il faut savoir attendre avant de l'appliquer, parce que les choses ne deviennent ce
qu'elles sont qu'à la fin.*

O. CLÉMENT. — *Je me demande si la barrière dont vous avez
parlé, notamment en ce qui concerne les relations entre l'homme*

et l'animal, ne dépend pas pour une bonne part de ce que les Grecs appelaient la philia, *et de la possibilité ou non d'établir une communication. Finalement, pourquoi des animaux, et même des animaux sauvages, vont-ils vers certains hommes que nous appelons des Sages ou des Saints, et non pas vers certains autres ? Pourtant, les conditions objectives sont absolument les mêmes.*

H. ATLAN. — *À cette question que vous me posez, je serais tenté de vous répondre que c'est aux animaux eux-mêmes qu'il faut aller le demander ! Il n'y a qu'eux qui peuvent savoir !*

O. CLÉMENT. — *Oui, mais alors, il faut aussi le demander aux Saints, puisqu'ils connaissent la langue des oiseaux.*

H. ATLAN. — *Justement pas ! Ce dont vous nous parlez — et que cela existe ou non, je ne me prononce pas pour l'instant — c'est le type même d'une relation non verbale, ce qui fait que les Saints ne pourront de toute façon jamais nous l'expliquer. Les animaux non plus, d'ailleurs...*

J. VIDAL. — *En écoutant Henri Atlan, j'ai cru reconnaître au cœur même de la méthode scientifique ce que les philosophes appellent une* épochè, *une mise entre parenthèses. C'est la phénoménologie de Husserl, en particulier, qui a imposé cette technique de réflexion, et je trouve pour ma part tout à fait légitime que la pensée scientifique procède ainsi par une mise entre parenthèses relative à d'autres ordres de questionnement. J'ajoute pourtant sur-le-champ qu'il me semblerait plus satisfaisant que cette* épochè *soit bien conçue comme telle, plutôt que présentée comme la construction d'une barrière dont nous avons entendu, dans la discussion, comme elle pouvait prêter à problèmes.*

De toute façon, je respecte et je comprends la nécessité de cette mise entre parenthèses, et c'est pourquoi je ne tenterai pas des intrusions ontologisantes dans le domaine qui est le vôtre, ne serait-ce par exemple qu'en vous demandant ce que vous entendez au juste par un hasard qui désigne un espace ouvert dans lequel, ou grâce auquel, nous pourrions cheminer vers ce qu'on appellerait aussi bien un programmateur absent. Ce que je préfère retenir de tout ce que vous avez dit jusqu'ici, c'est la question fondamentale que vous avez adressée à cette part de la culture qui relève des sciences religieuses.

Vous nous avez dit en effet, tout au long de ces journées, qu'il y

*avait en fin de compte une surabondance de sens dans les propos
qui sont tenus par les représentants des sciences humaines et religieuses. La leçon est à retenir, et si, en Occident en particulier, ces
disciplines sont chargées d'un trop-plein de significations, c'est
sans doute qu'elles ont mal su ajuster leur parole à un souffle primordial, à une respiration essentielle de l'univers dans l'homme,
tels que nous les entrevoyons peu à peu dans la culture de ce
Japon qui nous reçoit en ce moment.*

*Je ne voudrais pourtant pas que cette leçon nous conduise à
réduire les sciences humaines et religieuses à la voie du non-ver-
bal. La tradition religieuse à laquelle vous appartenez, Henri
Atlan, qui est celle du monde juif, et celle dont je relève, qui est
celle du monde chrétien, sont à l'évidence toutes les deux des traditions de la parole. Ce qu'il faut reconnaître, c'est que nous
gérons souvent mal cette parole — mais cela ne nous empêche pas
sur le fond de garder l'impératif d'une parole libératrice, et d'une
parole qui cherche, fût-ce très maladroitement, à assurer ses
racines jusque dans le domaine scientifique.*

*En vous écoutant, d'autre part, à un certain moment de votre
exposé, il m'est soudain revenu en mémoire un propos de Robert
Lattès (je crois bien me souvenir qu'il se trouve dans l'introduction au second rapport du Club de Rome, «Stratégies pour
demain»), qui dit en gros ceci : «L'intelligence, c'est ce qui peut
relever du domaine de l'ordinateur, le reste est sagesse ou folie.»
En m'attachant à cette folie, je voudrais vous demander si le fait
que la science que vous servez devient de plus en plus une technoscience et engendre dans le monde moderne les énormes périls
que nous commençons à entrevoir, si ce fait ne vous conduit pas à
vous interroger plus profondément quant à votre méthode, à votre
souffle, à votre esprit de scientifique ? Je terminerai d'ailleurs en
ajoutant que la transparence de la communication qui caractérise
la science fait aussi parfois figure d'une communication dans
l'anonymat, et sur un certain fond d'absence.*

H. ATLAN. — *Cette transformation de la science en technoscience représente la condition de son succès — et ce succès n'a
pas que de mauvaises conséquences pour notre vie quotidienne.
Nous pouvons nous en rendre compte en appréciant les conditions, ma foi assez confortables, dans lesquelles nous tenons ce colloque, et qui sont des conséquences directes de cette technoscience.*

*Pour ce qui est des inconvénients auxquels vous faites allusion,
j'y suis en fait moi aussi très sensible, mais pour y remédier, et
peut-être plus que d'autres, je fais confiance aux traditions de*

sagesse. Et je leur fais confiance sans que je ressente le besoin de leur voir recevoir une caution scientifique.

F. VARELA. — *Par rapport aux conceptions développées par Atlan, et en me référant en même temps à ce que disait Isabelle Stengers, je voudrais dire quelques mots sur l'une des conséquences dramatiques que peut avoir le fait de mettre la barrière du sens à un endroit plutôt qu'à un autre — et ce, surtout, dans la biologie moderne. Vous avez peut-être entendu parler de Donald Griffin. C'est un spécialiste en méthodologie qui a écrit un livre intitulé* La Pensée de l'animal. *Vous devinez déjà la conclusion à laquelle il arrive : c'est qu'il n'y a pas de raison d'affirmer que les animaux ne sont pas doués de pensée, de la même façon que nous, les êtres humains. Or, en tant que biologiste, c'est là pour moi une déclaration très forte dans la mesure où c'est toute la pratique de l'expérimentation animale qui s'y trouve mise en question. Il n'y a aucun droit éthique en effet à soumettre à des expériences un être qui pense comme je le fais. Ce que je voudrais, de ce point de vue, c'est qu'on soit capable de concevoir une science qui ne soit pas en position de torturer la nature pour en extraire ses secrets, mais qui cherche plutôt à être une partenaire de la nature, qui ouvre un dialogue avec elle. Il est sans doute important que ce soit nous, les chercheurs, qui nous préoccupions les premiers de ce genre de questions.*

H. ATLAN. — *Vous avez sans doute raison, mais vous conviendrez avec moi qu'il s'agit là, précisément, d'un problème d'abord éthique !*

Quatrième partie

LA SCIENCE ET LES SYMBOLES

René Thom
Olivier Clément
Jacques Vidal

Les chemins du sens
à travers les sciences

RENÉ THOM

P EUT-ON parler, en science, d'un phénomène « significatif » ? On pourrait penser qu'attribuer à un phénomène de la réalité extérieure une signification ne peut provenir que d'une « projection » d'origine anthropocentrique sur des faits qui n'en peuvent mais... Certains savants adoptent en effet cette manière de voir. Ainsi le biologiste français Antoine Danchin — dans un louable souci cathartique — a écrit : « Le réel ne parle pas. » Et cependant, il est tout à fait courant d'invoquer la signification d'un résultat scientifique. Ainsi les consignes de l'Académie des sciences pour la publication des Notes aux Comptes Rendus exigent « un résultat original, important et significatif ». Il faut donc croire qu'il est en général possible d'attribuer une signification à un résultat scientifique. Tel est sans doute le cas. Nous allons nous efforcer d'établir, pour les diverses disciplines scientifiques, par quel processus on peut attribuer un *sens* à un fait scientifique.

Lorsque le fait scientifique a une utilité technologique, alors il en hérite immédiatement un sens. Satisfaire un besoin humain est évidemment source de sens. Il y a une finalité ultime, la préservation de la vie de l'individu (tant que c'est possible), et celle de la société, ou même celle de l'espèce... À cette fin concourt l'activité de nombreuses fonctions physiologiques qui ont des extensions techniques (et technologiques). Les activités techniques correspondantes en héritent de ce fait un *sens*. Un exemple important est l'assemblage d'objets solides en vue de la construction d'outils, d'engins divers, d'habitations. Toutes ces activités hautement finalisées sont de ce fait porteuses de signification. Mais on observera que l'intention finalisante ne suffit pas, il faut qu'il y ait — au moins en général — succès pragmatique pour qu'il y ait sens. Alors « tout moyen bascule en une fin en soi » (Adorno). C'est dire que le sens d'origine pragmatique remonte la chaîne instrumentale de la fin vers le moyen. Le mécanisme par lequel le moyen devient une fin en soi, donc porteur d'un sens intrinsèque, est extrêmement intéressant — du point de vue de l'anthropologie générale. Pour bien comprendre ce mécanisme, il faut revenir à une notion que j'ai introduite antérieurement, la notion de *prégnance*. Rappelons ici qu'une forme prégnante est chez l'animal une forme qui a une *signification* biologique — au sens de la « Bedeutungstheorie » d'Uexkull. Une telle forme — comme la forme d'une proie — suscite des réactions motrices et hormonales de grande ampleur, de longue durée (essentiellement une tendance attractive ou répulsive vis-à-vis de la forme prégnante). Les expériences de conditionnement à la Pavlov peuvent s'interpréter à l'aide de cette notion. Une forme prégnante communique sa prégnance à des formes voisines selon les deux modes de propagation par contact et propagation par similarité. Mais les processus secondaires de prégnance ainsi induits ne conservent leur prégnance que si l'association avec la forme source initiale est « renforcée », faute de quoi l'intensité de la prégnance induite s'amenuise et finit par disparaître. L'homme diffère de l'animal en ceci que la prégnance originelle attachée au corps de la mère se ramifie au cours du développement — essentiellement grâce au processus de la Deixis, la mère montre un objet à l'enfant en le touchant, ou en le désignant du doigt tout en disant le nom de l'objet. Dans ce processus, un « quantum » de la prégnance maternelle quitte le corps de la mère pour aller investir l'objet montré, et cet investissement se trouve stabilisé par l'association temporelle avec le « mot » correspondant. D'où le rôle fondamental du langage dans cette stabilisation des prégnances émises — qui finissent par perdre toute connexion à la mère — et éventuellement toute utilité pragmatique — et ces prégnances émises deviennent plus tard de simples « concepts ». On peut à cet égard se demander si le basculement d'un moyen en une fin en soi n'a pas été autre chose qu'un cas particulier de ce phénomène, et si l'Homo faber n'a pas été nécessairement précédé par l'Homo loquens. En tout cas il est loisible de voir dans la phase du développement ontogénétique de l'enfant qui conduit à l'acquisition du langage (cette ramification quasi illimitée de la prégnance maternelle qui finit par s'étendre à toute chose) un cas exemplaire de la « loi de récapitulation » de Haeckel-Muller : l'ontogénèse récapitule la phylogénèse, car cette ramification est intervenue tout au long de la préhistoire humaine, chaque fois qu'un instrument est devenu une « fin en soi [1] ».

On a attribué, ici, cette stabilisation au couplage avec un mot. De manière plus générale, on peut se demander si cette stabilisation — cette autonomisation — de la prégnance ramifiée sur l'instrument ne s'opère pas — plus généralement — par couplage avec un signifiant culturel. Il est frappant de voir, dans beaucoup de sociétés primitives, l'interprétation du magique et du technique [2] ; considérez à cet égard les décorations raffinées auxquelles se prêtent les instruments, les rites d'efficacité qu'on doit accomplir pour les rendre opérants. (Après tout, même à notre époque, on sacrifie quelques bouteilles de champagne contre la coque d'un bateau qu'on va mettre à flot.) C'est dire que parallèlement à cette voie pragmatique d'extension du sens, il y a souterrainement — mais en parfaite connexité avec elle — une voie de l'imaginaire.

En effet, il nous faut mettre en évidence ici que toute extension d'une prégnance vers l'amont pragmatique nécessite une plongée dans l'imaginaire. Il s'agit au départ de la création de l'instrument ou de l'organe (considéré du point de vue de l'évolution phylogénétique). Le chimpanzé mis en présence d'une banane hors de son atteinte « imagine » d'abord que son bras peut l'atteindre, puis remplace le bras imaginaire par l'association bras réel + bâton. Il devient alors « absence de bâton », il s'aliène en un bâton imaginaire. S'il rencontre un bâton réel, il le saisit pour redevenir lui-même selon le schéma de la prédation de la Théorie des catastrophes. Tout ce processus peut être vu (métaphoriquement, mais ici nous explorons l'imaginaire) comme une duplication, une « mitose » d'un cycle d'hystérésis en deux cycles (fig. 1). Cette duplication peut évidemment être favorisée par la présence accidentelle d'un bâton qui peut suggérer l'action globale.

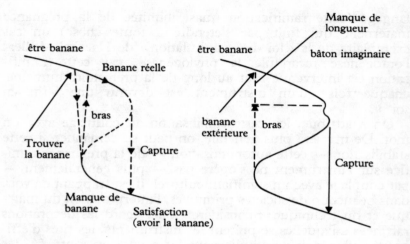

FIG. 1A.

*Cycle d'hystérésis
initial de la
prédation.*

FIG. 1B.

*Cycle après perception et reconnais-
sance de la banane. La stratégie de
prise par le bras échoue par manque
de longueur; la catastrophe psychique
de l'échec produit alors un pli sur
la caractéristique.*

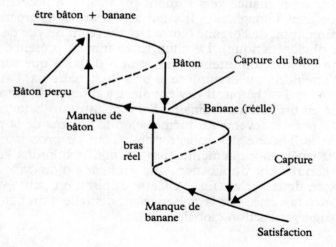

FIG. 1C.

*Après trouvaille du bâton,
capture du bâton, puis de la banane.*

Cycle d'hystérésis subdivisé en prise du bâton + prise de la banane.

Ici on voit clairement que cet imaginaire est de nature « géo-métrico-mécanique » : défaut dans la longueur du bras, rigidité nécessaire du bâton. Il y a donc très tôt en phylogénèse un ima-ginaire géométrique, qui a d'ailleurs joué un rôle fondamental dans l'organogénèse, par exemple dans la construction du squelette des Vertébrés. Je crois que cette duplication du cycle d'hystérésis peut être modélisé mathématiquement comme une « réflection »[3], cette cassure des cycles d'hystérésis jouant un rôle considérable dans le développement embryologique.

De ce point de vue l'« intelligence » peut être considérée comme liée à une flexibilité permanente de cette « blastula physiologique » qui sous-tend toute la régulation de l'être vivant (néoténie de l'espèce humaine ?) : l'intelligence est alors vue comme la capacité de créer des processus finalisés nou-veaux.

Si la vie « pragmatique » de l'extension du sens a une struc-turation assez visible manifestée par les instruments et les démarches efficaces qu'elle crée, on peut se demander s'il en va de même de la « voie imaginaire » qui la sous-tend. Il ne fait guère de doute que la voie imaginaire est en contact direct avec les activités nocturnes de l'esprit, donc le *rêve*. Dans le rêve, le cerveau développe des actions qui restent totalement imagi-naires, leur commande motrice se trouvant bloquée. Il est frap-pant à cet égard que, alors que les régulations pragmatiques visent en général la survie de l'individu, celles qui visent la sur-vie de la société et de l'espèce empruntent plus généralement la voie de l'imaginaire.

Comment se représenter dès lors la constitution de la science ? Si la science ne consistait que dans l'amoncellement des faits, alors ce ne serait qu'un savoir mort qu'on pourrait stocker *ad vitam aeternam* dans la mémoire d'un ordinateur. Notez qu'à cet égard les souvenirs sont une forme d'imaginaire — encore relativement proches du réel, mais dans lequel l'indi-vidu peut puiser en cas de difficultés. Pour un animal, l'explo-ration du territoire est une nécessité et la carte interne de ce territoire est une des grandes composantes structurantes du comportement. Il y a indiscutablement dans la science un aspect mnémonique (le *Khêma eis aei* de Thucydide) : la science ne serait donc que la mémoire de l'espèce ? Mais, il y a en plus le désir d'injecter de l'intelligibilité dans les choses — ne serait-ce que pour soulager la tâche de la mémoire. Or l'intelligibilité est toujours liée à la propagation d'une pré-gnance. L'investissement d'une forme visible (saillante) par une prégnance, les effets figuratifs produits dans cette forme par cet investissement apparaissent à l'esprit comme des effets immédiats ne requérant aucune explication (allant de soi) : c'est de l'intelligible pur. On conçoit qu'ainsi l'esprit humain ait cherché à projeter ses grandes prégnances biologiques en des prégnances « objectives ». J'ai montré ailleurs [4] comment beaucoup d'entités physiques (la lumière, la chaleur, le son, l'étincelle électrique...) peuvent être considérées comme des prégnances se propageant de formes en formes, mais avec des contraintes spécifiques dans leur propagation (les grandes lois de la physique, exprimées par des équations aux Dérivées partielles sur l'espace). Tout le problème de la science est donc l'organisation du réel par des entités théoriques (*i.e.* imaginaires). Ce problème s'est évidemment posé bien avant la science moderne. Les sociétés l'ont résolu en édifiant des systèmes de correspondances entre les prégnances « cosmiques » et biologiques et les prégnances mythiques qui structurent la société (cf. le totémisme) ; mais depuis la découverte de la géométrie grecque, cet aspect sociologique de la théorisation scientifique s'est effacé devant l'invariance de la géométrie. On peut voir dans le paradoxe de Zénon (Achille et la tortue) un point de jonction (ontologiquement essentiel pour toute la théorisation mathématique) entre l'infini continu (l'imaginaire géométrique) et le constructivisme d'origine pragmatique (mesurer les longueurs).

Finalement, on pourrait peut-être décrire la circulation du sens dans nos sciences à l'aide du schéma suivant. À partir d'un point source essentiel et caché (la défense de la *vie*), émanent diverses prégnances à valeur régulatoire physiologique d'abord, pragmatique ensuite. Ces prégnances, biologiques à l'origine, se matérialisent en prégnances instrumentales et constructivistes (Homo faber). Elles se ramifient selon les formes de la géométrie et de la matière. Parallèlement à ce courant « pragmatique » du sens, mais souterrainement, circule un courant « ludique » imaginaire. Cet imaginaire, une sorte de continu amorphe et indifférencié, se structure peu à peu. Apparaît d'abord une imagerie onirique (le rêve), fruit d'une activité assez gratuite, puis une nouvelle forme d'organisation, de nature symbolique, celle des structures verbales (actantielles). (L'influence de la pragmatique biologique y est déjà sensible.) Mais il y a en plus des structures dont la prégnance est inexprimable verbalement ; ce sont celles de l'esthétique. Il est de fait qu'il y a un certain court-circuit entre la vie et l'esthétique : via la finalité biologique qui est génératrice de beauté. Et l'incarnation de structures dynamiques pures peut parfois engendrer la beauté. Les deux courants pragmatique et esthétique (imaginaire) se rencontrent dans la mathématique enserrant — comme une tenaille — le divers empirique, puis le sens va refluer vers le point source en se dégradant : encore très fort en physique (la physique est pénétrée de géométrie), le sens va en s'effaçant lorsqu'on descend la hiérarchie comtiste des sciences : Mathématiques, Mécanique, Physique, Chimie, Biologie. En chimie notamment, on rencontre la matière dans toute son opacité ; le caractère imperméable de cette science apparaît dans la complexité de ses schémas réactionnels, où l'interprétation ne mord que périphériquement. Il faut sans doute voir au centre de la figure 2 une sorte d'imaginaire amorphe et vide, un continu géométrique imperméable à toute prégnance, l'en-soi brut, inintelligible, indifférencié. Le continu se structure pragmatiquement — et oniriquement. Il y aurait donc deux jonctions fondamentales, l'une, liée à l'aporie de Zénon, joint le courant pragmatique au courant esthético-imaginaire via la notion d'infini (dénombrable). L'autre, notée ε, liée au substrat biochimique de la vie, joint la chimie dans toute son opacité à

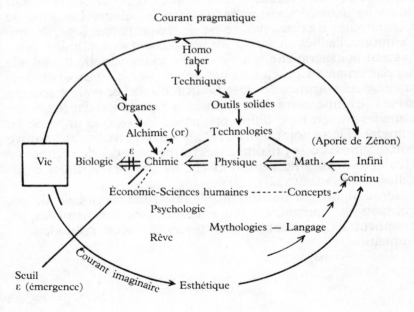

FIG. 2.

l'émergence de la signification vitale. Un hiatus incompréhensible.

Quid des sciences humaines ? Ici le sens coule de source, puisque le divers historique ou individuel, étant verbalement descriptible, est immédiatement porteur de sens. Mais peut-être que le but de ces sciences est de substituer au sens immédiat, langagier, une objectivité seconde — construite — mettant en jeu les grands courants évolutifs de l'histoire, les invariants intemporels de type structural (quand ils ont pu être dégagés). Le structuralisme a commencé l'élucidation de cette objectivité seconde : on peut s'attendre à ce qu'il aille plus loin : dans la mesure où la dynamique des prégnances structurant le divers humain du social pourra être explicitée.

Pour terminer, j'aimerais évoquer l'intérêt de ce genre de considérations pour l'histoire des sciences. Le divers empirique, fort peu structuré, cède à la pression des prégnances scientifiques locales (souvent à motivation purement accidentelle, sociologique) : le sens s'infiltre dans ce magma de l'expérience comme un mycélium. Le front d'onde qu'il délimite est le domaine scientifique. Là où il y a générativité forte du théorique (formelle) (comme en physique) la propagation se fait selon les *lignes* imposées par cette générativité. Là où cette générativité n'existe pas, c'est le hasard sociologique qui l'emporte, l'adhésion sociale au paradigme (sens kuhnien) remplaçant la générativité intense du théorique (cas de la biologie fondamentale). Les sciences ont débuté par la considération de prégnances « artificielles », la fabrication de l'or (valeur source) dans l'alchimie, mère de la chimie ; la maturation des minéraux dans les mines, fruit d'une prégnance biologique imposée au minéral. (De ce point de vue l'*étalon-or* des économistes trouve son origine dans la proximité des formes sources de l'économie (feuillet sciences humaines) et chimie (feuillet sciences naturelles) dans la figure 2.

On a figuré en dessin (fig. 2) la structure globale de ces courants de prégnance leurs ramifications essentielles, et comment ils irriguent le champ des sciences, naturelles ou humaines.

NOTES

1. S.J. GOULD, *Ontogeny and Phylogeny*, Harvard University Press, 1977.
2. G. SIMONDON, *Du mode d'existence des objets techniques*, Aubier, Paris, 1969.
3. R. THOM, *Organs and tools: a common theory of morphogenesis*, Abiko meeting on Structure and Evolution of Systems (à paraître chez Springer).
4. R. THOM, *Le Problème des ontologies régionales en science*, Actes du Congrès de philosophie de Montréal, 1983.

DISCUSSION

I. STENGERS. — *L'exposé de René Thom a d'autant plus de prix, outre ce qu'il nous a appris, qu'il nous a invités à découvrir que la tentative de penser la science est beaucoup plus compliquée qu'on ne le croit trop souvent. Cette tentative, en particulier, doit se situer en deçà des pièges dans lesquels nous sommes parfois tombés hier encore, où l'on assistait à l'assimilation de la science et du désir de domination, et où la science était définie comme séparation du milieu. Dans l'exposé qui vient de nous être fait, nous avons découvert le courant pragmatique, mais aussi le courant d'imaginaire qui sous-tend l'activité scientifique, et j'espère que cette leçon-là, au moins, sera retenue.*

Ces quelques observations faites, j'ouvre la discussion.

H. REEVES. — *Je voudrais apporter deux commentaires à l'exposé de René Thom, pour en souligner deux aspects dont l'un m'a beaucoup plu, alors que je suis en désaccord avec l'autre.*

Ce qui m'a beaucoup plu, c'est cette archéologie de la signification à laquelle vous vous livrez, et cette idée que vous avez mise en avant, même si vous avez déclaré devant nous, en en rajoutant ainsi sur votre papier écrit, qu'elle était vitaliste à un point éhonté, et selon laquelle l'activité humaine se trouve dans le prolongement de l'activité animale. Je crois en effet que c'est une source d'études très riche que d'essayer de cerner comment le comportement de l'homme — intelligence, science, conscience, intention — se dégage en tant que propriété émergente d'une activité animale qui possède déjà plusieurs de ces éléments, mais, évidemment, d'une manière beaucoup moins complexe. Il me semble que

si on se livre à cette recherche, non point d'une façon réductionniste comme le font les socio-biologistes, mais au contraire d'une
manière ouverte et prospective, eh bien ! il s'agit là d'une des
démarches les plus intéressantes que l'on puisse faire en ce
moment — et sur ce plan, je ne peux que me sentir en communion avec vous.

Là où je me trouve en désaccord, en revanche, c'est sur ceci que
vous nous dites, en fin de compte, que la réalité est représentable
dans sa pointe ultime par une théorie locale. Or il me semble que,
là, vous ne nous présentez pas une vérité (même si elle vous apparaît comme telle), mais une simple croyance dont il se trouve
qu'elle est celle de la majorité des scientifiques. J'insiste bien
cependant sur ce mot de croyance — parce que, est-ce que c'est
vrai, est-ce que ce n'est pas vrai ? nous n'en savons strictement
rien pour l'instant, et nous nous contentons de faire des paris.

Pour m'exprimer autrement, la question qui est posée par votre
discours, c'est : jusqu'où le processus de géométrisation peut-il
aller pour nous permettre de comprendre la réalité ? Jusqu'à quel
point au juste est-il capable d'en négocier les courbures subtiles ?
À mon avis, c'est une excellente approximation, et si on en a vu
la puissance non seulement depuis les Grecs dans la géométrie
traditionnelle, mais encore aujourd'hui dans les théories de jauge
à invariance locale, cela ne nous permet pour autant pas de tenir
pour acquis que c'est la clé ultime et fondamentale de la réalité.
De fait, la tendance présente chez les physiciens quantiques, par
exemple avec la notion de non-séparabilité, c'est de penser que
cette théorie a déjà atteint l'une de ses limites et qu'on voit bien
dans ce cas comme c'est une approximation, même s'il s'agit évidemment, je le répète, d'une très, très bonne approximation. Mais
ne vaut-il pas mieux dire nettement, quand on n'est pas dans le
domaine de la preuve, qu'on expose une croyance, non pas un
état de fait ?

R. THOM. — Permettez-moi alors de vous poser cette question :
si vous renoncez à l'exigence de géométrisation, comment allez-
vous faire le départ entre la science et la magie ?

H. REEVES. — Cela, c'est une autre question dont on pourrait
discuter.

Mon problème, pour l'instant, c'est de savoir si on peut confondre ce que vous appelez une exigence avec une supposition de
vérité, et d'une autre façon tout à fait pratique, mais qui en est la
conséquence, de savoir jusqu'où la géométrisation peut nous venir

en aide ? En fait, il y a des cas où on s'en passe très bien quand elle nous abandonne, et puisque je vous parlais de la non-séparabilité, on s'aperçoit que la mécanique quantique gère parfaitement les problèmes qui sont liés à cette notion. Dans l'expérience d'Aspect, à Orsay, sans faire appel à aucune magie, mais en s'appuyant simplement sur le formalisme quantique, on a été tout à fait capable de prévoir les résultats d'une expérience qui mettait précisément cette géométrisation en échec.

Vous me répondrez certainement que l'on dispose maintenant d'une théorie non locale mais déterministe de la mécanique quantique — c'est ce que vous m'avez mentionné dans l'une de nos discussions de couloir —, mais je vous objecterai aussitôt que cette théorie ne résout pas à mes yeux réellement le problème, et qu'elle n'est pas de toute manière tellement déterministe puisqu'elle ne permet pas plus que la mécanique quantique traditionnelle de savoir à quel moment, par exemple, un noyau radioactif va se désintégrer ou non.

R. THOM. — *Vous êtes en train de faire intervenir un critère pragmatique, qui est la prédiction effective. Il est bien certain qu'il y a beaucoup de situations de par le monde où la prédiction effective n'est pas possible...*

H. REEVES. — *Nous ne parlons pas de la même chose. Les situations sont différentes quand vous ne pouvez pas prédire parce qu'il y a trop de variables à faire entrer en jeu, et quand vous ne pouvez prédire qu'une probabilité, quand vous ne pouvez pas prédire un événement singulier parce que la théorie comporte cette indétermination d'une façon intrinsèque.*

R. THOM. — *Ce n'est pas non plus une raison pour renoncer au déterminisme, au moins en tant que méthodologie, au déterminisme et à la géométrisation. Personnellement, je suis tenté de penser que ce qui sépare la science de la magie, c'est ce fait que, dans la mesure où la science admet des vertus efficaces, c'est-à-dire des entités qui propagent la causalité, ces vertus efficaces sont régiès par des lois quantitatives précises. Si on renonce à celles-ci, ou si on renonce à la nécessité de supports matériels, alors je ne sais pas comment on pourra éviter de tomber dans la magie.*

S. ITO. — *Ce qui me frappe dans le discours que nous tient René Thom, c'est qu'on y trouve une conception très occidentale de la science. Or, la science n'a pas existé qu'en Occident, tout le* monde sait qu'il y a eu une science arabe qui a été très réelle, qu'il y a eu des sciences indienne et chinoise avec de très grands raffinements. Pourtant, les modèles dominants à l'intérieur de ces sciences étaient très différents, chacune de ces constructions scientifiques avait son modèle singulier — et en tant qu'historien des sciences, par exemple, si l'on oublie le Tao et les notions de Yin et de Yang, je ne vois pas très bien ce qu'on peut comprendre à ces sciences. Et ce qui est intéressant, c'est que, par-delà leur particularité, ces notions, en même temps, ont sans aucun doute aussi une valeur universelle.

R. THOM. — Qu'il y ait eu dans les cultures orientales des éléments à valeur universelle, je n'en doute aucunement. Vous parliez du Tao, et je vous dirai que, pour ma part, j'ai beaucoup réfléchi à cette question du Yin et du Yang, et que je suis convaincu qu'il y a là, en effet, quelque chose de réel. Ce que je dois ajouter, néanmoins, c'est que ces conceptions restent en dehors de ce qu'on peut appeler à strictement parler des considérations scientifiques. De même que je suis conscient que certaines des idées que je vous ai moi-même exposées, en particulier sur la prégnance, relèvent de la philosophie et non pas de la science pure.

S. ITO. — Est-ce que vous n'êtes pas à nouveau extrêmement occidental ? Le principe du Yin et du Yang, ce n'est que de la philosophie si vous le rapportez à la définition de la science qui est la vôtre. Mais, de la façon dont les Chinois ont traditionnellement considéré la science, ce principe en relevait au contraire directement. C'est pourquoi je voudrais vous demander si, plutôt que de parler de la science, il ne vaudrait pas mieux parler des sciences qui ont vu le jour ici ou là ? Et n'y a-t-il pas de ce fait une relativisation que l'on devrait opérer de ce concept de science par rapport à la multiplicité des cultures ?

R. THOM. — Je reconnais volontiers que je me suis rendu coupable d'occidentalo-centrisme, mais, d'une part, la science moderne a pris naissance dans le monde occidental, c'est comme ça et je n'y peux rien — et puis surtout, c'est d'abord une question de définition. Il s'agit de savoir de quoi on parle, quand on parle de science.

Si je m'efforçais quant à moi de définir la science, je le ferais essentiellement en désignant son intention, beaucoup plus que de mettre l'accent sur sa structure interne. Ce que je veux dire par là, *c'est que l'intention fondamentale de la science consiste à créer un savoir qui soit à la fois universel et libre de toutes entraves temporelles. C'est donc la détermination d'un savoir qui doit être ouvert à tous et auquel, au moins en principe, tout le monde peut participer quelles que soient les conditions par ailleurs. Et quand je dis tout le monde, c'est au sens le plus fort, autrement dit tous les hommes de tous les lieux, et qu'ils soient vivants aujourd'hui ou nos successeurs demain. De ce point de vue, je ne suis pas sûr que les cultures dont vous nous avez parlé aient eu cette intention en quelque sorte de catholicité, sans laquelle je pense très profondément qu'il n'y a pas de science possible. Sans doute ont-ils eu des fragments de savoir, cela me paraît évident, mais il me semble aussi difficile de donner le nom de science à des tentatives d'organisation du monde qui n'ont pas eu le caractère d'universalité voulu.*

J. VIDAL. — *Je me réjouis d'avoir vu apparaître dans la bouche de René Thom le versant de la pensée qui comprend l'imaginaire et l'onirique, et qui est l'un des aspects fondamentaux de ce que j'appellerais pour ma part une pensée figurative.*

À ce propos, j'aimerais rappeler à René Thom qu'il a écrit voici quelques années un article intitulé « Les racines biologiques du symbolique ». Il s'agissait d'une quête scientifique du sens, très proche de celle que nous venons d'entendre, qui était guidée, d'une part, par la mise à jour des structures anthropologiques de l'imaginaire, et, de l'autre, par la mise en évidence de la fonction régulatoire de la prédation chez les vivants : le chat et la souris, par exemple, formalisation animale de la théorie des catastrophes. J'avais retenu de cet article que la dynamique de la vie était à la racine même de l'imaginaire en faisant des irruptions périodiques entre deux formes d'identité à lui-même du même être, l'une pouvant être dite topologique, stable, nocturne ou potentiellement régressive, et l'autre de caractère rituel dans la mesure où il y a passage du nocturne au lumineux dans un processus de naissance qui signifie l'éveil pulsionnel à un au-delà énergétique.

Je propose de reconnaître dans ce mécanisme biologique, à la fois répétitif et prospectif, une dynamique d'éclosion des images qui se trouverait liée à la condition d'une vie animale en quête d'une conscience, et dans le processus évolutif, d'une conscience animale qui ne dispose pas encore d'un centre analogue à ce que nous désignons du nom de cogito *quand il s'agit de l'homme.*

Une telle proposition s'appuie à l'évidence sur les liens qui sont impliqués par les existences respectives de l'âme, de la conscience et de la vie. Elle me semble de nature à revigorer la question que nous nous sommes posée plusieurs fois hier, et à en déplacer les référents : y a-t-il une âme animale ? Une dialectique de l'âme et de la vie, fondement embryologique de cette science de l'âme que Carl-Gustav Jung entre autres n'a cessé de voir poindre, ferait en effet de la conscience-éveil le troisième terme qui réconcilierait sans les confondre les deux premiers, troisième terme qui en serait d'ailleurs éclos selon les gradations d'une échelle dont l'homme serait le sommet écologique. Ce sommet, d'autre part, serait alors énergétiquement solidaire de la conscience enfouie dans l'animal aussi bien que de l'animalité enfouie dans l'homme — mais dans l'attente active d'une prédation de sens, d'une « prédation de jour » appropriée à l'ordre de la nuit. J'ajoute pour finir que ces remarques inspirées par des considérations scientifiques éclairent une vision traditionnelle des degrés de l'être et confortent l'une des dispositions les plus insistantes de la mystique.

R. THOM. — *Je suis très impressionné par votre commentaire, mais j'aimerais vous répondre, comme vous le disiez hier à propos d'Henri Atlan, que je voudrais à mon tour pratiquer l'épochè et ne voir pour l'instant dans le schéma trinitaire de la prédation (lectoderme, endoderme, mésoderme ; sujet, verbe et objet) qu'une structure locale que je n'extrapolerais pas aussi facilement dans une vision à échelle globale et à caractère irréversible. Bien entendu, c'est là une question de point de vue et de préférence personnelle.*

É. HUMBERT. — *Dans la clarté même de ce que vous nous avez dit, il y a malgré tout pour moi une zone d'obscurité qui me pose interrogation. Lorsque vous mettez, en effet, au centre de votre réflexion sur le sens, la notion de prégnance, et que vous liez la possibilité d'intelligibilité à la propagation d'une prégnance, j'entends quelque chose qui fait écho à mon expérience analytique, à savoir que nous sommes tous plus ou moins travaillés par cette question du sens — et plus particulièrement par celle du sens de notre vie.*

Quand on commence à creuser cette question, ce que l'on voit d'abord apparaître, c'est un niveau que vous avez bien signalé, et qui est celui de l'utilité : est-ce que je suis utile à quelque chose ? Et le premier craquement se produit quand je dois me répondre que non. À ce moment, le poids du sens se met à travailler de plus en plus en nous, et si on laisse se dérouler l'expérience, on en arrive à une position vécue qui est extrêmement curieuse parce

*qu'à la fois on y éprouve que le sens existe, et qu'il ne représente
pourtant pas une réponse à la question. Autrement dit, je vis un
effet de sens, je me trouve comme centré dans mon existence,
j'expérimente le fait que tout cela a un sens — mais ce sens est
muet. Cette expérience n'implique pas, en fin de compte, une
intelligibilité. Elle est peut-être analogue à une prégnance (c'est à
ce niveau précisément que je commençais à entendre ce que vous
vouliez dire par ce mot), et il y a des effets de propagation qui
font que je ressens quelque chose en moi qui me pousse à vivre ceci
ou cela, à recevoir ou à refuser tel possible qui s'ouvre, etc.
Quand on en est là, vous le voyez, la question est placée, elle est
centrée en nous en même temps qu'elle nous travaille parce que la
réponse en est finalement toujours absente.*

*Il me semble qu'aujourd'hui, dans une expérience humaine
vécue, on ne peut pas honnêtement aller beaucoup plus loin, on
ne peut pas produire un discours sur le sens qui réponde à la
question qui était d'abord posée. Or, pratiquement tout le monde
l'a dit ici, il paraissait y avoir un certain consensus pour admettre que la science, elle non plus, définie en rigueur et dans la technicité qui lui est propre, ne répond pas à cette question du sens.
D'où l'interrogation qui est la mienne à vous entendre parler, et
qui consiste en ceci que, si la science se constitue en effet, comme
vous l'avez expliqué, à partir d'une intelligibilité liée à la propagation de la prégnance, je me demande bien pourquoi et selon
quels processus d'interdiction cette propagation de la prégnance,
et donc cette propagation du sens, ne pourrait être à l'origine
d'un discours sur le sens ? Pour l'exprimer en d'autres termes,
j'aperçois là comme une sorte de rupture, et je ne vois pas comment vous opérez le passage entre ce qui renvoie pour moi à une
expérience muette, et le discours scientifique. Ou bien, est-ce qu'il
n'y aurait pas quelque part comme un jeu caché sur l'idée même
du sens ?*

R. THOM. — *Vous me dites que, pour vous, l'expérience de la
prégnance est muette. Vous voulez dire par là que vous vous sen-
tez entraîné sans possibilité de réaction ?*

É. HUMBERT. — *Ce n'est pas sans possibilité de réaction, mais
sans possibilité de discours.*

R. THOM. — *Effectivement, dans la prégnance brute, il n'y a
pas de contradiction tolérée.*

É. HUMBERT. — *Si vous voulez, mais pour être plus clair, cette prégnance, en fait, elle ne m'explique rien !*

R. THOM. — *Bien sûr, c'est de l'intelligible pur. Vous savez, il y a eu un moment, quand j'ai construit des modèles sur l'embryologie, où j'ai eu une controverse assez vive avec des biologistes à qui je les avais présentés, et qui m'avaient répondu en chœur : « Vos modèles sont purement descriptifs, alors que nous, ce qu'il nous faut, ce ne sont pas des descriptions, ce sont des explications. » Évidemment, j'avais été très déçu par ce type de réponse, et dans une sorte de réaction conventionnaliste, je leur avais déclaré : « Après tout, l'explication, en science, c'est la réduction de l'arbitraire que contient la description. »*

Je parle de conventionnalisme à ce sujet, parce qu'en réfléchissant, je me suis dit après coup que dans des disciplines comme la biologie, la causalité n'était pas une simple notion métaphysique, elle était au contraire tout à fait nécessaire et entraînait avec elle d'autres notions comme celles d'instances ou d'agents efficaces, ce qui fait que ces biologistes n'avaient finalement pas totalement tort de me réclamer des explications.

Toujours est-il que, quand j'ai sorti cette définition que je vous ai rapportée de l'explication, un biologiste anglais m'a aussitôt rétorqué : « Voilà une bien singulière définition de l'explication ! Et qui nous mène assez loin... Parce que telle explication d'ordre magique sera parfaitement acceptée dans une société fondée sur l'exercice de la magie, alors que nous, scientifiques modernes, nous la rejetterons au contraire sans même en discuter. Vous voyez par là que le sentiment de l'arbitraire à l'intérieur d'une explication est lié à l'existence d'un relativisme culturel. » J'avoue que cette objection m'a largement ouvert les yeux. La prégnance peut dépendre en effet d'un relativisme culturel, ou, beaucoup plus étroitement, d'un relativisme sociologique. En sociologie de la science, on s'aperçoit bien de ce point de vue que l'adhésion à tel ou tel paradigme fait qu'on adopte certaines prégnances sans problèmes, c'est-à-dire que l'on confère un pouvoir de propagation à un concept donné, tandis que les adversaires de ce paradigme le rejetteront au contraire comme absolument inacceptable. Pour vous donner un exemple assez simple, vous savez que tous les biologistes moléculaires se servent sans sourciller de la notion d'information génétique. Personnellement, moi qui n'aime pas tellement la biologie moléculaire, je prétends en revanche que cette notion d'information génétique, de la façon dont on en use, c'est

une pure notion magique, et que les biologistes devraient l'aban-
donner par un souci de déontologie scientifique.

En fait, je l'ai écrit dans un article assez récent, le rationalisme
est pour moi une déontologie de l'imaginaire — ce qui revient à
dire que nous baignons dans des prégnances, qu'il faut bien les
accepter parce que nous ne pourrions pas vivre sans elles, mais
que nous devons aussi nous efforcer d'être conscients de leurs ver-
tus propagatrices, en sorte que nous puissions les comprendre, les
contrôler et en limiter les effets. Heureusement que, pour cela,
l'homme dispose de cette faculté majeure qui s'appelle l'attention.

M. MONTRELAY. — *Si je vous ai bien compris, René Thom,*
vous avez parlé d'une stabilisation de la prégnance par le mot.
Cette stabilisation représente-t-elle pour vous quelque chose qui
va de soi ? Vous mettez l'accent en effet sur le moment où la mère
désigne du doigt, puis nomme *l'objet — et c'est alors que se pro-*
duit la stabilisation. Vous semble-t-il qu'il n'y a rien d'autre à en
dire, ou peut-on développer et prolonger cet exemple ? En tant que
psychanalyste, je dirais quant à moi qu'il existe, en effet, une
dimension tout à fait stabilisatrice du langage et que le rêve, au
contraire, est ce qui le déstabilise chaque nuit. Ce que vous avez
avancé me paraît donc très important, mais j'aimerais en même
temps que vous l'explicitiez davantage.

R. THOM. — *Il est vrai que le problème de la monstration est*
essentiel puisque, selon les théories les plus couramment reçues,
l'autisme des enfants correspondrait à une mauvaise réception,
ou, encore plus simplement, à un échec de l'acte de montrer. J'en
retire l'idée qu'il est probable en effet que le mécanisme de la
monstration n'est pas automatique. Je sais par exemple que, chez
les éthologues, il y a des controverses pour savoir si les primates la
comprennent.

Avec un chat, en tout cas, vous pouvez faire une expérience
très simple : vous lui montrez un objet en le touchant du doigt, et
vous vous apercevez, surtout si cet objet est aussi prégnant qu'un
aliment, qu'il n'y a pas de problème. Si vous le montrez visuelle-
ment, en revanche, dans le prolongement de l'index, alors là, ça
ne marche pas. Il y a donc déjà une différence très nette entre la
monstration par contact et une monstration en partie abstraite
comme lorsque vous prolongez imaginairement votre doigt. Per-
sonnellement, je pencherais à penser que l'homme est seul capable
de comprendre ce second type d'opération.

Alors, est-ce que les enfants pour qui ce mécanisme ne fonc-

tionne pas sont des enfants qui refusent le couplage avec le mot ? Tout ce que je peux dire à ce sujet, c'est que j'ai eu affaire à un spécialiste de l'autisme qui se montrait très intéressé par ce genre de considérations — mais j'avoue que, pour moi, je n'ai pas très bien compris comment il concevait l'origine de cette pathologie. En d'autres mots, pourquoi la monstration ne produit-elle quelquefois pas d'effets ? On attribue généralement le phénomène à une mauvaise conduite de la mère. Celle-ci voudrait réguler l'enfant trop tôt, ou le contrôler trop strictement. Mais, est-ce que ça suffit réellement à expliquer le trouble ?

M. MONTRELAY. — *Ça ne suffit sûrement pas. Dans l'autisme, le langage a perdu son pouvoir de stabiliser, dans la mesure où il a été dépouillé de sa neutralité. Je veux dire qu'il a été si violemment érotisé qu'il ne peut plus faire loi. Le travail de l'analyste, avec un enfant autiste, consiste à rendre le langage à cette neutralité. À le dé-sexualiser.*

En suivant votre présentation, il m'a semblé que vous mettiez l'accent sur l'acte même de montrer. Ce serait lui qui serait stabilisateur. Ceci est indéniable. Pour le petit être humain, langage et monstration de l'adulte vont de pair. Mais on peut aussi se demander si un certain nombre de systèmes proprement symboliques ne sont pas mis en place peu à peu, où des phases de stabilité alternent avec des phases de déstabilisation. Par exemple, pour qu'un mot puisse prendre le statut de nom, de nom propre plus précisément, autour duquel s'élabore toute notre identification, il semble qu'il doive passer par des moments de stabilité, et des moments de déstabilisation. Le nom n'est pas un point fixe, il doit pouvoir «bouger». En même temps des mécanismes empêchent qu'il ne parte dans tous les sens.

R. THOM. — *Il m'aurait sans doute fallu disposer d'une petite demi-heure supplémentaire pour expliquer tout cela... En gros, ce que je peux dire, c'est que même chez l'animal, et en fait dès que vous avez des systèmes de communication définis, il s'exerce une certaine stabilisation que l'on pourrait désigner en disant qu'elle est pré-conceptuelle. Prenez l'exemple des oies sauvages. Elles ont un cri d'alarme pour les prédateurs terrestres et un autre cri spécifique pour les prédateurs aériens. Chaque type de cri classifie donc un ensemble de formes extérieures de prégnance. Autrement dit, le cri d'alarme est un vecteur que je dirai objectif dans ce cas, de la prégnance. Il transporte l'indication de cette prégnance d'un membre de la collectivité à l'autre.*

O. CLÉMENT. — *En écoutant vos différents discours, je pense que bien des choses tournent en fin de compte autour de la notion d'imaginaire. Mais pourquoi l'imaginaire ne serait-il pas la transparence à d'autres dimensions du réel, qui seraient connaissables grâce à une conversion, à une transformation intérieure de l'homme ? Il me semble en effet que ces autres dimensions du réel peuvent agir sur ce que nous, occidentaux, appelons d'habitude la réalité, et qu'elles peuvent donc faire l'objet d'une connaissance qui n'est pas de la magie.*

Bien sûr, on peut nier ces dimensions, on peut refermer l'imaginaire, mais c'est un choix philosophique qui est opéré là — et ce choix risque fort de venir s'inscrire en creux dans la pollution ambiante du monde, pour ne pas dire sa destruction. Veillons bien à ceci que nous sommes responsables en ce domaine, surtout parce que nous parlons au Japon et que nous ne pouvons pas oublier qu'il y a eu Hiroshima.

I. STENGERS. — *Je remercie tous les participants au colloque qui ont pris part à cette discussion. Nos débats ont confirmé en effet l'un des grands intérêts de la communication de René Thom, qui était de faire éclater quelques oppositions très réelles qui se cachaient quelquefois sous une unanimité de surface.*

Gnôsis tôn ontôn
La «connaissance des êtres» dans la tradition ascétique du christianisme oriental

OLIVIER CLÉMENT

I. Quelques approches cosmologiques.

La pensée de l'Orient chrétien souligne, d'une part, la réalité propre de l'univers «créé», mais aussi, d'autre part, sa transparence possible, par l'homme, aux «énergies» divines. Le tout dans une temporalité très particulière, à la fois irréversible et réversible.

— *La réalité propre de l'univers «créé».*

Dans cette perspective, le monde n'est pas conçu comme une émanation de la divinité, ni comme la simple mise en ordre, par un démiurge, d'une «matière» préexistante. Il est «créé» du «néant» : ce dernier mot est un concept-limite : il suggère que Dieu, qui n'a pas d'«en dehors», permet l'apparition d'une réalité *autre* par une sorte de retrait sacrificiel que l'Orient chrétien nomme *kénose,* et la mystique juive *tsimtsum.*

La création est l'œuvre de la libre et aimante «volonté» de Dieu. Les Pères grecs donnent ainsi à la notion platonicienne des «idées» divines un caractère dynamique, intentionnel, qui reprend la conception biblique de la «parole» [1]. L'univers n'est pas la copie ou le reflet dégradé d'un monde divin, il jaillit neuf de — et dans — la Parole créatrice dont il exprime en quelque sorte la musique : les Pères grecs l'appellent «ordonnance musicale», «hymne merveilleusement composé» [2].

Hymne, musique, aussi parce que mouvement rythmé, devenir naissant de la communication toujours renouvelée d'«informations» venant de la transcendance. La créature passe ainsi du néant à l'être dans l'aimantation de l'infini. « Ce monde est un semi-être toujours fluent, en devenir et vibrant ; et, au-delà, l'oreille spirituelle perçoit une *autre* réalité [3]. »

— *La transparence aux « énergies » divines.*

Simultanément, les Pères grecs, les grands théologiens mystiques de Byzance, les philosophes religieux russes ont refusé toute opacité du sensible et donc aussi bien tout substantialisme aristotélisant que tout subjectivisme de la foi. La « gloire » de Dieu, sa « grâce incréée », son « énergie » sont à la racine même des choses. Les « idées-volontés » divines déterminent les modes selon lesquels les êtres créés participent de ces énergies. Chaque être, chaque chose, chaque interconnexion entre les êtres et les choses est porté, suscité par une « parole » vivante, un *logos.* Sans le *logos,* le *nom,* il n'y aurait dans l'être créé qu'« un choc absurde de masses sourdes et muettes dans un abîme de ténèbres [4] ». Et tous ces *logoï* sont autant de paroles du *Logos* ou Sagesse de Dieu.

Dieu parle le monde. Il parle à l'homme à travers le monde. Dieu et l'homme se parlent à travers le monde. Le *Logos* de Dieu structure le monde et son Souffle l'anime, le fait tendre vers la plénitude et la beauté. Et tous deux sont « les mains du Père [5] » qui est la source de toute réalité.

Des rapprochements, ici, s'imposent : avec la Cabbale, qui voit dans la profondeur des mots hébreux les racines spirituelles des êtres ; avec toute une tradition cosmologique et gnostique de l'Occident, qui parle des *signatura rerum* ; avec la philosophie du langage dans l'Inde qui distingue les mots-germes *(sphota),* qui structurent l'univers et les mots sonores *(dhvani),* soumis, d'une manière usuelle, aux règles de la phonétique et de la grammaire : distinction qui se retrouverait dans la patristique grecque avec, d'une part, la conception quasi kantienne des concepts des choses chez les Cappadociens et, de l'autre, les *logoï* comme essences spirituelles chez Maxime le Confesseur. Certaines recherches contemporaines, scientifiques ou para-scientifiques, peuvent aussi être évoquées : je pense par exemple à la « langue maternelle universelle » dont parle l'école de Princeton, aux « holons » d'un Arthur Koestler...

En somme on peut dire que seul le spirituel, seul l'intelligible (au sens de l'intelligence divine et des intelligences angéliques) permettent la manifestation du sensible. La Bible ignore la notion de « corps ». Elle parle seulement de « chair animée » ou d'«âme vivante». Pour Grégoire de Nysse par exemple, c'est la *syndromê*[6], la rencontre et la concrétion des qualités intelligibles — le théologien roumain Dumitru Stăniloaë dit: leur «plastification» — qui permettent l'apparition du sensible. Le visible est donc l'épiphanie de l'invisible, son symbole. Or le sujet de ces «pensées», de ces «pures intellections»[7] est d'une part le *Logos* divin, de l'autre l'homme *logikos*, appelé à exprimer les *logoï*, les «raisons spirituelles» des choses.

— *Le rôle de l'homme.*

L'homme *logikos* est le centre spirituel de l'univers. Il le résume en tant que microcosme, mais, en tant qu'image de Dieu, il le transcende, le contient et le qualifie. L'homme est une «hypostase», une «personne», non au sens psychologique et sociologique, qui ne dépasse pas le niveau individuel, mais au sens trinitaire d'un mode de subsistance unique, incomparable, du tout. «La personne est, sous une forme unique, l'univers en puissance[8].» L'homme est ainsi appelé à devenir l'«hypostase» du cosmos, à dire le sens de ce *logos alogos*[9]. En lui s'opère, «selon la sagesse divine, la fusion et le mélange du sensible et de l'intelligible», il constitue «la jointure entre le divin et le terrestre» et de lui peut «se diffuser la grâce sur toute la création»[10]. L'univers, par l'homme, doit se révéler «image de l'image[11]». L'homme *logikos* est le roi-prêtre qui recueille les *logoï* des choses pour les offrir au *Logos* et par là faire rayonner la gloire de l' «infiniment petit» à l' «infiniment grand» qu'explore son intelligence.

Certes, pour ceux qui ne savent rien de l'expérience spirituelle, le monde est une prison infinie où tout est solitude, «froid» et «ténèbres» comme le proclame Nietzsche en même temps que la mort de Dieu. Mais pour ceux qui accèdent à la connaissance des *logoï*, le cœur des saints est le «lieu de Dieu» et donc par là même le centre rayonnant du monde dont il faut dire, en toute rigueur métaphysique, qu'il est indéfini mais non infini: saint Benoît de Nursie par exemple contempla l'univers entier comme ramassé dans un rayon de la lumière divine[12].

— *Une temporalité dramatique et sacramentelle.*

La cosmologie mystique de l'Orient chrétien est inséparable de la temporalité. Temporalité irréversible puisqu'elle s'inscrit dans un drame interpersonnel, temporalité réversible puisque les Visites[13] puis l'Incarnation du Verbe divin la récapitulent, l'ouvrent, l'unissent à l'éternité, permettent une circulation liturgique et spirituelle entre l'«alpha» et l'«oméga», l'«oméga» du Dieu «tout en tout» et «tout en tous» de l'Apocalypse incluant l'«alpha» du «paradis» et du «retour au paradis».

La création du beau-et-bon (*tob* en hébreu) est sans cesse croisée par la chute qui donne au néant, à travers la liberté des hommes et des anges, une consistance paradoxale, ou plutôt lui permet de fissurer, de désagréger l'être. La «chute» s'est produite dans une autre modalité de l'existence universelle, où la relation de l'extérieur et de l'intérieur était différente (ce dont témoigne, partout, la plus profonde mémoire des hommes), où l'Homme intégral, l'*Adam Kadmon* de la mystique juive, englobait l'univers. L'«évolution» peut alors être lue comme l'extraposition progressive du cosmos qui, par rapport à l'homme, d'englobé devient englobant, d'intérieur extérieur et comme antérieur. L'homme, «ayant réduit par sa propre servitude la nature à l'état de mécanisme, rencontre en face de lui cette mécanicité dont il est la cause et tombe en son pouvoir... La force de la nature nécrosée suscite la souffrance de l'homme, son roi détrôné. À son tour, elle lui verse le poison qui le change en cadavre, le force à partager le destin de la pierre, de la poussière et de la boue... [14].»

Cette intuition de l'«évolution» non seulement comme permanence du processus créateur mais comme inversion par ce processus d'un affaissement mortifère, Teilhard de Chardin l'avait eue en 1924, avant d'élaborer ce qui apparaît pour une part comme un concordisme : «D'où vient à l'univers sa tache originelle ?» écrivait-il. «Ne serait-ce pas, comme paraît l'indiquer formellement la Bible, que le multiple originel est né de la dissociation d'un être déjà unifié (Premier Adam), si bien que, dans sa période actuelle, le Monde ne monterait pas, mais remonterait vers le Christ (Deuxième Adam)? Dans ce cas, avant la phase actuelle d'évolution (de l'esprit hors de la matière), se placerait une phase d'involution (de l'esprit dans la matière), phase évidemment inexpérimentale puisqu'elle se serait développée dans une autre dimension du Réel [15].»

Si donc la création toute bonne est désormais trouée de néant, voilée d'illusion, si la beauté est devenue ambiguë, beauté de la Madone mais aussi de Sodome, dit Dostoïevski, la Sagesse de Dieu, pourtant, permet aux *logoï* de faire sans cesse surgir la vie de la mort, les organisations les plus complexes de la désagrégation et de l'entropie. L'homme, englobant invisible déchu, réapparaît dans cette nouvelle modalité d'existence que symbolisent, selon Philon d'Alexandrie et les Pères grecs, ce que la Genèse nomme les « tuniques de peau ». Le projet divin — s'unir le créé à travers l'homme, le déifier — est repris dans un contexte devenu tragique où l'actualisation de l'*imago dei* par les révélations et les sagesses (ce que la tradition du christianisme ancien appelait les « Visites du Verbe ») exige une ascèse abrupte, où la croix cosmique, symbole universel, doit devenir la croix du Golgotha avant de s'ériger en nouvel Arbre de vie... Tout culmine en effet, dans cette perspective, au mystère du Christ, à son Incarnation, sa Passion et sa Résurrection qui achèvent de rendre aux hommes la possibilité de transfigurer l'univers. « Le mystère de l'Incarnation du Logos contient en soi (...) toute la signification des créatures sensibles et intelligibles. Celui qui connaît le mystère de la Croix et du Tombeau connaît le véritable sens des choses. Et celui qui est initié à la signification cachée de la Résurrection connaît le but pour lequel, dès l'origine, Dieu créa le tout...[16]. »

Théologie dramatique, donc : c'est le titre du dernier ouvrage d'Hans Urs von Balthasar. Temporalité irréversible, certes. Mais les moments essentiels de l'histoire du salut s'inscrivent dans la méta-histoire comme autant d'états de contemplation (ou de refus de contemplation) : la liturgie nous les offre selon les cycles du soleil et de la lune, et, dans la vie spirituelle de chacun, ces cycles se disposent en une spirale d'intégration où le symbole, peu à peu, devient réalité. « Proche est l'état paradisiaque, et les bêtes fauves, dit saint Isaac le Syrien, sentent dans le sage ou le saint le parfum qui était celui d'Adam avant la chute ; elles vont vers lui dans la paix[17]. » Orphée chante toujours, mais il est toujours mis en pièces : la chute aussi est permanente. Le Verbe ne cesse de naître dans le cœur, sa Mort-Résurrection triomphe aussi *maintenant,* au fond de nous, de la mort et de l'enfer. Plus proche que tout est le « Royaume », que saint Jean appelle simplement la « Vie », transparence, légèreté, lumière, état de non-mort, la terre sacrement, plus d'extériorité, rien que des visages. L'homme est appelé à une connaissance qui soit à la fois contemplation et transformation ultime du monde : « J'estime en effet que les souffrances du temps présent sont sans proportion avec la gloire qui doit être révélée en nous. Car la création attend avec impatience la révélation des fils de Dieu : livrée au pouvoir du néant non de son plein gré, mais à travers [par l'intermédiaire] de celui qui l'y a soumise, elle a toutefois l'espérance d'être délivrée de la corruption qui l'asservit pour participer à la liberté glorieuse de Dieu [18]. »

II. La « contemplation de la nature » (phusikê theôria).

— *Deux yeux spirituels. Le sens du symbole.*

La contemplation, dans l'Orient chrétien, comporte nécessairement deux étapes : la communion directe avec Dieu, certes, la vision de la lumière divine ; mais d'abord la « connaissance des êtres », la « contemplation de la nature ». Isaac le Syrien emploie ici la métaphore des « deux yeux » : « De même que nous avons deux yeux corporels, nous avons deux yeux spirituels (...) et chacun a sa propre vision. *Par l'un nous voyons les secrets de la gloire de Dieu cachés dans les êtres...* Par l'autre nous contemplons la gloire de la sainte nature de Dieu [19]. »

Le mot « monde » prend ici deux sens. D'une part « *ce* monde » est pure apparence, illusion, un réseau d'hypnoses et d'idolâtries individuelles et collectives qui, refermant la création sur elle-même, la livre aux « puissances des ténèbres ». Jeu de la douleur et du plaisir, de la génération et de la corruption, jeu de la mort, chien léchant la lame d'une scie, dit un vieil adage, et se réjouissant, jusqu'à la déchirure et l'étouffement final, de la saveur de son propre sang. Mais au-delà, « *le* monde » désigne la création de Dieu, fondamentalement belle et bonne, nullement évidente, certes, mais dont l'œil « qui voit les secrets » décèle la pureté et le caractère symbolique.

La pureté : il faut rappeler ici l'interprétation donnée par Maxime le Confesseur à la vision de l'apôtre Pierre, telle que la rapporte le Livre des Actes. Pierre restait prisonnier de la conception hébraïque du pur et de l'impur. Il vit alors, descendant du ciel, une immense nappe couverte d'animaux purs et impurs, cependant qu'une voix lui ordonnait : « Immole et mange. » « Par cette nappe, commente Maxime, et par les animaux qui la couvraient, Dieu a révélé à Pierre, comme nourriture spirituelle, le monde visible perçu, par ses *logoï*, à travers le monde invisible ; ou, si l'on veut, le monde invisible manifesté par les formes sensibles. » Ainsi regardé, le monde ne contient plus d'impureté, car, continue Maxime, « celui qui dépasse la conception superficielle et donc erronée des choses sanctifie le visible, il consomme comme un aliment spirituel les *logoï* invisibles et obtient la contemplation de la nature dans l'Esprit [20] ». Celui-là « voit le sens spirituel des êtres à travers leur forme visible... Accueillant ainsi les épiphanies du divin, son intellect reçoit une transparence plus divine...[21] ». Maxime interprète cette contemplation comme une eucharistie cosmique : les choses sensibles deviennent le « corps » du Seigneur et leurs racines célestes son « sang »[22]. L'homme fait sienne l'intériorité des choses, il participe à leur louange, il l'entend en elles, il la rend pleinement consciente en lui.

Alors le monde apparaît, pour reprendre une expression fréquente chez saint Ephrem le Syrien, comme un « océan de symboles ». Le symbole anticipe, ou manifeste l'Incarnation du Verbe, axiologiquement antérieur à la création et faisant de celle-ci, comme l'a bien montré Mircea Eliade[23], une immense théophanie. C'est la « liturgie cosmique » évoquée par Maxime le Confesseur : « Le voici Lui, le non-différencié, dans les choses différenciées ; Lui, le non-composé, dans les choses composées ; Lui, le sans commencement, dans les choses soumises au commencement ; Lui, l'invisible, dans les choses visibles ; Lui, l'impalpable, dans les choses palpables. Ainsi nous rassemble-t-Il en Lui à partir de toutes choses...[24]. »

La profusion des symboles correspond à l'approche apophatique de « Dieu au-delà de Dieu » : « À cette Cause de tout qui dépasse tout c'est à la fois l'anonymat qui convient et tous les noms, de tous les êtres[25]. » « Car tout est fait pour elle et (...) tout subsiste en elle, et c'est parce qu'elle est que tout est produit et conservé et que tout tend vers elle, les êtres doués d'intelligence par mode de connaissance, les animaux par voie de sensation, les autres êtres par un mouvement vital ou par une aptitude innée ou acquise. Ainsi instruits, les théologiens la louent tout ensemble de n'avoir aucun nom et de les posséder tous (...). Ils affirment que ce Principe (...) est ensemble identique dans l'identique, au sein de l'univers, autour de lui, et Suressentiel, au-delà de l'univers, au-delà du ciel (...), *en un mot tout ce qui est et rien de ce qui est*[26]. » Méditation dionysienne résumée à la fin du moyen âge occidental par un Maître Eckhart lorsqu'il disait de Dieu : *Nomen innominabile, Nomen omninominabile,* ce qu'on pourrait traduire en paraphrasant un peu : « le Nom qu'on ne peut nommer, le Nom qui est nommé par toutes choses... ».

Symbole signifie étymologiquement « anneau ». Dans bien des cultures, un anneau brisé dont deux amis, ou amants, qui se séparaient, emportaient chacun une moitié, servait, bien des années plus tard, de signe de reconnaissance. Le symbole est un signe de reconnaissance entre Dieu et l'homme, proprement, je le répète, un signe d'incarnation. C'est une réalité sensible qui non seulement représente mais *rend présente* la réalité spirituelle. Le symbole unit le sensible et son « en dedans », son « endroit » spirituel. Et cet anneau est l'anneau de l'alliance au « doigt » de Dieu, ce « doigt » qui signifie, sur les icônes, l'Esprit saint.

Ainsi, pour la tradition de l'Orient chrétien, tradition sans cesse vérifiée par l'expérience ascétique et spirituelle, le monde empirique n'a en lui-même qu'un sens allusif. C'est du monde spirituel, des « idées-volontés » divines, qu'il reçoit sans cesse l'existence, de sorte qu'à travers ces archétypes vivants, ces « paroles », le *Logos* s'exprime, se symbolise dans le monde. Si nous considérons que la nature se suffit, qu'elle est un ensemble de processus aveugles purement immanents, elle ne signifie rien, et la mort a le dernier mot. L'homme lui-même, comme être seulement « naturel », n'a ni sens ni profondeur ; parcelle infinitésimale de la nature, il est conditionné par elle, sa conscience est livrée à la contingence, l'anthropologie, comme le notait mélancoliquement Lévi-Strauss, devient une « entropologie[27] ».

Par contre l'homme consciemment *logikos*, consciemment « image de Dieu », découvre partout des significations. Dans la densité même des choses, dans l'humble et si étonnante « phanie » de leur *forme*, il pressent la Sagesse divine. « Ce que nous appelons nature n'est pas réalité en soi mais symbole, expression symbolique des chemins de la vie spirituelle. Le "durcissement" du corps du monde n'est qu'une preuve de la chute qui se produit dans le monde spirituel (...). Je parcours ce monde, le regard dirigé vers les profondeurs... Partout je rencontre le mystère et vois le reflet d'autres mondes. Rien n'est clos, rien n'est définitivement fixé... Le monde est translucide, ses frontières ne cessent de se déplacer, il pénètre en d'autres mondes et d'autres mondes le pénètrent. Il ne connaît pas l'opacité[28]. »

— *La « connaissance symbolique ».*

Pour Nicolas Berdiaev, que je viens de citer, à cette structure symbolique du monde correspondait une « connaissance symbolique ». La raison déchue oppose ou confond, elle nous met devant le dilemme d'une « objectivation » qui sépare, extrapose et fige ou d'une subjectivité livrée à ses fantasmes, et souvent possédée par les forces de désagrégation qui vampirisent non seulement l'inconscient individuel étudié par Freud, ou l'inconscient collectif dont traite Jung, mais ce qu'un philosophe roumain de notre siècle, Lucien Blaga, a nommé l'«inconscient cosmique». Ni la raison déchue ni la subjectivité fantasmatique, opposées et liées, ne sont innocentes. La «connaissance symbolique», dont la nature va nous apparaître peu à peu, décèle «verticalement» dans les choses la gloire de Dieu qui, par définition, ne peut être saisie, mais se révèle au «saisissement» (qu'on pense à l'importance du verbe *éloah*, «admirer», dans la Bible). Le symbole est inséparable de la beauté, de cet étonnement «devant le ah! des choses» dont parle la spiritualité japonaise. Le symbole provoque une expérience «philocalique» (le mot «philocalie», fondamental dans la tradition ascétique de l'Orient chrétien, veut dire «amour de la beauté»), une cognition brillant de sa propre évidence et inséparable de ce qu'on pourrait appeler paradoxalement une «émotion» de tout l'être, une «émotion objective», ou plutôt «trans-subjective», simple comme une «sensation» et pourtant «sensation de Dieu». Berdiaev écrit : «On ne peut découvrir le Sens qu'en le vivant dans une expérience spirituelle... Il ne peut être pressenti que par la vie, une vie elle-même pénétrée dans ce sens, il ne peut l'être que par une *conscience symbolique*[29].»

De même Max Scheler, en tant que phénoménologue mais aussi comme rénovateur de la pensée patristique, augustinienne surtout[30], distingue la connaissance rationnelle, qui établirait des relations «à l'horizontale» et la connaissance spirituelle qui verrait les choses «à la verticale», dans leur relation symbolique avec le divin. «Au travers et au-dessus de la relation causale se cache toujours une relation symbolique[31].» Cette intériorité des choses se révélerait par une intuition foudroyante. Chaque chose présenterait donc, outre son «être» naturel, un «sens» révélateur du divin, et ce sens doit faire lui aussi l'objet de la *Wensenschau* phénoménologique.

La «connaissance symbolique», chez ces penseurs de notre siècle, époque par excellence de la dissociation, se présente donc plus ou moins comme un irrationalisme. La pensée des Pères est plus nuancée.

— *Une transfiguration de la rationalité.*

Pour les Pères, l'ascèse, l'indispensable ascèse, ne rejette pas mais assume et transforme la rationalité. L'homme doit apprendre à unifier et à métamorphoser dans la lumière intérieure toutes ses facultés, y compris la raison. La connaissance de «la gloire de Dieu cachée dans les choses» apparaît alors non comme un emportement irrationnel, mais comme une démarche longtemps patiente où la raison s'affine, s'étonne, se fait toujours plus respectueuse, utilise une conceptualité de plus en plus ouverte, voire antinomique. Au terme de cette ascèse, on dépasse les capacités rationnelles non par manque de lumière, par « obscurantisme », mais, comme le dit souvent Palamas, par « surabondance » de la lumière[32].

C'est pourquoi les Pères, et notamment Maxime le Confesseur, ont repris à la pensée grecque le mot *Logos* qui, pour se gonfler de la sève vivante et personnelle du *davar*[33] biblique, n'en signifie pas moins « raison ». Le but de la « contemplation de la nature » est de déceler les véritables « raisons » des choses, où s'exprime le Logos comme Raison ou Sagesse divine. Cette recherche ne méprise pas mais éclaire la culture humaine, qu'il s'agisse de la science, de la technique ou de l'art. Comme l'écrit, à la fin de sa *Nouvelle Alliance,* Ilya Prigogine, « le savoir scientifique, tiré des songes d'une révélation inspirée, c'est-à-dire surnaturelle, peut devenir aujourd'hui (...) "écoute poétique" de la nature[34] ».

Mais pour nous, ce ne sont pas des songes. Ou alors les songes de Dieu, plus lucides que tout « éveil ».

Car l'ascèse, ici tout particulièrement, est ascèse d'*éveil,* de *vigilance,* refus des « passions », c'est-à-dire des idolâtries qui ferment le regard de l'homme aux « raisons » spirituelles pour instaurer entre l'homme et le monde un rapport d'entre-dévoration. Le langage le plus trivial est révélateur, quand il parle de ce qui « tombe sous les sens », ou qu'on peut « se mettre sous la dent ». Il y a eu, particulièrement au XIXe siècle (que prolonge aujourd'hui la conception marxiste du réel), volonté de puissance dans l'exercice de la raison, refus de la transcendance (car la transcendance exige de la raison humilité et respect), désir de se rassurer aussi en balisant dans les ténèbres une zone bien éclairée et prétendument maîtrisée, ce que Dostoïevski appelait ironiquement, du nom du vaste et transparent pavillon des machines à l'exposition de Londres de 1850, « le palais de cristal ». Ainsi la nature est devenue opaque, véhicule non d'une contemplation qui réintègre, mais d'une possession où le possesseur devient possédé. L'apologue de « l'arroseur arrosé » caractériserait assez bien, me semble-t-il, certains aspects de l'histoire contemporaine.

Arrachant l'intellect au monde de l'entre-dévoration, de la violence, de la sexualité mécanique et objectivée, l'ascèse le transforme en « œil de feu » ou « demeure de lumière ». Celle-ci rejoint la lumière secrète des choses, « ce feu ineffable et prodigieux caché dans l'essence des choses comme dans le Buisson[35] ». Les Pères utilisent l'analogie suivante : nos yeux physiques ne peuvent voir la lumière que s'ils s'ouvrent et se purifient, et surtout parce qu'ils recèlent — comme le croyait la physiologie de la Grèce antique — une étincelle de cette lumière ; de même l'œil du cœur voit les *logoï* lumineux des choses, cette écriture de lumière, dans la mesure seulement où il s'est purifié et rempli de ce feu spirituel. Seule la lumière peut voir la lumière, il doit y avoir quelque chose de commun entre celui qui voit et ce qu'il voit. Une unique lumière unit le sujet à l'objet, elle abolit aussi bien l'extériorité de celui-ci que la clôture illusoire de celui-là. La connaissance spirituelle, écrit Nicolas Berdiaev, « dépasse » la rupture logique entre le sujet et l'objet (...). La vision spirituelle est ainsi très peu « subjective » aussi bien que très peu « objective ». Elle est objective, certes, mais non au sens rationnel du mot. Elle situe le sujet et l'objet à une profondeur incomparablement plus grande[36]. La séparation entre le sujet et l'objet est dépassée, sans que les deux, pour autant, se confondent : le sujet communie avec l'objet, ou plutôt, par la médiation de l'objet, communie avec l'hypostase du *Logos* dont l'objet est une parole subsistante...

— *Rapprochements.*
Cette expérience se retrouve, non systématisée, sporadique mais bien réelle, dans le christianisme occidental : qu'il me suffise de nommer saint François d'Assise. Elle fonde l'art poétique hindou, mais dans une perspective ultime de fusion plus que de communion ; au début de notre siècle elle a inspiré certaines découvertes de savants indiens, concernant par exemple la sensibilité des plantes. Dans le bouddhisme, on la trouverait moins, me semble-t-il, dans les systématisations métaphysiques (pour lesquelles il n'existe que des « agrégats impermanents »), que dans l'immédiateté d'une expérience quasi « philocalique », par exemple le sourire du Bouddha contemplant une fleur. Expérience reprise de la manière la plus frappante (dans tous les sens du terme !) par certaines formes du bouddhisme japonais. Pour illustrer ce rapprochement, je me bornerai à rappeler l'histoire suivante, qui semble culminer à un *haï-ku* : une jeune fille grecque m'a raconté qu'elle avait sillonné les régions les moins connues de son pays à la recherche d'un ermite, d'un père spirituel, qui pourrait lui expliquer ce que signifie la « connaissance des êtres », *gnôsis tôn ontôn,* une expression

qu'elle avait trouvée, sans la comprendre, dans des textes de la Tradition. Enfin, dans la montagne, un vieux moine lui répondit : « Écoute, c'est peut-être cela. Un jour d'hiver, je priais dans mon cœur. Tout à coup j'ai levé les yeux vers la fenêtre de ma cellule, et j'ai vu tomber les premiers flocons de neige. Alors, *j'ai compris la neige.* »

Toute la littérature des pays marqués par le christianisme oriental témoigne de cette vision surnaturelle de la nature, de cette grande bénédiction au cœur des choses. On se rappelle le « baiser à la terre » d'Aliocha Karamazov. Et partout, surtout à notre époque qui cherche, à travers l'athéisme, de nouveaux noms du mystère, certains poètes, certains peintres ont pressenti cette « connaissance des êtres ». Qu'il me suffise de quelques brèves citations de Claudel et de Klee. Le premier écrit : « Il n'y a qu'une âme purifiée qui comprendra l'odeur de la rose [37]. » Et le second, commentant sa recherche picturale, note : « Le secret est de participer à la *Gestaltung,* d'avancer jusqu'à ce que le mystère se révèle [38] », et encore : « Notre cœur bat pour nous porter vers les profondeurs, les insondables profondeurs du Souffle primordial [39]. »

De son étude des phénomènes de « synchronicité » (situations de correspondance non causale entre un événement extérieur et un état psychique), Jung tire la suggestion que la profondeur du monde physique et celle de la conscience sont peut-être une seule et même réalité. Il constate que la microphysique et la « psychologie des profondeurs » semblent avoir un arrière-plan commun, qui serait, dit-il, « autant physique que psychique, et donc ni l'un ni l'autre, mais plutôt une troisième réalité de nature autre qui peut au mieux être saisie par des allusions puisque, par nature, elle est transcendantale [40]. » Ce que laisse entendre aussi un Henri Atlan lorsque, nuançant les hypothèses de la « gnose de Princeton », il note que « plutôt que retourner (...) la tapisserie » cosmique, il faudrait « essayer de (la) traverser pour en voir l'endroit [41] ».

— *Sophiologie.*

La capacité de discerner les *logoï* des choses culmine à celle de contempler leur complexe unité, l'interconnexion, dans le *Logos,* de leurs racines spirituelles.

« De même qu'au centre du cercle il y a ce point unique où sont réunis tous les rayons, de même celui qui a été jugé digne de parvenir à Dieu connaît en lui, d'une connaissance directe et sans concepts, toutes les essences des choses créées [42]. »

Ici intervient le thème de la *Sophia,* de la Sagesse divine, développé par les « sophiologues » russes dans la première moitié de notre siècle. La « sophianité » des choses, ce point vierge en chacune, renvoie, dit Paul Florensky, prêtre, philosophe et mathématicien, à la Sagesse comme « unité (...) des définitions idéales du créé (...), essence intégrale de la création[43] ». « L'ascète aboutit à la source absolue du créé dès lors que, lavé par l'Esprit saint, détaché de son aséité, il parvient à sentir en lui-même d'une manière tangible sa *propre* racine absolue, la racine d'éternité qui lui est donnée par sa participation aux profondeurs de l'Amour trinitaire[44]. » « Alors il perçoit les racines éternelles de l'univers créé, grâce auxquelles celui-ci se tient en Dieu[45]. »

Serge Boulgakov est allé plus loin encore en intégrant dans le christianisme, par le biais de la « contemplation de la nature » où il voit un « panenthéisme » (non pas « tout est Dieu » mais « tout en Dieu »), le thème archaïque de la Terre-Mère : pensée étrange et profonde où le sens russe de la « grande Terre humide », c'est-à-dire féconde, se joint à une relecture religieuse de l'idéalisme allemand... Dans *La Lumière sans déclin,* une de ses premières œuvres de philosophie religieuse, Boulgakov décrit la *Sophia* comme la limite transparente entre Dieu et le monde. « Amour de l'amour », elle reçoit tout, conçoit tout en elle-même. Dans ce sens, elle est féminine, « on pourrait peut-être l'appeler *déesse* mais non au sens païen de ce terme ». « Elle est l'âme spirituelle de la création — la Beauté. » La Terre devient le symbole du « néant qui reçoit le flot de la Sophianité et constitue ainsi une *Sophia* en puissance. Il reçoit existence, c'est le Chaos, cet *apeiron* réel dont parlent les mythologies grecque, babylonienne et autres ». La Terre symbolise la « *Sophia* cosmique », le principe féminin du monde créé... Et cette Terre appelle la divinisation : « Dès sa création, elle avait dans ses profondeurs la future Mère de Dieu, les entrailles de la divine incarnation...[46]. »

III. Unir l'intelligence et le cœur.

— *L'homme liturgique.*

Dans la célébration, où l'Esprit saint actualise, manifeste la mort et la résurrection du Christ, le « corps de mort » se sature peu à peu d'éternité, ébauche sa métamorphose en « corps de gloire ». L'Église comme « mystère de vie » se pose en centre rayonnant de l'existence cosmique. « La matière... reçoit en elle la force de Dieu [47]. » Sous le voile translucide du sacrement, la modalité déchue de la nature se résorbe dans sa modalité glorifiée. Les énergies divines pénètrent l'eau du baptême et l'huile du saint chrême. Branches et fleurs sont bénies à la Pentecôte, les fruits à la Transfiguration, le blé, l'huile, le pain et le vin à la veille de chaque fête. Et tout culmine à la *métabolè* eucharistique où le pain et le vin, dans la conception de l'Orient chrétien, sont moins « transsubstantiés » que *transfigurés*. Pour saint Irénée de Lyon (IIe siècle) c'est toute la nature que nous offrons, afin qu'elle soit « eucharistiée » [48]. Dans l'anaphore, rappelle saint Cyrille de Jérusalem (IVe siècle), « on fait mémoire du ciel, de la terre, de la mer, du soleil, de la lune et de toute la création visible et invisible [49] ». La liturgie arménienne proclame : « Le ciel et la terre sont remplis de ta gloire grâce à l'épiphanie de notre Seigneur, Dieu et Sauveur Jésus-Christ... car, par la Passion de ton Fils, toutes les créatures sont renouvelées », « Diaphanie » du Christ de gloire, du Christ cosmique, qui répond à l'attente et à l'élan de la création.

La liturgie byzantine et d'abord, au VIIe siècle, Maxime le Confesseur dans sa *Mystagogie,* soulignent la correspondance de la liturgie ecclésiale et de la liturgie cosmique, de l'église où s'articulent le sanctuaire et la nef avec le monde sensible et intelligible. « L'église... a pour ciel le divin sanctuaire, et pour terre la nef dans toute sa beauté. » « En retour, le monde est une église [50].... » Et l'homme est appelé à s'identifier à celle-ci, et par là au monde dans son sens spirituel : il doit faire « de son corps une nef, et de son âme le sanctuaire où il offre à Dieu les *logoï* de l'univers [51] ».

Dans l'église, l'homme fait donc l'apprentissage d'une « existence eucharistique » où il peut devenir réellement prêtre et roi. Il découvre la sacramentalité de l'être, le monde secrètement transfiguré, et désormais collabore à sa métamorphose. Sa « conscience eucharistique » — « en toutes choses faites eucharistie » dit l'apôtre — cherche, au cœur des êtres et des choses, le point de transparence où faire rayonner la lumière du Christ cosmique. L'invocation du Nom de Jésus entraîne tout dans ce grand mouvement d'offrande : « Appliqué aux personnes et aux choses que nous voyons, le Nom devient une clé qui ouvre le monde, un instrument d'offrande secrète, une apposition du sceau divin sur tout ce qui existe. L'invocation du nom de Jésus est une méthode de transfiguration de l'univers [52]. »

— *Le sang et le souffle.*

Le corps de l'homme est constitué, dans ses structures et ses rythmes, pour devenir, comme dit Paul, « le temple du Saint-Esprit[53] ». La physiologie dont il s'agit ici est donc une physiologie symbolique où se dessine et s'anticipe, à travers la corporéité physique, l'illuminant, une corporéité spirituelle. Physiologie si l'on veut, mais du « corps de gloire », où chaque organe, chaque fonction exprime une réalité spirituelle qui ne peut s'inscrire dans nos instruments d'observation que d'une manière négative. De même que le Christ ressuscité était bien présent à Marie-Madeleine ou aux disciples d'Emmaüs mais « sous une autre forme[54] », de sorte qu'ils ne pouvaient le reconnaître que par l'amour, de même l'électroencéphalogramme d'un saint en prière, qui « voit » la gloire de Dieu dans les êtres et les choses, prouvera qu'il ne s'agit ni d'un rêve ni d'une hallucination, mais d'autre chose : laquelle ? Il n'existe pas d'autre « pneumatographe » que le cœur « éveillé » de l'homme, dans une expérience d'intelligence *et* d'amour à laquelle chacun est invité. Connaître, ici, c'est se transformer.

Pour acquérir la « connaissance des êtres » (et, au-delà, l'union avec Dieu), deux rythmes sont utilisés : celui de la respiration et celui du sang.

Le rythme de la respiration semble le seul que nous puissions utiliser — offrir — volontairement. Les récits de la création dans la Genèse soulignent la correspondance symbolique entre le Souffle de Dieu — l'Esprit — et le souffle vital de l'homme : « Alors le Seigneur Dieu forma l'homme de la poussière du sol et il souffla dans ses narines le souffle de vie, et l'homme devint un vivant[55]. » La théologie trinitaire précise ce rapprochement : l'Esprit, au sein de l'absolu, est le « Souffle qui énonce le Verbe[56] » ; ainsi, lorsque le souffle humain, dans la prière dite « de Jésus », énonce le Nom du Verbe incarné, il s'unit au Souffle de Dieu, devient son véhicule symbolique : peu à peu, l'homme, comme l'écrivait saint Grégoire le Sinaïte, se met à « respirer l'Esprit[57] ». La respiration de l'immense se déclenche en lui, que pressentent parfois les poètes :

Respirer, oh, invisible poème,
pur échange avec les espaces... [58].

Il arrive que les ascètes les plus exigeants tentent de « descendre au-dessous de la création », par une sorte d'humilité cosmique, pour y découvrir le Souffle qui porte le monde.

Pour un temps, parfois pour toujours, ils ne vivent plus que
dans l'élémentaire, avec le roc et le sable, mourant comme
d'une mort minérale jusqu'à passer « de l'autre côté de la tapisserie », et se nourrir alors d'une lumière intense et douce qui
n'est plus celle du soleil et de la lune — « la cité (spirituelle) n'a
besoin ni du soleil ni de la lune car la gloire de Dieu l'illumine[59] » —, mais leur source commune, la source de toute
beauté, « l'Amour qui meut le soleil et les autres étoiles[60] ».
    Le sang, le Dieu biblique se le réserve. Son symbolisme tient
à sa consistance, il est liquide comme l'eau ; à son goût, il est
salé comme la mer ; à sa couleur et à sa chaleur, il est rouge et
chaud comme le feu. Il fait songer au symbolique océan primordial que « couvait » l'Esprit, l'oiseau de feu. Il ébauche une
sorte d'embrasement, de « pneumatisation » du sensible.
L'homme, meurtrier ou sacrificateur, répand le sang. Le
Christ, dans l'accomplissement des sacrifices en un immense
mouvement de réintégration, répand un sang vivifiant, pneumatisé, pour le salut de ses meurtriers, c'est-à-dire nous tous,
meurtriers quotidiens de l'amour. « Un soldat lui perça le côté
avec sa lance et il en sortit aussitôt du sang et de l'eau[61] », dont
la terre, dit Serge Boulgakov, fut le mystérieux réceptacle, véritable « graal cosmique[62] ». Eau pneumatisée du baptême, sang
pneumatisé de l'eucharistie qui est « Esprit et Feu » disent les
textes liturgiques syriaques. Désormais le sang divino-humain
se mêle au nôtre pour confirmer le rythme de celui-ci comme
célébration.
    « Louez-Le par le tambourin et la danse[63] ! » Danse du souf-
fle et du sang, tambourin du « cœur » profond, dont il nous
faut parler maintenant.

    — Le « cœur ».
    Le « cœur », selon la tradition ascétique de l'Orient chrétien,
constitue, selon un symbolisme réel, le centre le plus central de
l'homme, sa profondeur la plus profonde. C'est dans le
« cœur » que doivent s'harmoniser et s'unifier toutes ses facultés, car toutes les fonctions de l'homme sont tenues de participer à la connaissance. C'est là que peut s'ouvrir, après une longue ascèse de purification, ce ciel intérieur plus vaste que les
espaces cosmiques car la transcendance le remplit de son
rayonnement. « Le pays spirituel de l'homme à l'âme purifiée
est au-dedans de lui. Le soleil qui brille en lui est la lumière de
la Trinité... Il s'émerveille de la beauté qu'il voit en lui, cent
fois plus lumineuse que la splendeur solaire... C'est là le

Royaume de Dieu caché au-dedans de nous, selon la parole du Seigneur[64].»

Le «cœur profond» apparaît ainsi comme une sorte de «supra-conscient», de «transconscient», aspirant à s'ouvrir sur l'abîme de la lumière divine. La convergence est grande avec les observations des «psychanalystes de l'existence» (comme Victor Frankl[65]) pour qui l'inconscient le plus profond comporte une dimension transcendante et parle de Dieu, de sorte que la véritable névrose dont souffrent tant de nos contemporains serait une «névrose spirituelle», due à l'absence de *logos*, à l'absence de sens. Dans une perspective analogue, une psychanalyste juive, Éliane Amado Lévy-Valensi, note : «Le freudisme a montré que l'homme censurait les réalités de la vie sexuelle parce qu'il en avait peur. Fort bien. Mais il y a une réciproque à ce théorème : c'est que, si parfois l'homme s'éloigne de sa vie sexuelle, parfois aussi il s'y complaît et s'y vautre parce qu'elle lui fait moins peur que sa propre réalité profonde[66]....»

Dans cette anthropologie unitaire et symbolique, le cœur est ce «corps au plus profond du corps» dont parle Grégoire Palamas[67], c'est-à-dire le germe du «corps de gloire», et la racine de la véritable connaissance, dont ces ascètes, transposant à l'anthropologie la distinction palamite de l'«essence» et des «énergies» divines, disent que l'«essence» réside dans le «cœur», tandis que l'intelligence de la tête constitue seulement son «énergie»...

Il faut donc unir consciemment cette «énergie» à son «essence» (leur dissociation définissant l'état de «chute») en apprenant à «descendre dans le cœur». Ainsi se reconstitue l'unité du «cœur-esprit», organe de la véritable connaissance non seulement de Dieu, mais de toutes choses en Dieu, *gnôsis tôn ontôn*: «Qu'est-ce que la connaissance? — Le sens de la vie immortelle. — Et qu'est-ce que la vie immortelle? — Tout sentir en Dieu... La connaissance reliée à Dieu unifie tous les désirs[68]» ou plutôt, pour reprendre, avec ces ascètes, mais dans une perspective biblique, la tripartition grecque, au vrai indo-européenne, des facultés, l'unification est celle du *noûs*, l'intellect, du *thumos*, la force, et de l'*épithumia*, le désir...

Il serait assez vain, me semble-t-il, d'identifier l'union de l'intelligence et du cœur à une intégration des deux cerveaux, le cerveau archaïque étant considéré comme le siège de l'intuition. D'abord parce qu'il s'agit ici, je le répète, d'une physiologie symbolique (dont l'intégration des deux cerveaux serait seulement une trace), ensuite parce que l'ascète prend réellement conscience du cœur spirituel, dans sa poitrine et dans ses « entrailles ». Le *Méthodos*[69], un texte byzantin qui date probablement du XIIe siècle, donne les indications suivantes : « Appuyant ta barbe contre ta poitrine, dirige l'œil du corps en même temps que ton esprit sur le centre de ton ventre, c'est-à-dire sur ton nombril, comprime l'aspiration d'air qui passe par le nez (...) et scrute mentalement l'intérieur de tes entrailles à la recherche du lieu du cœur, là où toutes les puissances de l'âme aiment se rassembler. (...) Aussitôt que l'esprit a trouvé le lieu du cœur, il voit le firmament qui s'y trouve... [70]. »

Dans les textes postérieurs, il n'est plus question que du cœur physiologique comme siège symbolique du cœur spirituel (avec une certaine distinction toutefois, que Nicodème l'Hagiorite devait souligner à la fin du XVIIIe siècle). Voici deux textes, l'un de Nicéphore le Solitaire (XIIIe siècle), l'autre d'un des principaux rénovateurs de cette « méthode » au siècle suivant, Grégoire le Sinaïte.

De Nicéphore : «... assieds-toi, recueille ton esprit et introduis-le dans tes narines ; c'est le chemin qu'emprunte le souffle pour aller au cœur. Pousse-le, force-le de descendre dans ton cœur en même temps que l'air inspiré. Quand il y sera, tu verras la joie qui va suivre... [71]. »

De Grégoire : «... assieds-toi sur un siège bas, refoule ton esprit de ta raison dans ton cœur et maintiens l'y, cependant que laborieusement courbé (...) tu prononceras dans ton esprit ou dans ton âme la prière de Jésus [72]. » Grégoire conseille de maîtriser la respiration pour vaincre « la tempête des souffles » qui monte du cœur superficiel. Résumant toute une tradition, il demande le rejet temporaire de toute pensée, serait-elle bonne, car la pensée donne une « forme » au « cœur-esprit », le rétrécit, le ferme à l'infini : « N'y prête pas attention (aux pensées) mais, tant que tu peux, retiens ton souffle, enferme ton esprit dans ton cœur et exerce sans trêve ni relâche l'invocation... [73]. »

Reste à expliquer l'indication la plus archaïque qui situe « dans les entrailles » le « lieu du cœur », et qui n'est pas sans importance pour notre propos — la connaissance des *logoï* cosmiques — et pour le lieu où nous sommes, si l'on pense au rôle du *hara* dans l'ascétique japonaise.

Saint Grégoire Palamas, défendant, au XIVe siècle, contre des humanistes rationalistes, les moines qui se concentraient « sur les entrailles », explique qu'il s'agit d'une prise de conscience et

d'une transfiguration du désir, de l'*éros* humain et cosmique :
« Tu fais tienne, dit-il à Dieu, la partie désirante de mon âme,
tu ramènes ce désir à son origine, pour qu'il s'élance vers toi,
s'attache à toi... Ceux qui ont établi leur âme dans l'amour de
Dieu, leur chair transformée partage l'essor de l'esprit et se
joint à lui dans la communion divine. Elle devient, elle aussi, le
domaine et la maison de Dieu [74]. » Palamas tient cependant
que le mot « cœur » est employé ici de manière impropre, et
que le cœur spirituel n'a d'autre lieu que le cœur physique.

Mais il est une autre interprétation possible, qui serait, elle,
purement biblique. Dans la Bible hébraïque, en effet, *rehem*
désigne le sein maternel, la matrice ; la sensibilité liée à celle-ci,
miséricorde, compassion au sens fort de « souffrir-avec », lien
mystérieux de la mère avec son enfant, s'exprime par le mot
rahamin, qui n'est autre que le pluriel emphatique de *rehem.*
Dans bien des textes bibliques, le cœur est ainsi situé dans les
entrailles : « Mon cœur... se fond au milieu de mes entrailles »,
dit un psaume [75]. Dieu est « matriciant », traduit André Chou-
raqui [76]. Unir l'intelligence et le cœur « dans les entrailles »
désignerait alors deux attitudes fondamentales, du reste complémentaires. D'une part, l'ultime degré de l'apophase, quand
l'intellect, à l'extrême de la théologie négative — qui est encore
une activité intellectuelle —, se tait, devient pure attente silen-
cieuse ; en tout homme, si viril soit-il, l'*animus,* pour reprendre
le vocabulaire de Jung, s'absorbe alors dans une *anima* transfigurée : c'est l'ultime mort-résurrection, et l'intellect, le
« cœur », est littéralement recréé dans la communion, dans
l'unité, par la venue foudroyante de l'Esprit. Et, d'autre part,
trouver le lieu du cœur dans les entrailles c'est ressentir, au
plus profond, au plus « matriciant » de son être, une immense
compassion maternelle. Si l'hellénisme chrétien a surtout mis
l'accent sur la beauté cosmique, la tradition syriaque, asiatique,
a plutôt insisté sur cette compassion sans mesure : « Qu'est-ce,
brièvement, que la pureté ? C'est un cœur compatissant pour
toute la nature créée... Et qu'est-ce qu'un cœur compatissant ?
— Il dit : C'est un cœur qui brûle pour toute la création, pour
les hommes, les oiseaux, pour les bêtes de la terre, pour les
démons, pour toute créature. Lorsque l'homme pense à eux,
lorsqu'il les voit, ses yeux versent des larmes. Si forte, si vio-
lente est sa compassion (...) que son cœur se brise lorsqu'il voit
le mal et la souffrance infligés à la plus humble créature. C'est
pourquoi il prie avec larmes, à toute heure (...), même pour les

serpents, dans l'immense compassion qui se lève en son cœur, sans limites, à l'image de Dieu[77]. »

L'intellect, uni au cœur « matriciant », est à la fois maintenu dans un total dépouillement, mort « sabbatique »[78] au-delà de toute « forme », et investi par le Nom du Logos incarné qui, loin de lui donner une « forme » particularisante, l'attire vers l'abîme du Père, source de la divinité. La formule d'invocation la plus employée dans ce processus est le « Seigneur Jésus-Christ, Fils de Dieu, aie pitié de moi, le pécheur », au sens de « prends-moi dans ta présence miséricordieuse ». Cette formule peut être :

1) soit, comme le recommande dans son *Enchiridion* Nicodème l'Hagiorite, prononcée tout entière sur l'inspiration que l'on fait suivre d'une rétention du souffle où s'établit le silence, l'expiration étant rapide afin de ne pas distraire l'attention car c'est par l'inspiration (et la rétention) que l'intellect retourne à sa propre profondeur[79] ;

2) soit, comme l'expliquait au siècle dernier le *Pèlerin russe*[80], synchronisée avec l'inspiration pour le « Seigneur Jésus-Christ Fils de Dieu », puis avec l'expiration pour le « Aie pitié de moi, le pécheur », synchronisation mise au service d'une autre, plus fondamentale, qui concerne le rythme du cœur : chaque mot de la prière est prononcé sur un battement du cœur. Ces deux synchronisations ne peuvent s'harmoniser que si l'on ralentit la respiration, de sorte que la durée de l'inspiration puis de l'expiration corresponde au moins à trois battements de cœur (pour la formule abrégée : « Seigneur Jésus-Christ, aie pitié de moi[81] ») ou à quatre ou cinq (pour la formule indiquée plus haut).

Peu à peu la prière devient « spontanée », « ininterrompue », et le « cœur-esprit » qui d'abord tressaille furtivement sous des touches de feu d'une extrême douceur, s'embrase, devient lumière et œil capable de voir la lumière. L'invocation s'identifie aux battements du cœur sans plus même être prononcée, « prière en dehors de la prière ». À l'acte de prière succède un état de prière. Et cet état révèle la vraie nature de l'homme, la vraie nature des êtres et des choses.

« Lorsque l'Esprit établit sa demeure dans un homme, celui-ci ne peut plus s'arrêter de prier, l'Esprit ne cesse de prier en lui. Qu'il dorme ou qu'il veille, la prière ne se sépare pas de son âme. Tandis qu'il boit, qu'il mange, qu'il est couché, qu'il se livre au travail, le parfum de la prière s'exhale de son âme. Désormais il ne prie plus à des moments déterminés, mais en tout temps. Les mouvements de l'intelligence purifiée sont des voix muettes qui chantent, dans le secret, une psalmodie à l'invisible[82]. » Car l'intelligence est transformée et comme infiniment dilatée. « Parfois, écrit *Le Pèlerin*, mon esprit borné s'illumine tant que je comprends avec clarté ce que jadis je n'aurais même pu concevoir[83]. »

— *« Contempler la nature. »*

L'homme, désormais, voit réellement les *logoï* des choses et leur unité dans le *Logos*. « De la recherche vient la vision, et de la vision vient la vie, afin que l'intelligence exulte et s'illumine, comme l'a dit David : "(...) dans ta lumière nous verrons la lumière". Car Dieu (...) a semé dans tous les êtres ce qui est à lui, par quoi, comme à travers des fenêtres, il se révèle à l'intelligence et l'appelle à aller vers lui, comblée de lumière[84]. » « Ainsi parvient-on, dit *Le Pèlerin*, à la connaissance du langage de la création. » « Tout ce qui m'entourait m'apparaissait sous un aspect de beauté : ... tout priait, tout chantait gloire à Dieu[85]. » Le symbolisme de la « langue des oiseaux » est universel, de François d'Assise à la mystique iranienne et aux « conciles d'oiseaux » dont parle le poème tibétain intitulé *La Précieuse Guirlande de la loi des oiseaux*. L'oiseau évoque l'ange, et l'ange désigne la connaissance « verticale » d'un être, l'ouverture en lui du « céleste ».

« Ainsi l'âme se réfugie comme dans une église et un lieu de paix dans la contemplation spirituelle de la nature ; elle y entre avec le Verbe et, avec lui, notre Grand Prêtre, sous sa conduite, elle offre l'univers à Dieu dans son esprit comme sur un autel[86]. » Tout près de nous, Sylvain de l'Athos († 1938) notait : « Pour l'homme qui prie dans son cœur, le monde entier est une église[87]. »

L'homme, désormais, cesse d'objectiver l'univers par sa convoitise et son aveuglement. Sa présence exorcise, allège, pacifie. Autour de lui, la nature se transforme et le miracle, parfois, témoigne qu'il perçoit sans cesse chaque être et chaque chose comme un miracle. Les enfants, les bêtes les plus farouches, les plantes mêmes communient avec lui. Le romancier grec Stratis Myrivilis a transformé en une nouvelle l'histoire véridique d'un « innocent » qui, condamné pour un crime presque involontaire, s'était purifié en prison et avait fait amitié avec un noyer qu'il avait semé, au point que l'arbre, qui vivait de ce lien, mourut instantanément quand l'homme fut libéré[88]. Un ermite de Patmos, au début de ce siècle, donnait à boire aux vipères de petites coupes de lait, et ne redoutait rien d'elles.

Ces histoires sont innombrables, elles relèvent souvent de la religion populaire, mais renferment une grande vérité : la « contemplation de la nature » *transforme la nature.*

Conclusion.

Une conclusion, ici, ne peut être qu'une ouverture.

Deux questions me semblent se poser et j'ai voulu les suggérer par les rapprochements maladroits que j'ai ébauchés ici ou là :

1. Dans quelle mesure cette « connaissance des êtres » par le « cœur-esprit » pourrait-elle éclairer la rationalité moderne, non pour la nier, mais pour l'affiner et l'ouvrir, pour « chercher un principe d'explication qui ne dissolve pas le mystère des choses, qui respecte et révèle l'existence et l'être au lieu de les désintégrer[89] » ? Car il s'agit de la même intelligence, mais libérée des prétentions scientistes, libérée de sa suffisance, pénétrée, grâce à une longue et méthodique ascèse, par la lumière du *Logos,* de la grande Raison divine... Depuis le XIIIᵉ siècle, l'Occident s'est engagé dans la conquête du monde, mais il a oublié les « énergies divines » qui pourraient orienter, finaliser, transfigurer sa quête. Au lendemain de la Seconde Guerre mondiale, quand la Roumanie connaissait une puissante renaissance de la « prière du cœur », de jeunes physiciens de ce pays, m'a-t-on dit, pratiquaient cette invocation en menant leur recherche. Leur démarche était de réintégration spirituelle de la matière. Mais ils se sont dispersés avec l'établissement de la dictature, et je ne sais rien d'autre sur eux. L'indication, cependant, pourrait être précieuse. La connaissance spirituelle n'est-elle pas capable d'ouvrir de nouveaux domaines d'intelligibilité à la science, et d'apporter des *fins,* un *sens,* à une civilisation qui ne sait plus que faire de ses moyens, et risque le pire ?

2. Dans quelle mesure les approches de l'Orient chrétien, que je viens d'évoquer sommairement, pourraient-elles servir de trait d'union entre la mentalité occidentale, voire le christianisme occidental, le plus souvent « a-cosmique », et les grandes spiritualités de l'Asie ? Lorsque je parlais du contemplatif s'unissant au sable et au roc, je ne pouvais pas ne pas songer aux énigmatiques jardins que dessinent dans le sable et ponctuent de pierres les moines *zen.* Mieux que de longues spéculations, une composition florale japonaise nous fait entendre le langage de la création... Il faudrait ajouter — mais ceci devrait

être l'objet d'une autre communication — que l'Orient chrétien, à la lumière de la « Surunité » [90] trinitaire, a de la personne une conception qui diffère aussi bien de l'individu occidental que du Soi de l'Extrême-Orient, et pourrait sans doute faciliter leur intégration. Car, on l'a compris, le destin du cosmos, son accomplissement possible sont liés non seulement à la relation de l'homme avec la transcendance, mais aux relations des hommes entre eux. Le concept d'homme, tel que je l'ai employé dans cet exposé, n'est jamais individuel mais toujours « communionnel ». Le « cœur-esprit » est un cœur en communion. Il n'est pas d'autre atmosphère possible pour notre recherche.

NOTES

1. C'est par exemple la « pensée-volonté », *thélêtikê ennoïa*, dont parle saint Jean Damascène, *De fide orthodoxa*, 11, 2.
2. Saint GRÉGOIRE de Nysse, *In Psalmorum inscript.*, Patrologie grecque (P.G.) 44, 461 B.
3. Paul FLORENSKY, *Les Sources humaines de l'idéalisme*, ms, p. 14.
4. A. LOSSIEV, cité par B. ZENKOVSKI, *Histoire de la philosophie russe*, Paris, 1955, tome II, p. 399.
5. Saint IRÉNÉE de Lyon, *Contre les hérésies*, IV, 20, 1.
6. *De anima et resurrectione*, P.G. 46, 124 C.
7. Saint GRÉGOIRE de Nysse, *In Hexaëm.*, P.G. 44, 69 C.D.
8. Nicolas BERDIAEV, *De l'esclavage et de la liberté de l'homme*, Paris, tr. fr., 1963, p. 21 (édition russe : Paris, 1939).
9. ORIGÈNE, *In Ps. XXVIII*, 3. P.G. 12, 1290 D.
10. Saint GRÉGOIRE de Nysse, *Catéchèse*, chap. 6., P.G. 46, 25 C-28 A.
11. *Id. Hominis op.*, chap. 12, P.G. 44, 164 A.
12. Saint GRÉGOIRE le Grand, *Dialogues II*, 35, Patrologie latine, (P.L) 66, 198-200.
13. Le thème des « visites du Verbe » est souvent utilisé par les apologistes des IIe et IIIe siècles, notamment Justin, à propos des traditions religieuses de l'humanité non biblique.
14. Nicolas BERDIAEV, *Le Sens de la création*, tr. fr., Paris, 1955, p. 99 (édition russe : Moscou, 1916).
15. *Mon univers*, repris dans *Science et Christ*, Paris, 1965, p. 109 et sq.
16. Saint MAXIME le Confesseur, *Ambigua*, P.G. 91, 1360 A B.
17. *Traités ascétiques*, 20e traité, éd. Spanos, Athènes, 1895, tr. fr. *Œuvres spirituelles*, Paris, 1981, p. 78.
18. Saint PAUL, *Épître aux Romains*, 8, 18-21.
19. 72e traité, p. 281.
20. *Quaestiones ad Thalassium*, q. 27.
21. *Ibid.*

LA SCIENCE ET LES SYMBOLES

22. *Ibid.*, q. 35.
23. Voir notamment son *Traité d'histoire des religions.*
24. *Ambigua*, P.G. 91. 1288.
25. Denys l'ARÉOPAGITE, *Noms divins*, I, 1, 7.
26. *Ibid.*, I, 1, 5.
27. C'est la conclusion de *Tristes tropiques.*
28. Nicolas BERDIAEV, *Esprit et Liberté*, tr. fr., Paris, 1984, p. 91 (édition russe : Paris-Clamart, 1927).
29. *Ibid.*, p. 74.
30. *Hessen, Augustinus*, Stuttgart, 1942, p. 116, n.2.
31. *Vom Ewigen im Menschen*, Berlin, 1933, p. 384.
32. *De la lumière sainte*, ms, 186 v.
33. *Davar :* parole.
34. *La Nouvelle Alliance-Métamorphose de la science*, Paris, 1979, p. 296.
35. Saint MAXIME le Confesseur, *Ambigua*, P.G. 91, 1148 C.
36. *Esprit et Liberté*, p. 70.
37. *L'Oiseau noir dans le soleil levant.*
38. Paul KLEE, *Expériences précises dans le domaine de l'art*, cité par Nello Ponente, *Klee, étude biographique et critique*, Genève, 1960, p. 118.
39. *Id., Conférence à Iéna*, cité par N. Ponente, *op. cit.*, p. 101.
40. *Mysterium conjunctionis.*
41. *Entre le cristal et la fumée, Essai sur l'organisation du vivant*, Paris, 1979, p. 231.
42. Saint MAXIME le Confesseur, *Centuries gnostiques*, II, 4 P.G. 90, 1125-1128.
43. *La Colonne et le Fondement de la Vérité*, tr. fr., Lausanne, 1979, p. 224 (édition russe : Moscou, 1914).
44. *Ibid.*, pp. 207-208.
45. *Ibid.*, p. 211.
46. *La Lumière sans déclin* (en russe), Moscou, 1916. Ch. 6 : La nature du mythe, pp. 60-74.
47. Saint GRÉGOIRE de Nysse, *In bapt. Christi*, P.G. 46, 581 B.
48. *Contre les hérésies*, IV, 18, 5.
49. *Catéchèses mystagogiques*, V, 6.
50. *Mystagogie*, 3.
51. *Ibid.*, 6.
52. Un moine de l'Église d'Orient, *La Prière de Jésus*, Chévetogne, 1951, p. 94.
53. *Première Épître aux Corinthiens*, 5, 19.
54. *Évangile selon saint Marc*, 16, 12.
55. *Genèse*, 2, 7.
56. Saint Jean DAMASCÈNE, *De fid. orth.*, P.G. 95, 60 D.
57. *De la vie contemplative*, dans *Petite philocalie de la prière du cœur*, tr. et intr. de J. Gouillard, Livres de vie nos 83-84, p. 185.
58. R. M. RILKE, *Sonnets à Orphée.*
59. *Apocalypse*, 21, 23.
60. C'est, on le sait, le dernier vers de *La Divine Comédie* de Dante.
61. *Évangile selon saint Jean*, 18, 34.
62. Voir la tr. fr. de l'article de S. BOULGAKOV, *La Terre comme Graal*, dans *Contacts*, revue française de l'Orthodoxie.
63. *Psaume 149*, 3.
64. Saint ISAAC le Syrien, *op. cit.*, 43e traité, p. 177.

65. Voir par ex. Victor FRANKL, *Le Dieu inconscient,* tr. fr., Paris, 1975.

66. *Les Voies et les Pièges de la psychanalyse,* Paris, p. 324.

67. Cité par J. MEYENDORFF, *Introduction à l'étude de Grégoire Palamas,* Paris, 1959, p. 247.

68. Saint ISSAC le Syrien, *op. cit.,* p. 164.

69. Texte paléo-grec édité et trad. par I. Hausherr dans *La Méthode d'oraison hésychaste,* Rome, 1927, pp. 54-76.

70. *Petite philocalie de la prière du cœur, op. cit.,* p. 161.

71. *Traité de la sobriété et de la garde du cœur,* dans *Petite philocalie...,* p. 151.

72. *De la vie contemplative,* dans *Petite philocalie...,* p. 183.

73. *Ibid.*

74. *L'Apologie des saints hésychastes,* dans *Petite philocalie ...,* pp. 207-208.

75. *Psaume,* 22, 15.

76. Dans sa grande traduction française de la Bible, publiée ces dix dernières années aux éditions Desclée de Brouwer, Paris.

77. Saint ISAAC le Syrien, *op. cit.,* 81e traité, p. 306.

78. La « mort de l'intellect » ou son « sabbat » est suivie par sa « résurrection », par le « dimanche », la « pâque » de la vie surnaturelle : saint MAXIME le Confesseur, *Chapitres théologiques,* I, 36-60. P.G. 70, 1097-1103.

79. *Enchiridion,* dans I. HAUSHERR, *La Méthode d'oraison hésychaste, op. cit.,* pp. 106-111.

80. *Récits d'un pèlerin russe,* tr. fr., Paris, 1975.

81. *Op. cit.,* p. 145.

82. *Petite philocalie...,* p. 82.

83. *Récits d'un pèlerin russe, op. cit.,* p. 69.

84. Calliste CATAPHYGIOTÈS, *Sur l'union divine et la vie contemplative,* tr. fr. de J. Touraille, à paraître dans la collection philocalique, à Bellefontaine.

85. *Op. cit.,* p. 57.

86. Saint MAXIME le Confesseur, *Mystagogie,* 7.

87. « De la prière », *Contacts,* no 30, p. 128.

88. Cf. Stratis MYRIVILIS, « Pan », dans *Le grand appareillage,* Avignon, 1984, p. 96.

89. Edgar MORIN, interview à propos de son ouvrage *La Méthode, t. I: La nature de la nature,* paru dans *Le Nouvel Observateur* du 10.05.1977, p. 102.

90. L'expression est de Denys l'ARÉOPAGITE dans *Les Noms divins.*

DISCUSSION

M. RANDOM. — *Dans la tradition soufie, le cœur est regardé comme le lieu alchimique de la transformation de l'homme, de la communion avec la nature et de la rencontre avec son Dieu. Cette transformation se traduit par la phrase selon laquelle le semblable s'unit à son semblable, et que l'on ne peut connaître le soleil, par exemple, que si l'on se rend d'abord soi-même semblable au soleil. Bien sûr, on me dira : « ceci n'est pas de la science ». Pourquoi ? Parce que, dans la science, nous objectivons les choses, nous les mesurons, nous les avons rendues extérieures et nous pouvons de ce fait les faire se répéter selon des procédures précises.*

Or, je voudrais faire remarquer qu'il y a aussi dans cette tradition soufie un certain nombre d'approches qui paraissent quand même assez proches de cet état d'esprit. Je pense en particulier à Nadjuddine-Kubra, qui vivait au XIIIᵉ siècle, et qui avait pour habitude d'observer très attentivement ses disciples cependant qu'ils vivaient leurs expériences essentielles. Il remarquait autour d'eux des halos de lumière qui lui étaient très visibles, et, chez Kubra, il s'agit d'un phénomène qui a été étudié, inventorié et analysé d'une façon très précise, et Kubra lui-même pouvait savoir grâce aux différents aspects de ces halos, quel était l'état spirituel, quelle était en quelque sorte la situation intérieure de son disciple au moment où il l'observait.

Je ne veux pas m'attarder là-dessus, mais il me semble qu'il y a là une piste, une voie de recherche ouverte, qui est liée à un type de connaissance fondamentale de l'homme — mais dont on voit bien en même temps que lui répond toute une technique qui a ses raisons profondes.

O. Clément. — *Je vous remercie de ces indications, et il est vrai que dans certaines branches du soufisme on a été très loin dans l'étude et la codification des étapes du cheminement spirituel. Dans la tradition dont j'ai parlé, au contraire, l'accent est beaucoup moins porté sur la technique de la démarche (encore que cette technicité existe), et davantage sur la relation personnelle, vécue dans l'humilité et la confiance dépouillée. Vient alors cette question : est-ce de la science ? Ces moines disaient en leur temps qu'il s'agissait de l'art des arts et de la science des sciences — mais il faut savoir entendre ces mots, et ils n'ont jamais prétendu pour autant empiéter sur le domaine de la quête scientifique au sens où nous la concevons aujourd'hui.*

Le vrai problème, il me semble, c'est de savoir comment aménager une attitude de respect mutuel entre la science et la pratique spirituelle, et de se demander en même temps s'il ne pourrait y avoir des fécondations réciproques.

Au bout du compte, en vous écoutant, je me disais à moi-même que vous parliez d'un monde de sacralité — et je me demandais si la Bible n'a pas désacralisé le monde (on s'en aperçoit d'ailleurs dès le début de la Genèse, où c'est Dieu qui crée les animaux, ce ne sont pas les animaux qui sont divins), et si cette désacralisation n'avait pas eu lieu pour que puisse s'opérer ensuite une transfiguration. *C'est grâce à celle-ci, en effet, que nous pouvons retrouver la réalité profonde et la vérité selon leur mode qui sont celles des grandes figures mythiques, et dans lesquelles nous baignons par exemple dans la spiritualité japonaise. À condition de relever que cette réalité, nous la retrouvons alors à son principe comme une poétique de la communion. Ce qui m'a frappé entre autres dans la découverte du Shintaïdo, c'est qu'est apparu le mot d'*agapê *dans les quelques commentaires que nous avons pu en recueillir. Or, l'*agapê, *c'est un mot spécifiquement évangélique pour désigner la communion.*

I. Ekeland. — *Je tiens à remercier M. Clément pour ce qu'il nous a exposé, et j'adhère profondément à ce qu'il a dit. Il nous a montré en effet qu'il y avait possibilité de tenir un discours spirituel avec toute sa logique interne, sans pourtant jamais faire appel à des cautions scientifiques ou à des domaines de la connaissance qui lui soient étrangers.*

En bref, nous pouvons voir aujourd'hui qu'il y a deux ordres de discours, spirituel et scientifique, et que chacun laisse en creux la place de l'autre, l'unité se bâtissant, ou s'assurant dans les profondeurs intimes de la personne vivante. Je pense qu'il y a là une forme de respect mutuel, et que c'est dans ce respect, ou, pour employer un mot dont j'ai saisi ici toute la signification, dans cette pudeur réciproque, que se situe le véritable terrain d'entente.

De ce point de vue, je voudrais à nouveau faire ressortir deux dangers, qui tiennent à l'éventualité qu'aurait chacun de ces deux discours de vouloir indûment influencer l'autre. Quand le discours spirituel tente d'encadrer le discours scientifique, on tombe assez facilement dans le genre de problèmes qui ont été ceux de Galilée, que tout le monde connaît ici. Sans même aller si loin, et de toute façon, il faut bien constater que l'immixtion du spirituel dans la science est totalement infructueuse, alors qu'il est bien évident que l'une des pierres de touche du discours scientifique, c'est sa nécessité à la fécondité.

De l'autre côté, on ne peut pas plus admettre que la science veuille légiférer dans ce qui relève du spirituel. Pourquoi ? Parce que les théories scientifiques sont par nature passagères, alors que les vérités spirituelles cherchent à se définir dans un plan qui est celui de l'éternité. Pour reprendre sur ce point la comparaison d'Hubert Reeves, prenons garde à ne pas accrocher un bateau dont on sait qu'il finira tôt ou tard par couler à un autre bateau qui se veut insubmersible.

Pour prendre un exemple concret, j'ai beaucoup entendu parler de mécanique quantique, et j'ai entendu tirer des conclusions philosophiques à partir du principe d'incertitude, ou à partir du fait que l'électron n'est pas réellement localisable. Alors, j'ai envie de demander : que fera-t-on quand la mécanique quantique passera, de la même façon que la mécanique de Newton est passée ? Penser la philosophie c'est très bien, mais a-t-on vraiment avantage à vouloir rattacher des vérités spirituelles à quelque chose d'aussi fragile que les théories physiques ?

O. CLÉMENT. — *Je dois dire que je suis assez d'accord avec ce que vient de déclarer Ivar Ekeland, et que pourtant, je dois l'avouer, je ne le suis quand même pas tout à fait.*

Qu'un discours spirituel légifère dans le domaine scientifique, ou un discours scientifique dans la quête spirituelle, il va de soi que personne n'y gagnerait, au contraire. Mais ne pourrait-il y avoir en revanche des prises en considération réciproques et, parfois, des échanges fructueux ? Ce n'est pas là une affirmation de ma part, mais une question que je pose — et plus particulièrement pour tout ce qui touche aux sciences de l'homme où je ne suis pas sûr que l'on puisse faire l'économie de la dimension reli-

gieuse. Nous avons ici des psychanalystes et j'aimerais avoir leur avis sur ce point.

D'autre part, j'aimerais dire ici que le discours scientifique, quand il est mené avec une très grande rigueur, comme le discours de M. Atlan hier (il m'a énormément frappé, et j'y ai beaucoup réfléchi), eh bien ! il devient à mes yeux une forme de théologie négative.

É. HUMBERT. — *M. Clément a envoyé la balle du côté de la psychanalyse, et je crois que ce que nous a dit M. Ekeland était très clair, et fournissait un très bon cadre pour tenter de préciser où se trouve la psychanalyse dans cet ensemble.*

Au fond, M. Ekeland nous a déclaré deux choses. D'abord que le discours métaphysique et le discours religieux avaient leurs logiques propres que l'on devait respecter, et que le discours scientifique, ou les discours scientifiques possédaient eux aussi leurs démarches spécifiques que l'on devait prendre comme telles. Je crois que cela s'impose, que tout le monde l'a reconnu dans ce colloque, et en allant même un peu plus loin, que c'est là une question de santé mentale en même temps que de possibilité d'un progrès même à l'intérieur de ces différents discours. Ensuite, M. Ekeland nous a proposé d'envisager que ces deux órdres de discours se réunissaient dans les profondeurs de l'unité de l'être vivant — c'est-à-dire au mystère de chacun d'entre nous.

C'est là que, à mon avis, se situent la psychanalyse et son interrogation. Non pas du tout, bien entendu, pour prétendre dominer l'ensemble du problème, mais pour poser une question qui est en définitive celle-ci : ces discours, quelle que soit leur logique et de quelque ordre qu'ils relèvent, ne sont pas innocents. Autrement dit, ça coûte bien quelque chose, et ça amène aussi quelque chose de les tenir. Partant de là, la question du psychanalyste consisterait à demander : qu'est-ce que ça te fait au juste de penser comme tu le fais ? Quel est le prix que tu paies à vouloir nier l'un de ces deux versants ? Ou à les respecter tous les deux ? Comment s'établit ou se brise cette unité en toi ? Comment monnayes-tu tout cela ? Parce qu'on le monnaye de toute façon.

Le coût de l'opération qui se déroule à ce niveau, ce peut être celui d'une certaine possibilité de croissance et d'épanouissement intérieurs. Il peut même se trouver du côté du bonheur (je parlais hier de la jouissance à exercer sa pensée), mais on le retrouve aussi très souvent du côté de la maladie, du malaise que l'on éprouve, du mal-à-être où l'on plonge, à se situer — pour reprendre les termes de René Thom — dans un espace intermédiaire entre l'imaginaire et le pragmatique. Voilà, il me semble, quelle est la position particulière du psychanalyste dans ce débat — à chercher quel est le prix d'une unité intérieure, ou du refus de cette unité et du choix exclusif de l'une des deux voies qui nous sont ici proposées.

H. ISHIKAWA. — *À première vue, les déclarations de M. Ekeland sont parfaitement correctes, et on a sans doute intérêt à bien séparer le discours religieux du discours scientifique dans leurs logiques spécifiques. Ce qui veut dire aussi bien que la science n'a rien à dire sur la religion, et qu'elle doit le reconnaître. À un autre niveau, je crois cependant que la situation est différente, et que le problème du rapport entre science et religion se repose de nouveau. Je veux dire par là que les avancées de la science moderne sont telles qu'on la voit déboucher, par exemple, dans le domaine de la manipulation de la vie — et qu'il se crée là une situation où la religion, précisément, a peut-être son mot à dire.*

O. CLÉMENT. — *Ce que vous venez de nous rappeler est extrêmement important. La connaissance scientifique telle que la modernité occidentale l'a développée, il s'avère en effet qu'elle n'est pas innocente et qu'elle pose d'immenses problèmes — que j'appelle personnellement des problèmes spirituels, mais qu'on peut aussi appeler des problèmes d'ordre éthique. De ce point de vue, la science et la technologie occidentales représentent-elles un destin, avons-nous remplacé le destin de la tragédie grecque par un destin technologique qui s'imposerait à tous sans considération de valeur, ou bien nous révélerons-nous capables de former des jugements à partir de cette profondeur de l'homme dont parlait M. Ekeland ? Je pense profondément que c'est l'une des questions les plus sérieuses que nous pose la science contemporaine, que nous ne pouvons pas éviter cette question, et que nous aurions tout intérêt, à ce niveau, à un dialogue très serré et attentif entre scientifiques et philosophes.*

Y. JAIGU. — *Il me semble assez remarquable que l'apparente contradiction entre M. Ekeland et M. Ishikawa n'en soit pas réellement une, puisque le discours de M. Ekeland se situait à l'évidence dans l'ordre de la connaissance, alors que celui de M. Ishikawa se référait à une morale du choix et du comportement.*
Dans l'ordre de la connaissance, les remarques de M. Ekeland devraient être approfondies. Je suis frappé en effet par ceci qu'une grande partie des déboires qui sont constamment vécus

dans le dialogue entre la science et la philosophie, ou la science et la mystique, vient très précisément de la confusion des langages et du mélange abusif de leurs référents objectifs. La distinction entre la filiation des symboles et la déduction des concepts doit être absolument maintenue, si on veut que les logiques qui les soustendent puissent dialoguer. Effacer cette distinction dans le but pour chacun d'essayer de se démontrer réciproquement en empruntant le langage de l'autre, c'est créer des courts-circuits et faire tomber la foudre en même temps sur les uns et les autres. Vouloir donner le jour à un exercice polyphonique, c'est assez exactement le contraire que de recréer la tour de Babel.

H. REEVES. — *Dans un esprit un tout petit peu différent, j'ai essayé au début de ce colloque de montrer comme les acquis de la science moderne, tels que l'évolution de Darwin ou la conception de l'expansion de l'univers, avaient influencé notre vision du monde et la manière dont nous réfléchissons la position qu'y occupe l'homme. La science est en évolution constante — et d'une façon parallèle, je me dis que les spirituels devraient l'être eux aussi. Au fond, je me méfierais d'une spiritualité fixe, terminée, et d'une philosophie qui pour rendre compte du réel ne se soucierait pas d'une façon rigoureuse des acquis de la science et de ce que celle-ci nous apprend sur la réalité des choses.*

O. CLÉMENT. — *Cela me paraît tout à fait évident. D'ailleurs, peut-il y avoir une spiritualité fixe qui ne serait pas une spiritualité morte? Fixe, en ce domaine, ne veut pas dire grandchose. En fait, il existe de grandes traditions spirituelles, et ces traditions sont vécues par des hommes concrets qui sont plongés dans le monde d'aujourd'hui, et qui essaient par là même d'actualiser sans cesse ce que la mémoire de leurs traditions leur apporte. Nous sommes tous pris dans ce jeu de fidélité qui, pour être vraiment elle-même, doit d'abord être créatrice.*

La voie des sciences religieuses

JACQUES VIDAL

LES sciences religieuses forment un archipel. Depuis un siècle environ, chacune s'est affirmée à la suite des sciences humaines. Ainsi sont apparues l'histoire des religions, la psychologie religieuse, la sociologie des religions, l'ethnologie religieuse. Ces diverses disciplines font irruption dans la culture. Elles assurent une continuité puisqu'elles se réclament des sciences qui ont pris l'homme pour objet naturel. En outre, elles conjuguent les méthodes empruntées à la panoplie d'une « science de l'homme » avec les démarches de la philosophie existentielle, les analyses de la phénoménologie restreinte ou généralisée, les avènements d'une « anthropologie fondamentale » dont nous évoquerons la fonction transdisciplinaire. Bref, il y a une même poussée de la connaissance des sciences humaines aux sciences religieuses vers un objet/sujet peut-être définitif : l'homme.

Pourtant, ces continuités en sont venues à produire une rupture. Le « fait religieux » dont les sciences religieuses établissent les permanences objectives, puis le « phénomène religieux » dont elles suivent les manifestations et scrutent l'essence, enfin, les « croyances et idées religieuses » dont elles précisent le développement dans les religions, les cultures et les sociétés, font lever le sens d'une disposition et d'un dispositif (sacré, croyance, alliance, prière, symbole-mythe-rite, divin, salut). Une réalité religieuse, présente à l'homme de toujours et de partout, fait brèche. Loin de se laisser réduire à la force d'évidences semblables à celles que gèrent aujourd'hui herméneutiques et idéologies, elle répand sa béance, insidieuse car elle prive le savoir de ses assurances, prometteuse car elle rend possible d'autres formes de l'être et de la vie. L'objet/sujet de l'homme religieux impose sa différence, comme un roc et une clairière pour un autre arbre.

Ainsi, au large des continents explorés, les sciences religieuses préparent-elles une autre terre de la connaissance. Quelle est cette terre et comment la connaître? Telle est la question.

I. Sciences religieuses et sciences des religions

Les réponses dont nous allons faire état consistent à tracer les contours du continent qui se forme d'une science religieuse à l'autre. La première désignation fut celle de « science de la religion » *(Religionswissenschaft).* Elle est le fait de Max Müller, en 1867. L'audace consistait à poser une discipline unique comme principe et horizon d'une démarche multiple. La discipline, distinguée de toute philosophie de la religion, visait à capter le sens de la religion aux sources archaïques du langage, à partir du sanscrit dans le monde indo-européen présent aux origines de l'Occident. Une universalité philologique, établie par voie de simple comparatisme, promettait de conduire de l'arborescence des mots au fondement murmuré d'une réalité religieuse. *Nomina sunt numina,* selon l'adage. Mais la forme romantique de cette unité, mirage de grand voyageur, s'évanouit devant la complexité des faits accumulés par l'histoire des religions, l'exigence de l'étude critique des documents, les arrangements explicatifs de l'histoire comparée.

Dès lors, la science de la religion devint « science des religions ». Cette dénomination, aujourd'hui courante, résulte d'un double développement de l'histoire comparée. D'une part, la pratique d'une phénoménologie de la religion habilite à décrire le phénomène manifesté par l'ensemble des religions. Des structures et une essence apparaissent, un vécu *(erlebt)* s'impose. D'autre part, l'exercice de techniques d'interprétation tire au clair de la conscience le sens du phénomène décrit. La religion commence à elle-même, fragile et souveraine, puissance de séparation et capacité de consécration, manifestation d'une vérité de l'homme là où l'homme, au prix de lui-même, contribue à réconcilier ce qui s'oppose. Ainsi se dessine l'originalité de la science des religions. Sa méthode organique, en raison du sacré et de ses développements symboliques, rend compte de l'existence du continent que profile l'archipel des sciences religieuses. Une terre émerge, rupture pour la connaissance dont la forme d'unité est l'homme en tant que celui-ci exerce la qualité de son lien avec un invisible dont il s'agit de traduire l'universalité.

L'accent mis sur l'homme, pivot et animateur d'une expérience de réalité restituée à travers les sciences religieuses, conduisit à l'unité d'une autre désignation. Il s'agit de l'« anthropologie religieuse ». Nathan Söderblom, Rudolf Otto, Gerard van der Leeuw en préparèrent le statut. La religion contribue à manifester le sens de l'homme dans le monde. À ce titre, l'anthropologie religieuse cherche place parmi les anthropologies que l'Occident façonne depuis qu'il ne parvient plus à se recommander d'un humanisme. Or, plus qu'une place apparue dans un ordre, c'est un effet de sens qui se produit. L'anthropologie religieuse induit à une relecture des anthropologies acquises. Chacune se découvre en situation de réciprocité avec la composante religieuse de l'homme. Ainsi en est-il en particulier de l'anthropologie sociale et culturelle. Il y a système cognitif, selon l'acception de la moderne systémique, c'est-à-dire interaction au profit d'un ensemble qui est connaissance de l'homme. Cet état de fait confirme le paradoxe de solidarité et d'insularité des sciences religieuses. Le projet d'une puissance de séparation affirme une autonomie capable de ménager les ouvertures d'un renouvellement.

Reste l'indécision relative à la nature du principe de relecture que procure l'anthropologie religieuse. Ce principe, redevable d'une disposition et d'un dispositif, se déclare-t-il dans le champ d'une anthropologie fondamentale ? La question est opportune car les anthropologies, ligne avancée des sciences humaines, se donnent précisément à découvrir, sous cette dénomination de base, la terre moderne de l'unité de l'homme. C'est le cas pour Edgar Morin et son équipe de chercheurs. La pratique de l'interdisciplinarité rapportée à l'ouverture d'une transdisciplinarité fait apparaître l'invariant de réciprocités entre la science et la connaissance. Ce n'est pas redire que les sciences humaines se distinguent par un exercice de la science irréductible au positivisme de naguère. C'est souligner que toute science promeut en définitive une science de l'homme dans la mesure où elle identifie une connaissance qui la précède et dont elle s'entretient avec les autres sciences. Le dépassement épistémologique qu'exerce l'anthropologie fondamentale, signifié à partir de l'homme sujet/objet, rejoint celui de l'anthropologie religieuse. Une part du principe de relecture se déclare entre science et connaissance dans un colloque des disciplines dont le prince est l'homme.

L'autre part de ce même principe tient à la différence de connaissance qu'apporte l'anthropologie religieuse. Un message appelle un langage. Une voie de la connaissance s'affirme. Son originalité relève d'une expérience de l'homme sollicité entre ce qui se voit et un invisible auquel le visible est relié en une autre lecture de toutes choses. *Religare, religere,* la religion est art universel de *relier* et de *relire*; elle est gestion d'une modalité de l'existence que l'exercice transdisciplinaire des anthropologies acquises ne suffit pas à manifester. Pour sauvegarder les formes du sens qui procède d'une différence de connaissance, la science des religions associe à l'anthropologie religieuse deux autres désignations. L'une est celle de « nouvel humanisme », l'autre est celle d'*homo religiosus*. L'une et l'autre sont dues à Mircea Éliade.

Poser un nouvel humanisme donne à entendre que la forme d'unité qui habite les sciences religieuses est aussi forme de totalité. L'entièreté de l'homme est concernée par les manifestations d'un invisible solidaire du visible dont la présence encore privée de sens affecte la connaissance que gèrent les sciences humaines, expérimentales, exactes. La physique moderne en particulier, et la biologie, par un retour des choses qui prépare une réciprocité de recherche, se trouvent affrontées aux irruptions d'un insolite dans le champ des objectivations de la matière et de la vie. Une image de ce que nous sommes en secret tend à troubler, et peut-être à corriger, l'image que nous renvoie l'univers pénétré de notre science. Ou encore, un souffle incertain, venu d'ailleurs et d'un peu partout, moins familier assurément que celui que nous investissons dans nos démarches habituelles, s'affirme avec insistance pour une connaissance qui engendre sans confusions un esprit plus vif. Ainsi, comme écrirait sans doute le philosophe disparu Maurice Merleau-Ponty, les « entrelacs » et le « chiasme » de diverses lectures de l'univers s'entretiennent-ils tout de même dans la conscience de la science lorsque celle-ci s'ouvre à la pratique d'une transcendance d'humanité.

Mais il convient de tracer, d'un trait plus net, la charpente de ce nouvel humanisme utile d'abord à la science des religions. C'est la tâche que désigne précisément l'expression *homo religiosus*. Avant d'en suivre les étapes et d'en décrire les aspects, deux remarques s'imposent. Notons que si le relais d'un *homo religiosus* est dû au travail des sciences religieuses, son progrès tient à la vigueur du processus qui rapproche aujourd'hui religions, cultures et sociétés. En d'autres termes, la forme d'unité des sciences religieuses est en corrélation avec l'unification de la terre moderne, effet d'une technoscience et appel d'un supplément de souffle. Pierre Teilhard de Chardin, dont la pensée est pensée religieuse, le pressentait vivement bien qu'il n'ait pas suffi à manifester ce lien en raison d'une formation incomplète en matière de sciences religieuses. Or l'ampleur du phénomène religieux, inscrit dans les continuités et les seuils du phénomène humain, conduit à une seconde remarque. Nous la jugeons capitale. Sous les espèces de l'*homo religiosus*, une courbure d'humanité s'éveille à la conscience de la science comme le firent naguère l'Homo faber et l'Homo sapiens. Si une trilogie latine suffit à résumer l'homme, sa préhistoire et son histoire, la troisième formule inaugure le troisième millénaire, comme André Malraux semble l'avoir vu, fût-ce de façon dramatique, lorsqu'il déclare : « Le XXIᵉ siècle sera religieux, ou il ne sera pas. » L'heure est venue d'assurer la vérité religieuse de l'homme au service d'un humanisme élargi.

II. L'expérience du sacré

La vérité de l'*homo religiosus* se forme dans l'expérience du sacré à l'origine du souffle et de la vie. Car le sacré existe avec l'homme et l'univers. Loin d'être le résidu archaïque de stades révolus que donneraient à penser les réductions d'un évolutionnisme de la culture et de la société, il est modalité de la conscience et structure du comportement. L'expérience du sacré se distribue, par le corps et l'environnement, de l'homme à l'univers et de l'univers à l'homme, en une respiration nécessaire. C'est la disposition et le dispositif de cet ensemble initial que traduit la formule célèbre de Rudolf Otto : *mysterium tremendum et fascinans*. Le tremblement de la crainte et l'enchantement de la séduction président à la connaissance du sacré. Elles en sont le tourment. Elles en font la différence. Quand le sacré parvient à nous retenir au point de naissance conjuguée de l'homme et de l'univers — soit que notre souffle cesse de résister, en son impatience à sortir et à s'assurer ; soit que le sacré presse davantage, selon ses saisons —, la conscience se trouble. Notre art de vivre, notre manière d'être paraissent suspendus. Le désir contient sa violence et son *éros* auprès du sacré ; celui-ci l'ordonne à un autre et même à un tout autre immensément présent. L'urgence d'une voie de la connaissance menace l'ordre des terres d'hier et promet la sagesse d'une nouvelle terre. Le sacré est le prénom de la forme d'unité des sciences religieuses.

Mais les sciences religieuses précisément tendent à proférer le nom que le prénom annonce. Comment le sacré, forme antérieure de transcendance selon l'Occident, ou correspondance secrète du vide et de la puissance selon l'Orient, exprime-t-il le souffle de l'homme cosmique ? Le sacré se communique selon la règle d'une dichotomie dont l'autre terme est le profane. Deux impérialismes de la vie s'opposent en une respiration d'univers dont l'homme est la pause. L'intensité des affrontements indique qu'il y aurait péril de monstruosité à servir l'un sans maintenir l'autre. C'est dire que la dichotomie du sacré et du profane assure la forme et le fond pour un profil de l'*homo religiosus*. Ce profil s'ébauche dans les réussites d'une *coïncidentia oppositorum*. La tradition occidentale désigne de la sorte la résolution d'un contact brut en une écume de compromis, salive pour un autre souffle. La tradition orientale inscrit la résolution du conflit dans le *Tao*, voie ouverte à l'orée du *Yin* et du *Yang*, ou encore dans les arts martiaux. Le combat avec le tigre invisible, dans le *Taiji-Quan* de la Chine, source de longévité et clin d'œil d'immortalité, n'est-il pas exercice du sacré qu'un profane dévorateur aguerrit ? Le même principe antagonique d'un éveil du sacré, brûlure de connaissance entre ciel et terre, se devine dans le tourbillon qui emporte le derviche musulman. Il s'agit de la ronde d'une danse cosmique que l'homme reprend et place dans l'axe de son propre avènement. Marcel Griaule en retrouve le sens chez les *Dogons*, pour toute l'Afrique.

Les diverses résolutions embryonnaires de la dichotomie du sacré et du profane préparent une dialectique appelée « hiérophanie ». Le sacré en vient à manifester les capacités de sa différence selon les cercles d'une spirale que les religions contrôlent (objets et lieux sacrés, interdits et tabous, sorciers, magiciens, chamans). Le premier cercle est reconnaissance d'une « élection ». Le souffle de l'homme répond à l'appel d'une puissance qui le choisit au centre du monde. Ainsi prennent place le *tremendum* et le *fascinans*. Le second cercle est « séparation », car l'homme cherche à se distinguer de son environnement pour exprimer le choix qui le fait autre et sans doute unique. Ainsi s'éclaire la règle de la dichotomie. Mais la séparation conduirait à l'inanition si le vide qu'elle fait ne se remplissait d'une force dont la puissance est inhabituelle. C'est le cercle des « kratophanies », ivresses et vertiges soudains d'un pouvoir de l'homme sur les êtres et sur lui-même, éloge de la magie et portes de la folie. Le quatrième cercle en tempère les effets. Car la spirale ascendante des manifestations du sacré conduit au surgissement d'images et de figures d'esprits et de divinités. C'est le cercle des « théophanies », formes oniriques ambivalentes dont les irruptions dans le quotidien tendent le souffle de l'homme entre magie et religion en une disposition encore incertaine. La dialectique de la hiérophanie court le risque de s'égarer dans les éclats d'un « sacré sauvage ».

Le sacré s'ensauvage lorsque la spirale de son développement est retenue dans l'un des cercles où le détournent les intérêts de la vie sociale et culturelle, du mysticisme, de la religiosité. La dialectique de la hiérophanie se dérègle. Elle produit des effets de sacralisations captives. Mésusages et contrefaçons, parés d'un éclat dérobé, permutent l'ordre des termes de la dichotomie. Le profane se revêt des dépouilles du sacré. Le sacré est affublé de celles du profane. Il y a simulation et processus de corruption. La violence et l'*éros* ont échappé au sacré et le profanent dans leurs dérives. La différence de la connaissance est atteinte là où elle entrait dans le mouvement de ses premières transformations. Mircea Éliade s'est interrogé sur les amalgames perceptibles en Occident dans le sécularisme. Il diagnostique le péril de formes anonymes d'intolérance collective. On ne nomme plus en vérité quand il y a perte d'identité à la racine de ce qui prénomme. Le langage est privé des exigences d'un message à traduire. Mais Éliade estime que l'occultation et la dégradation de la hiérophanie, surcroît de souffle provoqué par le tissu resserré de la terre moderne, pourrait conduire à manifester le sacré avec une force nouvelle. Encore faut-il écouter les profondeurs de l'homme appelé, aujourd'hui.

Car l'écoute est forme de la connaissance au principe de l'*homo religiosus*. Le sacré n'est-il pas enveloppé par l'expérience d'un *mysterium* qui servait à Otto de forme d'unité recomposant le *tremendum* et le *fascinans* ? Ce « mystère » est le *numen*, terme dont Max Müller préparait l'usage autour des mots du langage. Le souffle est déclaré « numineux » lorsqu'un homme écoute l'univers et lui-même avec assez d'attention pour se deviner lien actif de toutes choses, dans le jaillissement d'une existence dont la transcendance est d'antériorité et de cohérence. Friedrich Schleiermacher disait le mystère du sacré lorsqu'il se recommandait d'une « intuition étonnée de l'infini » mêlée à toutes les fonctions de la conscience. N'est-ce pas cette donnée originaire que rationalise le déisme du XVIIIe siècle européen ? La critique kantienne, dont s'inspire Otto, s'en approche lorsqu'elle rapporte à la raison pure et au jugement pratique la chose en soi d'un irrationnel de fondement et de relation. Le monde noumémal que la hiérophanie tend à reconduire au phénomène pour la pensée et pour l'action est courbure anthropocosmique d'une dépendance en une source dont l'autorité pourrait libérer le monde en se manifestant à partir de chaque homme.

L'ampleur de la réalité ainsi évoquée invite à mesurer que le principe de toutes choses, dont le sacré témoigne, ordonne à la fin de toutes choses, signifiée de même façon que le principe. La cohérence mystérieuse de l'*homo religiosus* né de la relation au sacré fonde l'entièreté d'une histoire d'univers dans les formes d'une durée de l'existence. Ici trouvent place pour la conscience la donnée psychique d'un *Aïon* et celle de l'*Unus Mundus* que la phénoménologie jungienne du Soi restitue entre le temps et l'éternité de l'inconscient collectif avec une *aura* religieuse que l'on peut désormais prénommer sacrée. Quant aux sciences exactes et expérimentales comme la physique moderne, la biologie ou la science du système neuronal, elles inclinent parfois à se demander si la différence de la connaissance qui procède du sacré et de ses développements organiques ne pourrait pas être utile à la compréhension de leurs paradoxes et incertitudes. Les aspects d'un « réel voilé » que sont la synchronicité et la flèche du temps, l'ordre impliqué, la précognition, l'épigenèse, ne sont-ils pas le fait d'une « écoute poétique » pour un « réenchantement du monde », comme s'expriment Ilya Prigogine et Isabelle Stengers en concluant leur livre sur « la nouvelle alliance, métamorphose de la science » ?

Pourtant, du côté du sacré, il convient de souligner que celui-ci n'est réductible ni aux liens de la raison critique à l'irrationnel, ni aux rapports du conscient à l'inconscient, ni aux enjeux de la rationalité scientifique. La prise de conscience d'une relation différentielle, suivie de la réussite des premières transformations, établit l'homme dans une condition capable d'intégralité. L'expérience du sacré est « rupture de niveau ontologique » pour un statut de l'homme et de l'univers dans les dépassements d'une transcendance. Ainsi se précise le nou-

vel humanisme que propose Mircea Éliade. Le sacré le fonde
et le donne à réaliser en une forme radicale d'initiation. Celle-ci
n'est pas étrangère à la « situation-limite » des oppositions
qu'affrontent les disciplines mentionnées. L'initiation à la
sacralité de l'homme et de l'univers rencontre les problèmes-
frontières de la science dans les dépassements d'une transcendance d'humanité. Mais la manière d'exercer cette transcendance lui est propre. L'initiation que procure la hiérophanie est
éveil d'une disposition à croire. Demeurée cachée dans le sacré,
la croyance s'éduque comme lien le plus intime de l'acte et de
la connaissance. Elle assume, dans la différence, et tend à
réconcilier, jusqu'à l'union et l'unité. Fait universel — qui ne
recouvre pas exactement le fait religieux mais sans lequel ce
dernier ne peut être vrai —, la croyance manifeste dans l'éphémère l'aptitude de l'homme à être tout et pour toujours, tout de
suite. Modalité d'appartenance, on peut la dire encore adhésion de croissance et fonction de tradition. Ce qui nous
importe, c'est qu'elle apparaisse comme disposition à réussir les
dépassements dans la différence d'une transcendance. Cela ne
se fait pas sans l'aide d'un dispositif.

III. L'appareil du symbole

Le symbole et son appareil apportent à la croyance le dispositif qui convient. Figure bipolaire, signe donateur de réalité, le
symbole est chemin du sens que recèle l'*homo religiosus*. Son
exercice reprend tensions et oppositions de la hiérophanie pour
en faire autant d'ouvertures et de participations au mouvement
de la croyance. Images et symboles entretiennent, dans le faisceau de symbolismes et le réseau de symboliques, la poétique
d'un rassemblement plus vaste que sociétés, cultures et religions. N'est-ce pas cet usage du symbole, rendu à la croyance
ou devenu symbole religieux, que représente avec une simplicité de chaque jour l'art floral du Japon ? Voici figurés les élans
et les entrelacs des trois régions cosmiques et des quatre éléments pour la joie de l'unité. L'*ikebana* est fleur de culture religieuse à l'école du symbole. C'est que la genèse d'un sens aussi
fondamental que celui de la croyance issue du sacré commence
par un sentir physique, odeur de la vie qui s'éveille en l'homme
à son intégralité. Le dispositif de l'*homo religiosus* forme sa
vérité au principe des fécondités de la nature selon les figures
d'une dynamique d'éclosion.

Ainsi voit-on les symboliques primitives ou traditionnelles,
en Afrique comme ailleurs, dérouler les guirlandes du sacré et
de la croyance avec le ciel, les astres, l'arbre et la montagne,
l'eau et le feu, l'animal, les masques et les rois, les paysages de
la terre. Les symboliques asiatiques s'épanouissent en fleur de
lotus, sève paisible du lac de l'univers, image née du grand
miroir. Les symboliques juives et chrétiennes s'expriment dans
l'ardeur du buisson et dans celle de la vigne, flammes d'un
même foyer qui brûlent sans consumer. Un imaginaire varié
forme son tissu dans l'unité d'une expérience du corps, donnée
hiérophanique en qui la matière et la vie font éclore leurs sens.
D'un bout à l'autre du cosmos, ce sens est manifestation d'une
alliance de majesté, sceau apposé sur toute réalité, règle encore
muette de la croyance. Les symboles se font plus urgents lorsque les espaces de l'onirique s'ajoutent à ceux de l'imaginaire.
Les créations du rêve, en particulier celles des rêves éveillés
plus forts que la lumière du jour, composent autour des images
et de leurs racines de réalité la musique du silence des hommes
et des peuples. Celle-ci procède du « son primordial», unité
d'origine du bruit, des cris et des chants de l'univers reprise au
point de naissance de la parole. Une sonorité d'être, selon la
formule de Gaston Bachelard, donne à entendre à tout homme
que l'alliance qui l'interpelle là où le souffle se distribue entre
l'image et le son, entre le cosmique et l'onirique, est invitation à
déployer une voûte pour que résonne et se manifeste l'ordre du
croire.

Cette figure de la transcendance, consistance du mental qui
réconcilie déjà la connaissance et l'acte, c'est l'Asie qui la rappelle à l'Occident par les techniques de concentration, de méditation, de libération *(tao, yoga, zen)*. Une expérience corporelle,
cosmique et intime communique l'ordre de la croyance comme
le repos d'un océan. Crête de la vague, ou encore moyeu de
toutes les roues, un silence immobile règne sur le bruit du
monde. Ainsi s'apaise au milieu, en une pause communicable,
l'agitation et le barattage. La « mentalité archaïque» des peuples de culture orale, plus proche du sacré brut et de son tourment, fait grandir le croire sous les tentes d'une mémoire
ancestrale. Aux portes de la nuit, une tradition apprivoise le
mystère de l'existence. Ici et là, diversement, images et symboles font vivre par fragments la voûte antérieure aux choses
quotidiennes, firmament dont elles tirent fermeté. On peut,
avec Pascal, trouver effrayant « le silence éternel de ces espaces
infinis». Mais il faut réapprendre que, loin d'être étranger à

l'homme, ce silence astral est tremblement d'une hiérophanie. Kant ne l'a-t-il pas fait auprès de la « nuit étoilée » sur sa tête et de la « loi morale » dans son cœur ? Les dépassements offerts à la science aujourd'hui sont une chance du même ordre pour une transcendance d'humanité.

Deux symbolismes, d'ailleurs noués dans l'ambivalence du sacré et dans son rapport à l'éthique, aident à reconduire aux chemins de la pensée un mental effrayé de lui-même. Il s'agit des ogives de la voûte nécessaire à l'homme pour être *homo religiosus*. L'une est le symbolisme de la faute ou de l'illusion trompeuse ; l'autre est le symbolisme du retour et de la rencontre. Mircea Éliade, Paul Ricœur et Paul Tillich ont dit l'ampleur de ces ouvertures porteuses d'une résolution des conflits qui opposent le mal et le bien, la mort et la vie. Le premier symbolisme est message de l'unité perdue à l'origine de l'homme et de l'univers par suite d'un égarement primordial. L'autre est message de l'unité reconductible au terme de l'homme et de l'univers, au gré d'une repentance responsable, en raison d'une alliance fiable. Un symbolisme pénal assure les échelons de la crainte, de la rémission, du pardon ; un symbolisme nuptial dresse l'échelle des coïncidences, réparations et unions. Ainsi se développe dans le dispositif du symbole la qualité de la durée inscrite dans la hiérophanie. À l'orée de symbolismes universels, une poétique de l'alliance scelle la puissance du croire et le mouvement de la prière dans les consistances d'une étreinte vaste comme un temple.

Alors se précise le tropisme ascensionnel d'un autre aspect de l'appareil du symbole. Il s'agit de la symbolisation. La cohérence de l'unité donnée, perdue, retrouvée manifeste que le processus qui opère dès qu'un symbole réussit l'union de forces et d'éléments opposés est concrétion de réalité qui s'élève, stalagmite du mental, jusqu'à éveiller en l'homme l'urgence d'une parole qui puisse nommer les colonnes de l'univers en soi. Lorsque cette parole insiste aux portes du langage, de la pensée, de l'action, par le truchement d'une « éthique sacrale » selon l'expression de Bernard Haering, individuelle et collective, la conscience se découvre en travail de réel total. Elle se sait responsable d'une tâche de régénération en un projet organique et répétitif qui va du symbole au mythe jusqu'au bout de la parole, et du mythe au rite jusqu'au bout de l'action. Le dispositif de la symbolisation mesure la croissance de l'*homo religiosus* et comme les étapes de son métabolisme. En somme, le symbole symbolise trois fois d'un seuil à l'autre dans les continuités et les ruptures d'une dynamique de rassemblement qui renouvelle en s'élevant les dynamiques d'éclosion. Une première fois le symbole agit dans l'épaisseur archaïque de l'homme solidaire de l'univers. C'est affaire de visible et d'invisible, de sacré, de croyance et d'alliance, de métamorphoses intimes. Une seconde fois le symbole exprime l'espace et le temps de la hiérophanie nécessaires à la lumière et au sens d'une parole unique venue de l'homme et de l'univers. C'est affaire de récits et de messages, de rêves et d'oracles, de traditions, à l'instar du symbolisme de la peine et du symbolisme de la noce. Une troisième fois le symbole transfigure par le geste et l'acte la durée de l'alliance en avènement concret d'une histoire des histoires. La conscience religieuse, existence de dépassements entretenus, enveloppe de sa différence ouvrière les propos et les discours, les événements, les réalisations et les créations de l'homme quotidien.

Le projet de la symbolisation peut-il signifier davantage ce qui anime la différence de l'alliance ? C'est au niveau du mythe, c'est-à-dire au milieu de la trajectoire, que la conscience religieuse est miroir de l'homme opérateur d'une transformation du monde selon une poétique de l'alliance. Les mythes ne sont-ils pas des réponses à l'univers venues du fond des âges, de la vie, de la matière ? Mais les récits d'origine et de renouvellement que conservent traditions et religions ne symbolisent pas aussi facilement. Ils ne deviennent partie du processus de symbolisation que si l'homme qui les écoute pratique l'alliance du souffle de parole qui résonne pour lui dans la voûte du mental avec les résonances de récits qui éveillent une mémoire collective et restituent les traces d'une généalogie de la connaissance. Une telle lecture, interprétation ou herméneutique de la parole des mythes, maintient la différence dont il s'agit de scruter le secret. Comme l'a su Jung, le « mythe vivant », selon son expression, est forme vocationnelle de la symbolisation verbale propre à chacun, chargée de la lumière et de la force qui procèdent des mythes entendus. En outre, souligne-t-il à propos du « processus d'individuation », les réciprocités et le dialogue ainsi établis contribuent à garder le sujet religieux des vertiges d'une conscience trop individuelle et des lourdeurs d'une conscience trop collective. Dès lors, cosmogonies, théogonies et mythologies, langages narratifs d'un secret encore retenu dans le silence livrent un message quasi insoutenable : l'homme est le roi et il est dieu dans les aléas du temps de l'histoire. La différence que la conscience religieuse entretient est animée par la

liberté souveraine d'une expérience du divin, éclosion trem-
blante et fascinante partout où l'alliance est faiseuse de
connaissance et d'acte dans l'unité d'un réel régénéré. Mircea
Éliade le nomme *realissimum.*

La liberté du divin appelle les modèles et archétypes d'une
communauté faite de chaque individu comme de la réalité cosmique et collective. Le roi n'est pas, sans royaume ; le dieu
n'est pas, sans assemblée des élus. Ainsi la liberté du divin se
reconnaît-elle dans la communauté d'élection que procurent
les hiérophanies, puis, dans la communauté de restauration
morale que forment les réconciliations du tragique de la faute
et du festif de la noce. Les modèles d'une qualité de communauté appropriée au divin apparaissent au miroir d'une mytho-
anthropologie. Georges Dumézil les organise en un « fonctionnement tripartite » de société, de culture, de religion, identifia-
ble à travers le monde indo-européen, la Grèce, Rome, les Ger-
mains, les Scandinaves. Il s'agit du soldat/héros/trahi, du
laboureur/gérant/sage, du hiérophante/sacrificateur/sacrifié.
Les variantes de ces figures, aux confins du mythe, de l'épopée,
du roman, reprennent l'ajustement primordial de la violence,
de l'*éros,* du sacré. De plus elles manifestent le jeu d'archétypes
de communauté fondamentaux et spécifiques. Les apothéoses
du héros, du sage, du *sacerdos,* symbolisent une communauté
de survie et de justice capable de reprendre l'univers et de bou-
cler son histoire. Lorsque les mythes civilisateurs enseignent la
gloire d'une solarisation pérenne ou celle d'une lune douce
bien que subsistent les ombres de la mort, l'initiation à la sacralité devient initiation à un au-delà de communauté.

Mais l'initiation reste élitiste. Les paradis sont réservés
(champs Élysées, Panthéon, Walhalla), îlots de clarté ou lieu où
les morts « séjournent ». Une couronne plus sûre revient à chacun quand les archétypes de communauté ajoutent leurs effets
à ceux des modèles et des figures. L'archétype de l'androgyne
symbolise l'unité de l'homme et de la femme dans un accomplissement de fécondité. L'archétype du *puer aeternus,*
« enfance des hommes » selon la traduction de Bachelard, symbolise l'unité de l'enfant et du vieillard dans une plénitude de
vie. L'archétype du divin, conjugué comme il convient avec
celui du Soi, célèbre l'unité des hommes et des dieux dans la
fête d'un banquet. La dimension communautaire de ces engen-
drements d'unité et de multitude est réalisme de symbolisation.
Au-delà de toute mort, une race des élus est signifiée dans la
figure d'une communauté dont l'acte et l'être réconciliés sont

l'acte et l'être de chacun, infiniment. Les religions éduquent cet aspect de l'*homo religiosus* dans les assemblées de leurs cultes ou liturgies. Car la pratique d'une liberté de transfiguration individuelle et collective passe par les apprentissages du salut dans un peuple du divin.

Connaître le divin, voici le continent des sciences religieuses, émergé de l'expérience du sacré et transmis dans l'appareil du symbole. Sans faire nombre avec les terres que cultivent les autres sciences, la différence de la transcendance d'humanité communiquée par la science des religions est instance de transfiguration. Connaître l'homme, écrit Yves Raguin, c'est reconnaître Dieu. Aux quatre coins du sacré, du mystère, de la croyance et de l'alliance, carré d'as de l'*homo religiosus*, l'étreinte d'une présence de fondation et de finalisation dévoile en l'homme la profondeur de l'existence. Celle-ci est réponse à une lumière, de surcroît. Comme le jour conforme l'œil de l'animal afin qu'il voit l'éclatement des couleurs et de la vie, la lumière d'un autre jour fait lever en l'homme la voûte du mental pour y conformer la rétine du divin. *Dies* et *deus* ne sont-ils pas d'une même racine? Le divin est l'éclat du jour que l'homme perçoit là où il advient à sa vérité. « *Vivre en tant qu'être humain,* souligne avec force Mircea Éliade, est en soi un *acte religieux.* »

L'âme est la vie de cet acte dans l'existence du corps avec l'univers. Car c'est une science de l'âme que construisent les sciences religieuses et que nous avons conduite jusqu'aux portes du salut. Énergétique individualisée d'une intégralité de la vie, l'âme est innocence de fondation ou de création, enfance du don le plus originaire. Premier reflet du divin, elle est miroir élémentaire en qui toute réalité trouve relation à sa vérité. Elle est « microcosme dont un monde dépend et en qui dieu voit son propre but ». Le saisissement de ces mots conclut le livre que Jung consacre à l'avenir dans le présent. C'est que l'innocence de l'âme, ou sa jeunesse primordiale, rencontre le mal le plus radical pour une histoire du salut dans le temps et l'espace où elle s'éveille au divin. Dès lors, l'esprit la regarde. Il s'assure de sa vérité dans les fidélités à une communion de transfiguration. Voici l'homme, nommé en sa plus haute dimension. Autour des travaux et des jours, par des chemins que nous avons rappelés et d'autres que nous avons omis, la conscience religieuse joue l'exacte réciprocité de l'âme et de l'esprit avec le corps et l'univers pour une juste divinisation.

Aux dernières lignes de l'œuvre dédiée à l'étude des deux sources de la morale et de la religion, Henri Bergson déclare : « L'humanité ne sait pas assez que son avenir dépend d'elle. À elle de faire l'effort pour que s'accomplisse la fonction essentielle de l'univers, machine à faire des dieux.» En termes de science des religions, on dit aujourd'hui que l'*homo religiosus* est le maître d'œuvre d'un divino-humanisme de sauvegarde et d'accomplissement.

BIBLIOGRAPHIE

Introduction
POUPARD Paul, *Dictionnaire des religions*, Paris, Presses Universitaires de France, 1984.
PIAGET Jean, *Épistémologie des sciences de l'homme*, Paris, U.N.E.S.C.O., 1970.
ÉLIADE Mircea, *Histoire des croyances et des idées religieuses*, Paris, Payot, 3 volumes, 1976, 1978, 1983.

I. Sciences religieuses et science des religions
MERLEAU-PONTY Maurice, *Le Visible et l'invisible*, Paris, Gallimard, 1964.
LEEUW van der, Gerard, *La Religion dans son essence et ses manifestations. Phénoménologie de la religion*, trad. fr., Paris, Payot, 1948.
MESLIN Michel, *Pour une science des religions*, Paris, Seuil, 1973.
MORIN Edgar, *L'Unité de l'homme. Invariants biologiques et universaux culturels*, Centre Royaumont pour une science de l'homme, Paris, Seuil, 1974.
RIES Julien, *Science des religions et sciences humaines. Problèmes et méthodes.* Louvain-la-Neuve, 1979.

II. L'expérience du sacré
OTTO Rudolf, *Das Heilige. Über das Irrationale in der Idee des göttlichen und sein Verhältnis zum Rationalen*, Breslau, 1917.
DESPEUX Catherine, *Taiji Quan. Art martial, technique de longue vie*, Paris, de la Maisnie, 1981.
GRIAULE Marcel, *Dieu d'eau. Entretiens avec Ogotemmeli*, Paris, Fayard, 1948.
ÉLIADE Mircea, *Le Sacré et le profane*, Paris, Gallimard, 1967.
PRIGOGINE Ilya et STENGERS Isabelle, *La Nouvelle Alliance. Métamorphose de la science*, Paris, Gallimard, 1981.

III. L'appareil du symbole
ÉLIADE Mircea, *Images et Symboles*, Paris, Gallimard, 1952.

RICŒUR Paul, *Finitude et Culpabilité*, II. La symbolique du mal, Paris, Aubier, 1963.

TILLICH Paul, *Aux frontières de la religion et de la science*, recueil de textes revus par l'auteur, Paris, Le Centurion, 1970.

JUNG Carl Gustav, *L'Homme et ses symboles*, Paris, Laffont, 1964.

DUMÉZIL Georges, *Mythe et Épopée*, Paris, Gallimard, 3 volumes, 1968-1973.

Conclusion

RAGUIN Yves, *La Profondeur de Dieu*, Paris, Desclée de Brouwer, 1973.

JUNG Carl Gustav, *Présent et avenir. De quoi l'avenir sera-t-il fait ?* trad. fr., Paris, Denoël, 1970.

BERGSON Henri, *Les Deux Sources de la morale et de la religion*, Œuvres, Édition du Centenaire, Paris, Presses Universitaires de France, 1959.

DISCUSSION

I. STENGERS. — *Je me sens forcée de faire tout de suite une remarque qui va nous brancher d'ailleurs sur l'expression de prégnance que René Thom a utilisée ce matin.*

Dans la première version de la Nouvelle alliance, *voulant tirer les conclusions qui s'imposent de l'ouverture que nous faisions des questions de la physique à des questions présupposées par les autres savoirs qui environnent la physique, voulant comprendre aussi la spécificité de cette science, nous avions écrit, Ilya Prigogine et moi, qu'il ne fallait pas se faire d'illusion et que la science ne serait jamais une écoute poétique de la nature. Évidemment, le terme d'écoute poétique était pris dans ce cas au sens que lui donnait la prégnance dominante.*

Pourtant, certains lecteurs du manuscrit nous ont fait remarquer que nous faisions bon marché de la véritable signification de ce mot de poétique. Poétique, en effet, ça ne veut pas dire n'importe quoi, ça vient de poiesis, *c'est-à-dire que cela indique d'abord une notion de fabrication, cela implique cette dimension pragmatique dont René Thom nous a parlé; à partir de cette remarque, nous avons cru nécessaire de garder ce sens originel, et nous avons écrit que la science devenait une « écoute poétique de la nature » dans ce sens très précis où, chez les Grecs, le poète était quelqu'un qui fabriquait.*

À entendre M. Vidal, je me rends compte néanmoins à quel point ce terme a pu être source de malentendus, et je ne crois vraiment pas que le réel voilé de d'Espagnat, par exemple, ou bien la flèche du temps doivent être pensés comme des lieux de rencontre de disciplines différentes. Ce sont des lieux qui doivent être pensés

*avec toutes les ressources que nous avons, mais il faut bien com-
prendre que les problèmes qui y sont posés le sont avec les instruments conceptuels qui sont propres à une science déterminée et
peut-être à cause de ces instruments. De ce point de vue, il me
semble que nous commettrions une erreur à essayer d'identifier
une rencontre entre science et philosophie ou spiritualité avec ces
lieux problématiques dans la mesure où ces lieux ne poseront
peut-être plus problème dans vingt ans, ou en tout cas pas de la
même manière. En bref, la science a des traditions spécifiques, et
on ne peut pas ménager des rencontres avec d'autres types de pensée si on ne pose d'abord en toute rigueur la question des traditions intellectuelles, instrumentales et expérimentales qui déterminent précisément l'intérêt des concepts produits par cette même
science.*

J. VIDAL. — *Lorsque nous avons conclu le débat de ce matin,
nous avons affirmé qu'il était important de séparer l'ordre de la
connaissance scientifique de celui d'une connaissance qui relève
spécifiquement des sciences humaines — et désormais religieuses.
Ayant posé cette affirmation, comme elle nous paraissait pourtant insoutenable et finalement quasi schizogénique dans la division qu'elle opérait à l'intérieur même de l'homme, il nous a paru
que nous devions tout de même poser un point d'unité, à condition qu'il réconciliât ces différences en les respectant totalement.
De ce fait, nous avons alors quasiment tous renvoyé ce point dans
les profondeurs mêmes de l'intériorité de l'être où chacun serait en
mesure de ré-unir, d'une part, ce que la science affirme, d'autre
part, ce que les sciences humaines et religieuses proposent.
Je pense que cette stratégie est parfaitement valable. D'abord
parce qu'elle traduit une prudence, ensuite parce qu'elle procure
un sursis en attendant que chacun, de quelque rivage qu'il pro-
vienne, soit capable d'échanger — et non plus seulement d'indiquer à l'un que ce qu'il pense et déclare empiète abusivement sur
le territoire de l'autre.
Or, tout au long de ce colloque, que ce soit à la tribune ou dans
les couloirs, vous vous êtes sans doute rendu compte à quel point
cette attitude, que je crois légitime, je le répète, pour l'Occident,
surprenait nos amis japonais. Ceux-ci sont porteurs d'un sens
religieux qui est constitutif du projet de leur culture. Ils en sont à
l'heure où ils gèrent aussi bien la science que nous — mais chaque jour de cette rencontre au moins, ils nous ont donné à entendre qu'ils ne concevaient cette gérance qu'en conservant, et même*

à l'occasion en faisant intervenir ce sens religieux essentiel à leur culture.

Je dirai donc pour ma part, au moins à titre d'hypothèse, que si en tant qu'Occidental je recours volontiers à l'attitude qui a été dégagée ce matin, je suis aussi porteur d'une disposition, plus, d'un dispositif figuratif, mythique et symbolique assez proche de celui de nos amis asiatiques, en sorte que je crois que l'heure est peut-être aussi venue de mettre en œuvre une autre stratégie, fût-ce au prix de certaines maladresses.

Pour mieux préciser ce que j'entends par là, je dirai que l'attitude séparative, à être formalisée jusqu'au bout, risque d'être trop puriste et de rompre tous les ponts d'un dialogue fructueux. En outre, j'ai bien peur qu'elle n'accentue au-delà du supportable l'une des tendances majeures et menaçantes de l'Occident, à savoir le remplacement de la personne vivante par des individus atomisés. Il y a donc peut-être lieu d'essayer à présent d'autres qualités d'échanges. Que ce soit au prix d'amalgames, c'est possible et même vraisemblable. Tout échange, après tout, commence par un amalgame, et c'est précisément quand on a su prendre ce risque, quitte à l'épurer par la suite, que peu à peu, empiriquement, on a pu dégager de nouveaux modèles d'alliance. Par alliance, il faut dire que j'entends une façon de reconstruire l'unité de l'homme à l'échelle d'une culture qui compte la pensée scientifique pour son équipement conceptuel majeur, et les sagesses et les religions pour sa grande tradition.

M. MONTRELAY. — *Vous nous avez dit tout à l'heure, professeur Vidal, que la croyance «manifeste dans l'éphémère l'aptitude qui est celle de l'homme à être tout, et pour toujours, tout de suite». Permettez-moi de remarquer, un peu familièrement, que pour nommer cette tendance «aptitude», comme vous l'avez fait, il faut être sacrément gonflé. Vous ne parlez pas, en effet, à un auditoire de religieux, mais à des interlocuteurs qui s'attachent à des objets qu'on peut dire «scientifiques» à des titres divers. De plus vous êtes français, et vous n'êtes pas sans savoir que dans notre pays ce désir d' «être tout» est particulièrement mal vu. On le prend comme symptôme, sans que ses potentialités ni sa valeur fondatrice ne soient jamais évoquées. En lui reconnaissant sa place, et sa fonction dans la psyché, on lui rendrait aussi bien ses limites que sa dignité. Mais, dénié, ce désir d'absolu resurgit aussitôt sous la forme de terrorisme intellectuel. Sous prétexte d'esprit critique, l'idéologie actuelle refuse la part de nous-même qui réclame l'absolu. Elle la refuse... absolument. Ainsi dans les milieux freudiens, ou lacaniens, on condamne catégoriquement toute forme de «vouloir être tout». C'est très facile : pour le désigner, il n'y a qu'à évoquer la fameuse «toute-puissance des pensées», la paranoïa, et sous des formes plus bénignes, les «croyances» et leurs illusions. «Vouloir tout», ce souhait infantile, de tout l'être, qui ne nous quitte qu'à la mort, est pourtant un mouvement, entre le désir et l'acte, sans lequel aucune foi ne pourrait jamais s'instaurer. Non seulement la foi religieuse, qui n'est le fait que de certains, mais celle qui nous attache à un être, un travail, une éthique. Dans toutes ces sortes de liens, l'homme injecte ce souhait absolu, avec lui son mythe fondateur, sur lequel l'identité s'appuie. Il est extrêmement probable qu'inversement à ce que l'on croit, le paranoïaque emporté par la conviction d'une toute-puissance des pensées est celui qui a été privé de ce «vouloir tout» fondateur. Il n'a pas pu l'intégrer, en faire sa propre affaire au cours de cette opération que Freud appelle* Bejahung. *Le délire de toute puissance est donc un ersatz, il me semble, au «vouloir tout» dont vous parlez.*

Le déni du désir d'absolu en tant que fonction structurante passe, dans les milieux que je connais bien, à peu près toujours par les mêmes rails. Si vous parlez du «vouloir tout», ou de l'une de ses manifestations, aussitôt on vous répond «totalité», puis l'on agite quelques instants plus tard le spectre du «totalitaire», et son cortège d'atrocités.

On n'est jamais trop vigilant. L'esprit critique est une chose fragile, menacée de tomber dans les pièges de la hâte, du syncrétisme, de toutes les formes subtiles de crédulité, de passion. Pas plus à Tsukuba qu'ailleurs, nous ne sommes à l'abri, nos discussions le montrent bien, d'un danger de totalisation, qui consisterait ici, sinon à confondre, du moins à mettre dans le même panier ces pratiques de la connaissance, philosophiques, religieuses, scientifiques, corporelles aussi, qu'il importe tant de préserver dans leur diversité. Simplement, au risque de me répéter, je mettrai l'accent sur la confusion qui existe trop souvent entre la totalisation dont nous avons vu le danger, et les formes si diverses par lesquelles le désir du «tout» s'exprime, et avec lui le sens d'absolu. Ce n'est pas du tout la même chose, et cependant on les confond. Nous avons eu ces derniers jours l'occasion de le constater, au cours de cet après-midi, où maître Aoki et ses élèves nous ont donné cette magnifique démonstration de Shintaïdo. Nous avons eu sous nos yeux une illustration saisissante de la manière dont on peut vivre une relation avec le «tout» (nature, groupe, corps, cosmos) en accédant simultanément à un niveau exception-

nel d'individuation. Et, cependant, au fur et à mesure qu'avançait la démonstration, certains d'entre nous se trouvaient, comme ils l'ont dit par la suite, désorientés, puis inquiets. Ils assistaient, leur semblait-il, à une sorte d'explosion dionysiaque. Un groupe d'hommes et de femmes témoignaient d'une communion avec les forces de la nature, d'une ivresse peut-être aussi, où ils sentaient se profiler l'ombre d'une jouissance passée, celle qui galvanisait d'autres groupes, au temps de la montée de l'hitlérisme. Pour ma part je ne partage pas une telle interprétation. Il me semble absolument impossible d'assimiler, même partiellement, ces groupes compacts, hystérisés par le sadisme, où les corps ont perdu leur rythme, leur mobilité spécifique, pour s'avancer tout d'une pièce, comme un seul homme. Nous avons vu ici des personnes témoigner d'une agilité, d'une souplesse, d'une promptitude, à propos desquelles je ne trouve pour les qualifier qu'un mot : l'inspiration. Eux sans doute parleraient de « souffle ». Le rapport à la nature, au cosmos, au groupe, donc au « tout » rendait possible l'efficacité prodigieuse de la « pensée » qui se développait sous nos yeux, qui était si prompte, si risquée, si déliée que c'était à peine si nous en devinions les figures. Voilà l'un des faits qui, au Japon, et plus généralement en Orient, nous frappent, nous, Occidentaux. Ici l'appartenance au groupe ne menace pas l'identité. Au contraire, elle semble la fonder. En Inde, il ne s'agit pas du groupe, mais du dharma. Mais le même fait, qui nous semble à nous un paradoxe, se produit. Voilà qui pourrait nous faire réfléchir à propos du tout...

J. VIDAL. — *Pour vous répondre au mieux, je vous dirai ceci, que dire que la croyance est un art de vivre tout et tout de suite signifie en d'autres termes qu'elle est expérience de puissance. Il faut s'expliquer sur ce terme. Nous disposons de deux mots différents dans les langues latines : la puissance et le pouvoir, et le pouvoir intervient comme une dégradation de la puissance. Cette distinction m'est précieuse pour tenter de faire comprendre que, si les religions instituées nous rendent souvent si difficile d'appréhender le souffle fondamental de la croyance, à savoir la puissance, c'est qu'elles se sont généralement alourdies d'un pouvoir. Le christianisme en a été un exemple en Occident, mais beaucoup de chrétiens aujourd'hui commencent à percevoir que pour revenir du pouvoir qui encombre, alourdit et dégrade, à la puissance qui est richesse de simplicité, d'ouverture, de célébration et d'accueil, il est bon de regarder du côté de l'Asie. Mieux, ces mêmes chrétiens ont compris que l'enseignement fondamental de la culture orientale consistait d'abord dans une science du corps. Il y a une intelligence qui s'exprime par le corps, et, dans le cadre de ce colloque, je me compte parmi ceux qui se réjouissent sincère-ment de l'effort consenti par nos amis japonais pour nous faire comprendre, par exemple, qu'une notion comme le* ki *était pour eux aussi centrale que la notion de l'*être *dans les métaphysiques de l'Occident. Il y a là, me semble-t-il, une expérience du corps qui ménage une forme de transcendance, et qui pratique une croyance au sens où je l'ai définie.*

Pour ce qui est de votre second point, relatif à l'usage du terme de «tout», et de la dérivation que suspecte immédiatement l'Occidental de la totalité au totalitarisme, je vous dirai que nous sommes là à nouveau devant une manifestation de cette loi que je faisais jouer entre la puissance et le pouvoir. Il y a en effet un «tout» qui est paradoxalement ponctualité, simplicité et pau-vreté — et puis il y a les formes de totalité lestées par le social et le culturel, l'économique, le politique, qui glissent en effet vers le phénomène totalitaire : et il est bien évident que de l'un à l'autre sens, s'impose à nous un travail d'intense purification.

J'ajoute un dernier mot puisqu'il y avait un troisième point dans votre intervention, celui de la figure du nazisme en tant que l'une des manifestations les plus hideuses du totalitarisme qu'on ait connu en Europe. Il est vrai que le sacré intervient dans le nazisme, et c'est peut-être même ce qui le distingue le mieux d'autres phénomènes politiques. Déjà Jung en son temps, puis bien d'autres après lui ont réfléchi sur cette contrefaçon du sacré dans l'idéologie nazie. Que peut-on en dire au juste? Sinon qu'il y a là le passage du sacré à la sacralisation selon un processus d'inversion tout à fait analogue à celui qui caricature et dénature la puissance en pouvoir. Autrement dit, le sacré s'investit dans des objets concrets et partiels qui l'emprisonnent, en renversent le signe et le rendent diabolique. C'est pourquoi, à parler d'un point de vue énergétique, ces formes de totalitarisme se révèlent telle-ment terrifiantes. Elles détournent à leur profit une énergie fon-damentale — et une énergie détournée, un psychanalyste le sait, au lieu d'être le serpent de la tradition indienne qui nous invite à la métamorphose et nous pourvoit de la vie, c'est le serpent qui nous mord, c'est le serpent de l'Enfer!

O. CLÉMENT. — *Pour prendre la suite de ce que vient de nous dire Jacques Vidal, je voudrais ajouter quelques mots au sujet des risques de la totalité — et aussi, de l'immanentisme.*
Il serait sans doute utile de reprendre ici la terminologie de ce

grand philosophe qu'est Emmanuel Levinas, quand il oppose la totalité à l'infini. S'il y a infini en effet, il ne peut pas y avoir totalité, il peut seulement y avoir responsabilité. Pour ce qui est de l'infini, c'est dans l'exercice de la pensée qu'il le repère (je songe à tel de ses commentaires sur l'une des Méditations cartésiennes, où il écrit que, dans la pensée, il y a beaucoup plus qu'elle-même), ainsi que dans la possibilité qui s'offre de l'existence et de la rencontre de l'autre.

Il me semble qu'il faut introduire à ce propos une sorte de loi de l'expérience spirituelle que l'on pourrait énoncer de la sorte: «plus on connaît et moins c'est connu», alors qu'on dirait sans doute au contraire dans le domaine scientifique: «plus on connaît, et mieux c'est connu». La réalité de l'homme irréductible, quand elle est pensée et vécue sous le chef de l'esprit, nous indique en effet que, plus je connais quelqu'un, plus je le découvre inconnu. Ce sentiment, je l'ai retrouvé au Japon dans la rencontre avec les choses les plus simples, par exemple dans l'art des fleurs, dans la vision d'une vague qui se recourbe sous la lune, dans un pétale de cerisier entraîné par le vent... Je voudrais encore ajouter que, d'une façon tout à fait particulière, la tradition judéo-chrétienne (on a parlé ici de l'importance du corps, et il fallait le faire en effet), notre tradition, met donc l'accent sur le visage de l'homme avec son extrême vulnérabilité. Devant la nudité d'un visage, je ne peux avoir, si je veux l'accueillir, qu'une attitude de non-pouvoir. Et c'est là que, justement, toute tentation totalitaire est écartée d'office.

R. THOM. — *Devant la magnifique fresque des sciences religieuses que nous a dressée M. Vidal, j'avoue que je suis pris d'un certain scrupule méthodologique. Peut-on vraiment construire une science de ce qu'on appellerait les états extrêmes de la conscience? Voilà au fond mon objection, dans la mesure où, dans un tel état, on n'est plus maître de soi, on est emporté par le flot d'une prégnance irrésistible. Dans ces conditions, peut-on réellement procéder à quelque chose comme la construction d'une observation scientifique?*

J. VIDAL. — *Mais il y a toute une science de la mystique!*

R. THOM. — *La science de la mystique, je ne sais pas ce que les mystiques eux-mêmes en pensent...*

LA SCIENCE ET LES SYMBOLES

J. VIDAL. — *Si vous vous intéressez à ce point, vous verrez qu'il existe tout un corpus d'analyses qui manifeste à l'évidence un pouvoir d'objectivation. Il y a autour de Thérèse d'Avila, de Maître Eckhart, de Jean de la Croix par exemple, pour en rester à l'Occident chrétien, un ensemble de recherches qui produisent une consistance scientifique, c'est-à-dire qui accordent une dimension saisissable d'universalité à des expériences qui sont par ailleurs extrêmes et purement individuelles.*

Cela posé, j'aimerais vous dire en retour, et nous nous en sommes bien rendu compte tout au long de ce colloque, qu'il ne faut pas oublier non plus que l'homme de science est habité par sa propre subjectivité, et que si chacun d'entre nous respecte l'effort qu'il fournit sans cesse pour tenter de demeurer objectif dans le champ de son travail, il n'en reste pas moins que cette subjectivité tressaille en lui. Avec M. Holton, on peut même se demander si sans cette subjectivité et la richesse d'imaginaire qu'elle déploie, le scientifique trouverait le souffle et l'ardeur nécessaires pour entreprendre sa recherche et surmonter les difficultés qu'elle soulève. L'un des souhaits que je forme à partir de ce constat (ce n'est peut-être qu'un rêve éveillé, mais je suis convaincu qu'on n'avance jamais dans la vie que sous l'effet d'un rêve éveillé), ce serait alors que les scientifiques consentent à l'effort de reconnaître cette subjectivité et d'objectiver cet imaginaire, en sorte que cette subjectivité et cet imaginaire deviennent à leur tour une matière à recherche, à analyse et à échanges scientifiques.

CONCLUSIONS

Hubert Reeves
Daryush Shayegan
Tadao Takemoto

Limites et fécondité des connaissances*

HUBERT REEVES

JE ne vais pas essayer de vous proposer des conclusions générales qui ne seraient que le reflet de mon propre point de vue, mais, par rapport à tout ce qui a été dit dans ce colloque, je voudrais essayer de faire ressortir deux ou trois points de discussion qui m'ont paru particulièrement intéressants.

Pour commencer, j'aimerais clarifier à ma façon un problème qui, ouvertement ou non, est souvent venu sur le tapis : c'est celui des analogies de la physique quantique avec la pensée orientale.

Je crois que ces analogies sont réelles, qu'elles peuvent être éclairantes, mais qu'elles peuvent aussi être dangereuses selon le maniement qu'on en fait. Qu'elles soient réelles, je ne suis pas le premier à le dire, Bohr, Heisenberg, Schrödinger et bien d'autres l'ont déjà mentionné, et Oppenheimer, dans son livre *La Science et le bon sens*, n'hésitait pas à déclarer que les propositions quantiques ressemblaient beaucoup plus au dialogue d'un disciple bouddhiste avec son maître dans l'esprit des *Koan*, qu'à un dialogue socratique comme nous en avons l'habitude.

* L'ensemble de ces conclusions toutes provisoires n'avait pas été, bien entendu, prémédité. Il s'agit de réflexions à chaud sur l'événement, et ce ne sont donc pas des *textes* que l'on trouve ici, mais la simple retranscription d'improvisations parlées.

Cependant, si on essaie de pousser les analogies trop loin et de les transformer en identités, comme l'ont fait par exemple Geoffrey Chew ou Capra, on rencontre d'énormes difficultés qui doivent retenir notre attention. Je ne suis pas sûr pour ma part qu'on ait tellement intérêt à affirmer la mort du cartésianisme et son remplacement par un type de sagesse orientale. Je dirais plutôt au contraire que ces deux modes de pensée sont également importants, tour à tour ou combinés, et que le danger de vouloir en nier l'un pour le remplacer par l'autre est assez bien illustré par une histoire réelle, qui est celle de la matrice S.

Je n'expliquerai pas ici ce qu'est la matrice S, ce serait trop compliqué, j'indiquerai simplement que, pour Chew et Capra, derrière son aspect technique, sa pétition de principe était celle de l'orientalisation de la physique quantique, opposée au modèle des quarks qui représentait à leurs yeux l'esprit occidental. En gros, si vous voulez, les quarks sont des objets, alors que la matrice S ne considère pas tant des objets qu'un pur système de relations. Nous avons là, vous le voyez, deux systèmes appuyés sur des pétitions philosophiques très éloignées l'une de l'autre. Or, il se trouve que l'évolution de la physique de ces dernières années a laissé de côté la matrice S, et que le vieux principe ontologique et objectif de l'Occident que représentaient les quarks semble bien être aujourd'hui ce qui a repris le dessus à la suite de ses succès. Cela me semble une très bonne illustration du danger qu'il y a à vouloir pousser trop loin certaines analogies, qui sont très intéressantes sur le plan conceptuel, mais qui deviennent nocives quand on renonce à leur statut propre d'analogies pour tenter de les faire rentrer dans la technique même de la science.

De ces quelques considérations, je tirerai peut-être le mot central de mon propos, un mot qui a été prononcé par Élie Humbert et qui m'a paru essentiel pour comprendre nos échanges : c'est la notion de jouissance. Il ne suffit pas, en effet, de tenir un discours scientifique, mais il est sans doute essentiel d'être en même temps lucide devant la relation vivante que nous entretenons avec ce discours. Parce que cette relation peut être positive, mais ce n'est pas toujours le cas, et elle peut bien souvent se révéler négative du fait du trop grand plaisir que nous y prenons, qui peut alors nous égarer et nous pousser à franchir des limites sans en avoir vraiment conscience. Ne serait-ce pas là en fin de compte ce qu'on pourrait reprocher à Chew et à Capra : cette analogie de la façon de penser quantique avec les philosophies orientales leur a plu, et la jouissance de l'esprit qu'ils pouvaient y éprouver ne leur a pas fait prendre garde qu'ils effectuaient un saut et dépassaient les frontières de ce que la physique leur permettait ?

Si vous le voulez bien, c'est à la lumière de cette idée de jouissance que je voudrais reprendre devant vous certains des problèmes essentiels qui ont été discutés ici.

Et tout d'abord celui de la notion d'unité. Cette notion a souvent affleuré dans nos échanges comme un signe de l'Orient, mais on l'a vu aussi venir à jour avec les hypothèses de David Bohm sur son ordre impliqué — et on a pu prendre conscience à quel point cette notion était émotivement chargée devant certaines des réactions, parfois à la limite de la violence, qui s'exprimaient à propos de l'existence, ou même de la simple possibilité d'une cosmologie scientifique. Ces réactions, elles sont toutes venues d'Occidentaux, et on a bien vu par contraste comme les Orientaux en revanche se trouvaient très à l'aise avec l'idée d'unité.

Je me demande sur ce point si nous ne sommes pas soumis en fait à un double danger : d'une part, celui de l'extrême séparativité qu'ont manifestée les Occidentaux qui se sont révoltés contre la théorie d'une cosmologie scientifique (le mot est sans doute fort, mais il correspond à ce que j'ai ressenti), et, d'autre part, celui d'une globalisation trop rapide avec laquelle on se sent comme subjectivement au chaud, mais qui n'est pas forcément scientifiquement très fructueuse.

J'ai exposé ici, à la place de John Barrow, absent, le « principe anthropique », qui représente la plus forte tentative d'unité qu'on ait proposée jusqu'à aujourd'hui en cosmologie, et je vous ai dit à quel point je me sentais moi-même partagé entre deux attitudes très différentes à son sujet. D'un côté, ce principe me semble très sympathique et intéressant, satisfaisant pour l'esprit ; c'est peut-être mon aspect oriental — mais la part occidentale de moi-même, dans un mouvement opposé, a tendance à se méfier, à se demander si on ne serait pas en train de nous embarquer dans un bateau, et à manifester une grande prudence devant une notion extraordinairement riche et forcément grevée d'une très forte charge émotive. C'est pourquoi il m'apparaît que le scientifique doit vivre sa relation avec ses concepts, mais qu'il ne doit pas se laisser entraîner à oublier qu'il existe une technicité de la science, et que cette technicité représente, en dernière analyse, son vrai mode d'utilisation et son vrai critère.

Je vous ai parlé jusqu'ici d'unité. Je vais vous parler maintenant de la dualité en revenant vers l'Occident. Que cette notion soit efficace, on n'a plus besoin de le démontrer, et le réductionnisme a été une méthode privilégiée pour les succès de la science. Pourtant, si on regarde les choses d'un peu plus près, on s'aperçoit que cette notion est tout de même fondée sur un énorme *a priori* et qu'elle rencontre de ce fait, au contact de la réalité, certaines de ses limites. Nous avons d'ailleurs entendu au cours de ce colloque deux phrases significatives de la manière par laquelle on arrive à ces frontières. M. Thom, par exemple, nous a cité Danchin qui déclare que « le réel ne parle pas ». En entendant cette phrase, je me suis tout de suite demandé : « Mais alors, qui parle ? » L'homme est-il donc irréel puisque lui, à l'évidence, il parle ? Voilà l'un des excès caractéristiques de la dualité, de la séparation absolue de l'objet et du sujet : on y oublie que l'homme fait aussi partie de l'univers, et que sa présence doit intervenir à la fois en tant que sujet et objet.

Deuxième exemple, la déclaration d'Henri Atlan selon qui « l'intention ne réside pas dans la nature des choses, elle est dans la tête de l'observateur ». Alors, j'ai très envie de poser cette question : « Est-ce que la tête de l'observateur ne fait pas aussi partie de la nature des choses ? » Mais M. Atlan sentait très bien en fait l'insuffisance de la dualité, puisqu'il a réintroduit la signification par le biais de l'éthique.

On sent donc très bien qu'on ne peut pas non plus maintenir la notion de dualité jusqu'au bout, que c'est une stratégie qui finit elle aussi par rencontrer ses limites, et qu'on est alors obligé d'en revenir à une certaine unité, à un processus globalisant.

La dernière notion dont je voudrais vous entretenir, c'est la notion du *ki* qui nous a été présentée par les Japonais, et dont nous avons beaucoup parlé. On a pu facilement se rendre compte comme les Occidentaux, devant elle, se trouvaient mal à l'aise. En fin de compte, généralement, ils ne savaient pas très bien quoi en faire alors même qu'ils s'apercevaient que cela semblait au contraire quelque chose de naturel et d'opératoire pour leurs collègues japonais.

Un commentaire éclairera peut-être un peu les choses, qui se réfère à un exemple historique très connu. Rappelons-nous en effet que la notion de force a vu le jour après Descartes, et que lorsque Newton a réintroduit cette notion qu'on croyait balayée, qu'on condamnait comme obscurantiste et magique, on y a beaucoup résisté parce que c'était là quelque chose qui mettait mal à l'aise et qui semblait, *a priori*, extrêmement gênant pour l'exercice de la pensée. Or, pourquoi a-t-on quand même fini par adopter cette notion? Eh bien, à cause de sa fécondité.

Sur le plan de la logique, on a montré en effet qu'il s'agissait là d'une notion complètement tautologique. Elle n'a pas de réalité sur le plan conceptuel, elle ne se définit que par elle-même — mais ce n'était finalement pas tellement grave parce que, ce qui comptait, c'est que Newton démontrait qu'avec l'introduction de cette idée, il pouvait prévoir le mouvement effectif des planètes et il élargissait d'autant le champ des connaissances.

La fécondité, de ce point de vue, est le critère majeur de la science — à condition cependant qu'on définisse le niveau d'application du concept ou de la théorie en question, et qu'on ne passe pas indûment d'un niveau à un autre. Chaque niveau de complexité, en effet, possède ses concepts spécifiques qu'il est nécessaire de bien repérer.

La question devient alors : la notion du *ki* est-elle féconde? À ce propos, Mme Montrelay et Élie Humbert nous ont dit qu'ils la reconnaissaient et que, dans les interactions qu'ils vivent avec leurs analysants, ils sentaient que c'était quelque chose qui existe, qui est réel, qui est fécond — et c'est tout ce qu'on doit demander. Cette raison est suffisante pour accepter le *ki* — sous la réserve que j'ai dite, et qui, si on l'applique ici, fait que le *ki* est une notion intéressante au niveau interpersonnel, mais qu'elle ne l'est pas du tout forcément si on veut la transposer par exemple au niveau de la biologie ou à celui de la physique.

Voilà le résumé, d'une façon très rapide, de mes réflexions actuelles. Je voudrais les présenter comme une leçon à la fois d'ouverture et de prudence. Toute position unilatérale a beaucoup de chances d'être fausse. La réalité est complexe, et une pensée en retour qui se voudrait un peu trop simple risque fort de la rater. Unité et dualité sont sans doute toutes les deux nécessaires et complémentaires. Sachons bien repérer les niveaux auxquels des discours sont légitimes et féconds. Et ouvrons-nous à l'échange, à condition de conserver la rigueur de chaque discipline, et de ne pas vouloir aller d'un domaine dans un autre sans avoir fait attention si on y avait une raison ou si on se laissait entraîner par le plaisir intérieur qu'on ressentirait à le faire.

Isomorphismes et séparations

DARYUSH SHAYEGAN

O N a beaucoup parlé, pendant toutes ces journées, de
l'Orient — mais de quel Orient au juste ? S'il y a eu en
effet un Occident culturellement uni par une religion
qui était le christianisme, on distingue facilement en revanche
plusieurs Orients. Il y a l'Extrême-Orient japonais qui vient de
nous accueillir, il y a l'Orient chinois, il y a cet immense foyer
de religions, cet océan de religiosité que représente l'Orient
indien ; il y a l'Orient arabe, et il y a le monde iranien qui fait
un trait d'union entre ce monde arabe et le continent indien.
Ces Orients sont différents, vous le savez tous. Mais ce qui est
intéressant, c'est que tous ces Orients ont énormément communiqué entre eux par le passé.

J'en donnerai comme exemple les écoles de traducteurs qui
n'ont certainement pas été la marque d'un phénomène sporadique, mais ont représenté au contraire tout un mouvement de
l'esprit. Il y a eu de la sorte la traduction du grand canon bouddhique du sanscrit en tibétain, effectuée avec une extrême précision. Il y a eu la traduction des textes tibétains en chinois, et
des textes chinois en japonais, de même que, dans une direction géographique opposée, la traduction de textes sanscrits en
persan sous le règne d'Akbar. Cette période a été le véritable
âge d'or des relations entre l'Inde et l'Islam, et c'est à cette époque, par la réunion des sages indiens et des docteurs musul-
mans, qu'ont été traduites en persan les cinquante plus grandes
upaniṣads — un monument de clarté et de précision.

Cela étant admis, il convient pourtant de se demander comment ces civilisations asiatiques ont pu communiquer entre

elles, selon quels canaux et sous le chef de quelle inspiration. Or, ce qu'il faut bien souligner, c'est qu'elles ont communiqué au niveau de l'esprit — et plus précisément, surtout, au niveau de ce que mon maître Henry Corbin appelait l'imaginal : le monde de l'image réelle et subsistante, dans des processus d'homologation que je dois développer. C'est ainsi, que le *sunya* du bouddhisme a pu s'identifier au Tao du taoïsme ; que le principe de méditation *diana* en sanscrit est devenu *chan* en chinois et *zen* en japonais ; que la divinité bouddhique remplie de compassion s'est transformée en *Kwan Yin* en Chine, et *Kwannon* au Japon. Vous le voyez, c'est tout un ensemble de phénomènes de transmutation qui se sont opérés de la sorte au niveau de l'esprit et des symboles qu'il produit au contact de l'âme.

D'autre part, pourquoi y a-t-il eu ces contacts ? Et comment cette transmutation pouvait-elle être possible ? C'est qu'on ne parlait pas alors, comme on l'a fait ici, des rapports éventuels de la science et de l'esprit — qu'il n'y avait pas à l'intérieur de ces cultures cette division critique que nous connaissons aujourd'hui, et que, si je peux m'en permettre l'expression, ces civilisations étaient « sur la même longueur d'onde ». Il y avait de fait entre elles, selon une expression que j'emprunte à l'indianiste français Paul Masson Oursel, des analogies de rapport. Je m'explique sur ces mots : pour décider d'une homologation possible, il faut pouvoir dire que A est en rapport avec B dans une culture de la même façon, ou selon le même schéma, que Y l'est avec Z dans une autre culture que l'on essaie de comparer. Pour prendre un exemple concret, et c'est là que nous voyons jouer le processus d'homologation, on peut dire sans solliciter les textes que le « libéré vivant » de l'Inde est par rapport à l'équation métaphysique de l'Atman et du Brahman, dans la même situation, dans le même statut ontologique que le mystique islamique devant ce que la gnose orientale appelle l'annihilation dans l'essence. Cela ne prouve pas, bien entendu, qu'il y ait identité de l'un à l'autre, mais cela montre que ces deux mondes sont tendus par des structures comparables, et qu'entre ces structures, il y a des isomorphismes certains.

Je vous invite à présent à un autre exercice, en essayant de transposer ces structures dans le contexte de la pensée occidentale. Immédiatement, à quelques exceptions près comme certains aspects de Leibniz, de Swedenborg ou de Nicolas de Cuse, vous vous rendez compte que la chose n'est pas possible. Vous ne pourrez dire en aucun cas que le « délivré » indien

dont je vous parlais à l'instant est par rapport à l'équation
métaphysique de l'Atman et du Brahman, dans la même situation que le sujet hégélien par rapport à l'Esprit absolu, qui ne
devient à la fin, dans la consomption de l'Histoire, que ce qu'il
est en réalité. Ici, l'équation ne joue plus, et pas seulement au
niveau de la science comme on pouvait normalement s'y attendre, mais déjà au niveau de la tradition philosophique.

De l'Orient à l'Occident tels qu'ils sont classiquement définis, on passe en fait d'une constellation à une autre, et on
constate que, quelque part, il y a eu une cassure qui fait qu'on
ne peut pas passer de l'Iran, de l'Inde ou de la Chine à l'Europe
ou l'Amérique, comme on pouvait passer de l'Iran à l'Inde ou
de la Chine au Japon. Qu'est-ce qui fait que l'Occident a produit cette rupture ? Eh bien ! il me semble que c'est d'abord
que l'Occident représente une grande aventure de l'esprit, je
dirai même : une aventure héroïque à la conquête du monde et
de la liberté de l'homme. Sans cette cassure fondamentale, il est
bien évident qu'il n'y aurait pas eu de science, de technique,
d'espace de domination de l'homme sur son environnement par
le moyen d'une connaissance et d'une compréhension de plus
en plus élargies. Hubert Reeves a fait allusion à ces trois grands
chocs successifs qu'ont représentés les révolutions cosmologique, biologique et psychologique — mais je ne suis même pas
sûr que l'histoire soit terminée, et on se demande actuellement
si on n'est pas en train d'entrer dans une révolution informati-
que qui bouleverserait à terme l'ensemble des rapports sociaux,
des modes de production et des liens à la nature, à tel point que
de bons auteurs américains commencent déjà à parler de ce
qu'ils appellent la troisième vague, ils commencent à parler de
démassification et d'une décentralisation inéluctable.

Je m'arrête sur ce point pour ce qui est de la prospective,
mais ce que je voulais faire entendre, c'est que ce qu'il est
convenu de dénommer l'Occident est d'abord, essentiellement,
un exemple de solitude. Ce n'est pas moi, c'est Spengler, voici
déjà plus de soixante ans, qui en voyait la figure emblématique
dans le personnage de Faust qui veut en savoir toujours plus et
construire l'indépendance de sa pensée dans un espace qui
serait libre de toute tutelle des dieux. Dès l'origine, de ce point
de vue, le processus de connaissance, la construction de la pensée moderne ont été marqués par ce que Francis Bacon appelait l'élimination des idoles mentales. Par ces mots, je crois qu'il
entendait la démémorisation des traditions spirituelles. D'une
certaine façon, il a fallu que l'homme s'éloigne de Dieu pour

exploiter la nature et oser affirmer son emprise dessus. La connaissance, très vite, s'est définie comme puissance, et derrière l'expérimentation, comme manipulation de la nature. Certes, le prix à payer a été parfois lourd, il semble qu'aujourd'hui il faille bien retrouver ce sens perdu des dieux, mais aucun d'entre nous n'a le droit d'oublier le positif du bilan, puisque c'est grâce à cette scission que la science s'est constituée et nous a mis à présent dans la position où nous sommes.

Un mot, si vous le voulez bien, sur le « retour du spirituel ». Il doit être très clair pour tout le monde que ce retour ne doit surtout pas se vouloir comme un retour au passé. Tout retour de ce type serait extrêmement dangereux, et nous en avons en ce moment l'illustration éclatante dans ce phénomène dont on n'a pas parlé ici parce que ce n'en était ni le lieu ni l'occasion, qu'on appelle l'intégrisme. Tout retour au passé est toujours illusoire. Parce qu'on ne débouche jamais, l'expérience nous le prouve, sur un état pré-moderne, on débouche toujours sur du post-moderne où nous évoluons que nous le voulions ou pas — et la post-modernité réagit d'autant plus violemment qu'elle est mal assimilée, mal apprise, mal comprise, et qu'elle transforme alors quasi nécessairement le spirituel en idéologique, c'est-à-dire dans un intégrisme fanatique qui est à peu près à l'Esprit ce que l'Enfer est au Ciel.

Je profite d'ailleurs au passage de cette courte analyse pour vous suggérer que la division de l'Occident et de l'Orient, même si elle continue à fonctionner de nos jours, commence pourtant en même temps à appartenir au passé — ou à ce qui sera bientôt le passé — dans la mesure où, au fond, il n'y a plus d'Occident aujourd'hui, mais il y a une pensée moderne planétaire dans laquelle nous baignons tous.

Cette pensée, cependant, est en train de buter sur un obstacle majeur. On a pu s'en rendre compte tout au long de nos échanges, parce que le thème en était sans cesse présent, tantôt ouvertement, tantôt implicitement. Cet obstacle, c'est celui du fossé qui sépare l'esprit de la matière, l'intelligence de son corps, et qui fait qu'en définitive on se demande comment, par quel merveilleux miracle, une science, une connaissance sont possibles à leur fondement.

C'est ici que j'en reviens à cette notion de l'imaginal que j'évoquais tout à l'heure, et dont Yves Jaigu nous a entretenus à plusieurs reprises durant ce colloque. Car qu'est-ce que l'imaginal (et je suis malheureusement obligé d'aller très vite, et donc de procéder quasiment par affirmation), si ce n'est un monde de réalité propre, un espace existant en lui-même entre l'intelligence de l'esprit pur et la matière ? Dans la perspective d'une philosophie néo-platonicienne, c'était précisément l'existence métaphysique de ce monde imaginal qui permettait d'établir une jonction séparative entre le corps et l'esprit, non pas tant comme médiateur que comme monde intermédiaire. Pour utiliser la formulation traditionnelle — et nous sommes bien entendu dans une proposition ontologique — les corps s'y spiritualisent et les esprits s'y corporalisent. C'est en vertu de cette double fonction de symbolisation et de spatialisation, l'une descendante et l'autre ascendante pour reprendre les termes de mon premier exposé, que le corps et l'esprit trouvaient un *medium* de contact, ce que l'on peut aussi exprimer en disant que l'esprit pur y prenait une forme et la matière s'y symbolisait.

Ce monde, de ce fait, est le lieu d'apparition de ce que la philosophie persane appelle l'Ange, c'est-à-dire l'image intellective qui permet le face-à-face de l'homme avec son Soi, son archétype éternel, avec cet *Alter Ego* dont la rencontre provoque ce qu'on désigne du nom d'illumination dans le contexte bouddhique, et d'individuation dans la gnose islamique.

Devant ce monde singulier que représente l'imaginal, où sommes-nous selon l'optique de la pensée japonaise — puisque c'est aussi à sa découverte que nous avons été conviés ? Eh bien ! nous sommes ici au cœur d'un monde dont l'esprit créateur surgit dans tous les phénomènes de la vie, que ce soit dans la légende chevaleresque du Bushido, dans le déploiement des arts martiaux, dans la cérémonie du thé ou le patient arrangement d'une composition florale. À partir de ce point, il devient alors évident que la pensée et la mystique japonaises ne sont pas philosophiques au même titre que le sont par exemple les grands édifices spéculatifs de l'Inde ou de l'Iran, elles sont d'abord contemplatives, d'une contemplation qui imprègne jusqu'au moindre détail et qui se révèle dans l'art de vivre qui est si particulier à ce pays. Il suffit, pour s'en convaincre, d'examiner la façon dont les Chinois, puis les Japonais, ont interprété les concepts métaphysiques abstraits de la pensée indienne. Je vous donne un exemple : l'ego, le moi, y est devenu l'image de la goutte d'eau dans la source, de la même manière que la nature propre de l'homme y a été envisagée comme visage originel. Il y a là un phénomène très clair de transmutation de la pensée conceptuelle de l'Inde dans le *medium* poétique de la pensée japonaise. Ce qui en revient à dire que la pensée japonaise est tout autant esthétique, et que l'esthétique est pour elle mise en scène et en œuvre de la contemplation.

Ce qui sous-tend cette vision, et je reprends ici une phrase persane bien connue, c'est ceci que le cœur poli à l'excès devient « une forme sans forme et sans limite du monde de l'invisible ». Par-delà l'image, en effet, les « gens du polissage », c'est-à-dire ces hommes si rares qui polissent leur cœur, qui pratiquent l'enlèvement de la rouille et s'affranchissent ce faisant de toute couleur, de toute distinction, de toute frontière pour être capables de voir l'Être à chaque instant sans plus avoir besoin de médiation, ce sont ceux-là précisément qui ont abandonné la forme et les écorces des connaissances morcelées pour pouvoir brandir la bannière de la vision directe. Les imperfections, en effet, n'incombent qu'à la coquille, non point à cette perle qui est contenue dedans. Ceux qui sont illuminés par la gnose, sont aussi ceux qui, ayant abandonné grammaire et théologie, sont parvenus à la résorption totale et à la pauvreté spirituelle.

Ainsi, cher professeur Takemoto, puisque c'est à votre tour de prendre la parole, suis-je passé de l'image à la non-image, à laquelle je vous laisse.

Le dialogue de l'Orient
et de l'Occident

TADAO TAKEMOTO

DARYUSH Shayegan vient de nous parler de l'imaginal avec beaucoup de justesse. Je suppose que les Japonais qui sont ici doivent être pourtant un peu perplexes, car il est difficile de trouver l'équivalent de ce mot dans la langue japonaise. Pour les tirer d'embarras, et après de longues réflexions, il m'a semblé que la meilleure façon de le traduire était d'avoir recours, selon l'intuition poétique qui est celle de notre langue, au simple terme de *fleur*, avec tout ce qui y est connoté.

Ceux qui connaissent le théâtre du Nô, en connaissent sans doute aussi le fondateur, qui est Zeami, et dont l'œuvre maîtresse s'intitule *La Transmission de la fleur*. À l'intérieur de cette œuvre, l'une des sections principales s'appelle « La fleur au miroir », où il est question d'une fleur qui se trouve reflétée dans un miroir sans limites. On voit peut-être alors la correspondance de la fleur avec l'imaginal, et je vous rends, cher Shayegan, cette image de la fleur, avec mes remerciements.

Au sortir de ce colloque, et pour résumer mes réflexions, je vous rappelle que c'est précisément cette année que nous fêtons au Japon le 1150e anniversaire de l'entrée au Nirvana du fondateur du bouddhisme ésotérique Shingon, le grand maître Kukaï ou Kôbô Daishi — puisque vous savez qu'on ne dit jamais qu'il est mort, mais qu'il est entré au Nirvana pour marquer que, d'une façon supérieure et subtile, il est toujours vivant pour nous. Or, je ne peux m'empêcher de me souvenir à cette occasion de ces vers très célèbres qu'il avait composés :

> *Naissant, naissant, naissant, nous sommes*
> *toujours en proie aux ténèbres;*
> *Mourant, mourant, mourant, nous resterons*
> *toujours dans les ténèbres.*

Malgré ce sentiment tellement fort d'obscurité qu'il ressentait ainsi au début de notre IXe siècle, le grand maître Kôbô avait tout de même redécouvert ce merveilleux graphisme en quoi consiste le mandala, et qui représente la structure subtile du monde ordonné autour de la lumière centrale qui lui donne sens et orient. Donc, si l'imaginal réinventé peut maintenant lier l'Occident et l'Islam dans leurs aspirations les plus hautes, il pourra sans doute aussi vous lier, jusqu'à nous-mêmes, à travers cette figure symbolique de l'ordonnancement de l'univers que représente le mandala.

Dans le même ordre d'idées, je me souviens encore de ce que Jung écrivait dans *Psychologie et Alchimie*, quand il notait qu'en face de l'Inde, l'Occident, c'était l'image de la rose — tandis que l'Orient, bien entendu, c'est l'image de la fleur de lotus. Pourtant, il savait très bien lui-même, et on s'aperçoit facilement que ces deux images sont homologuables l'une à l'autre. Voilà l'imaginal tel que je le traduis par *la fleur*, et il me semble de plus en plus que depuis l'Occident jusqu'à l'Inde et l'Extrême-Orient, en passant par l'Islam, nous avons tout de même bien notre imaginal, notre fleur absolue à travers le mandala — qui manifeste, vous le savez, sur le mode symbolique, l'irradiation de la lumière qui surgit à la fois au cœur de l'univers et au cœur le plus profond de l'homme.

En face du vide découvert par l'Inde dans le vertige métaphysique, et alors qu'il m'apparaît que l'Occident est une culture où le vide est d'abord une représentation intérieure, nous avons au Japon notre propre vide vécu, qui consiste dans une certaine attitude très particulière devant la mort. Nous avons voulu vous montrer quelques-uns des aspects de nos arts martiaux. Certains d'entre vous en ont été étonnés, mais pourquoi l'avons-nous fait? Sinon pour vous faire savoir dans l'expérience que, sans l'existence de cette volonté de se placer dans une attitude correcte devant la mort, il n'y aurait jamais eu d'arts martiaux au Japon, ni non plus de samouraïs.

On ne peut pas exécuter en effet quelque geste que ce soit avec un sabre authentique, sans être prêt à recevoir à n'importe quel moment sa mort. Ce qui ne signifie pas que les Japonais soient un peuple pessimiste, mais simplement qu'il y a intérieurement chez nous une volonté par laquelle nous voulons toujours découvrir le sens de la vie tout en face de la mort.

C'est cela qui caractérise la culture japonaise, ainsi que la manière dont nous traitons ce problème du sens dont on a tellement parlé durant ces cinq journées. Il y a évidemment une grande charge de sens dans nos actes, dans les formes que nous témoignons, dans la vie que nous menons sur la terre, mais ce qui nous est spécifique, c'est que ces sens se présentent à nous sous l'aspect de signes directs. Nous sommes un peuple, par exemple, qui aime beaucoup à regarder des pierres posées dans un jardin, tandis que nous demeurons tranquilles et immobiles — et alors, ces pierres nous parlent plus éloquemment que des mots.

Eu égard à ces différences autant qu'à ces isomorphismes, il faut que nous soyons très patients pour que puisse s'installer un véritable dialogue entre l'Orient et l'Occident, tel que nous avons essayé de le faire pendant ces cinq jours à Tsukuba. N'oublions d'ailleurs pas que cela fait à peine une trentaine d'années aujourd'hui que les maîtres de zen et les psychologues occidentaux ont commencé à confronter leurs points de vue...

La preuve de notre espoir, elle est tout de même dans le fait de cette réunion entre nous, de ces échanges que nous avons eus sur des questions extrêmement compliquées, et du sentiment qu'on a pu parfois ressentir que tout cela convergeait vers un point lumineux, ce que Daryush Shayegan appelait le miroir de l'imaginal, et que nous nommons beaucoup plus naturellement la fleur. Donc, échangeons cette fleur que l'Islam nous a lancée par la bouche de Shayegan, et peut-être en est-il encore une autre que nous allons lancer maintenant, je ne sais pas encore à qui.

*La composition
et l'impression de ce livre ont été effectuées
par l'imprimerie Aubin à Ligugé
pour les Éditions Albin Michel*

AM

*Achevé d'imprimer en janvier 1986
N° d'édition 9083. N° d'impression L 20924
Dépôt légal, janvier 1986*

Imprimé en France